建筑工程施工现场专业人员培训教材

装饰装修施工员
专业管理实务

主　编　范国辉
副主编　许志中　冯桂云　孙莎莎
主　审　焦　涛

黄河水利出版社
·郑州·

内容提要

本书是建筑工程施工现场专业人员培训教材，参照装饰装修行业的职业技能鉴定规范，按照建筑装饰工程技术专业应用型人才培养规格的要求，专门编写的职业能力培训规划教材。

本书主要以装饰装修施工员实务为基础，以装饰装修施工员的岗位能力为主线。全书分为三篇，包括装饰装修施工员岗位实务、建筑装饰工程质量控制、建筑装饰施工组织与项目管理等。

本书可作为岗位资格培训用书，同时又可供高等院校建筑装饰、环境艺术等相关专业使用。

图书在版编目(CIP)数据

装饰装修施工员专业管理实务/范国辉主编. —郑州：黄河水利出版社，2010.5

建筑工程施工现场专业人员培训教材

ISBN 978-7-80734-819-1

Ⅰ.①装… Ⅱ.①范… Ⅲ.①建筑装饰-工程施工-技术培训-教材 Ⅳ.①TU767

中国版本图书馆 CIP 数据核字(2010)第 077311 号

组稿编辑：王 琦　电话：0371-66028027　E-mail:wq3563@163.com

出 版 社：黄河水利出版社

地址：河南省郑州市顺河路黄委会综合楼14层　邮政编码：450003

发行单位：黄河水利出版社

发行部电话：0371-66026940、66020550、66028024、66022620(传真)

E-mail: hhslcbs@126.com

承印单位：河南地质彩色印刷厂

开本：787 mm×1 092 mm　1/16

印张：25.75

字数：626 千字　印数：1—3 100

版次：2010 年 5 月第 1 版　印次：2010 年 5 月第 4 次印刷

定价：65.00 元

建筑工程施工现场专业人员培训教材

编 委 会

序

建设行业从1986年开始,在建设企事业单位实行关键岗位持证上岗制度。这项制度的实施对提高建设行业职工队伍素质、保证建设工程质量、促进安全生产起到了很大作用,因此受到市场的广泛认可。当前新材料、新技术、新工艺、新规范的更新换代越来越快,迫切需要提高从业人员的素质。鉴于这种情况,中国建设教育协会组织制定了《建设行业专业技术管理人员职业资格培训管理办法》,为建设行业、企业提供相关岗位职业水平评价服务,来满足市场经济体制下建设企业对人力资源管理、人才评价社会化服务的需要,并在广泛深入调查研究的基础上,认真分析和总结我国建筑业岗位培训工作及国外建设行业职业标准编制经验,根据住房和城乡建设部建标[2009]88号的要求,结合我国建筑施工现场专业人员人才开发的实践经验,制定了《建筑工程施工现场专业人员职业标准》,并将于2010年8月颁布实施。在这种背景下,为了做好建设行业专业技术管理人员的岗位培训工作,河南省建设教育协会根据培训工作的需要,组织建设行业有关高校和职业技术学院的专家,以及建筑工程施工现场一线专业技术人员,参照最新颁布的新规范、新标准,以岗位所需的知识和能力为主线,精编成《房屋建筑工程专业基础知识》、《装饰装修工程专业基础知识》和相应岗位专业管理实务等11本教材,以满足房屋建筑和装饰装修专业管理人员培训使用。

本系列教材主要用于建设类院校应届毕业生"双证"培训,也适用于建设企事业单位专业技术管理人员上岗前培训,从专业人员职业需要出发,深入工程建设施工实际,力求源于实践,高于实践。内容上强调科学性、先进性和实用性。文字上深入浅出,通俗易懂,使参加培训的管理人员和自学的读者,比较系统地掌握实用性技术,以达到学以致用、学有创新的目的。

由于时间紧和水平有限,书中错误和疏漏在所难免,本套教材还需在教学和实践中不断完善,敬请广大施工管理人员和教师提出宝贵意见,以便不断提高教材的质量。这套教材在编写的过程中,得到了相关建设类高校、职业技术学院和施工企业的大力支持,在此一并表示感谢。

编委会

2010年5月

前　言

本书是参照装饰装修行业的职业技能鉴定规范，按照建筑装饰工程技术专业应用型人才培养规格的要求，总结编者多年来从事装饰装修工程技术专业实践教学的经验，结合行业资格培训需求和应用型人才培养目标而编写的。本书以装饰装修施工员基本的业务要求和必备的岗位能力为重点，着重对装饰装修施工员在生产过程中业务管理方面的基本要求进行了讲解。由于篇幅有限，并考虑到装饰装修施工技术作为单独一门课程的必要性，本书没有整合该部分的内容。相信本书能成为装饰装修施工员进行基本技能培训的一本理想参考书。

本书由河南工业职业技术学院范国辉任主编，并负责全书的统稿、修改、定稿；由河南工业职业技术学院许志中、冯桂云，河南轻工业学校孙莎莎任副主编；由焦涛任主审。

由于编者水平有限，书中缺点和错误在所难免，敬请有关专家、同行和广大读者批评指正，以期进一步修改与完善。

编　者

2010 年 3 月

目　录

第二篇　建筑装饰工程质量控制

第三篇　建筑装饰施工组织与项目管理

第一篇　装饰装修施工员岗位实务

本篇主要介绍了装饰装修施工员岗位基本的业务与能力要求，包括装饰装修施工机具、施工准备工作、施工资源调配、加强计划管理、现场管理制度的落实、施工员的实操工作等六方面的内容。

第一章　装饰装修施工机具

装饰装修施工机具是提高装饰速度，保证工程质量，适应科技发展的重要手段。装饰装修施工机具的种类很多，并且随着技术的进步，还会出现一些更加科学的机具。装饰装修施工机具根据不同的动力，可分为气动类机具、电动类机具和手动类机具三类，每一类都有不同的使用功能。

第一节　气动类机具

气动类机具是指以高压空气为动力的装饰装修施工机具的总称。

一、空气压缩机

（一）特点与用途

空气压缩机又称气泵，它以电动机作为原动力，以空气为媒质向气动类机具传递能量，即通过空气压缩机来实现压缩空气、释放高压气体，驱动机具的运转。以空气压缩机作为动力的装饰装修机具有射钉枪、喷枪、风动改锥、手风钻及风动磨光机等。

1. 分类

空气压缩机有以下几种分类方法：

（1）按空气压缩机体积可以分为大型、中型、小型、微型。大型一般用于集中供气的泵站；中小型一般用于现场移动式供气；微型多用于实验室或用气量很少的操作，如绘画用喷笔配套使用的气泵。

（2）按空气压缩机气缸个数可分为单缸、双缸、多缸等。装饰装修工程施工中机具的工作压力一般不太大，多采用单缸或双缸空气压缩机。

（3）按传动方式可分为皮带传动和直接传动。当压缩机过载时皮带传动方式对电机损坏较少,但传递功率低;直接传动方式传递功率高,但压缩机过载会影响电动机寿命。两种传动方式的空气压缩机外形如图1-1所示。

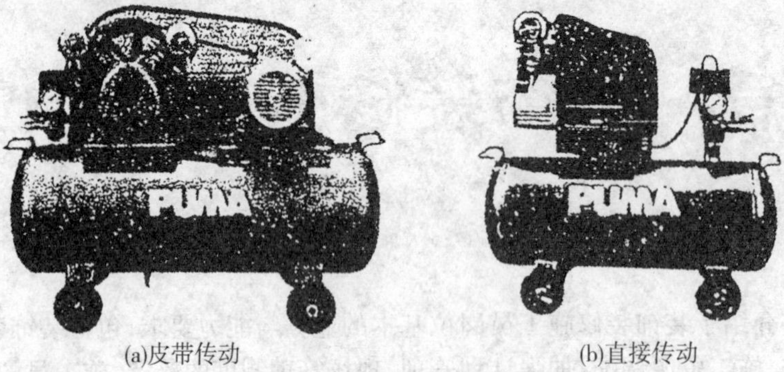

图1-1　空气压缩机外形及传动方式

2. 选择

选择空气压缩机的主要依据是,空气压缩机的功率应与其需要带动机具每分钟所需排气量的总和相匹配。装饰装修施工机具使用的空气压缩机多为中小型,以排量在200~900 L/min、压力在0.4~1 MPa内为宜。

(二)结构与工作原理

1. 结构

空气压缩机因厂家设计要求和规格不同,在外形上存在着一定差异,但构造基本相同。空气压缩机一般由电动机、压缩机、储气罐三大部分组成。三部分通过三角胶带、排气管相互连接,并配备气压自动开关、安全阀、压力表、放气阀、放水阀、消声器、防护罩带、放油孔带等零部件,其结构如图1-2所示。

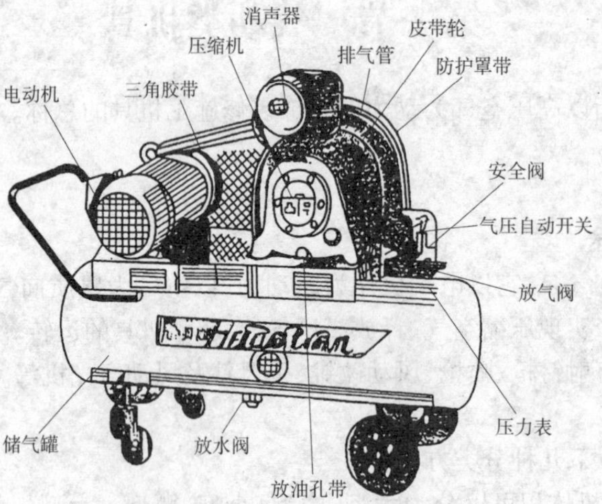

图1-2　空气压缩机结构

气压自动开关又称压力继电器或压力调节阀,其结构如图1-3所示。它可根据空气压缩机储气罐内气压变化情况,自动断开或闭合电路,使储气罐内气体压力在一定范围内连续供气。

(1)安全阀是空气压缩机必不可少的安全装置。当气压自动开关出现故障时,空气压缩机达到额定工作压力后仍能继续工作;当气压增大至设计压力时,安全阀自动排气,此时,操作者应及时切断电源。安全阀如图 1-4 所示。

(2)压力表是直观反映储气罐内气压大小的设备,要求准确而有效,并在储气罐放气后指针应回零。压力表如图 1-5 所示。

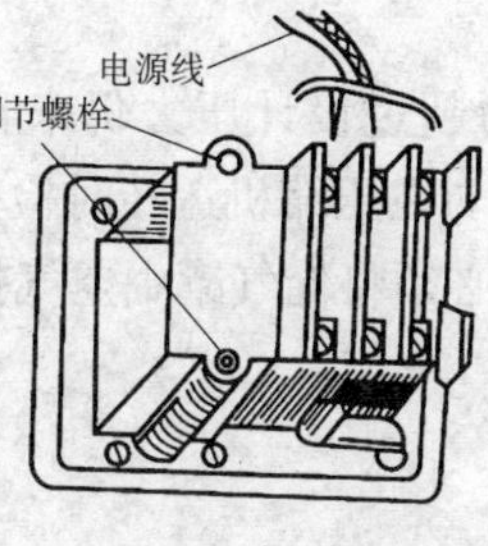

图 1-3　气压自动开关

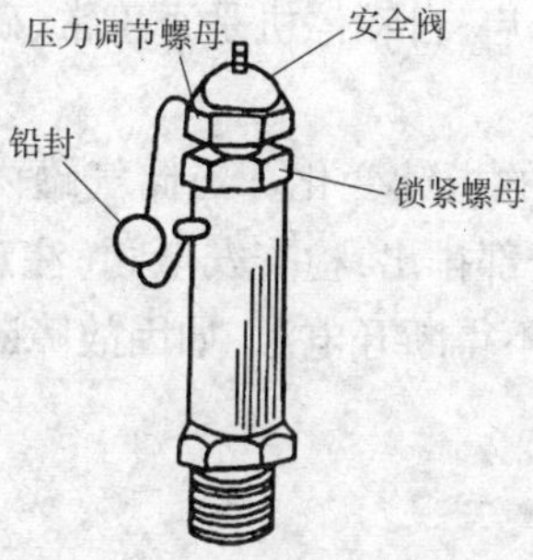

图 1-4　安全阀示意

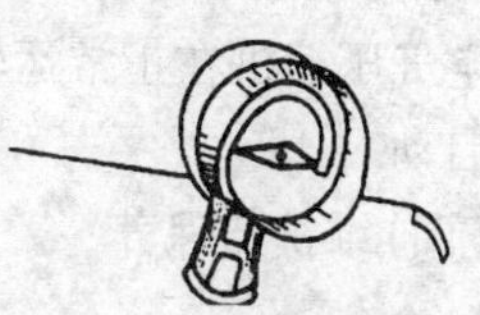

图 1-5　压力表示意

2. 工作原理

空气压缩机的运动机构由曲轴、连杆、活塞等零件组成。连杆安装在曲轴上,曲轴的两端由两个滚动轴承支承。电动机经皮带传动,使压缩机的曲轴做旋转运动,带动连杆使活塞做往复直线运动,导致气缸内压力变化。空气经过滤器,在气缸端部的吸排气组合阀的控制下进入气缸,在活塞作用下成为压缩空气,经排气管路通过单向阀进入储气罐。装饰装修气动机具可通过空气压缩机排气口的减压阀和油水分离器,获得相应的恒压气体。

(三)使用要点与注意事项

1. 使用环境

应选择温度较低(40 ℃以下)、环境清洁、通风良好、地面平整的场所安置,并避免露天暴晒。为了保证机具正常使用与维护,空气压缩机应距墙壁 30 cm 以上。空气压缩机使用环境如图 1-6 所示。

2. 开机前的检查

(1)开机前应首先检查润滑油油标、油位是否达到要求,如无油或油位到达下限,应及时按空气压缩机要求的牌号加入润滑油,防止润滑不良造成故障。油标油位如图 1-7 所示。

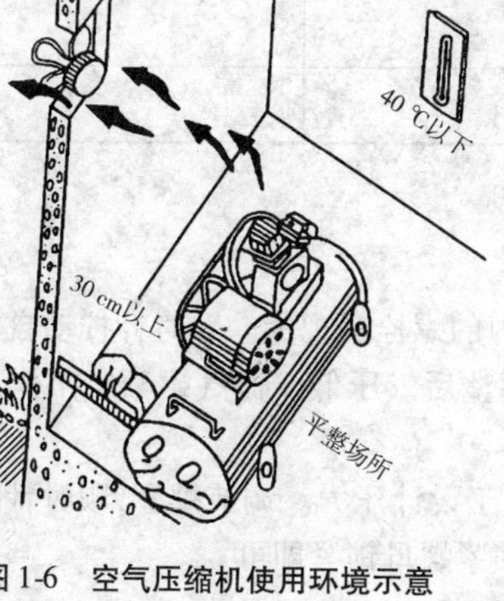

图 1-6　空气压缩机使用环境示意

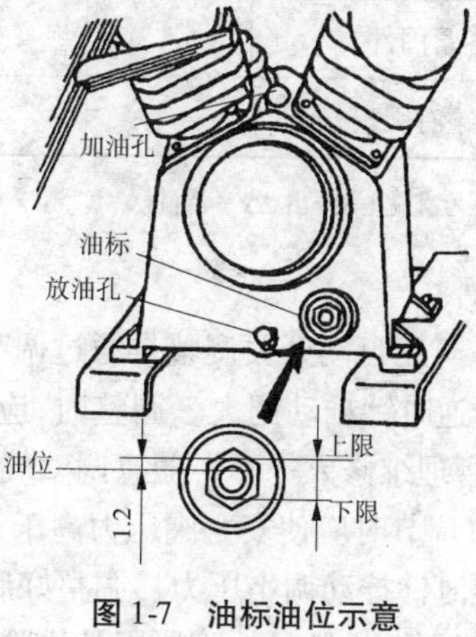

图 1-7　油标油位示意

(2)接通电源前应首先核对说明书中所要求电源与实际电源是否相同,只有符合要求时才可使用。

(3)空气压缩机运转前需用手转动皮带轮,如转动无障碍,打开放气阀,接通电源,使压缩机空转,确认风扇皮带轮转动方向与所示方向一致。正式运转前应检查气压自动开关、安全阀、压力表等控制系统是否开启,自动停机是否正常,确认无误后方可投入使用。

3. 使用中的检查

使用中应随时观察压力表的指针变化。当储气罐内压力超过设计压力仍未自动排气时,应停机并将储气罐内气体全部排出,检查安全阀(注意:切勿在压缩机运转时检查)。

空气压缩机在正常运转时不得断开电源,如因故障断电,必须将储气罐中空气排空后再重新启动。

(四)维护与保养

1. 检查

空气压缩机的维护与保养应由专人负责。为了保证正常使用和延长使用寿命,空气压缩机应定期检查,检查内容如表 1-1 所示。

表 1-1　空气压缩机定期检查表

项目	检查周期				
	每日	每月 (每 200 h)	每 3 个月 (每 600 h)	每 6 个月 (每 1 200 h)	每年 (每 2 400 h)
润滑油	○				
排放储气罐里的积水	□				
过滤器或消声器		△			
气压自动开关	○				
安全阀	○				
异常振动	○				
三角皮带		○			
各紧固件		○			
储气罐有无损伤					○

注:○—检查,□—排出,△—清洗。

2. 调整

(1)气压自动开关调整是通过调节套于弹簧内的螺栓实现的。顺时针拧动自动开关压力调小,逆时针拧动调大。调整时,应严格遵循调整后气压低于储气罐额定工作压力的原则。非管理维修人员不得随意调整气压自动开关。

(2)调节时应使安全阀压力高于额定压力,低于设计压力。调节螺套,顺时针拧动调大压力,逆时针拧动调小压力。调整好后将下面的锁紧螺母锁紧即可。

空气压缩机常见故障原因及排除方法见表 1-2。

表 1-2　空气压缩机常见故障原因及排除方法

故障现象	故障原因	排除方法
压缩机不运转	①电源开关熔断器烧坏 ②电器线路断线 ③电动机发生故障 ④气压自动开关失灵 ⑤电压下降 ⑥压缩机损坏	①更换熔断器 ②更换配线 ③修理或更换 ④修理或更换 ⑤安装稳压器 ⑥检修压缩机
压力不上长或上长缓慢	①压力表失灵 ②转速降低 ③空气泄漏 ④吸排气阀片或弹簧片断裂 ⑤消声器被脏物堵塞	①更换压力表 ②张紧皮带 ③检查管路和连接部位 ④更换 ⑤清除脏物,清洗滤片
异常声响振动	①压缩机放置不稳 ②紧固件松动 ③压缩机零件严重磨损	①调整轮脚使其平稳触地 ②紧固 ③更换零件
耗油量大	①漏油 ②活塞环、刮油环、扭曲环、活塞磨损	①检查密封 ②更换磨损零件
排气温度超规定	①排气阀泄漏 ②吸入温度过高 ③气缸冷却效果不良	①检查消除 ②改善吸气口环境,降温 ③检查风扇转向是否正常
功率耗量大	①空气泄漏 ②吸气压力过低 ③皮带过紧	①检查管路 ②检查吸气是否正常,气温是否过高 ③调节皮带轮中心距,使其松紧适当

二、气动射钉枪

(一)特点与用途

气动射钉枪是与空气压缩机配套使用的气动紧固机具。它的动力源是空气压缩机提供的压缩空气,通过气动元件控制机械和冲击气缸实现撞针往复运动,高速冲击钉夹内的射钉,达到发射射钉紧固木质结构的目的。气动射钉枪外形如图 1-8 所示。

图 1-8　气动射钉枪外形

气动射钉枪用于装饰装修工程中在木龙骨或其他木质构件上紧固木质装饰面或纤维板、石膏板、刨花板及各种装饰线条等材料。使用气动射钉枪安全可靠,生产效率高,装饰面不露钉头痕迹,高级装饰板材可最大限度地得到利用,且劳动强度低,携带方便,使用经济,操作简便,是装饰装修工程常用工具。

气动射钉枪射钉的形状有直形、U 形(钉书钉形)和 T 形几种。与上述几种射钉配套使用的气动射钉枪有气动码钉枪、气动圆头射钉枪和气动 T 形射钉枪。以上几种气动射钉枪的工作原理相同,构造类似,使用方法也基本相同,但在允许工作压力、射钉类型、每秒射钉枚数及钉夹盛钉容量等方面有一定区别。气动码钉枪、气动圆头射钉枪、气动 T 形射钉枪外形分别如图 1-9 ~ 图 1-11 所示,其规格及技术指标分别如表 1-3 ~ 表 1-5 所示。普通标准圆钉长度为 25 ~ 51 mm,U 形钉钉宽为 10 mm,长度为 6 ~ 14 mm。

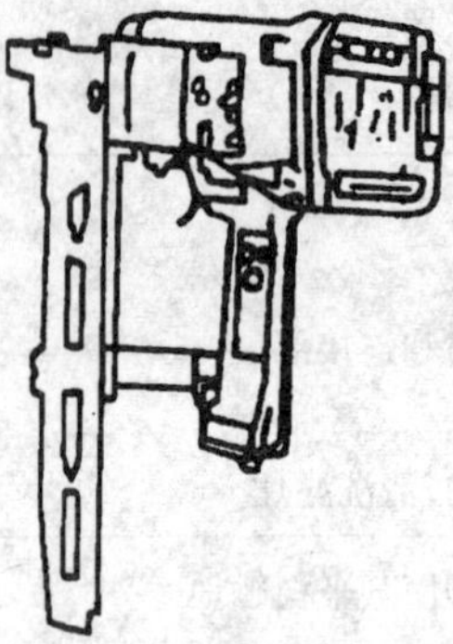

图 1-9　气动码钉枪外形

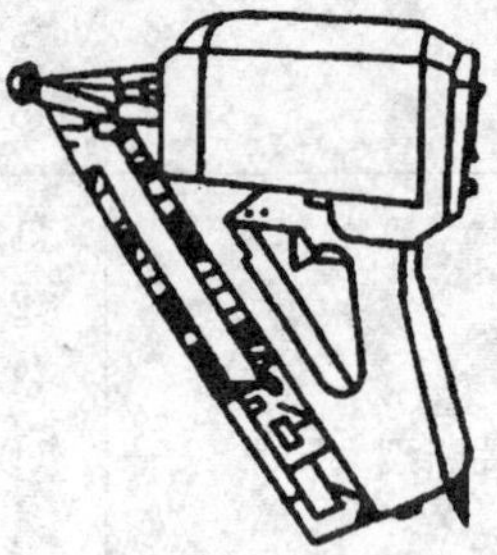

图 1-10　气动圆头射钉枪外形

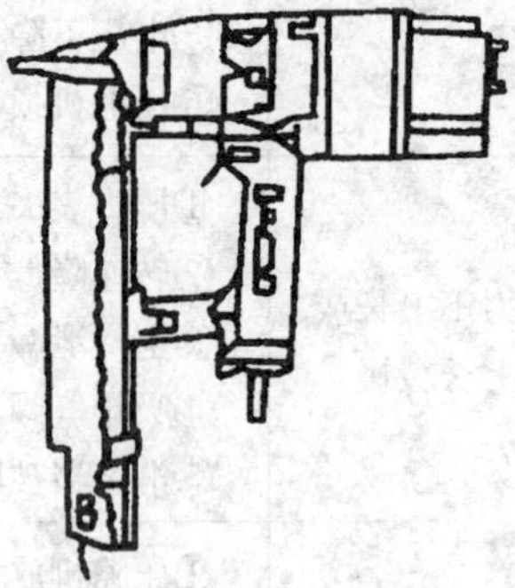

图 1-11　气动 T 形射钉枪外形

表 1-3　气动码钉枪规格及技术指标

空气压力(MPa)	每秒射钉枚数(枚)	盛钉容量(枚)	质量(kg)
0.40 ~ 0.70	6	110	12
0.45 ~ 0.85	5	165	28

表 1-4　气动圆头射钉枪规格及技术指标

空气压力(MPa)	每秒射钉枚数(枚)	盛钉容量(枚)	质量(kg)
0.45 ~ 0.70	3	64(70)	5.5
0.40 ~ 0.70	3	64(70)	3.6

表 1-5　气动 T 形射钉枪规格及技术指标

空气压力(MPa)	每秒射钉枚数(枚)	盛钉容量(枚)	质量(kg)
0.40 ~ 0.70	4	120(104)	3.2

(二)结构与工作原理

气动射钉枪主要由气缸和控制元件组成,利用压缩空气冲击缸中活塞,通过活塞往复运动,推动活塞杆上的冲击片,将钉子钉入到工件中。

(三)使用方法与注意事项

1. 使用方法

(1)装钉。一只手握住机身,另一只手水平按下卡钮,并用中指打开钉夹一侧的盖,将钉推入钉夹内,合上钉夹盖,接通空气压缩机。

(2)将气动射钉枪枪嘴部位对准、贴住需紧固构件部位,并使枪嘴与紧固面垂直,否则容易出现钉头外露等问题,如图1-12所示。如果按要求操作仍出现钉头外露的情况,则应先调整空气压缩机气压自动开关,使空气压缩机排气气压满足气动射钉枪工作压力。如非空气压缩机排气压力的问题,则应对气动射钉枪的枪体、连接管进行检查,看是否有元件损坏或连接管漏气。

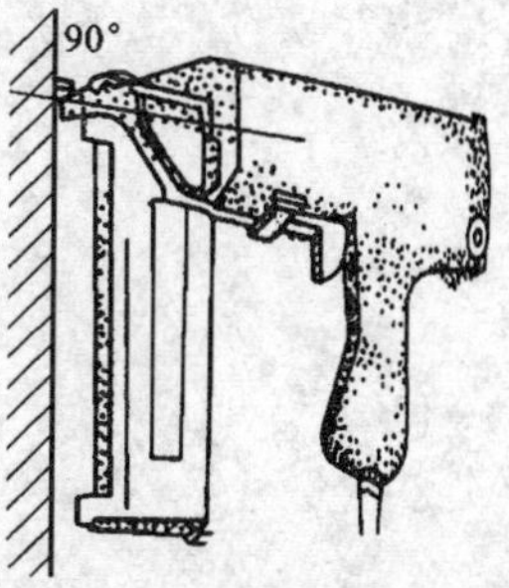

图1-12　气动射钉枪使用

2. 注意事项

(1)使用前应先检查并确定所有安全装置完整可靠,才能投入使用。使用过程中,操作人员应佩戴保护镜,切勿将枪口对准自己或他人。

(2)当停止使用气动射钉枪或需调整、修理气动射钉枪时,应先取下气体连接器,并卸下钉夹内钉子,再进行存放、修理。

(3)气动射钉枪适用于纤维板、石膏板、矿棉装饰板、木质构件的紧固,不可用于水泥、砖、金属等硬面。

(4)气动射钉枪只能使用由空气压缩机提供的、符合钉枪正常工作压力(一般不大于0.8 MPa)的动力源,而不能使用其他动力源。

(四)维护与保养

(1)应随时保持机具清洁,每次使用之后要擦拭干净。

(2)各紧固螺栓、调节螺栓、蝶形螺母及转动轴要保证灵活,定期上油,以防生锈,确保运行可靠。

(3)使用后,应将各螺栓等紧固部件放松,防止螺栓疲劳变形,同时应有专门机架存放以免挤压、磕碰,使部件损坏 。

(4)及时更换易损部件,枪嘴部位要保持通畅,遇到卡钉应用镊子等尖嘴工具取出。

三、喷枪

(一)特点与用途

喷枪是装饰装修工程中面层装饰施工的常用机具之一,主要用于装饰施工中面层处理,包括清洁面层、面层喷涂、建筑画的喷绘及其他器皿的处理等。

由于工程施工中饰面要求不同,涂料种类不同,工程量大小各异,所以喷枪也有多种类型。按照喷枪的工作效率(出料口尺寸),可分为大型、小型两种;按喷枪的应用范围,可分为标准喷枪、加压式喷枪、建筑用喷枪、专用喷枪及清洁闭喷枪等。

1. 标准喷枪

标准喷枪主要用于油漆类或精细类涂料的表面喷涂。因涂料不同,喷涂的要求不同,出料口径不同,可根据实际需要选择。一般对精细料、表面要求光度高的饰面,口径选择应小些,反之应选择较大口径。标准喷枪外形如图1-13所示,其型号及技术指标见表1-6。

(a)吸上式　　(b)重力式

图 1-13　标准喷枪外形

表 1-6　标准喷枪的型号及技术指标

型号	涂料供给方式	喷涂距离(mm)	喷嘴口径(mm)	喷涂空气压力(MPa)	空气使用量(L/min)	涂料喷出量(mL/min)	喷涂宽度(mm)	电动机功率(kW)	标准涂料容器(L)	应用范围	质量(g)
K-67S	吸上式	250	1.5	0.35	170	260	200	0.75	1.2	喷漆表面完成处理	610
		250	1.8	0.35	225	310	210	0.75	1.2	中层高级表面处理	
		250	2.0	0.35	240	360	230	1.5	1.2	光漆底层中层喷涂	
		250	2.5	0.35	310	420	250	1.5	1.2	中层、底层、高黏度喷涂	
K-80S	吸上式	200	1.0	0.30	85	100	110	0.75	1.0	精细物件高级喷涂	510
		200	1.3	0.30	90	140	130	0.75	1.0	表面清漆喷涂	
		250	1.5	0.35	155	200	180	0.75	1.0	中型物件高级喷涂	
		250	1.8	0.35	170	220	190	0.75	1.0	表面、中层一般油漆喷涂处理	
KL-63S	吸上式	200	1.0	0.30	85	100	110	0.75	1.0	精细物件表面清漆喷涂	450
		200	1.3	0.30	90	140	130	0.75	1.0	中型物件高级喷涂	
		250	1.5	0.35	170	220	200	0.75	1.0	中层、底层喷涂	
		250	1.8	0.35	175	220	210	0.75	1.0	最底层、中层喷涂	
		250	2.0	0.35	175	240	210	0.75	1.0	一般喷涂处理	

续表 1-6

型号	涂料供给方式	喷涂距离（mm）	喷嘴口径（mm）	喷涂空气压力（MPa）	空气使用量（L/min）	涂料喷出量（mL/min）	喷涂宽度（mm）	电动机功率（kW）	标准涂料容器（L）	应用范围	质量（g）
K－67A	重力式	250	2.5	0.35	310	460	260	1.5	0.5	高黏度漆喷涂	640
K－80A	重力式	200	1.0	0.30	85	130	110	0.75	0.3	精细物件高级喷涂	510
		200	1.3	0.30	90	160	150	0.75	0.3	表面层修补喷涂	
		250	1.5	0.35	155	220	200	0.75	0.3	表面层清漆喷涂	
K－63A	重力式	200	1.0	0.30	85	140	110	0.75	0.5	精细物件表面层喷涂	450
		200	1.3	0.30	90	170	150	0.75	0.5	高级表面处理	
		250	1.5	0.35	170	240	200	0.75	0.5	表面层喷漆处理	
KP－7S	吸上式	200	1.0	0.30	85	120	130	0.75	0.7	精细物件中层一般喷涂	480

2. 加压式喷枪

加压式喷枪与标准喷枪的不同之处在于，其涂料属于高黏度物料，需在装料容器内加压，使涂料顺利喷出。加压式喷枪外形如图 1-14 所示。

3. 建筑用喷枪（喷斗）

建筑用喷枪主要用于喷涂如珍珠岩等较粗或带颗粒物料的外墙涂料。其出料口径为 20～60 mm 不等，可根据物料的要求和工程量的大小随时更换。供料为重力式，直通给料，只有气管一个开关调节阀门，其外形如图 1-15 所示。

4. 专用喷枪

专用喷枪主要以油漆类喷涂为主。美术工艺型用于装饰设计中效果图的喷绘，如图 1-16所示，其型号及技术指标见表 1-7。

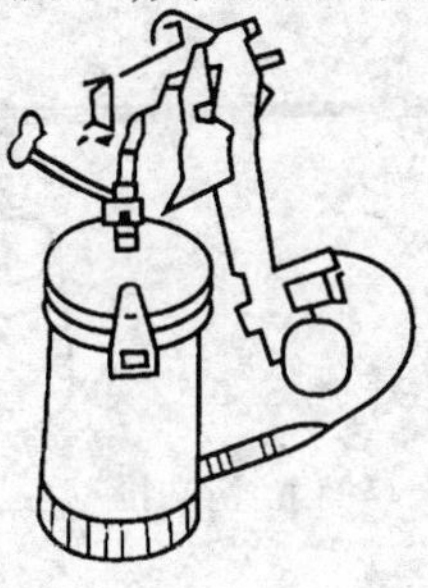

图 1-14　加压式喷枪外形

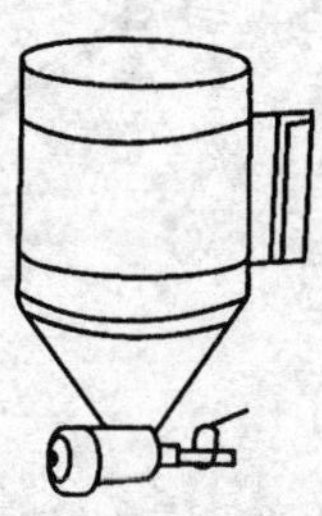

图 1-15　建筑用喷枪外形

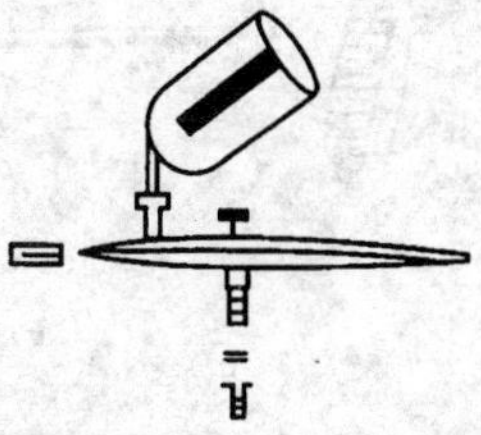

图 1-16　专用喷枪外形

表 1-7　专用喷枪的型号及技术指标

型号	涂料供给方式	喷涂距离（mm）	喷嘴口径（mm）	喷涂空气压力（MPa）	空气使用量（L/min）	涂料喷出量（mL/min）	喷涂宽度（mm）	电动机功率（kW）	标准涂料容器（L）	应用范围	质量（g）
		200	1.0	0.30	175	132	140	0.75	0.5	清漆、汽车细部底漆油喷涂	
KL－53AS	重力式	200	1.3	0.30	185	160	190	0.75	0.5	清漆、汽车底漆油喷涂	450
		250	1.5	0.35	210	190	220	0.75	0.5	清漆、汽车底漆油全面喷涂	
KP－A		200	1.2	0.30	85	130	130	0.75	0.3	精细物、表面层、中层喷涂	480
K－0A	重力式	200	0.8	0.30	40	50	40	0.4	0.3	玩具、装饰品、搪瓷、高级表面处理	410
K－3A		200	0.5	0.30	35	30	30	0.4	0.15		200
KH－2			0.2						0.001		50
KH－3	重力式	100	0.3	0.25	15	节省量	圆形及点状效果	0.2	0.007	美术、工艺用	90
KH－4			0.65						0.05		150
		200	1.3	0.30	185	145	170	0.75	1.0	清漆、汽车底漆油喷涂	
KL－63SS	吸上式	250	1.5	0.35	210	175	210	0.75	1.0	清漆、汽车底漆油全面喷涂	450
		250	1.8	0.35	220	180	220	0.75	1.0	全面一致的清漆喷涂	

5. 清洁闭喷枪

有吹尘枪、清洗枪等喷枪，它们不是处理表面涂层而是清洁，采用高压气流或有机溶剂清洗难以触及部位的污垢。其外形如图 1-17 所示。

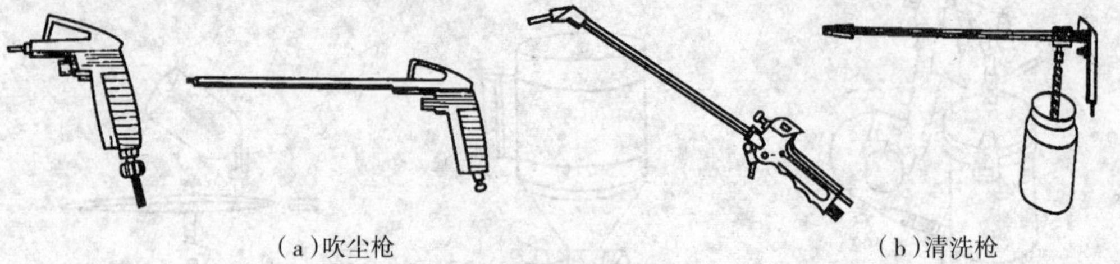

（a）吹尘枪　　（b）清洗枪

图 1-17　吹尘枪与清洗枪外形

(二)结构与工作原理

1. 结构

喷枪种类繁多,结构大同小异,主要包括喷枪主体、喷射器、储料罐、空气调节钮、喷料调节钮、空气入口、涂料入口等几部分。喷枪的料斗一般分为吸上式和重力式两种,调节钮一般有两个,上钮调整气量大小,下钮调整喷出料的多少。两个钮相互影响,协同调整,以达到最佳的喷涂效果。两钮调节喷枪见图 1-18。目前,新型喷枪采用了一个调把手下边进气管增加一个调整供气量大小和压力大小的调节钮,头部两个调节钮,上钮调节喷出面的大小和涂料的稀稠,下钮调节料量。三钮调节喷枪见图 1-19。

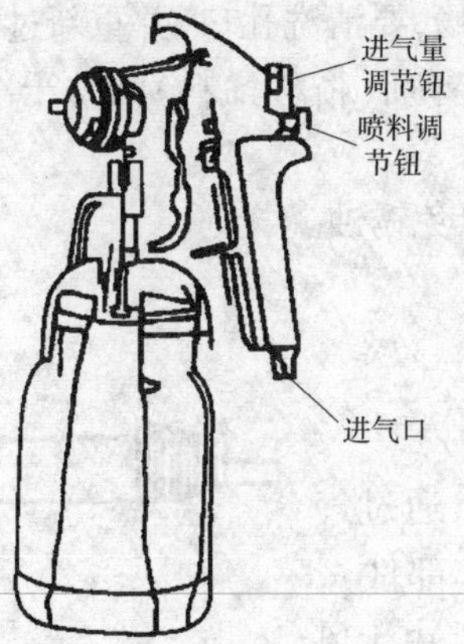

图 1-18　两钮调节喷枪

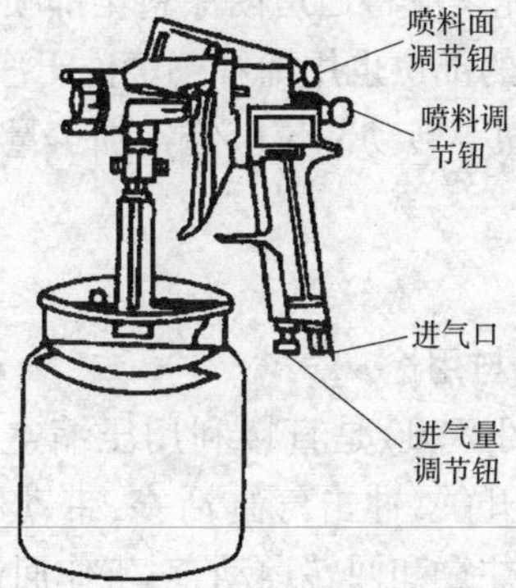

图 1-19　三钮调节喷枪

2. 工作原理

当手指扣紧扳手时,压缩空气由进气管经进气阀进入喷射器头部的气室中,控制喷枪输出量的顶针也随着扳手后退,气室的压缩空气流经喷嘴,使喷嘴部位形成负压,储料罐内的涂料就被大气压力带进涂料上升管而涌向喷嘴,在喷嘴出口处遇到喷嘴两侧另一气室中喷出的气体,使涂料的粒度变得更细。

(三)使用要点与注意事项

因目前市场上喷枪的规格、型号各不相同,此处只选取具有代表性的喷枪加以说明,其他型号喷枪的使用大同小异。

(1)喷枪的空气压力一般为 0.3 ~0.35 MPa,如果压力过大或过小,可调节空气调节钮。向右旋转气压减弱,向左旋转气压增强。

(2)喷口距附着面一般为 20 cm。喷涂距离与涂料黏度有关,涂料加稀释剂与不加稀释剂,喷涂距离有 ±5 cm 的差别。

(3)喷涂面大小的调整,有的用喷射器头部的刻度盘,也有的用喷料面调节钮,原理是相同的。用刻度盘调节:刻度盘上刻度“0”与喷枪头部的刻度线相交,即把气室喷气孔关闭,这时两侧喷气孔中无空气喷出,仅从气室中间有空气喷出,涂料呈柱形;刻度“5”与刻度线相交,两侧喷气孔有空气喷出,此时喷口喷出的涂料呈椭圆形;刻度“10”与刻度线相交,则可获得更大的喷涂面。用喷涂面调节钮来调节喷出涂料面的大小,顺时针拧动调节钮喷出面变小,逆时针拧动调节钮喷出面变大。

(4)有些喷枪的喷射器头可调节，控制喷雾水平位置喷射或垂直位置喷射。

(5)除加压式喷枪外，喷枪可不用储料罐，而在涂料上升管接上一根软管，软管的另一端插在涂料桶下端，把桶放在较高位置上，不用加料可连续使用较长时间。适用于大面积喷涂工作。

(四)维护与保养

(1)使用前检查各部分连接处是否安装完好。

(2)安装前将各部件擦净，不得有污垢，尤其是出料通气口要擦干净。安装后先扳动扳机喷气，以冲净内通道和通道口，保证枪内空气通道畅通。

(3)使用中若因涂料颗粒堵住喷孔而使出料不畅，要清洗孔口，并重新过滤涂料。

(4)使用完毕应将通道内涂料全部喷出并用稀释剂(俗称稀料)清洗干净，将料斗和喷枪等涂料通过的部位也用稀释剂清洗干净。

(5)调节钮等转动部位应经常加少量润滑油，以免锈蚀。

四、风镐

(一)特点与用途

风镐(见图1-20)是直接利用压缩空气作介质，通过气动元件和控制开关，冲击气缸活塞，带动钎头(工作部件)，实现钎头机械往复和回转运动，对工作面进行作业。由于风镐冲击力大，被广泛用于修凿、开洞等作业。

部分风镐技术性能见表1-8。

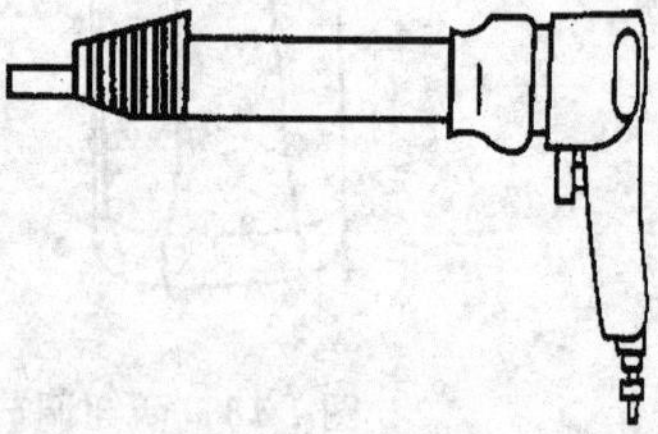

图1-20　风镐

表1-8　风镐技术性能

项目	GJ－7	G－7	G－7A	G－11
冲击频率(次/min)	1 300	1 250～1 400	1 100	1 000
钻眼直径(mm)	40	44	34	38
锤体行程(mm)	135	80	153	155
使用气压(MPa)	0.4	0.5	0.5	0.4
耗气量(m^3/min)	1	1	0.8	1
质量(kg)	6.7	7.5	7.5	10.5

(二)结构与工作原理

风镐主要由气缸、活塞、进排气机构、工作装置和壳体等部件组成。外接压缩空气胶管连接空气压缩机。

(三)使用要点与注意事项

(1)使用前，要检查风镐的完好情况，螺栓有无松动，卡套和弹簧是否完整，压缩空气胶管连接是否良好等。

(2)在操作中,必须精力集中,在指定修凿部位作业,通过眼看耳听,发现不正常声和振动时,应立即停钻进行检查,排除故障。

(3)要保证风镐需要的压缩空气的气量和气压符合风镐的使用要求,保证其工作效率正常发挥。

(4)操作时,风镐要扶稳,施压均匀。

(5)工作现场要有足够的照明。高处施工时,要有坚固可靠的工作架子,同时做好碎块溅落伤人的防护措施。

(四)维护与保养

风镐工作环境较为恶劣,承受冲击和振动很大,因此需要经常维修和保养及更换钎头,要按照使用说明书及时进行维修保养。

五、打钉机

(一)特点与用途

打钉机(见图1-21)用于混凝土构件打钉作业,所用的钉子有普通标准圆钉和U形(钉书针式)钉等几种,打钉机动力有气动和电动。用打钉机安全可靠,生产效率高,劳动强度低,高级装饰板材可以充分利用,是建筑装饰常用机具。

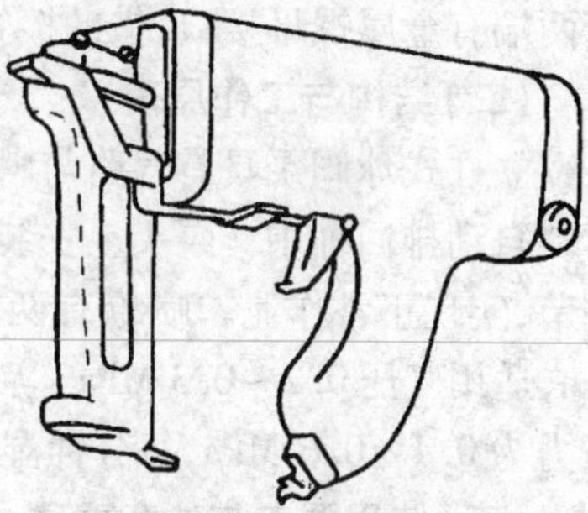

图1-21　打钉机

(1)普通标准圆钉。直径$\phi 25 \times 51$ mm;专用钉,常用10 mm、15 mm、20 mm、25 mm四种,使用气压0.5~0.7 MPa,冲击频率60次/min。

(2)U形钉。博世PTK14型,U形钉宽度10 mm,长度6~14 mm,冲击频率30次/min,机重1.1 kg。

(二)结构与工作原理

气动打钉机由气缸和控制元件等组成。使用时,利用压缩空气(>0.3 MPa)冲击缸中的活塞,实现往复运动,推动活动活塞杆上的冲击片,冲击落入钉槽中的钉子钉入工件中去。电动打钉机接上电源直接就可使用。

(三)使用要点与注意事项

(1)操作人员必须熟悉拆卸和组装的工序,否则不准随意接触。

(2)操作时才允许将钉装入打钉机内,严禁将装好钉的打钉机口对准人。

(3)打钉的基体必须稳固、坚实,并具有抵抗冲击力的刚度。在薄墙、轻质墙体上打钉时,对面不得站人,以防打穿墙后伤人。

(4)发现打钉机的操作不灵活,必须及时取出钉,排除故障,切不可轻易解除保险。

(5)打钉机严禁作为玩具玩耍,以防伤人。

(四)维护与保养

(1)打钉机长时间存放,必须用煤油浸泡,然后擦拭上油存放,以防止锈蚀。

(2)打钉出口内应保持清洁,不允许有杂质,各部件不允许有松动现象,如发现磨损、烧毁或损坏等,应立即更换后再使用。

六、天花板喷涂机

(一)特点与用途

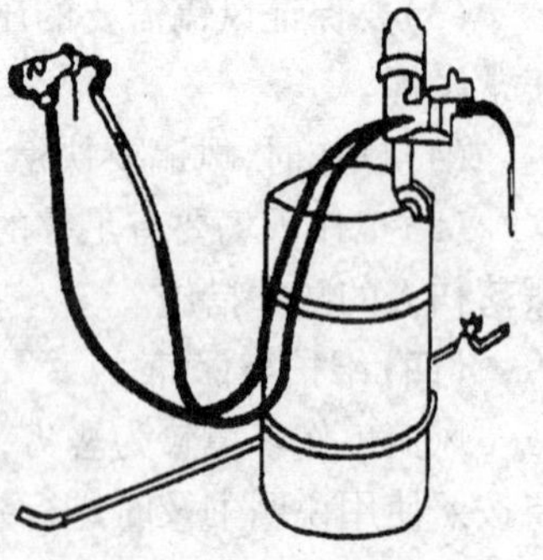

图 1-22　天花板喷涂机

天花板喷涂机(见图 1-22)主要包括储料桶、气动球阀泵、输气管、输料管、喷枪及空气压缩机。气动球阀泵正常工作所需供气压力为 0.3 ~ 1.2 MPa,每升湿料需 0.045 ~ 0.060 m^3 压缩空气,每分钟需 0.43 ~ 0.71 m^3。空压机应有 25% 以上的供气储备能力,以适应负荷高峰之需。每台国产 9 m^3 柴油空压机可供两套喷涂机具工作。空压机能力大,喷涂系统作业稳定,施工效果好。

所用气、料软管均为耐压防腐胶管。供气管直径 1.905 cm,接枪气管直径 1.27 cm,接枪料管直径 1.905 cm。每段管两端有金属螺母接口,借助接管器可加长线路,接口严密可靠。

(二)结构与工作原理

立柱式球阀泵具有气路与料路两个系统,有回流装置,当喷枪暂停作业时,泵仍然运行,材料自动排回桶中。泵头上安装有压力表和气料调节器,可依据施工需要及气源情况进行调节,实现正常作业。喷枪有两种形式,即手枪式和长杆式。前者喷嘴口径为 6.4 ~ 7.9 mm,适用气压 0.2 ~ 0.3 MPa。后者用于高压力情况下,喷嘴口径亦为 6.4 ~ 7.9 mm,但空气压力为 0.4 ~ 0.6 MPa,每分钟湿料流量 5.7 ~ 9.6 L。

(三)使用要点与注意事项

(1)在不进行喷涂的时候要锁好喷枪的保险。

(2)确保喷枪有扳机保护装置,并且喷嘴周围有安全罩。

(3)如果喷嘴梢已经堵塞,那么就不要在正在喷涂料时尝试用手指清洁喷嘴梢。喷涂机正在运行时,手指应远离梢部。

(4)不要将喷枪对准人。

(5)在清洁喷枪或者喷枪过滤器之前,应始终关闭喷涂机并断开电源。但即使是这样,如果必须清洁梢部的话,也需要扣动扳机,释放软管中的累积压力。

(6)只在通风良好的区域工作,戴上油漆面罩,以避免吸入气体。

(7)作业环境不允许有明火。

(8)室外作业时,不要将装有溶剂的容器暴露在灼热的日光下,应将容器放入阴凉场所。

七、喷漆枪

(一)特点与用途

喷漆枪是油漆作业的常用工具,根据结构不同有小型和大型两种(见图 1-23)。

小型喷漆枪在使用时一般用人工充气,也可以用机械充气,人工充气是把空气压入储气筒内,供面积不大、数量较小的喷漆时使用。它包括储气筒与喷漆枪两个部分,中间用输气胶管连接。

大型喷漆枪的内部构造比小型喷漆枪复杂得多,不能用手工打气来进行工作,它必须用空气压缩机的空气作为喷射的动力。

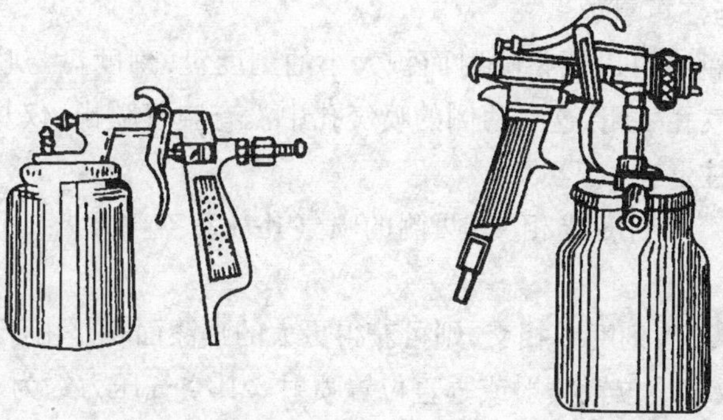

(a)小型喷漆枪　　(b)大型喷漆枪

图 1-23　喷漆枪

国内部分喷漆枪规格见表 1-9。

表 1-9　喷漆枪规格

型号	喷嘴口径（mm）	供漆形式	额定空气压力（Pa）	喷涂效率（kg/min）	涂料黏度（Pa·s）	喷涂雾幅（mm）			储漆容量（kg）	枪净重（kg）	外形尺寸（mm×mm×mm）
						有效距	扇形宽	圆柱直径			
64 型	1.2	压下式	$(5\sim6)\times10^5$	0.15	15～25	250～300	≥150	≤60	0.6	0.9	157×89×365
	1.5	压下式	$(5\sim6)\times10^5$	0.18	15～25	250～300	≥150	≤60	0.6	0.9	157×89×365
	1.8	压下式	$(5\sim6)\times10^5$	0.21	15～25	250～300	≥150	≤60	0.6	0.9	157×89×365
FPQ2A	1.8	吸上式	$(3\sim4)\times10^3$	≥0.36	15～25	200～210	≥140	≤60	1	1	170×115×300
	2.1	吸上式	$(3\sim4)\times10^5$	≥0.38	15～25	200～210	≥140	≤60	1	1	170×115×300
	2.4	吸上式	$(3\sim4)\times10^5$	≥0.40	15～25	200～210	≥140	≤60	1	1	170×115×300
FQ－1	1.7	吸上式	$(2.8\sim3.5)\times10^3$	0.07	15～25	200～250	≥140	38	0.6	0.45	220×87×180

注：表中产品为沈阳喷漆工具厂生产。

（二）结构与工作原理

大型喷漆枪由储漆罐、握手柄、喷射器、罐盖与漆料上升管所组成。盖上面有弓形扣一只及三翼形的紧定螺母一只。借三翼形紧定螺母的左转，将弓形扣顶向上方，于是弓形扣的缺口部分将储漆罐两侧的铜桩头拉紧，使喷漆枪盖在储漆罐上盖紧。使用时，用中指和食指扣紧扳手，压缩空气就可从进气管经由进气阀进入喷射器头部的气室中。控制喷漆输出量的顶针也随着扳手后退，气室的压缩空气流经喷嘴，使喷嘴部分形成负压。储漆罐内的漆料就被大气压力压进漆料上升管而涌向喷嘴，在喷嘴出口处遇着压缩空气，就被吹散成雾状。漆雾一出喷嘴又遇到喷嘴两侧另一气室中喷出的空气，使漆雾的粒度变得更细。

（三）使用要点与注意事项

（1）喷射器的头部有可以调整喷射面积大小的刻度盘，刻度盘与喷枪头部的刻线相交时，就是把气室的喷气孔关闭，这时两侧的喷气孔中没有空气喷出，仅从气室的中间有空气喷出，所以漆雾呈圆柱形。

（2）若将刻度“5”与刻度线相交，两侧的喷气孔就有空气喷出，所以这时的漆雾呈椭圆形。

（3）如将刻度“10”与刻度线相交，则可获得更大的喷漆面积。由于喷射器头可调节，还可使椭圆形的漆雾成水平位置喷射或垂直位置喷射。其空气压力约为0.5 MPa。

（4）储漆罐可盛漆1 kg。这种喷漆枪如果不用储漆罐，而在漆料上升管上接一根软管，软管一端接在较大的漆桶上，把漆桶放在较高位置，即可连续使用，适用于大面积喷漆面工作。

（四）维护与保养

喷枪使用完毕，用所喷涂的涂料的稀释剂进行喷射清洁，直到喷枪涂料通道洗净，否则枪内涂料干固堵塞会影响喷枪的正常使用。

（1）具体清洗方法如下：

①关闭压缩空气，拆下储漆罐，将枪内涂料倒回储漆罐中，将罐中的涂料倒入容器中；

②向储漆罐内倒入约1/4体积的溶剂进行冲洗，装上储漆罐，接通压缩空气，反复摇滚喷涂几次；

③拆开喷头，用溶剂刷洗干净后装上，擦除枪身上的涂料。

（2）洗刷喷枪时应注意如下几点：

①刷洗时要用软刷子，禁止使用金属刷子，不准用硬物去捅、刮，防止磨损喷嘴，使射流形状发生变化；

②避免喷枪直接泡在溶剂中，以防残余涂料附在机件上以及溶掉枪上的润滑油，可使用蘸有溶剂的软布擦；

③枪上的滚花部件均用手调节，避免使用钳子工具；

④定期在针阀及枪机销轴处滴润滑油；

⑤定期用轻油脂或凡士林润滑针阀及针阀弹簧，不得使用含硅的油。

第二节　电动类机具

一、木工雕刻机

（一）特点与用途

木工雕刻机是一种对木质构件进行铣削加工的小型电动类机具。它具有运用灵活、速度快、质量好、工效高等特点。其外形如图1-24所示。

木工雕刻机可以对条形工件边缘进行加工，也可以在加工件的表面开槽、雕刻等，还能镂空工件。如果将木工雕刻机固定安装在台板上，还可以加工中小规格的木装饰线。

（二）结构与工作原理

1. 结构

木工雕刻机大致可分为普通木工雕刻机和电子木工雕刻机两类。普通木工雕刻机由滑动标尺、标尺指针、止动杆、螺钉、蝶形头螺栓、可调节手柄等组成，如图 1-25 所示。其常见型号及主要技术指标如表 1-10 所示。

图 1-24　木工雕刻机外形

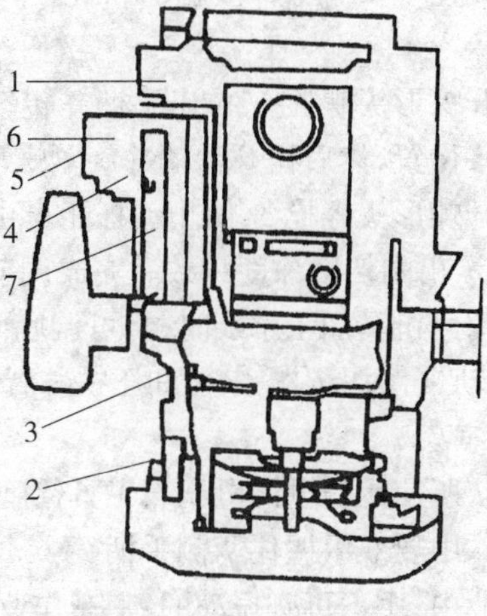

1—止动杆；2—螺钉；3、4—蝶形头螺栓；
5—可调节手柄；6—滑动标尺；7—标尺指针

图 1-25　普通木工雕刻机结构

表 1-10　普通木工雕刻机常见型号及主要技术指标

型号	能力（套爪夹头）（mm）	输入功率（W）	无负载旋转数（r/min）	全高（mm）	质量（kg）	标准附件
M8	8	800	25	240	2.7	直导杆 1，模板导杆 1，扳手 1
M12SA	12	1 600	22	280	5.2	直导杆 1，模板导杆 1，扳手 1，夹头套管 1，钻头 1

电子木工雕刻机除具有普通木工雕刻机的操作和控制装置外，还有电子反馈控制可变速装置。电子木工雕刻机常见型号及主要技术指标见表 1-11。

表 1-11　电子木工雕刻机常见型号及主要技术指标

型号	能力（套爪夹头）（mm）	输入功率（W）	无负载旋转数（r/min）	全高（mm）	质量（kg）	标准附件
M8V	8	800	10 ~ 25	255	2.8	直导杆 1，模板导杆 1，扳手 1
M12V	12	1 850	8 ~ 20	300	53	直导杆 1，模板导杆 1，扳手 1，夹头套管 1

2. 工作原理

木工雕刻机相当于小型铣床,它利用电动机带动各种特制刀头,对木制构件进行铣削加工。同时,运用止动杆、可调节手柄、多重滑动标尺等调节系统调节切削深度。

(三)使用要点与注意事项

1. 使用要点

(1)首先使刀头与工件接触,然后使连动杆紧靠切削深度设定螺钉,并用蝶形头螺栓3将其锁紧。

(2)松开蝶形头螺栓4,拉出手柄并转动手柄调节标尺,使得止动杆上的标尺指针对准标尺上的"0"位置,然后松开手柄并旋紧蝶形头螺栓4(见图1-25)。

(3)松开蝶形头螺栓3,使止动杆能自由滑动,然后转动手柄使止动杆的标尺指针与在滑动标尺上示出的切削深度一致。完成调节后,旋紧蝶形头螺栓3,再次锁紧止动杆。

(4)利用此机具加工木线时,将可调底面板紧固在台面下,将台面挖一个孔使刀头露出并能上下移动,台面上附以定位和压扶装置,即可根据需要加工木线。

2. 注意事项

(1)确认所使用的电源电压与工具铭牌上的额定电压是否相符。

(2)操作中要双手握住两侧手柄。

(3)作业中,手不可碰振动的刀头,作业后勿触刀头,以免烫伤。

(4)如有异常现象应立即停机,切断电源后方可检查维修,严禁带电维修。

(5)电源线应挂放在安全的地方,不要随地拖拉或接触油及锋利之物。如放在地上,最好穿在塑胶管内加以保护。

(四)维护与保养

(1)经常调节滑动标尺、标尺指针及可调节手柄,保持调节系统的灵活自如。

(2)床身和端架的滑动部分要经常加滴机械润滑油。

(3)要经常检查安装螺钉是否紧固妥善,如有松动,应立即紧固,以免导致严重事故。

(4)要注意保护电动机,定期清洁,擦拭灰尘。

(5)当碳刷磨损至5~6 mm时,应同时更换两个碳刷。经常保持碳刷清洁,保证其在夹内自由滑动。

(6)定期做绝缘检查。如发现绝缘不良,应立即排除。在潮湿环境下作业时,应定期对电动机做干燥处理。

二、木工多用机床

(一)特点与用途

木工多用机床是装饰装修工程中必备的装修机具之一。它具备强大的加工能力,一机多用,一机多能,使用方法简单,维修方便。随着科技的发展,木工多用机床也向着数控方向发展,甚至可完成各种手工难以达到的开槽、出棱等工作,并可连续加工相同尺寸的工件,达到较高的自动化程度,大大提高劳动效率和工件精度。

木工多用机床可用于木料的平刨、压刨、锯削、开榫、裁口、裁口倒棱、钻孔、榫方孔等加工,换上相应的工作头还可完成磨锯齿、磨刨刃、平削等工作。其主要技术参数如表1-12所示。

表 1-12　木工多用机床主要技术参数　（单位：mm）

刨削	工作台面长×宽	985×254
	刨削深度	0.10～10
	刨刃	200×25×3
	一次刨削宽度	200
锯削	锯割工作台面长×宽	650×148
	锯片直径	250
	最大锯割厚度	78
裁口	一次裁口最大深度	10
开榫	开榫台面长×宽	190×107
	开榫长度	85
裁口倒棱	裁口刀宽	15
	倒棱	30
钻削	最大钻削直径	13
	钻削榫孔长度	任意长
	钻削深度	根据钻头深度不限
榫方孔	方孔类型	任意方孔
车削	最大车削直径	30
	最大车削长度	200
刃磨	砂轮直径	100 50
压刨	最大压刨宽度	150 120
	最大压刨厚度	—
电动机	功率/电压	1.1 kW/220 V
	频率	50 Hz

（二）结构与工作原理

木工多用机床由电动机、锯工作台、锯靠标、锯护罩、钻方孔座、钻支架体、刃磨架、压料支架、升降手轮、横滑台搬把、纵滑台搬把等部件组成，同时配备电压保护装置，如图 1-26 所示。

1—锯工作台；2—锯靠标；3—锯护罩；4—钻方孔座；5—钻支架体；6—刃磨架；7—压料支架

图 1-26　木工多用机床结构

木工多用机床用单相电动机做动力，通过倒顺开关控制电动机的旋转方向，带动刨轴锯片、夹头旋转，进行多种作业。

（三）使用要点与注意事项

1. 使用要点

（1）平刨。用手操作升降手轮，达到所需要的刨削深度后，拧紧升降手轮，如图 1-27 所示。

（2）压刨。使用压刨时，按加工木料规格，调整工作台面与压架平面距离，用手推动进行刨削，如图 1-28 所示。

图 1-27　平刨

图 1-28　压刨

（3）断肩。将锯工作台调到所需尺寸，推动木料即可，如图 1-29 所示。

（4）钻孔。将木料放在钻孔工作台上压紧，操作纵滑台搬把可钻出圆孔，操作纵、横滑台搬把可钻出长圆孔，如图 1-30 所示。

图 1-29　断肩

图 1-30　钻孔

（5）榫方孔。装上方孔钻及大皮带轮即可榫方孔，如图 1-31 所示。

（6）车削。车削时，顶尖装在钻夹头上，木料装在两顶尖之间，刀架固定在支架体上，然后将刀放在刀架上进行车削，如图 1-32 所示。

图 1-31　榫方孔

图 1-32　车削

（7）磨锯齿。将锯工作台掀起，把锯片放在割榫工作台上，依次磨出锯齿，如图 1-33 所示。

(8)磨刨刃。将钻夹头卸掉,把小砂轮安装在夹头方向轴径上,用锁母锁紧可磨刨刃,如图1-34所示。

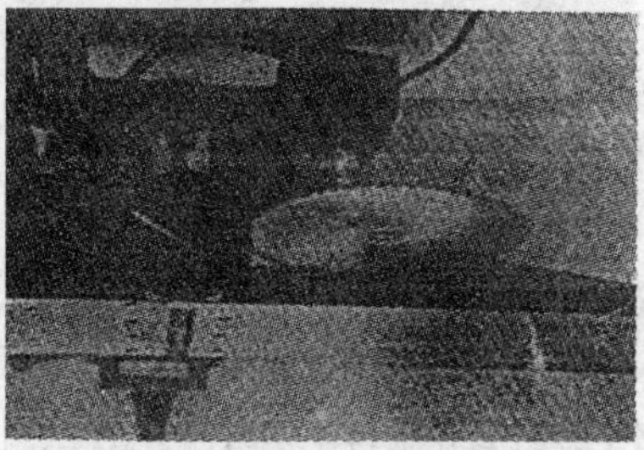

图1-33 磨锯齿

图1-34 磨刨刃

(9)锯料。锯不同厚度木料,可以上下掀动工作台,调整至所需位置紧固即可,如图1-35所示。

(10)开榫。将锯工作台掀到最高位置,调整制榫靠标至所需位置,如图1-36所示。

图1-35 锯料

图1-36 开榫

(11)裁口倒棱。卸掉锯片,安装好铣刀块,调整好靠标位置,调整锯工作台高度,即可完成一次裁口倒棱,如图1-37所示。

(12)裁口。裁口时将锯工作台降到所需位置后紧固即可,如图1-38所示。

图1-37 裁口倒棱

图1-38 裁口

2. 注意事项

(1)工作前应首先根据木工多用机床铭牌上的工作电压,检查电源电压是否符合要求。

(2)检查各种保护盖、罩是否完好,螺钉等紧固零件是否紧固妥当,必须装配齐全方可启用。

(3)按说明书正确安装锯片、钻头或其他工作头,务必安装紧固,以免在运行中飞离而酿成事故。

(4)机具工作时,切勿用手触及运行中的部分,防止造成意外伤害。

(5)锯割、刨削、开榫前应检查确认工件上无铁钉或其他硬物，以免损坏机具和导致事故。

(6)工作头开始旋转时应远离机具，待工作头达到全速旋转后，方可操作工件，开始工作。

(7)操作中务必双手握住工件，平稳、匀速地推动工件，以免发生意外。

(8)经常检查锯片、钻头等工作头的磨损情况，应及时打磨或更换。

(四)维护与保养

(1)经常保持机具清洁。每次工作完毕，都应及时清扫机具缝隙中的木屑、锯末等杂物，使机具经常保持良好的工作状态。

(2)机具使用完毕，应妥善存放在干燥的环境中，以防锈蚀。锯片、钻头等工作头应取下，以防挤压、磕碰造成变形、损坏。

(3)机床的各个转动结合部位(如轴、轴承等)，要定期上油，保持其转动灵活。

(4)对于易磨损部件，应及时检修、更换，以免造成机具损伤。

(5)定期对机具做绝缘检查，发现绝缘不良应立即排除。在潮湿环境下作业时，要定期对电动机做干燥处理。

(五)常见故障原因与排除方法

木工多用机床的常见故障及排除方法见表1-13。

表1-13　木工多用机床的常见故障及排除方法

故障现象	故障原因	排除方法
电动机不转	①外电源无电压或保险丝熔断 ②电源接线不牢 ③开关接触不良	①检查电源，更换保险丝 ②检修各接线点、开关和电动机 ③检修开关触点
轴承过热或有杂音	①轴承磨损 ②轴承内过脏或缺油	①更换轴承 ②清洗轴承或更换新油
刨削质量下降	①刀刃变钝或者缺口 ②刀片安装与台面不平行	①修磨刨刃 ②调整刀片
转速不足	①电源电压不足 ②皮带打滑	①恢复电源电压 ②调整皮带松紧和电动机位置
电动机过热	①电动机内部短路 ②电动机超载	①检修电动机开关 ②减少加工负荷
机床及电动机带电	①导线损坏与机体接触 ②电气绝缘受潮漏电	①更换或包缠绝缘胶布 ②修理或干燥处理

三、木工修边机

(一)特点与用途

木工修边机是对木制构件的棱角、边框、开槽进行修整的机具。它操作简便，效果好，速度快，适用于各种作业面，且深度可调，是一种先进的木制构件加工工具。木工修边机的外形如图1-39所示。

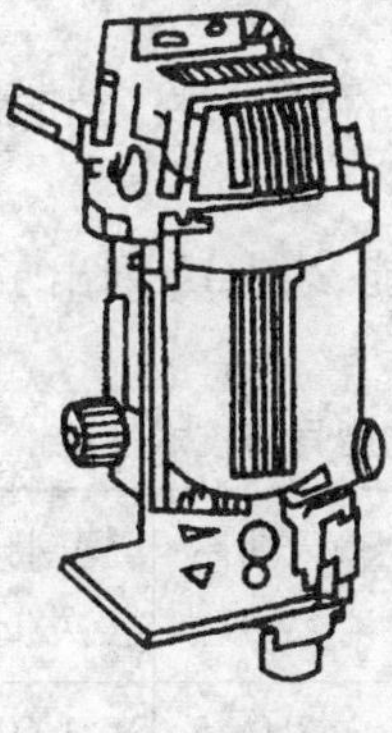
(a)TR-6型

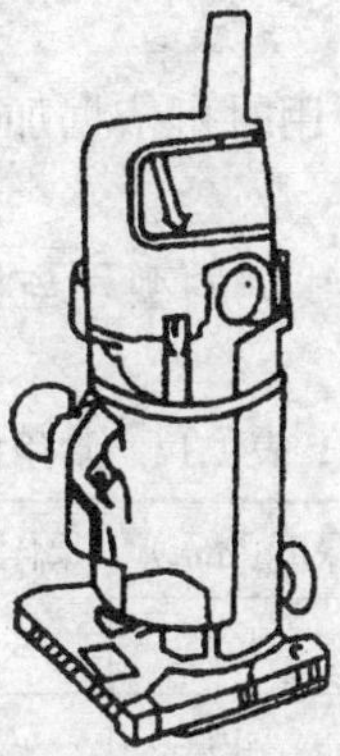
(b)TR-6A型

图 1-39　木工修边机外形

(二)使用要点与注意事项

(1)工作前检查所有安全装置,务必完好有效。

(2)确认所使用的电源电压与工具铭牌上的额定电压相符。

(3)作业中应双手同时握住手柄,双手要远离旋转部件。

(4)闭合开关前要确认刀头没有与工件接触,闭合开关后要检查刀头旋转方向和进给方向。

(5)如有异常现象,应立即停机,切断电源,及时检修。

(6)电源线应挂在安全的地方,不要随地拖拉或接触油和锋利物件。

(三)维护与保养

(1)应注意保持机具清洁,每次工作完毕,应擦拭机具。

(2)机具使用完毕,要在专用机架上存放,不得乱丢、乱放。

(3)各紧固调节螺栓、蝶形螺母及转动轴要保持转动灵活,定期上油,以防锈蚀。

(4)定期做绝缘检查,发现绝缘不良,应立即排除。在潮湿环境下作业,应定期对电动机做干燥处理。

(5)安装刀头应将刀头完全插入套爪夹盘孔内,再用扳手拧紧套爪夹盘。如未拧紧,容易损坏套爪夹盘。拆卸刀头时,先用扳手松开套爪夹盘,再卸刀头。

(6)木工修边机有多种配件,应按照作业类型和加工尺寸选择相应配件。

四、曲线锯

(一)特点与用途

1. 特点

曲线锯既能做直线锯割,又能做曲线锯割,还可以按各种不同的角度进行锯割。曲线锯的加工精度高,省工、省力,且体积小,操作灵活,维修简便,是装饰装修工程中常用的机具之一。其外形如图 1-40 所示。

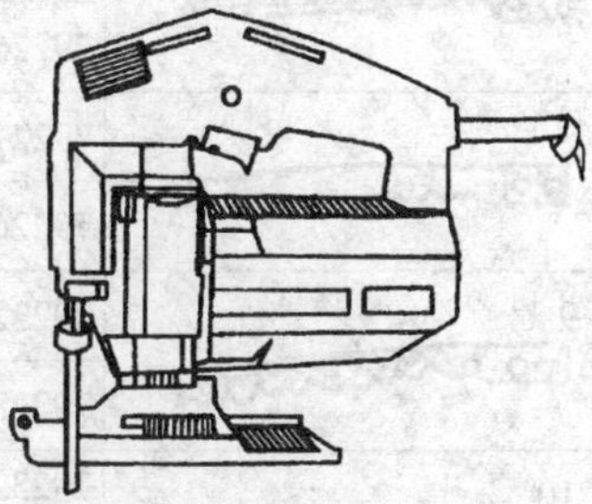
图 1-40　曲线锯外形

2. 用途及选择

曲线锯主要用于在金属板材、木料、塑料板、棚胶板上,按设计好的图形锯割出各种曲率半径小、不太规则的图形和简单图案花饰。

曲线锯有多种规格，使用时可依据加工工件的厚度、材质和加工要求，选择曲线锯的规格和锯片的类型。

表 1-14 列出了常用曲线锯的型号与技术性能，表 1-15 列出了常用曲线锯锯片的规格和适用范围，供选择时参考。

表 1-14　常用曲线锯的型号与技术性能

型号	最大锯割深度(mm)		额定电压	输入功率	锯割频率	锯条行程	整机质量
	钢材	木材	(V)	(W)	(次/min)	(mm)	(kg)
回 MIQZ－40	3	40	220	250	1 600	25	1.7
回 MIQP－50	6	50	220	280	3 700	16	1.8
回 MIQP－55	6	55	220	390	3 100	26	3.6
回 MIQP－60	6	60	220	350	3 400	20	1.9

表 1-15　常用曲线锯锯片的规格和适用范围

型号	零件号码	每 25.4 mm 齿数	总长(mm)	用途
1 号 	792145－5 792144－7	24	82	超细齿锯片，适用于厚片、轻铁合金、有色金属板及厚度 3 mm 以下的木材薄片
2 号 	792136－6 792135－8	14		能够迅速地锯断木材薄片、绝缘纤维板、塑料和胶木等
3 号 	792139－0 792138－2	9		锯割木材的理想工具，锯齿用厚度达 50 mm
4 号 	792124－1 792141－3			对厚度 3～6 mm 的木材或金属进行粗锯最为合适
5 号 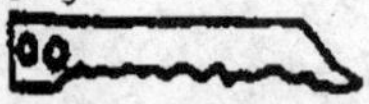	792133－2 792132－4	24	58	另一种超细齿锯片，适用于对厚度 3 mm 以下的轻铁合金或有色金属板进行净割
6 号 	792152－8 792272－0	9	82	极适于对木材进行曲线锯割
7 号 	792272－8 792268－9	14		适于对木材薄片、层积材和碎料板进行曲线锯割
8 号 	792273－6 792269－7	8		木材的理想切割工具，适于进行车间的研磨净锯割
9 号 	792327－9 792288－3			木材的理想锯割工具，适于进行车间的研磨净锯割，特别是净锯断
10 号 	792328－7 792320－3	6	58	极适于木材锯割，锯割面特别细致平滑，不必锉平

（二）结构与工作原理

1. 结构

曲线锯主要由电动机、变速箱（小模数齿轮和偏心斜齿轮）、曲柄滑块机构、平衡机构、锯条及装夹装置、可调节底板等组成，如图 1-41 所示。

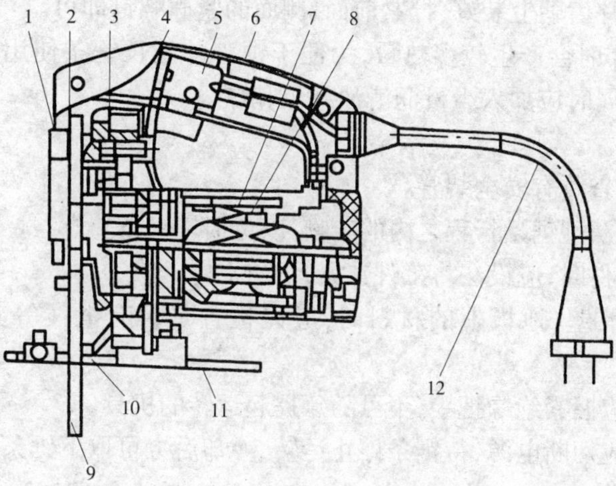

1—头盖组合件；2—曲柄滑块机构；3—偏心斜齿轮；4—中间盖组合件；5—电源开关；6—手柄；7—定子；8—转子；9—锯条；10—保护滚轮；11—底板；12—电源线

图 1-41　曲线锯结构图

2. 工作原理

电动机的转子轴上装有小模数齿轮，与偏心斜齿轮相吻合，从而带动装有锯条的曲柄滑块机构做上下往复运动。锯片装在曲柄滑块机构的下端，锯齿朝上，即上行做锯割运行，下行为空程运行。在曲线锯的下部装有可调节锯割斜度的底板，可在左右 45°范围内调节。底板上还装有保护滚轮，用以防止锯片折断。曲线锯电动机的转子轴上还装有排风扇叶，它排出的风能通过空隙直接吹向锯片，既可对电动机和锯条起到冷却作用，还能吹去锯割行程中产生的锯屑，使划痕清晰可见，便于锯割。

（三）使用要点与注意事项

1. 使用要点

（1）使用前要检查电源电压与曲线锯的额定电压是否相符，开关是否灵敏，锯片是否完好、紧固。

（2）接通电源后，应等锯条运行正常后方可靠近被锯工件进行锯割。锯割时应匀速、缓慢地向前推进，避免左右晃动，切忌操之过急，以免折断锯片，损坏工件。

（3）若做镂空加工，应先用电钻在加工线上钻一个能容下锯片的孔，再开始锯割。

（4）锯割材料越厚，推进应越缓慢。加工较薄材料时如出现工件弹跳现象，说明选用锯条齿距过大，应换用细齿锯条。

（5）若加工薄板困难，可将多层薄板同时加工，也可垫较厚废料，并与工件夹紧进行加工。

（6）锯割精确直线、圆或圆弧，应使用导尺或圆形导件。

（7）为保证锯割线光滑，锯割过程应尽可能一次完成，不可随意拿起曲线锯。如遇异常情况，应先停机再检查。

(8)如需锯割斜面，可调节底板上的调节螺钉，使底板倾斜达到要求，再将调节螺钉紧固即可。

(9)锯片磨损严重，会降低工效，需及时更换。更换时先断开电源，松开定位环上的锯片固定螺钉，将新锯片齿朝上装好，拧紧前面、侧面的紧固螺钉即可。

(10)曲线锯工作时会产生较多热量，为便于锯割并延长锯条使用寿命，在锯割木材时要加少量水，锯割金属时应加入少量润滑油，以利散热。

2. 注意事项

(1)工作前应检查所有安全装置。

(2)锯割前应先清理锯条行程之内的杂物，以免损坏锯条。

(3)锯割较小工件时，应设法将工件夹紧，切勿手持。

(4)锯割顶棚、墙壁、地板上的材料时，应先检查是否有电线等其他物件，以免出现事故。

(5)操作时，手应握紧绝缘把手，不可随意提起运转的机具。

(6)工作完毕，应切断电源，待锯条停止运转、冷却后方可取下锯条，以免伤人。

(四)维护与保养

(1)应注意保持机具的清洁，每次使用完毕，都应清除缝隙间的杂物，保持良好的工作状态。

(2)机具使用完毕，应有专门机架存放，以免挤压、磕碰，损坏零件。取下锯条，安置妥当，避免挤压、变形、折断。

(3)机具的运动部件和调节装置，如轴、轴承、调节螺钉等，要定期上油，以保证其运转灵活。

(4)定期做绝缘检查，如发现漏电应立即排除。长期不用或在潮湿环境下作业，要定期做防潮处理。

(5)定期检查更换碳刷，当碳刷磨损到5~6 mm时，要及时更换。

电动曲线锯常见故障及排除方法见表1-16。

表1-16 电动曲线锯常见故障及排除方法

故障现象	故障原因	排除方法
通电后机器不运转	①电源断线 ②接头松脱 ③开关失灵 ④碳刷与整流子表面未接触	①接通电源 ②紧固接头 ③修理或更换开关 ④调整碳刷弹簧弹力使之接触
外壳带电	①转子或定子绝缘损伤 ②导体部分碰触壳体	①检查修理损伤部位 ②找出碰壳处进行修理
通电后声音不正常且不运转或转速很慢	①开关触点烧坏 ②机械部位松脱或卡住	①修理或更换开关 ②拆开检查并进行紧固调整

续表 1-16

故障现象	故障原因	排除方法
锯片振动	①保护滚轮没有紧靠锯条背部 ②底板没有贴平工件表面	①使保护滚轮靠紧锯条背部 ②将底板贴平工件表面
电动机外壳发烫	①推进速度过快或作用力过大致使负荷增加 ②绕组受潮 ③电源电压下降	①减少推进力,降低推进速度 ②对绕组进行干燥 ③调整电压
变速箱外壳发烫	①润滑脂不足或变脏 ②传动齿轮卡滞	①添加或更换润滑脂 ②拆开进行检修
转子磨损有轴向窜动、声响窜动	含油轴承端部磨损	更换轴承或加垫调整垫片
电动机含油轴衬部位有异常声响	①含油轴衬缺油 ②装配不当,有卡滞现象 ③内孔磨损松动	①适量加添润滑油 ②重新调整装配 ③更换含油轴衬
整流子上有环火或火花很大	①转子发生短路 ②碳刷与整流子接触不良,整流子变脏 ③整流子铜片磨损,片间云母片凸出 ④含油轴承磨损松动,使整流子跳动或轴向窜动	①检修转子 ②调整弹簧弹力,清理整流子,使两者接触良好 ③检修整流子,并将母片修齐 ④更换含油轴承

五、往复锯

(一)特点与用途

往复锯最大的特点是小巧、轻便,在狭小的施工场地,大型机具不能发挥效力的地方,往复锯都可从容操作;对于已经固定且不能取下加工的工件,使用往复锯也可轻而易举的解决。如加工装饰在墙或顶棚上的材料,在顶棚上开洞,镂空暖气罩等。它的不足之处是加工精度较低。其外形如图 1-42 所示。往复锯可对木材、金属、塑料、橡胶等各种材料进行锯割加工。目前,往复锯的规格种类不多,现介绍两种产品供参考。一种是日本产牧田牌大型往复锯,其规格为:冲程长度 30 mm;额定输入功率 590 W;额定输出功率 300 W;锯割频率为高速 2 500 次/min,低速1 900 次/min;质量 3.8 kg。另一种是国产 J_1FH 型往复锯。其锯割能力为:管材外径 100 mm,最大厚度 10 mm;输入功率 430 W;锯割频率 1 400 次/min;质量 3.6 kg。

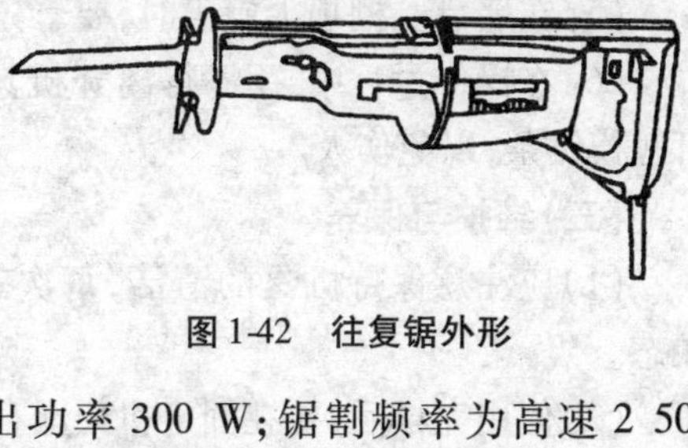

图 1-42　往复锯外形

往复锯使用的锯片有多种,锯片的选择主要根据加工工件的材质、厚度来确定。表 1-17 列举几种往复锯锯片的性能,供选用时参考。

表 1-17　几种往复锯锯片的性能

<table>
<tr><th>型式</th><th>零件号码</th><th>每 25.4 mm 齿数</th><th>总长(mm)</th><th>用途</th></tr>
<tr><td>21 号</td><td>792146.3</td><td>24</td><td>120</td><td>适用于厚度 3 mm 以下的钢板及直径 50 mm 以下的铁管</td></tr>
<tr><td>22 号</td><td>792147.1</td><td>18</td><td rowspan="3">160</td><td>适用于厚度 3 mm 以下的钢板、铝质框格及直径 90 mm 以下的铁管</td></tr>
<tr><td>23 号</td><td>792148.9</td><td>9</td><td>适用于厚度 90 mm 以下的成材</td></tr>
<tr><td>24 号</td><td>792149.7</td><td>24</td><td>适用于厚度 3 mm 以下的钢板及直径 50 mm 以下的铁管</td></tr>
</table>

(二)使用要点及注意事项

1. 使用要点

(1)使用前应检查电源电压与往复锯额定电压是否相符,开关是否灵活,锯割要求与锯条是否匹配,并检查锯条是否完好。

(2)将锯条紧固在滑杆上,调节滑杆,使滑杆长度与锯割加工厚度相适应。

(3)开始锯割时,双手握紧机具把手,将锯条紧靠在工件上,不要留有缝隙,以免损坏锯片。

(4)要等锯条正常运转后,方可靠近工件加工,严禁带负载开机。

(5)锯割材质坚硬工件时应使用冷却剂,以免锯条过热。

(6)锯条磨损严重时应及时更换。更换前要切断电源,待锯条冷却后再更换。

2. 注意事项

(1)工作前检查所有安全装置,务必完好有效。

(2)锯割时,锯条行程范围内严禁有其他杂物。

(3)锯割小工件时,应将工件夹牢,不能用手持工件加工。不要锯割超过加工范围的工件。

(4)双手握紧机具把手,双脚站稳,不可触摸运动部件。

(5)在墙、地、棚顶上施工时,要事先查清是否有电线等异物。

(6)在操作过程中,手不得离开机具。使用后要关上开关,等机具停止运转、冷却后才可触摸锯条,以免伤人。

(三)维护与保养

(1)应注意保持机具的清洁,每次工作完毕,要擦拭干净,清除杂物,保持良好的工作状态。

(2)使用完毕后,要在固定机架上存放,以免挤压、磕碰而使零件变形或损坏。

(3)锯条取下后,应保持干燥,存放妥当,以免挤压,防止变形、断裂。

(4)机具的运动部件及调节紧固部位要定期上油,保证运动灵活。

(5)及时更换磨短(小于 6 mm)的碳刷,并保持碳刷清洁。

(6)定期做绝缘检查,以防漏电。长期不用或在潮湿环境下作业,应定期做防潮处理。

六、转台式斜断锯

(一)特点与用途

转台式斜断锯具有刀架式台面回转机构,改变刀轴与工件夹角可获得 ±45°间任意角度的切口,且切口平整、光滑。转台式斜断锯具有加工效率高、精度高、操作简单、使用安全、携带方便等特点,其外形如图 1-43 所示。

图 1-43 转台式斜断锯外形

转台式斜断锯适用于木材、合成物、塑料、各类有色金属型材的锯割加工,对提高装饰施工水平和工作效率起着重要作用,是施工中常用机具之一。在装饰装修选择转台式斜断锯时,以加工工件的宽度为主要依据,同时参考工件的厚度、材质和加工要求。表 1-18 列出了几种转台式斜断锯的规格与技术性能,可供选择时参考。

表 1-18 几种转台式斜断锯的规格与技术性能

锯片直径(mm)	最大加工能力厚×宽(mm×mm)		转速(r/min)	输入功率(kW)	外形尺寸长×宽×高(mm×mm×mm)
	90°	45°			
255	70×122	70×90	4 100	1.38	496×470×475
255	70 ×126	70×89	4 600	1.38	470×485×510
355	122×152	122×115	3 200	1.38	530×596×435
380	122×185	122×137	3 200	1.34	678×590×720

从表 1-18 中的数据可知,转台式斜断锯转台的回转机构在不同角度时,最大加工能力的厚度、宽度是不同的。选择时应注意,使被加工工件的宽度和厚度略小于转台式斜断锯的最大加工能力。

与转台式斜断锯配套使用的锯片有多种,常用的有复合锯片、横截锯片、斜切锯片、凿形齿复合锯片、硬质合金锯片等,其外形如图 1-44 所示。各种锯片的适用范围和加工特点如下所述。

(1)复合锯片(见图 1-44(a)):主要供纵锯和横锯作业之用,为提高作业速度,锯齿比一般横截锯片少。

(2)横截锯片(见图 1-44(b)):能使转台式斜断锯作业进行得更为顺利,而且锯割面比复合锯片的锯割面更为细致光滑。

(3)斜切锯片(见图 1-44(c)):可对铝材或木材进行细致、光滑的锯割。锯片上有"+"标记的为木材割断用,有"++"标记的为铝材割断用。

(4)凿形齿复合锯片(见图 1-44(d)):供纵锯和横锯之用,加工精度较低。

(5)硬质合金锯片(见图 1-44(e)):能够最快、最平顺地完成作业,而且经久耐用,无需进行磨削。适用于锯割一般木材或阔叶材、清水墙、塑料等。锯片上有"+"标记的为塑料割断用,有"++"标记的为铝材割断用。

选择锯片的主要依据是锯割工件的材质和加工要求。

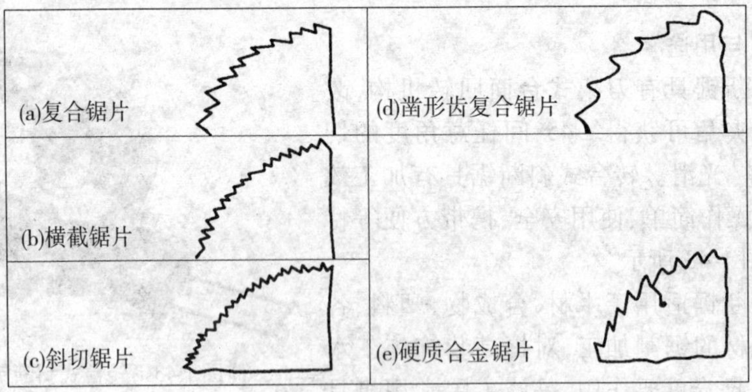

图 1-44　转台式斜断锯锯片外形

(二)结构与工作原理

转台式斜断锯由电动机、变速箱(图中未画出)、锯片、安全罩、转动台等部分组成,如图 1-45 所示。

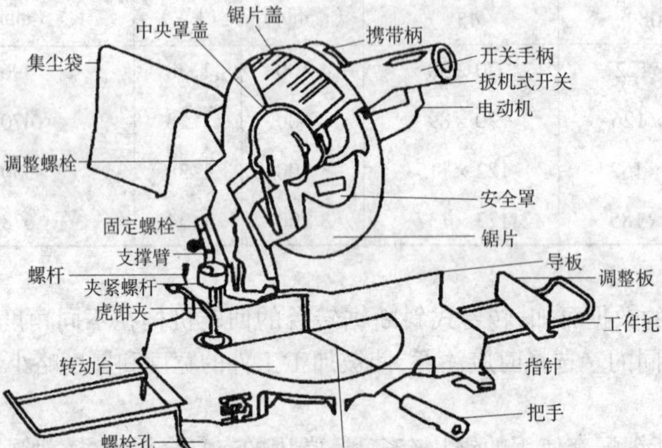

图 1-45　转台式斜断锯结构

转台式斜断锯的工作原理是:电动机通过罩壳内的齿轮带动锯片转动。携带柄起携带作用,当机具需要移动时,放下开关手柄,按下制动栓,用夹紧把手将旋转基座扣紧,钩上防护链,握住携带柄,就可拿走。锯片盖和安全罩起保护锯片和操作者安全的作用,放下开关手柄,安全罩自动收起;锯割完,抬起开关手柄,安全罩就会恢复原来的位置。集尘袋起收集灰尘的作用,它插在锯屑喷口的弯头上,锯片锯割下来的碎屑被它吸收起来。当集尘袋半满时应及时倒出、拍净。虎钳夹和夹紧螺杆是用来固定工件的。把手是调整转台用的,可使转台在 0°~45°间旋转,拧紧把手即可固定转台。

(三)使用要点与注意事项

1. 使用要点

(1)利用开在工具底板上的螺栓孔,用 4 颗螺栓将其拧紧在水平稳固的表面上。

(2)开机前应检查锯片是否符合要求,如有裂纹、变形应更换;锯片盖是否紧固,安全罩是否转动灵活;电源是否符合要求,机具开关是否灵活、有效;电动机是否运转正常。

(3)按所需角度调整好转动台,将锯割工件固定好。

(4)检查无误后,即可开始锯割。锯割时应右手握住开关手柄,按动开关,使锯片旋转,当电动机转速稳定后慢慢放下开关手柄,锯片与工件缓慢接触,匀速加力进行锯割。工作后,关上开关,等锯片停止运动再提起开关手柄,以免提起过早,旋转锯片带动杂物伤人。

(5)锯片的调整。锯片经过多次锯割,直径会逐渐变小,这时要重新调整,可用套筒扳手旋转调整螺栓进行调节,逆时针方向转动螺栓锯片降低,顺时针方向转动螺栓锯片升高。调节标准为:将手柄完全放下时导板前面的锯片进入割缝部分的距离为最大锯宽,拔下电源插头,开关手柄抬起,用手转动锯片,应触及不到底座的任何部位。

(6)开关手柄灵活性的调整。开关手柄应操作灵活,过紧和过松都会影响锯割质量。过松时锯割精度下降,过紧时上下移动费力,还会增加机具磨损。使用一段时间后,如果锯片盖和手把臂连接处松动,可用一个扳手固定住螺栓,用另一个扳手拧紧六角防松螺母。调整后,应保证开关手柄可从任何位置恢复到最初抬起的位置上。

(7)直角的调准。长时间的使用、多次搬动,就可能使转动台上的直角失准,需要调整。调准时先拧松把手,将转动台固定在“0”位置上,拧紧把手并松开导板上4个六角螺栓,用三角板或直角尺,一边靠住锯片,移动导板靠住另一边,然后依次拧紧导板上的螺栓。

(8)为了保护工件,防止工件裂碎,可装上木制导板。将木制导板用螺栓固定在原导板上,螺栓头部要埋进木板里面。木制导板尺寸如图1-46所示。加装木制导板后,不要在锯片处于原位置时转动平台,以免损坏木板。同时,计算加工宽度时要减去导板的厚度。

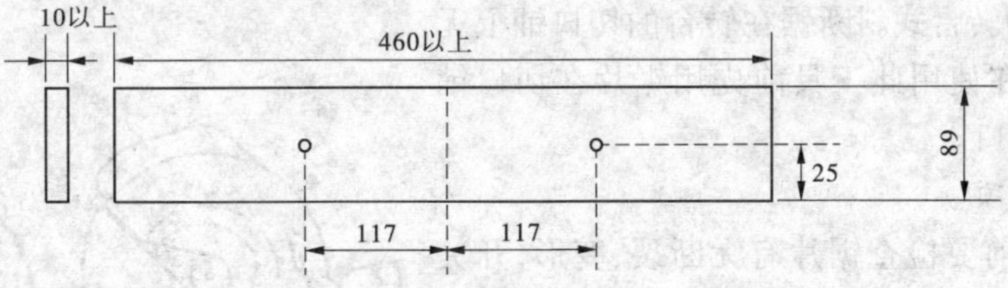

图1-46　木制导板尺寸　(单位:mm)

(9)锯割长工件时,应使用与转动台上表面等高的支撑物,如图1-47所示。

(10)锯割铝挤压材料时,为防止铝材变形,要使用垫板。垫板和铝挤压材料的位置如图1-48所示。为了防止铝材的锯割物聚积在锯片上,锯割铝挤压材料时应使用锯割用润滑油。

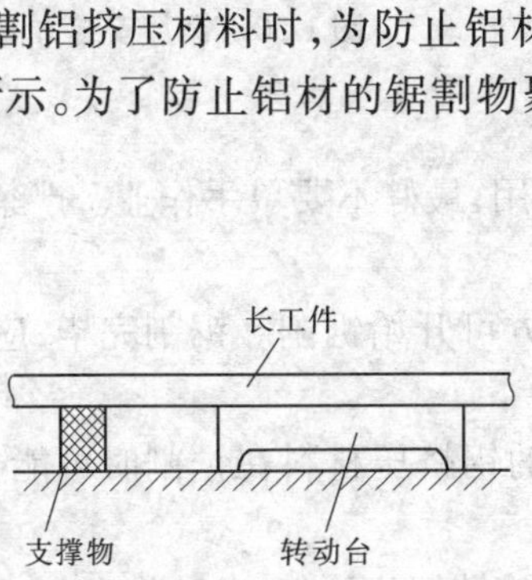

图1-47　用转台式斜断锯加工长工件

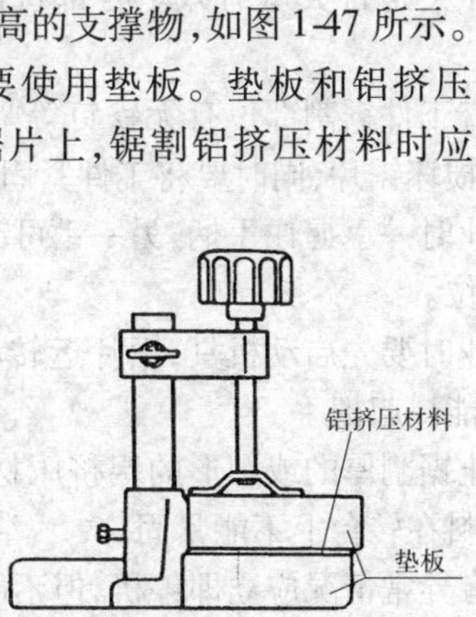

图1-48　使用垫板加工铝挤压材料

(11)重复锯割。多次锯割同一长度工件时,可以使用调整板来辅助进行,但锯割长度不得超出调整板所能调整的长度范围。具体方法是:用割缝左边或右边调准工件锯割线,抓住工件以防移动,移动调整板使之与工件边缘平齐,然后将调整板固定住,即可多次完成同一长度工件的锯割。

(12)锯片的拆装。拆装锯片时要拔下电源插头,首先松开处于最低位置的手柄,按动轴的锁定位置,使刀具不能旋转,再用套口扳手松开六角螺栓,取下外法兰盘及锯片,装锯片时逆向操作即可。锯片拆装如图1-49所示。安装时锯片上箭头方向应与锯片盖上箭头方向一致,如图1-50所示。

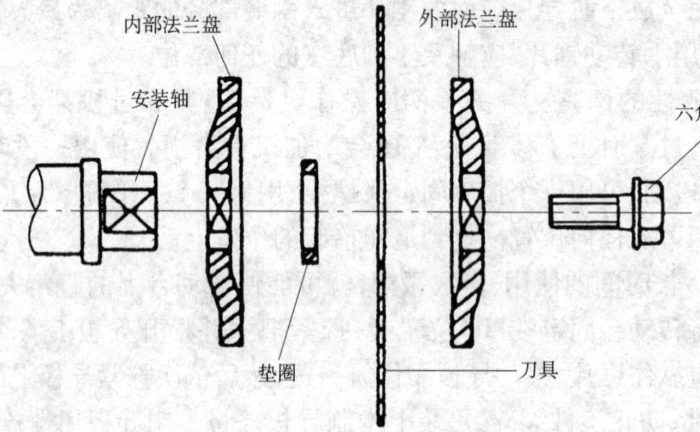

图1-49　锯片拆装示意

(13)有的转台式斜断锯在转台的切口铺上无切下槽口,应在使用此工具前先用锯片在切口铺上开出切下槽口。

图1-50　锯片安装方向示意

2. 注意事项

(1)开机前要检查锯片有无断裂、变形,开关安全罩是否紧固,主轴锁定装置是否处于非锁状态,机具的开关是否灵敏有效。各部位确认无误后方可开机。

(2)检查工件锯割部位有无铁钉等坚硬物件,以免回弹和损坏锯片,同时要将工件紧固在转台上。

(3)作业时一手握住手柄,另一手可起辅助作用,最好不要单手作业。严禁身体接触或接近锯片部位。

(4)作业时要先启动机具,锯片运转稳定后,方可开始锯割。锯割完毕,应等锯片完全停止转动才能提起把手。

(5)禁止锯割厚的或圆形的铝挤压材料。厚的铝挤压材料在锯割时可能会变松,圆形的铝挤压材料在转台上不能紧固。

(6)如有异常情况应立即停机,但不能将高速旋转锯片拾起,以免伤人。

(7)移动机具或拆装锯片前均应将电源插头拔下。

(8)使用时现场不能有易燃、易爆气体或物品。

(9)严禁在拆除防护罩情况下操作。

(10)操作时应戴防护目镜。

(四)维护与保养

(1)注意保持机具清洁,每次工作完毕,要擦拭机具,清除沟槽和零件缝隙间的杂物,以保持机具处于良好的工作状态。

(2)机具要在固定位置存放,以免挤压、磕碰,使机具零件变形、损坏。

(3)锯片取下后,应在固定位置存放,以免挤压,发生变形、断裂。

(4)机具的转动部位及紧固处,要定期上油,保持转动灵活。

(5)定期检查更换电动机碳刷,当碳刷磨损到 5 ~ 6 mm 时要及时更换。经常保持碳刷的清洁,并且使其在夹内能自由滑动。

(6)定期做绝缘检查,如有漏电应立即排除。在潮湿环境下作业或长期不用时,要定期对电动机做干燥处理。

七、型材切割机

(一)特点与用途

型材切割机作为切割类电动机具,具有结构简单、操作方便、功能广泛、易于维修与携带等特点,是现代装饰装修工程施工常用的机具之一,其外形如图 1-51 所示。型材切割机用于切割各种钢管、异型钢、角钢、槽钢以及其他型材钢,配以合适的切割片,适宜切割不锈钢、轴承钢、合金钢、淬火钢和铝合金等材料。

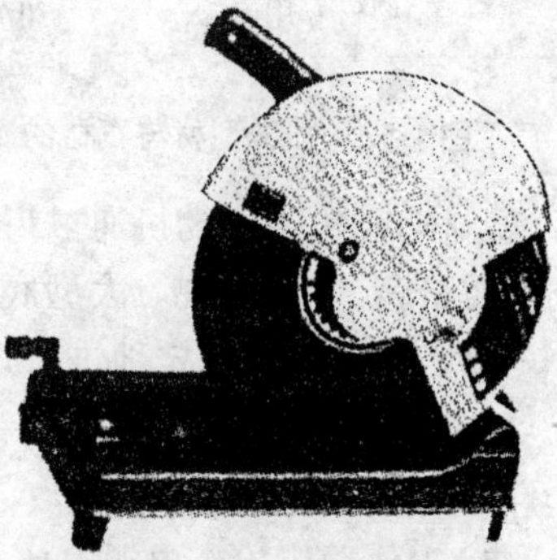

图 1-51　型材切割机外形

目前,国产型材切割机大多使用三相电,切割片以 400 mm 为主。进口产品一般使用单相电,切割片直径为 300 ~ 400 mm。表 1-19 中列举了常用型材切割机的规格与技术性能,供用户选择时参考。

表 1-19　常用型材切割机的规格与技术性能

切割深度(mm)	额定电压(V)	输入功率(W)	空载转速(r/min)	整机质量(kg)
100	220	1 450	3 800	21.0
100	220	2 000	4 200	16.5
110	380	2 200	2 290	86.0
110	380	3 700	2 430	96.0
115	220	1 430	2 300	25.5
130	220	2 000	3 700	17.5
135	220	2 000	3 500	22.5

切割片根据型材切割机的型号、轴径以及切割能力选配。更换不同的切割片可加工钢材、混凝土和石材等材料。图 1-52 为加工型材与石材的专用切割片。

(二)结构与工作原理

型材切割机主要由电动机、底盘、可转夹钳、切割片、安全罩、操作手柄等部分组成,如图 1-53 所示。

(a)型材专用　　(b)石材专用

图 1-52　加工型材与石材的专用切割片

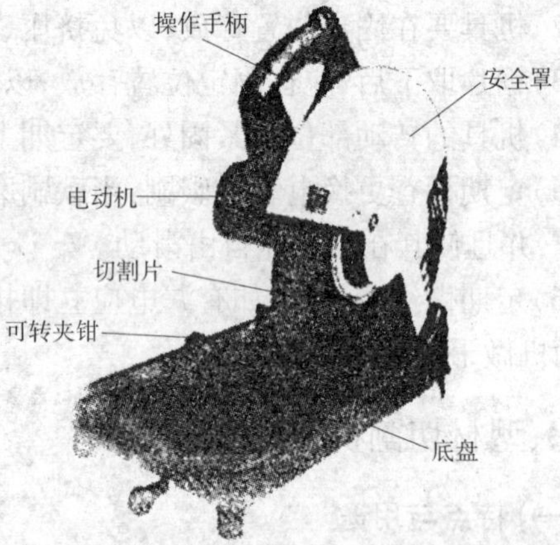

图 1-53　型材切割机构造

型材切割机由电动机通过齿轮变速带动切割旋转,实现切割加工。安全罩由铝合金板制成,质量轻,坚固美观。大型底座由钢板制成,以橡胶垫缓冲。导板与可转夹钳组合,用于夹牢工件,可安全而稳定地进行切割工作。

(三)使用要点与注意事项

1. 使用要点

(1)工作前应检查电源电压与切割机的额定电压是否相符,机具防护是否安全有效,开关是否灵敏,电动机运转是否正常。

(2)工作时应按照工件厚度与形状调整夹钳的位置,将工件平直地靠住导板,并放在所需切割位置上,然后拧紧螺杆,紧固好工件。

(3)切割时,应使材料有一个与切割片同等厚度的刀口,为保证切割精度,应将切割线对准切割片的左边或右边。

(4)若工件需切割出一定角度,则可以用套筒扳手拧松导板固定螺栓,把导板调整到所需角度后,拧紧螺栓即可。

(5)要待电动机达到额定转速后再进行切割,严禁带负荷启动电动机。切割时手柄应慢慢地放下,当锯片与工件接触时,应平稳、缓慢地向下施加力。

(6)切割完毕,关上开关并等切割片完全停下来后,方可将切割片退回到原来的位置,因为切下的部分可能会碰到切割片的边缘而被甩出,这是很危险的。

(7)加工较厚工件时,可拧开固定螺栓,将导板向后错一格再将导板紧固。加工较薄工件时,在工件与导板间夹一垫块即可。

(8)拆换切割片时,首先要松开处于最低位置的手柄,按下轴的锁定位置,使切割片不能旋转,再用套口扳手松开六角螺栓,取下切割片。装切割片时按其相反的顺序进行。安装时,应使切割片的旋转方向与安全罩上标出的箭头方向一致。

(9)如需搬运型材切割机,应先将挂钩钩住机臂,锁好后再移动,如图1-54所示。

2. 注意事项

(1)每次使用前必须检查切割片有无裂纹或其他损坏,各个安全装置是否有效,如有问题要及时处理。

(2)必须按说明书的要求安装切割片,用套口扳手紧固。切割片的松紧要适当,太紧会损坏切割片,太松有可能发生危险,也会影响加工精度。

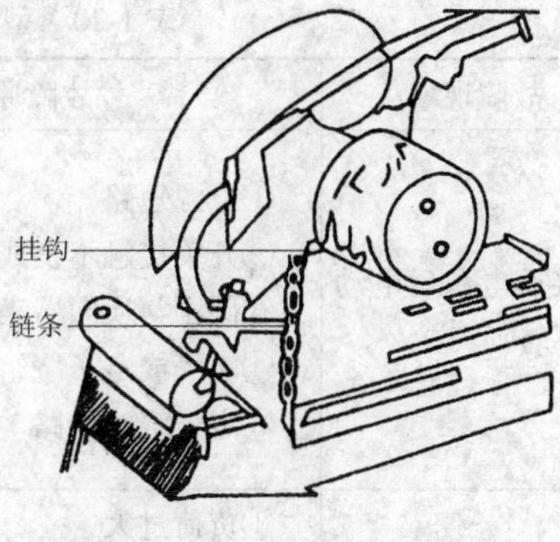

图1-54　型材切割机挂钩示意

(3)工作时必须将调整用具及扳手移开。

(4)若工件需切割出一定角度,则可以用套筒扳手拧松导板固定螺栓,把导板调整到所需角度后,拧紧螺栓即可。

(5)要待电动机达到额定转速后再进行切割,严禁带负荷启动电动机。切割时把手应慢慢地放下,当锯片与工件接触时,应平稳、缓慢地向下施加力。

(6)切割完毕,关上开关并等切割片完全停下来后,方可将切割片退回到原来的位置,因为切下的部分可能会碰到切割片的边缘而被甩出,这是很危险的。

(7)加工较厚工件时,可拧开固定螺栓,将导板向后错一格再将导板紧固。加工较薄工件时,在工件与导板间夹一垫块即可。

(8)拆换切割片时,首先要松开处于最低位置的手柄,按下轴的锁定位置,使切割片不能旋转,再用套口扳手松开六角螺栓,取下切割片。装切割片时按其相反的顺序进行。安装时,应使切割片的旋转方向与安全罩上标出的箭头方向一致。

(9)操作时要戴防护目镜。在产生大量尘屑的场合,应戴防护面罩。

(10)维修或更换切割片一定要切断电源。切割机的盖罩与螺钉不可随便拆除。

(四)维护与保养

(1)每次工作完毕要擦拭机具,清除缝隙间杂物,以保持机具处于良好的工作状态。

(2)要有固定机架存放机具,以免挤压、磕碰,造成机具损坏。

(3)切割片取下后,要妥善存放,以免挤压,防止发生变形和断裂,防止因潮湿而降低强度。

(4)定期检查更换电动机碳刷,当碳刷磨损到5~6 mm时应及时更换。保持碳刷清洁,并使其能在夹内自由滑动。

(5)经常检查机具转动轴、法兰盘和螺钉有无缺损,紧固情况是否良好,并定期上油,防止锈蚀。

(6)定期做绝缘检查,有漏电现象应立即排除。在潮湿环境下作业或长期不使用时,要定期对电动机做干燥处理。

型材切割机的常见故障及排除方法如表1-20所示。

表 1-20　型材切割机的常见故障及排除方法

故障现象	故障原因	排除方法
接通电源后电动机不转动	①电源短路 ②开关接触不良或不动作 ③碳刷与换向器表面不接触 ④转子或定子绕组烧坏 ⑤定子绕组断路	①修复电路 ②修理或更换开关 ③更换碳刷 ④调换电枢或定子绕组 ⑤如断在出线处,可重焊后复用,否则重新绕制
机壳表面发热	①负荷过大 ②绕组潮湿 ③电源电压不正常	①减轻负荷 ②对绕组做干燥处理 ③调整电源电压
换向器上产生环火或较大火花	①转子绕组短路或断路 ②碳刷与换向器接触不良 ③换向器表面不光洁	①修复转子 ②更换碳刷 ③清除杂物及抛光换向器表面
电动机转而切割片不转或切割片不平稳	夹紧用六角螺栓松脱	拧紧螺栓

八、电剪刀

(一)特点与用途

电剪刀作为金属板剪切工具,具有小巧、灵活、使用方便、不受场地限制,维修、携带方便等特点。使用电剪刀可大大提高工作效率和加工精度,其外形如图 1-55 所示。

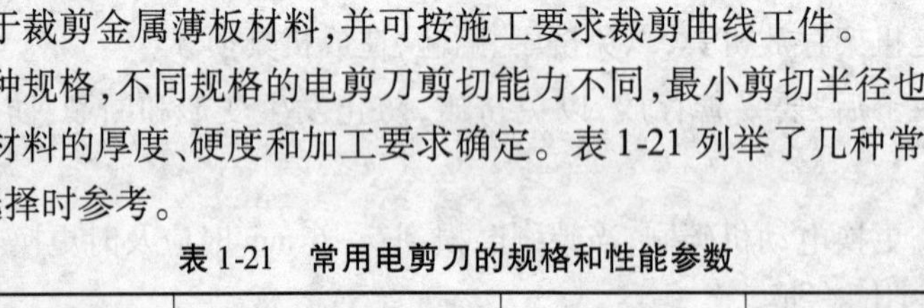

图 1-55　电剪刀外形

电剪刀适用于裁剪金属薄板材料,并可按施工要求裁剪曲线工件。

电剪刀有多种规格,不同规格的电剪刀剪切能力不同,最小剪切半径也有所区别。选择电剪刀主要根据材料的厚度、硬度和加工要求确定。表 1-21 列举了几种常用电剪刀的规格和性能参数,供选择时参考。

表 1-21　常用电剪刀的规格和性能参数

材料	最大剪切厚度(mm)	最小剪切半径(内)(mm)	剪切频率(次/min)	额定输入功率(W)	质量(kg)
软钢板	1.6	30	4 000	300	1.7
不锈钢板	1.6	250	4 500	260	1.4
	3.2	50	1 600	660	3.5

(二)结构与工作原理

电剪刀主要由电动机、齿轮变速机构、偏心轴连杆、上下刀片及刀架等部件组成。上刀片固定在连杆上,下刀片固定在刀架上。

电动机的旋转运动,经过二级齿轮变速后,由偏心轴带动连杆做往复运动,使随连杆运动的上刀片与相对固定的下刀片之间做剪切运动。

(三)使用要点与注意事项

1. 使用要点

(1)工作前应检查电源电压与电剪刀的额定电压是否相符,开关是否灵敏有效,剪刀片是否完好无损等,确认无误后方可使用。

(2)根据剪切工件的厚度,调整好刀头间隙量。表 1-22 为钢板厚度与刀头间隙量的关系,供调节时参考。

表 1-22 钢板厚度与刀头间隙量 (单位:mm)

钢板厚度	0.8	1	1.5	2
刀头间隙量	0.15	0.2	0.3	0.6~0.7

(3)使用前,在往复运动部分添加润滑油。打开开关后,应空转 1 min,以使电动机达到额定转速,严禁带负荷启动。

(4)剪切时不能用力过猛,应平稳缓慢地向前推进,同时使电剪刀与切割面保持一定角度。

(5)剪刀片的拆装与间隙量调整。首先拔下电源插头,用内六角扳手取下固定上、下刀片的六角螺栓和螺母。将两片剪刀片各旋转 90°,使刀片未磨损部分转到剪切面上,或换上新刀片。先装上剪刀片,用内六角扳手拧紧固定上剪刀片的六角螺栓和螺母。装好剪刀片后要检查上剪刀片与刀片夹之间是否紧密。装下剪刀片的方法与装上剪刀片的方法相同(见图 1-56)。

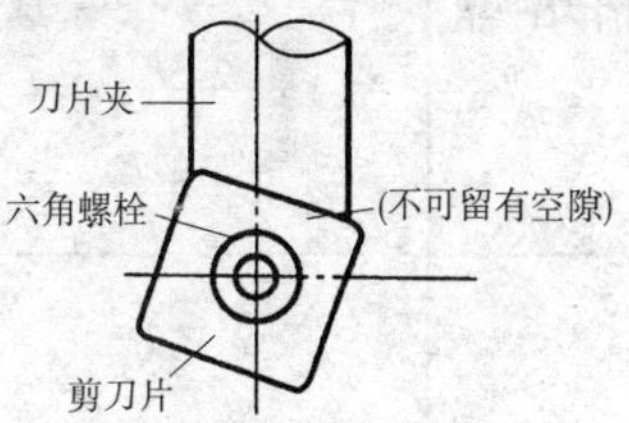

图 1-56 剪刀片拆装

(6)上、下剪刀片装好后要调节上、下剪刀片的空隙。调节时,上剪刀片应处于较低的位置。首先,稍微松动固定下剪刀片的六角螺母,按加工工件规定的间隙选择厚度尺(塞规)的厚度;其次,将塞规插入间隙,调节下剪刀片上的六角螺母,以调节间隙,直至塞规不能移动;最后,拧紧固定下剪刀片的六角螺母。

2. 注意事项

(1)工作前应检查所有安全装置,确认无误方可使用。

(2)操作中不得用力过猛,遇到转速急剧下降时,应立即减小推力,防止过载。电剪刀突然停止运动,必须先拔下电源插头,再进行检修。

(3)剪切比较厚的板材时,必须将工件固定在工作台上,使工件不能移动。

(四)维护与保养

(1)机具使用完毕,擦拭干净,在工作面上涂油保护。

(2)保持变速器、轴承等部位润滑脂的清洁,要定期添加或更换润滑脂。

(3)机具不用时,要在固定机架上存放,避免挤压、磕碰,造成损坏。

(4)定期检查、更换碳刷,当碳刷磨损至 5 ~6 mm 时应更换。保持碳刷清洁,使其能在夹内自由滑动。

(5)定期做绝缘检查,如发现漏电应立即排除。在潮湿环境下作业或长期不用时,应对电动机做干燥处理。

九、电冲剪

(一)特点与用途

电冲剪作为剪切与冲剪功能的电动机具,具有小巧、灵活、操作简便、加工效率高、精度高、加工中不会使材料变形以及维修、携带方便等特点,其外形如图 1-57 所示。

图 1-57　电冲剪外形

电冲剪的用途与电剪刀相似,可以用来剪切金属薄板,同时又具有冲剪波纹钢板、塑料板及冲开各种孔的功能,并能保证在冲剪过程中材料不变形。与电剪刀不同的是,电冲剪只适用于加工窄条材料或加工离边角比较近的孔。

一般根据材料厚度来选择电冲剪,应使材料厚度在电冲剪最大加工能力范围之内。表 1-23列举了几种常用电冲剪的规格与技术参数,供选择时参考。

表 1-23　几种常用电冲剪的规格与技术参数

类别	最大剪切厚度(mm)	额定电压(V)	输入功率(W)	剪切频率(次/min)	整机质量(kg)
国内产品	1.3	220	260	1 260	2.2
	2.0	220	480	900	2.5
	2.5	220	430	700	4.0
	3.2	220	650	900	5.5
进口产品	1.2	220	240	1 900	2.4
	2.3	220	335	950	3.5
	3.2	220	670	900	5.8
	4.5	220	1 000	850	7.3
	6.0	220	1 200	720	8.3

(二)结构与工作原理

电冲剪的结构与电剪刀类似,由电动机、变速箱、偏心轴、导向杆、连杆、上下冲模、模座及开关等组成。上冲模用螺钉固定在连杆上,下冲模用螺钉固定在冲模座上,上下冲模用导向杆定位,连杆和冲模套在同一导向杆中。导向杆的上端用定位螺钉与罩壳连接,冲模座用定位螺母锁紧在导向杆的另一端。上冲模与下冲模之间的间隙是固定的,不能调节。

电冲剪的作业原理与电剪刀也基本相似，但它用上下冲模代替电剪刀的刀片。电动机的旋转运动经过二级齿轮变速后由偏心轴带动连杆及上冲模，使上冲模对固定在模座上的下冲模做往复高速的冲剪运动。

（三）使用要点与注意事项

1. 使用要点

（1）使用前，检查电源电压与电冲剪的额定电压是否相符，开关是否灵敏有效，上下冲模定位是否正常，确认无误后方可开机。

（2）开机前应在往复运动机构中添加润滑油。开机后应空行程运转 1 min，检查传动部位有无阻碍，并使电动机达到额定转速。

（3）冲剪时要匀速前进。

（4）使用时若发现上下冲模配合位置不当，可调整定位螺钉、定位螺母，从而调整下冲模位置。

（5）上下冲模损坏时应及时更换。

2. 注意事项

（1）工作前应检查所有安全装置。

（2）经常检查上下冲模磨损情况，及时更换。

（3）严禁带负荷启动电动机。

（4）根据工件厚度和材料选择相应的电冲剪，不得超负荷作业。

（5）工作时必须站稳，严禁伸手越过机具取物。

（6）电冲剪突然停止工作时，必须拔下电源插头，再进行检修。

（四）维护与保养

电冲剪的维护及保养方法与电剪刀基本相同。

十、电圆锯

（一）特点与用途

电圆锯是对木材、纤维板、塑料和软电缆切割的工具，其质轻、效率高，是装饰施工中最常用的工具。其外形如图 1-58 所示。

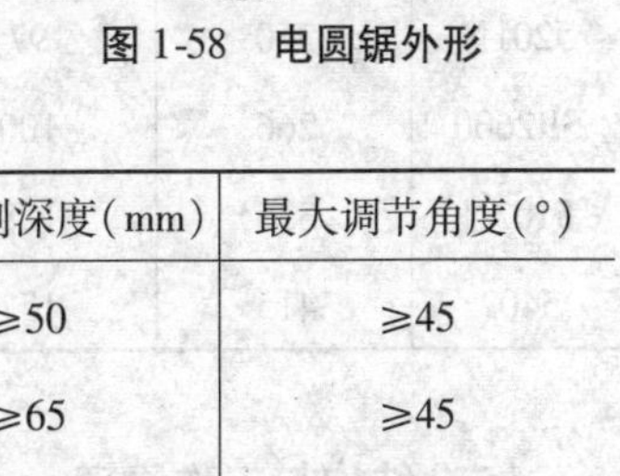

图 1-58　电圆锯外形

电圆锯规格及部分国内外产品性能见表 1-24 ~ 表 1-27。

表 1-24　电圆锯规格

规格（mm × mm）	输出功率（W）	额定转矩（N · m）	最大锯割深度（mm）	最大调节角度（°）
160 × 30	≥450	≥2.00	≥50	≥45
200 × 30	≥560	≥2.50	≥65	≥45
250 × 30	≥710	≥3.20	≥85	≥45
315 × 30	≥900	≥5.00	≥105	≥45

注：表中规格指可使用的最大锯片的外径 × 孔径。

表 1-25　部分国产电圆锯规格

型号	锯片尺寸（mm×mm×mm）	最大锯深（mm）	额定电压（V）	输入功率（W）	空载转速（r/min）	质量（kg）	生产厂
回 M1Y－200	200×25×1.2	65	220	·1 100	5 000	6.8	上海中国电动工具联合公司
回 M1Y－250	250×25×1.5	85	220	1 250	3 400	8	石家庄电动工具厂
回 M1Y－315	315×30×2.0	105	220	1 500	3 000	12	上海人民工具五厂
回 M1Y－160	160×20×1.4	55	220	800	4 000	2.4	上海人民工具五厂

表 1-26　博世牌电圆锯性能

型号	锯片尺寸（mm）	最大锯深（mm）		输入功率（W）	空载转速（r/min）	质量（kg）
		90°	45°			
PKS54	160	54	35	900	5 000	3.6
GKS6	165	55	44	1 100	4 800	4.1
GKS7	184	62	49	1 400	4 800	4.1
GKS85S	230	85	60	1 700	4 000	3.6

表 1-27　日本牧田牌电圆锯规格

型号	锯片尺寸（mm）	最大锯深（mm）		空载转速（r/min）	额定输入功率（W）	全长（mm）	净重（kg）
		90°	45°				
5600NB	160	55	36	4 000	800	250	3
5800NB	180	64	43	4 500	900	272	3.6
5007B	185	61.5	48	5 800	1 400	295	5.2
5008B	210	74	58	5 200	1 400	310	5.3
5900B	235	84	58	4 100	1 750	370	7
5201N	260	97	64	3 700	1 750	445	8.3
SR2600	266	100	73	4 000	1 900	395	8
5103N	335	128	91	2 900	1 750	505	10
5402	415	157	106	2 200	1 750	615	14

(二)结构与工作原理

手提式电圆锯由电动机、锯片、锯片高度定位装置和防护装置组成。选用不同锯片切割相应材料，可以大大提高效率。

(三)使用要点与注意事项

(1)使用电圆锯时，工件要夹紧，锯割时不得滑动。在锯片吃入工件前，就要启动电圆锯，转动正常后，按画线位置下锯。锯割过程中，改变锯割方向，可能会产生卡锯、阻塞，甚至损坏锯片。

(2)锯割不同材料，最好选用不同的锯片，如纵横组合式锯片，可以适应多种锯割；细齿锯片能较快地锯割软、硬木的横纹；无齿锯片还可以锯割砖、金属等。

(3)要保持右手紧握电圆锯，左手离开。同时，电缆应避开锯片，以免妨碍作业和锯伤。

(4)锯割快结束时，要强力掌握电锯，以免发生倾斜和翻倒。锯片没有完全停转时，人手不得靠近锯片。

(5)更换锯片时，要将锯片转至正确方向(锯片上右箭头表示)。要使用锋利锯片，以提高工作效率，也可避免钝锯片长时间摩擦而引起危险。

(四)维修与保养

由于电圆锯生产厂家很多，构造和类型不尽相同，所以要按各自的使用说明书规定的维修程序进行保修工作。

十一、电刨

(一)特点与用途

手提式电刨(见图1-59)是用于刨削木材表面的专用工具，体积小，效率高，比手工刨削提高工效10倍以上，同时刨削质量也容易保证，携带方便，广泛应用于木装饰作业。

图1-59　手提式电刨外形

电刨规格和部分国内外电刨技术性能见表1-28～表1-30。

表1-28　电刨规格

刨削宽度(mm)	刨削厚度(mm)	额定输出功率(W)	额定转矩(N·m)
60	1	≥180	≥0.16
80	1	≥250	≥0.22
80	2	≥320	≥0.30
80	3	≥370	≥0.35
90	2	≥370	≥0.35
90	3	≥420	≥0.42
100	2	≥420	≥0.42

表 1-29　部分国产电刨技术性能

型号	刨削宽度（mm）	最大刨削厚度（mm）	额定电压（V）	额定功率（W）	空载转速（r/min）	质量（kg）
回 M1B－60/1	60	1	220	430	>9 000	
回 M1B－80/1	80	1	220	600	>8 000	
回 M1B－90/2	90	2	220	670	>7 000	
回 M1B－80/2	80	2	220	647	10 000	5
回 M1B－80/2	80	2	220	480	7 400	2.8

注：本表产品规格是国内厂家产品规格。

表 1-30　日本牧田牌电刨技术性能

型号	刨削宽度（mm）	最大刨削厚度（mm）	空载转速（r/min）	额定功率（W）	全长（mm）	质量（kg）
1100	82	3	16 000	750	415	4.9
1901	82	1	16 000	580	295	2.5
1900B	82	1	16 000	580	290	2.5
1923B	82	1	16 000	600	293	2.9
1923H	82	3.5	16 000	850	294	3.5
1911B	110	2	16 000	840	355	4.2
1804N	136	3	16 000	960	445	7.8

（二）结构与工作原理

手提式电刨由电机、刨刀、刨刀调整装置和护板等组成。

（三）使用要点与注意事项

（1）使用前，要检查电刨的各部件完好和电绝缘情况，确认没有问题后，方可投入使用。

（2）根据电刨性能，调节刨削深度，提高效率和质量。

（3）双手前后握刨，推刨时平稳均匀地向前移动，刨到端头时应将刨身提前提起，以免损坏刨好的工作面。

（4）刨刀片用钝后即卸下重磨或更换。

（5）按使用说明书及时进行保养与维修，延长电刨使用寿命。

十二、手电钻

（一）特点与用途

手电钻（见图 1-60）是装饰作业中最常用的电动工具，用它可以对金属、塑料等进行钻孔作业。根据使用电源种类的不同，手电钻有单相串激电钻、直流电钻、三相交流电钻等，近年来更发展了可变速、可逆转或充电电钻。在形式上也有直头、弯头、双侧柄、枪柄、后托架、环柄等多种形式。

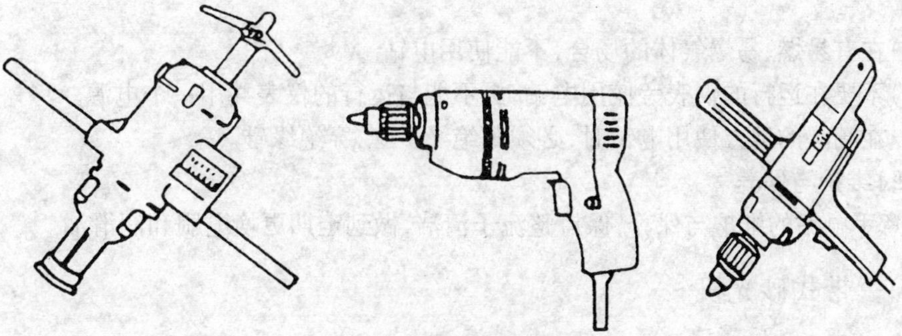

图 1-60　手电钻外形

国内外生产手电钻厂家很多，部分国产手电钻技术性能见表 1-31。

表 1-31　部分国产手电钻技术性能

型号	最大钻孔直径（mm）	额定电压（V）	输入功率（W）	空载转速（r/min）	净重（kg）	形式
J1Z－6	6	220	250	1 300	1.5	枪柄
J1Z－13	13	220	480	550	1.5	环柄
J1Z－ZD1A	6	220	270	1 340	1.7	枪柄
J1Z－ZD2－13A	13	220	430	550	4.5	双侧柄
J1Z－ZD－10A	10	220	430	800	2.2	枪柄
J1Z－ZD－10C	10	220	300	1 150	1.5	枪柄
J1Z1	6	220	230	1 200	1.5	枪柄
J1Z－SF1A	6	220	245	1 200	1.5	枪柄
J1Z－SF3－6A	6	220	280	1 200	1.5	枪柄
J1Z－SF2－13A	13	220	440	500	4.5	双侧柄
J1Z－SF1－10A	10	220	400	800	2	环柄
J1Z－SF1－13A	13	220	460	580	2	环柄

（二）结构与工作原理

手电钻结构简单，一般为单相电动机直接带动钻卡头。直流电钻则配置电池盒。

（三）使用要点与注意事项

1. 使用要点

（1）钻不同直径的孔时，要选择相应规格的钻头。

（2）使用的电源要符合电钻标牌规定。

（3）电钻外壳要采取接零或接地保护措施。插上电源插销后，先要用试电笔测试，外壳不带电方可使用。

（4）钻头必须锋利，钻孔时用力要适度，不要过猛。

（5）在使用过程中，当电钻的转速突然降低或停止转动时，应赶快放松开关，切断电源，慢慢拔出钻头。当孔将要钻通时，应适当减轻手臂的压力。

2. 注意事项

（1）使用电钻时要注意观察电刷火花的大小，若火花过大，应停止使用并进行检查与维修。

(2)在有易燃、易爆气体的场合,不能使用电钻。

(3)不要在运行的仪表旁使用电钻,更不能与运行的仪表共用一个电源。

(4)在潮湿的地方使用电钻时,必须戴绝缘手套,穿绝缘鞋。

(四)维护与保养

注意手电钻的维护与保养,保持整流子清洁,做到定期更换电刷和润滑油。

十三、带式砂光机

(一)特点与用途

带式砂光机同平板式砂光机一样也用于对工件打磨,具有体积小、重量轻、使用简单、维修方便、大大提高工作效率和施工进度等特点,其外形如图 1-61 所示。带式砂光机适用于磨砂和磨光木制品以及金属表面除锈和油渍等污物。

图 1-61　带式砂光机外形

表 1-32 列举了几种常用带式砂光机的规格和技术性能,以供用户选择参考,根据工件的材质及平面尺寸选用适当功率的带式砂光机。

表 1-32　几种常用带式砂光机的规格和技术性能

型号	砂带尺寸(mm×mm)	砂带速度(m/min)	额定输入功率(W)	长度(mm)	净重(kg)
9900B	76×533	360	850	316	4.6
9901	76×533	380	740	328	3.5
9924B	76×610~76×620	400	850	355	4.6
9924DB	76×610~76×620	400	850	355	4.8
9401	100×610	350	940	374	7.3
9402	100×610	高速 350 低速 300	1 040	374	7.3

选择砂带时,首先根据带式砂光机的型号确定砂带尺寸,然后根据打磨的材质和加工精度结合砂带的粒度选定砂带的型号。打磨木材、钢材时选 AA 型砂带,打磨石材或塑料时选 CC 型砂带;粗磨时选粒度为 40、60 的砂带,细磨时选粒度为 150、180、240 的砂带,中度打磨时选粒度为 80、100、120 的砂带。

(二)结构与工作原理

带式砂光机由电动机、机壳传动装置、工作头、鞋形底板、砂带、驱动轮、从动轮等主要部分构成。

带式砂光机工作原理与平板式砂光机不同,它不是利用偏心轮带动底板运动,而是利用电动机驱动传动装置,使驱动轮带动砂带旋转来达到打磨的目的。它们的主要区别是带式砂光机砂纸朝一个方向转动,而平板式砂光机是砂纸不规则摆动。

(三)使用要点与注意事项

(1)使用前要调好砂带位置,方法是:按下开关键,把砂带置于检测位置,向左或向右调节螺丝,使砂带边缘与驱动轮边缘有 2 ~ 3 mm 的空隙,然后固定好砂带,其做法如图 1-62 所示。如果砂带固定得太靠里,在操作时会产生磨损。操作中砂带有位移,可用同样方法调节。

(2)使用时用一手握住手柄,另一手调节速度旋钮,启动机器,保证机具与工件表面轻轻接触。机具本身自重足以高效磨光工件,无需施加外力,否则会使电动机过载,损坏电动机,缩短砂带使用寿命,降低研磨效率。

(3)应以缓慢、恒定的速度和平衡度来回移动工具。

(4)针对不同工作面、不同的加工要求,选择合适的砂纸。

(5)边角打磨时,使用如图 1-63 所示的附件来辅助完成。

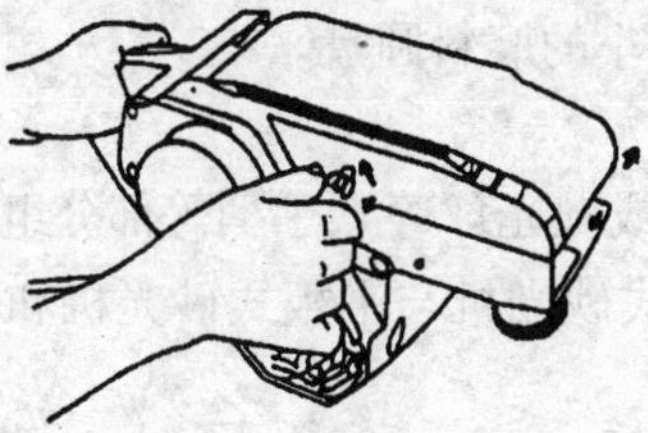

图 1-62　调节砂带位置

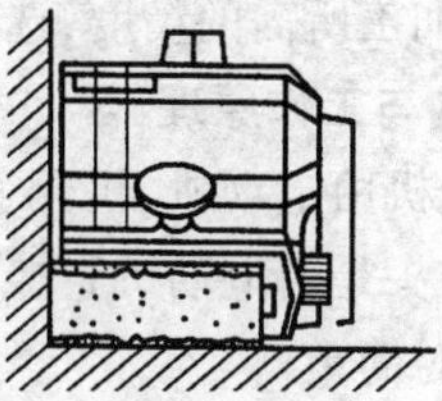

图 1-63　边角打磨附件

十四、盘式砂光机

(一)特点与用途

盘式砂光机适用于木材、石材、钢材及塑料表面的修整、磨光、清理等工作,换上工作头(如羊毛抛光球),还可以完成工件的抛光,其外形如图 1-64 所示。

(a)磨料圆盘工作头

(b)羊毛抛光球工作头

图 1-64　盘式砂光机外形

表 1-33 列举了几种常用盘式砂光机的规格及技术性能,供用户参考。

表 1-33　几种常用盘式砂光机的规格及技术性能

型号	最大能力（直径）(mm)	回转数（r/min）	额定输入功率（W）	回转长度（mm/min）	主轴螺纹	净重（kg）
GV5000	磨料圆盘 125	4 500	405	180	—	1.2
GV6000	磨料圆盘 150	4 500	405	180	—	1.2
9218SB	磨料圆盘 180	4 500	570	225	M16 ×2	2.7
9207B	磨料圆盘 180	4 500	1 100	455	M16 ×2	3.9
9207SPB	磨料圆盘 180	低速 2 000 高速 3 800	700	455	M16 ×2	3.4
9207SPC	磨料圆盘 180	1 500 ~ 2 800	810	470	M16 ×2	3.5
9218PB	磨料圆盘 180	2 000	570	235	M16 ×2	2.9

与盘式砂光机配套使用的工作头，有磨料圆盘、橡胶垫上固定感应砂纸、杯形钢丝刷、毛抛光球等几种。选择时，首先应根据加工工件的材质及光洁度的要求选择工作头的类型和直径，再根据工作头的需要选择合适的盘式砂光机型号。如需选用磨料圆盘，首先确定其直径，然后根据加工所需的精度，选择粒度较大或较小的磨料圆盘。

（二）结构与工作原理

盘式砂光机由电动机、机壳、工作头（磨料盘或抛光球等）、手柄等部分组成。由于盘式砂光机的工作头是由电动机直接驱动的，因此盘式砂光机与平板式砂光机和带式砂光机相比，其结构相对简单。

（三）使用要点与注意事项

1. 使用要点

（1）根据不同加工要求和工件材质，选择适当的工作头。

（2）工作头的安装。以磨料圆盘为例，先拔下电源插头，把塑料垫放在主轴上，接着把磨料圆盘、橡胶垫、紧固螺钉按顺序放在塑料垫上，然后捏住塑料垫的边端，用备用的六角扳手紧固螺钉即可，如图 1-65 所示。卸下砂轮时与安装顺序相反操作即可。

（3）握紧机具，启动开关，当其达到最高转速后，缓慢将其放在工件上，使磨料圆盘与工件表面保持 10°左右的夹角，如图 1-66 所示。

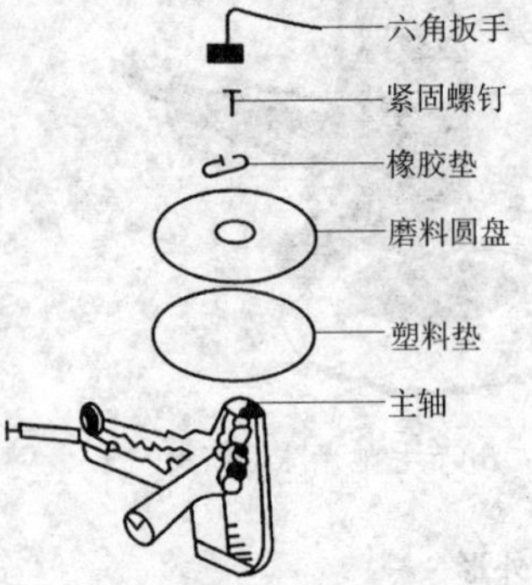

图 1-65　盘式砂光机工作头安装示意

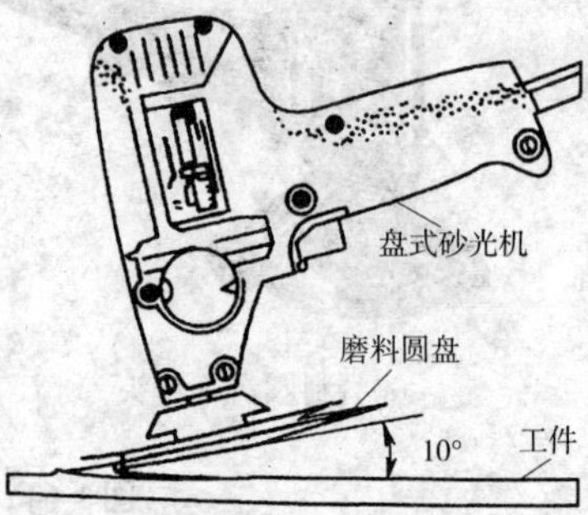

图 1-66　磨料圆盘加工角度示意

2. 注意事项

盘式砂光机的操作注意事项及维护保养要求与平板式砂光机和带式砂光机基本相同，在此不再赘述。

十五、自攻钻

(一)特点与用途

自攻钻改变了传统的用手动螺丝刀紧固螺钉的操作工艺，配上相应的螺丝刀头，即可对各种工件上的自攻螺钉进行紧固操作。同时，它具有正、反转功能，可以快速拆装螺钉。自攻钻作为新型紧固螺钉的电动机具，具有体积小、重量轻，可单手操作，使用灵活，便于维修、携带，可大大提高工效，施工质量好，速度快等特点，其外形如图 1-67 所示。

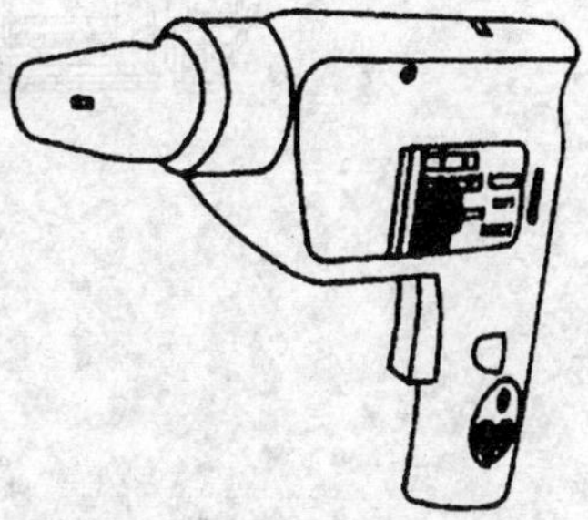

图 1-67　自攻钻外形

自攻钻有多种型号规格，表 1-34 列举了几种常用自攻钻的技术性能参数，供用户选择时参考。

表 1-34　几种常用自攻钻的技术性能参数

型号	工作能力	钻柄尺寸（六角）(mm)	回转数 (r/min)	额定输入功率 (W)	长度 (mm)	净重 (kg)
6710B	大螺钉 8 mm、小螺钉 5.5 mm、螺母 6 mm	6.4	500	230	270	1.8
6801N	自攻螺钉 6 mm、六角螺栓 6 mm	6.4	2 500	500	285	1.9
6800BD	干面板螺钉第 6 号、自攻螺钉 5 mm	6.4	2 500	540	280	1.3
6801DBV	干面板螺钉第 6 号、自攻螺钉 5 mm	6.4	2 500	540	280	1.3
6801DB	干面板螺钉第 6 号、自攻螺钉 5 mm	6.4	4 000	540	280	1.5
6801BDV	干面板螺钉第 6 号、自攻螺钉 5 mm	6.4	4 000	540	280	1.5
6802BV	自攻螺钉 6 mm	6.4	2 500	510	265	1.7
6806BV	小螺钉 6.2 mm、小螺丝 8 mm、螺母 8 mm、自攻螺钉 6 mm	6.4	2 500	510	267	1.9
6820V	干面板螺钉第 5 号、自攻螺钉 6 mm	6.4	4 000	570	268	1.3

(二)结构与工作原理

自攻钻主要由电动机、机壳、离合器、减速器、工作头等部分构成，如图 1-68 所示。电动机通过传动装置驱动工作头转动，从而达到紧固、拆卸螺钉的目的。工作头由定位器、固定套筒、花键等组成，如图 1-69 所示。

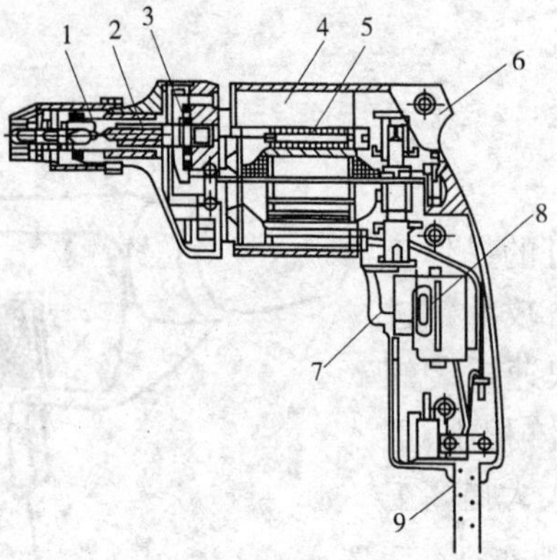

1—工作头；2—离合器；3—减速器；4—定子；5—转子；6—机身；7—扳机开关；8—反转开关；9—电缆接头

图 1-68　自攻钻的结构

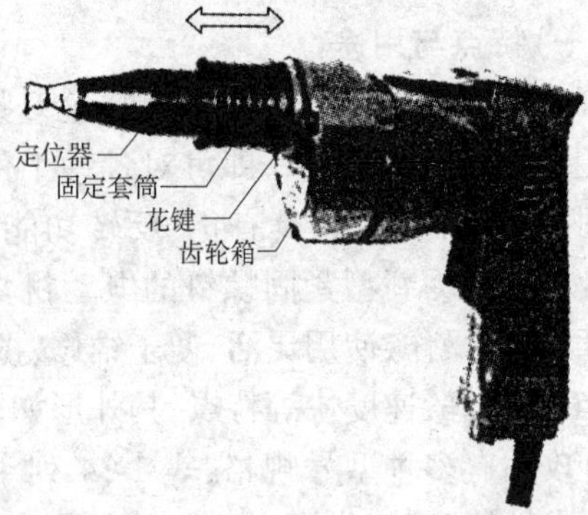

图 1-69　自攻钻工作头结构

（三）使用要点与注意事项

1. 操作方法

（1）在接通电源前，应先检查电源电压与机具额定电压是否相符，机具开关是否灵敏有效。

（2）使用前，先在相似材质或不影响加工精度的工作面上试转，检查钻入深度是否恰当，并加以调节。

（3）深度调节。将固定套筒向前拉，使其离开齿轮箱上的花键部分，如图 1-70 中箭头 1；然后转动固定套筒，直到定位器到达选定位置，如图 1-70 中箭头 2，固定套筒每转 1/6 圈相当于 0.25 mm 的深度变化；当定位器达到需要位置后，轻轻将固定套筒退回到齿轮箱的位置，如图 1-70 中箭头 3。要慢慢地转动，以便吻合花键，然后用力推紧，以将其固定在原来位置。

（4）装卸螺丝刀。从齿轮箱上拉下固定套筒并拧下定位器，然后用钳子捏紧螺丝刀头，用另一只手紧握螺丝刀头夹，将螺丝刀头拉出螺丝刀头夹。安装新螺丝刀头顺序与卸下螺丝刀头顺序相反。

（5）扳机式开关的操作。启动自攻钻只需扣紧扳机式开关，放松扳机式开关机具即停止转动。要使其连续工作，扣紧扳机式开关后压下锁钮即可。再扣紧扳机式开关，再放松锁钮即可消除连续转动，如图 1-71 所示。通常离合器处于分离状态，即使按下启动开关，螺丝刀头也不会转动。只有在螺丝刀头上施加一定压力时，离合器才会啮合，螺丝刀头随之转动。

图 1-70　自攻钻深度调节示意

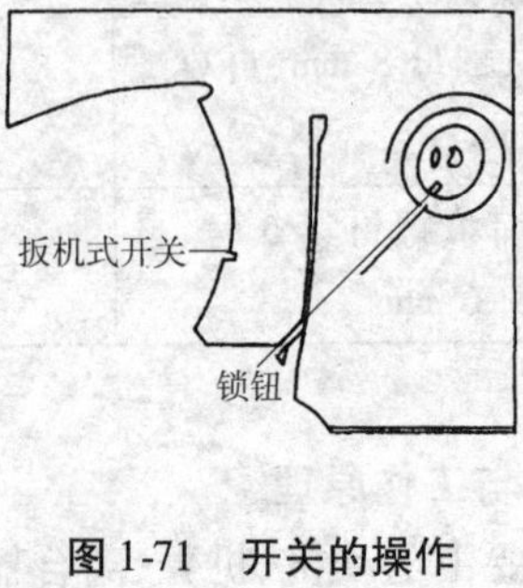

图 1-71　开关的操作

(6)反转。反转开关位于把手的根部(见图1-69)。反转开关置于“F”向右转,置于“R”向左转。

2. 注意事项

(1)工作前检查所有安全装置,务必完好有效。电源电压应与机具的额定电压相符。

(2)保持工作场地清洁,避免机具受潮。工作场地周围不得存放易燃易爆液体、气体。

(3)螺丝刀头的选用必须与螺钉相匹配。

(4)工作时身体不能接触到接地金属,避免触电。

(5)变更转向,要等自攻钻完全停下来之后再操作,否则很容易损伤螺丝刀头。

(6)工具不用时,要拔下插头。禁止拖着导线移动机具,或拉导线拔出插头,还要避免让导线接触高温、尖锐物或湿油脂。

(四)维护与保养

(1)在维护与保养之前,一定要关掉开关并拔下插头。

(2)及时更换易损件。

(3)各紧固螺栓、螺母压紧要适中,转动轴要经常保持灵活。

(4)机具应保持清洁,工作后擦去机具表面的灰尘。定期上油,以防锈蚀。定期做绝缘检查,发现有漏电现象,应立即排除。

十六、电锤

(一)特点与用途

电锤(见图1-72)是装饰施工的常用机具,它主要用于混凝土等结构表面剔、凿和打孔作业。做冲击钻使用时,则用于门窗、吊顶和设备安装中的钻孔,埋置膨胀螺栓。国产电锤一般使用交流电源。国外已有充电式电源,电锤使用更为方便。

电锤规格和部分国内外产品规格见表1-35~表1-37。

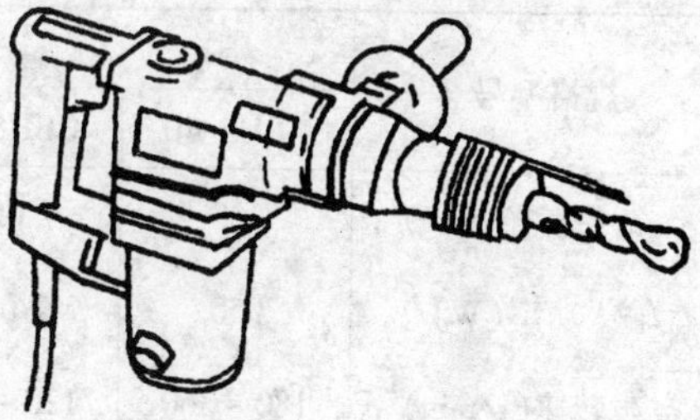

图1-72　电锤外形

表1-35　电锤规格(GB/T 7443—2007)

电锤规格(mm)	16	18	22	26	32	38	50
钻削率(cm^3/min)	≥15	≥18	≥24	≥30	≥40	≥50	≥70

注:电锤规格指在C30混凝土上作业时的最大钻孔直径。

(二)结构与工作原理

电锤由交直两用或单相串激式电动机、传动系统、曲轴连杆、活塞及壳体等部分组成,具有冲击和旋转两种功能。冲击运动是由电动机旋转、经齿轮减速、带动曲轴连杆机构,使压气活塞在气缸内往复运动,从而冲击锤杆,使锤头向前冲击。

(三)使用要点与注意事项

1. 使用方法

(1)保证使用的电源电压与电锤铭牌规定值相符。使用前,电源开关必须处于“断开”

位置。电缆长度、线径及完好程度要满足安全使用的要求;如油量不足,应加入同标号机油。

(2)打孔作业时,钻头要垂直工作面,并不允许在孔内摆动;剔凿工作时,扳撬不应用力过猛,如遇钢筋,要设法避开。

表 1-36 部分国产电锤规格

型号	最大钻孔直径(mm)	额定电压(V)	额定输入功率(W)	额定转速(r/min)	冲击频率(次/min)	质量(kg)
回 Z1C-16	16	220	400	680	2 900	3.5
回 Z1C-18	18	220	470	800	3 680	2.5
回 Z1C-22	22	220	520	370	2 800	5.5
回 Z1C-22	22	220	520	330	2 830	6.5
回 Z1C-26	26	220	560	350	2 900	6.5
回 Z1C-26	26	220	560	350	3 000	6.5
回 Z1C-38	38	220	780	880	3 200	6.6

表 1-37 博世(Bosch)电锤规格

规格型号	交流电源				充电式	
	GBH5/40	GBH8/65	GBH5	GBH10	GBH12	GBH24
大钻头直径(mm)	400	65				
输入功率(W)	950	1 050	950	1 450	250	270
空载转速(r/min)	180~360	120~245				
空载冲击率(r/min)	1 600~3 200	1 300~2 650	1 300~2 000	900~1 890		
冲击力(J)			2~8	6~23		
满载转速(r/min)					730	650
满载冲击率(r/min)					3 900	3 000
电池电压/充电时间					12 V/1 h	24 V/2 h
质量(kg)	5.9	8	5.2	9.9	2.5	3.5

2. 注意事项

(1)电锤为断续工作制,切勿长期连续工作,以免烧坏电机。

(2)电锤使用后,要及时保养维修,更换磨损零件,添加性能良好的润滑油。

(四)维护与保养

电锤工作时常见的故障与排除方法见表 1-38。

表 1-38　电锤工作时常见的故障及排除方法

现象	故障原因	排除方法
电机负载不能启动或转速低	①电源电压过低 ②定子绕组或电枢绕组匝间短路 ③电刷压力不够 ④整流子片间短路 ⑤过负荷	①调整电源电压 ②检修或更换定子电枢 ③调整弹簧压力 ④清除片间碳粉,下刻云母 ⑤设法减轻负荷
电动机过热	①电动机过负荷或工作时间太长 ②电枢铁芯与定子铁芯相摩擦 ③通风口阻塞,风流受阻 ④绕组受潮	①减轻负荷,按技术条件规定的工作方式使用 ②拆开检查定转子之间是否有异物或转轴是否弯曲,校直或更换电枢 ③疏通风口 ④烘干绕组
电机空载时不能启动	①电源无电压 ②电源断线或插头接触不良 ③开关损坏或接触不良 ④碳刷与整流子接触不良 ⑤电枢绕组或定子绕组断线 ⑥定子绕组短路,换向片之间有导电粉末 ⑦电枢绕组短路,换向片之间有导电粉末 ⑧装配不好或轴承过紧卡住电枢	①检查电源电压 ②检查电源线或插头 ③检查开关或更换弹簧 ④调整弹簧压力或更换弹簧 ⑤修理或更换定子绕组 ⑥检查修理或更换定子绕组 ⑦检修或更换电枢,清除片间导电粉末 ⑧调换润滑油或更换轴承
机壳带电	①接地线与相线接错 ②绝缘损坏致绕组接地 ③刷握接地	①按说明书规定接线 ②排除接地故障或更换零件 ③更换刷握
工作头只旋转不冲击	①用力过大 ②零件装配位置不对 ③活塞环磨损 ④活塞缸有异物	①用力适当 ②按结构图重新装配 ③更换活塞环 ④排除缸内异物
工作头只冲击不旋转	①刀夹座与刀杆四方孔磨损 ②钻头在孔中被卡死 ③混凝土内有钢筋	①更换刀夹座或刀杆 ②更换钻孔位置 ③调换地方,避开钢筋
电锤前端刀夹处过热	①轴承缺油或油质不良 ②工具头钻孔时歪斜 ③活塞缸运动不灵活 ④活塞缸破裂 ⑤轴承磨损过大	①加油或更换新油 ②操作时不应歪斜 ③拆开检查,清除脏物、调整装配 ④更换缸体 ⑤更换轴承
运转时碳刷火花过大或出现环火	①整流子片间有碳粉、片间短路 ②电刷接触不良 ③整流子云母突出 ④电枢绕组断路或短路 ⑤电源电压过高	①清除换向片间导电粉末,排除短路故障 ②调整弹簧压力或更换碳刷 ③下刻云母 ④检查修理或更换电枢 ⑤调整电源电压

十七、冲击电钻

(一)特点与用途

冲击电钻是一种可调节式旋转带冲击的特种电钻(见图1-73)。当利用其冲击功能,装上硬质合金冲击钻头时,可以对混凝土及砖墙等进行打孔、开槽作业;若利用其纯旋转功能,可以当做普通电钻使用。因此,冲击电钻广泛地用于建筑装饰工程以及水电等安装工程方面。充电式冲击电钻使用更为方便。

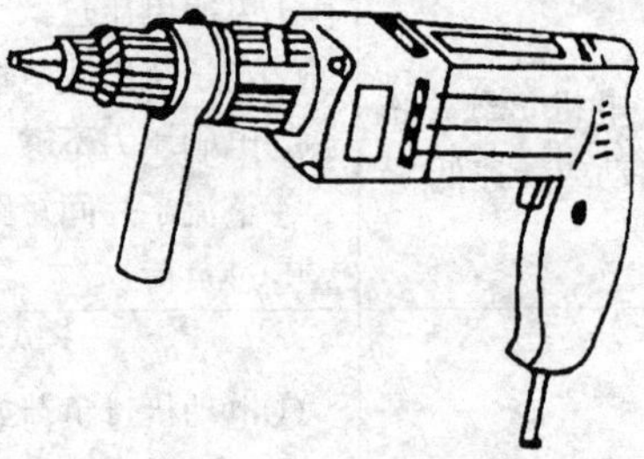

图1-73　冲击电钻外形

冲击电钻规格及部分国内外产品性能见表1-39～表1-42。

表1-39　冲击电钻规格

冲击电钻规格(mm)	10	12	16	20
额定输出功率(W)	≥160	≥200	≥240	≥240
额定转矩(N·m)	≥1.4	≥2.2	≥3.2	≥4.5
额定冲击频率(次/min)	≥17 600	≥13 600	≥11 200	≥9 600

注:1. 冲击电钻规格是指加工砖石、轻质混凝土等材料的最大规格。
2. 对于双速冲击电钻,表中的基本参数是指低速挡时的参数。

表1-40　部分国产冲击电钻规格

型号	最大钻孔直径(mm)		输入功率(W)	额定转速(r/min)	冲击频率(次/min)	质量(kg)
	混凝土	钢				
回 Z1J－12	12	8	430	870	13 600	2.9
回 Z1J－16	16	10	430	870	13 600	3.6
回 Z1J－20	20	13	650	890	16 000	4.2
回 Z1J－22	22	13	650	500	10 000	4.2
回 Z1J－16	16	10	480	700	12 000	3.2
回 Z1J－20	20	13	580	550	9 600	3.2
回 ZIJ－20/12	20	16	640	双速 850/480	17 000/9 600	3.2
回 Z1JS－16	10/16	6/10	320	双速 1 500/700	30 000/14 000	2.5
回 Z1J－20	20	13	500	500	7 500	3
回 Z1J－10	10	6	250	1 200	24 000	2
回 Z1J－12	12	10	400	800	14 700	2.5
回 Z1J－16	16	10	460	750	11 500	2.5

注:表中产品为中国电动工具联合公司、上海电动工具厂等厂家生产。

表 1-41 喜利得牌冲击电钻规格

项目	TE12S	TE22	TE42	TE52	TE72	TE92
功率(W)	480	520	700	780	800	1 100
工作电流(A)	2.4～4.4	2.2～5.0	3.5	3.6～7.0	4.0～7.2	5.4
电压(V)	110,220	110,220	220	220,240	220,110	220,110
电源频率(Hz)	240	240		110	240	
负载转速(r/min)	50～60	50～60	50～60	50～60	50～60	50～60
负载锤击速度(次/min)	0～700 0～3 500	0～440 3 150	340 2 340	380 2 580	250 2 810	200 2 640
机具规格(mm×mm×mm)	330×83×184	400×215×100	440×106×230	440×106×230	485×120×256	576×106×278
边心距(mm)	28	31	35	35	28	
机重(kg)	3.1	5.7	6.5	6.5	8.2	9.8
砖、石、混凝土(硬合金钻头)孔径(mm)	5～20	5～25	8～28	8～32	10～36.5	16～36.5
混凝土(十字型钻头)孔径(mm)			32.5～52	32.5～52	32.5～66	32.5～80
混凝土(空心冲击钻头)孔径(mm)			43.5～80	43.5～80	43.5～90	43.5～90
混凝土(旋转空心钻头)孔径(mm)			66～90	66～90	66～120	8.6
单次冲击功率(N·m)			4	4.8	6.0	

注:该产品除配用各种硬质合金钻头、各种空心钻头外,尚可配用尖凿、窄扁凿、宽扁凿、空心凿、沟凿以及其他多种辅助工具,从而具有多种功能。

表 1-42 博世(Bosch)冲击电钻性能

项目	交流电源				充电式	
	PSB400－2	PSB420	GSB550RE	GSB16RE	GSB9.6	GSB12
输入功率(W)	400	420	550	550		
空载转速(r/min)	2 200～2 800	0～2 600	0～3 000	0～1 600	600～1 350	750～1 700
空载冲击率(r/min)	44 800	41 600	48 000	0～25 600	10	10
钻孔直径(mm)						
钢	10	10	10	10	10	10
混凝土	10	10	15	16	15	15
木	20	20	25	25		
电池电压/充电时间					9.6 V/1 h	12 V/1 h
质量(kg)	1.3	1.3	1.65	1.7	1.8	1.9

(二)结构与工作原理

冲击电钻由单相串激电动机、传动机构、旋冲调节机构及壳体等部分组成。充电式冲击电钻在操作手柄下端有一个电池盒。

(三)使用要点与注意事项

(1)使用前,检查电钻完好情况,包括机体、绝缘、电线、钻头等有无损坏。

(2)操作者应戴绝缘手套。

(3)根据冲击、旋转要求,把调节开关调好,钻头垂直于工作面冲转。

(4)使用中发现声音和转速不正常时,要立即停机检查;使用后,应及时进行保养。

(5)电钻旋转正常后方可作业,钻孔时不能用力过猛。

(6)使用双速电钻,一般钻小孔时用高速,钻大孔时用低速。

十八、混凝土钻孔机

(一)特点与用途

混凝土钻孔机是通过空心钻头直接切削钢筋混凝土块,完成在墙面或地面的打孔工作。钻孔尺寸准确,孔壁光滑,特别是对孔周围的钢筋及混凝土无伤害,同时,大大减轻人工开孔的劳动强度,是机电管线安装开孔的理想机具,其外形见图 1-74。

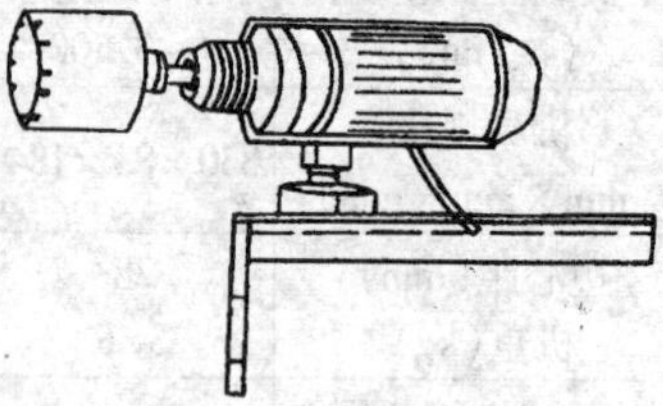

图 1-74　混凝土钻孔机外形

日本涉谷牌 TS－160 型钻孔机技术性能见表 1-43。

表 1-43　TS－160 型钻孔机技术性能

项目	钻孔直径(mm)	电机功率(kW)	电机转速(r/min)	机座面积(mm×mm)	机重(kg)
数量	100～160	1.7	800	200×225	17

国内制造的 Z1ZS 型金刚石钻机的技术性能达到国际同类产品技术水平,可以使用 220 V、110 V 电源,F 级绝缘。钻头规格齐全,连续钻削,速度快,每分钟可钻深 20～120 mm。钻机可钻垂直孔和水平孔,使用延伸杆,深度达 1 m 左右,适用于设备安装的管道开口。其钻头规格和主要技术性能见表 1-44 和表 1-45。

表 1-44　Z1ZS 型金刚石钻机的规格　(单位:mm)

规格	16	23	27	30	36	46	56	76	90	108	125	160	200
有效长度	100	100	100/200	100/200	200/400	200/400	200/400	400	400	400	400	400	400
钻头外径	16	23	27	30	36	46	56	76	90	108	125	160	200

表 1-45　Z1ZS 型金刚石钻机的主要技术性能

项目	型号			说明
	Z1ZX－200	Z1Z－00	Z1Z－50	
特点	双速 配标准机架	单速 配轻型机架	单速 手持式	
空载转速(r/min)		1 200	300	
输出转矩(N·m)	≥8(高速挡) ≥36(低速挡)	≥12	≥5	
额定钻孔直径范围(mm)	36～200 (可扩展至 250)	36～108 (可扩展至 120)	14～56 (可扩展至 76)	
质量(kg)	12.4	9.5	9.5	不计钻头
装机架后质量(kg)	32	22		不计钻头

注:本机为航空航天部飞行研究院重型电动工具厂生产。

(二)结构与工作原理

混凝土钻孔机由动力马达、钻头、底座和机身等部分组成。电动机(马达)通过齿轮减速并驱动钻头,更换不同直径钻头,可以钻出不同直径的孔。

(三)使用要点与注意事项

(1)按照钻孔位置,固定机座。用膨胀螺栓把机座安装牢固,连接电源及冷却润滑水管。

(2)选取钻头,调正位置,根据孔深度情况,备好附加延长棒。

(3)打开润滑水管,开动混凝土钻孔机,自动完成钻孔进刀。一般厚 110 mm 钢筋混凝土板 1 h 即可钻完。

(4)工作中,冷却润滑水管(细流)要保持供水,防止钻头过热损坏。

(5)不得强制施加外力,迫使钻头快进,以免马达过载。

(6)钻头及机件的定期保养,见使用说明书。

十九、混凝土顶棚磨光机

(一)特点与用途

混凝土顶棚磨光机是对现浇钢筋混凝土楼板底面进行表面修整、磨光的机具,其外形见图 1-75。通过对混凝土楼板表面的磨光处理,能达到精装修的基层要求。混凝土顶棚磨光机的磨削速度和质量都大大优于手工作业,减少了工人的劳动强度。

法国生产的混凝土顶棚磨光机技术性能为:磨削工作高度 2.8 ~3.3 m,磨头直径 180 ~230 mm,电动机功率 800 W,电动机转速 3 000 r/min,磨光施工速度 200 ~300 m^2/d。

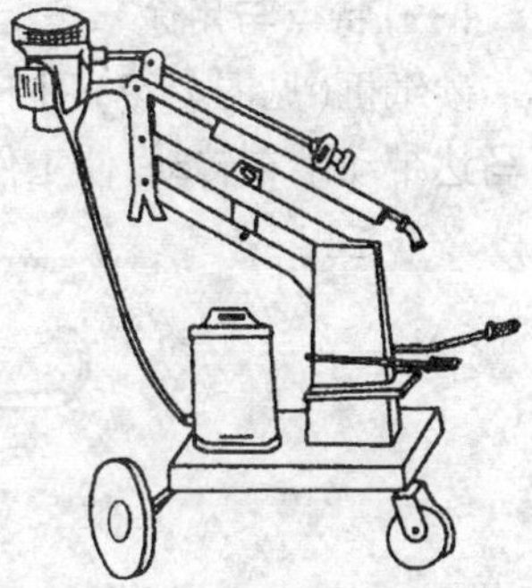

图 1-75　混凝土顶棚磨光机外形

(二)结构与工作原理

混凝土顶棚磨光机由磨头、连杆机构、支承架及底座等部分组成。磨头由一个立式高速电动机带动,上部为砂轮片,外围是吸尘罩,磨下的灰尘通过塑料管被下部的吸尘器收集起来。支撑磨头的是一个四连杆机构,通过液压千斤顶的作用,调整磨头高度。活动底座上装有移动胶轮,可以任意行走和转向。

(三)使用要点与注意事项

(1)检查被磨光的混凝土表面,除去残留钉子、木块等杂物。

(2)均匀移动磨光机,在保证磨光质量的基础上,提高磨削速度。

(3)对边角等难以磨到的地方,用人工进行补磨。

(4)注意观察磨削面质量,及时更换摩擦片。

(5)每班结束,应清除磨削废料,保养机械。

二十、电动角向钻磨机

(一)特点与用途

电动角向钻磨机(见图 1-76)主要用于金属件的钻孔和磨削。换上不同的工具头,可以实现钻、磨两种作业。同时,由于钻头与驱动电动机轴线垂直,还可以完成一般电钻难以

图 1-76　电动角向钻磨机外形

完成的工作。

电动角向钻磨机技术性能见表1-46。

表1-46　电动角向钻磨机技术性能

型号	钻孔直径(mm)	抛布轮直径(mm)	电压(V)	电流(A)	输出功率(W)	负载转速(r/min)
回J1DJ-6	6	100	220	1.5	370	1 200

(二)结构与工作原理

该机主要由电动机、钻头和壳体组成。电机一般为交流单相。

(三)使用要点与注意事项

电动角向钻磨机的使用要点与注意事项同手电钻。

二十一、砂纸机

(一)特点与用途

砂纸机(见图1-77)用于对高级木装饰表面进行磨光作业。由电力和压缩空气做动力,由马达带动砂布转动,使工件表面达到磨削效果。

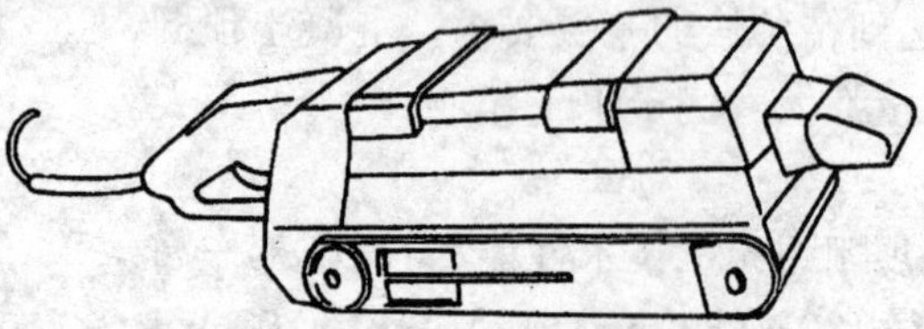

图1-77　砂纸机外形

砂纸机已经形成系列产品,机底座有不同规格,砂带宽度为28~120 mm,砂纸速度为350~1 000 m/min,并配有吸尘装置,可以适应不同的砂磨要求。意大利马首牌砂纸机技术性能见表1-47。博世(Bosch)砂纸机技术性能见表1-48。

表1-47　意大利马首牌砂纸机技术性能

序号	型号	规格(mm×mm)	输入功率(W)	无负载转速(r/min)
1	L190	93×190	130	21 000
2	L130	80×130	170	12 000
3	LOM10B	120×210	300	9 000
4	LRT115	ϕ115	200	23 000
5	LN75	75×457	600	20 000

(二)结构与工作原理

砂纸机由电动机驱动砂带转动,电动机通过带动装有砂带的轴转动,也有电动机直接带动砂带运转的。用砂带将被加工工件表面比较粗糙的地方进行磨砂,使其变得光滑,手感更好。电动机转速一般为1 500~2 500 r/min。

表 1-48　博世(Bosch)砂纸机技术性能

序号	名称型号		磨面规格(mm×mm)	输入功率(W)	空载转速(r/min)	质量(kg)
1	平板型	GSS-14	115×140	150	24 000	1.3
2		PSS-23	93×230	150	24 000	1.7
3		GSS-28	115×280	500	20 000	2.8
4	偏心型	PE×115A	ϕ115	190	11 000	1.35
5		PE×125AE	ϕ125	250	11 000	1.65
6		PE×150AE	ϕ150	420	2 500~8 000	1.9
7	三角型 PDA120E		94	120	6 500~13 000	0.9

(三)使用要点与注意事项

(1)将砂纸或砂布裁成合适大小,将砂纸从前端塞入夹紧,绕过砂纸机底座,再与后方夹紧。

(2)砂纸机下方有孔,装好砂纸后可用原子笔或美工刀将砂纸搓出位置相同的洞,以方便排出研磨碎屑。

(3)砂纸机是靠振动将物品表面磨平,使用时可戴上手套,按压前方的启动键操作。

二十二、腻子打磨机

(一)特点与用途

腻子打磨机(见图 1-78)以电动机或压缩空气做动力,适用于木器等行业产品外表腻子、涂料的磨光作业,特别适用于水磨作业。将绒布代替砂布则可进行抛光、打蜡作业。

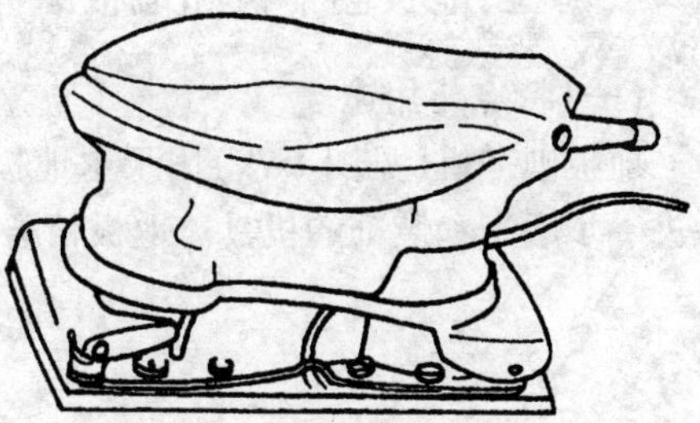

图 1-78　腻子打磨机外形

腻子打磨机的技术性能为:磨削压力 20~50 N,使用气压 0.5 MPa,空载耗气量 0.24 m^3/min,机重 0.70 kg,气管内径 8 mm,体积(长×宽×高):166 mm×110 mm×97 mm(N07 型)。

(二)结构与工作原理

当压下上盖时气门即开启,压缩空气经气门进入底座内腔,推动腔内钢球沿导轨做高速圆周运动,产生离心力,带动底座做平面有规则高速运动。底座下部装有由夹板夹持住的砂布,因而产生磨削效果。

(三)使用要点与注意事项

1. 使用要点

(1)将工作头与主机连接好。

(2)将本机电源插入电源拖线的三孔插座,指示灯亮。

(3)操作者将主机背在背上,调节背带长短,使其背负舒适。

(4)用右手握住工作头砂盘护罩底部的软轴。

(5)开启腻子打磨机用左手按下开关,电源接通,砂盘便高速旋转。

(6)握持正在旋转的砂盘,轻轻地抵住要打磨的表面,用力要均匀。若对砂盘用力过猛,会导致电动机过载,砂片使用寿命变短,使打磨或抛光的效率低下。

(7)握持砂盘可以做从上到下或从左到右的“蛇形”移动,也可以沿某一方向做螺旋状的转圈移动。

2. 注意事项

(1)如果主机上的电源开关不能接通或不能关断工具电源,这时电动工具非常危险,应立即停止使用并检修机器。

(2)更换砂片、调节打磨的深度、更换附件时,或在装入便携包装箱之前,必须从电源上拔下电源插头。

(3)将闲置的电动工具储存在儿童和体弱人士接触范围之外,并且禁止不熟悉本机或对本说明书不了解的人操作本工具。

(4)请勿在湿腻子表面作业。

(5)随时或定时清除积存在护罩内的粉尘。过多的粉尘会损坏传动装置。

(四)维护与保养

(1)不连接工作头,只将主机电源接上,按动开关看是否控制电动机开始转动或停止转动,运转声音是否正常。

(2)定期(2~3个月)卸下砂盘垫,清理转动处的粉尘,并重新加上黄油。

(3)每次使用前,请检查砂盘垫处螺母是否旋紧,如有松动,用专用扳手紧一下砂盘垫处螺母。

二十三、地板刨平机和地板磨光机

(一)特点与用途

地板刨平机(见图1-79)用于木地板表面粗加工,保证安装的地板表面初步达到平整,是进一步磨光和装饰的机具。地板精磨由地板磨光机(见图1-80)完成。

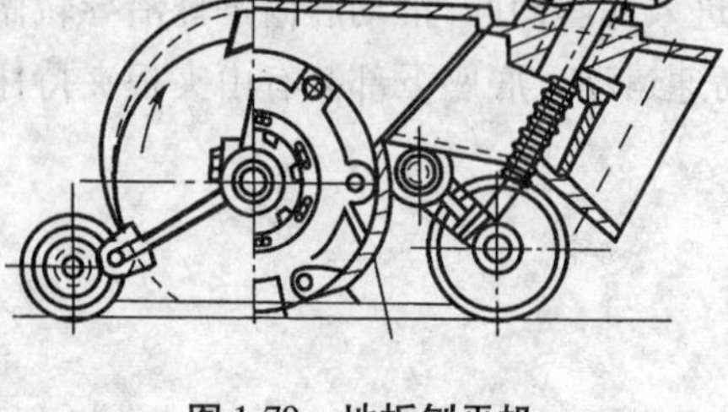

图1-79 地板刨平机

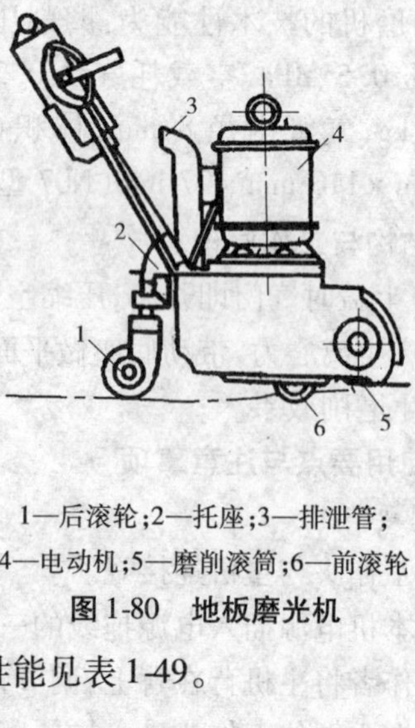

1—后滚轮;2—托座;3—排泄管;
4—电动机;5—磨削滚筒;6—前滚轮

图1-80 地板磨光机

部分国内生产的地板刨平机和地板磨光机技术性能见表1-49。

表 1-49　地板刨平机和地板磨光机技术性能

型号指标	地板刨平机		地板磨光机	
	0－1 型	北京型	25 m^2/h	32.5 m^2/h
工作能力(m^2/h)	17～28	12～15	20～30	30～35
刨刀数量(片)	3	4		
加工宽度(mm)	326	325	200	
滚筒转速(r/min)	2 900	2 880	720	1 100
切削厚度(mm)	3			
电动机功率(kW)	1.9	3(HP)	2(HP)	1.7(HP)
转速(r/min)	2 900	1 400	1 440	1 420
机重(kg)	107	108		

注:1 kW＝0.7 HP。

(二)结构与工作原理

地板刨平机和地板磨光机分别由电动机、刨刀滚筒、磨削滚筒、刨刀、机架等部分组成。

(三)使用要点与注意事项

(1)使用前要检查机械各部分紧固润滑等情况,尤其是工作机构滚筒、刨刀完好情况,保证刨刀完好锋利。

(2)刨平工作一般分两次进行,即顺刨和横刨。第一次刨削厚度为 2～3 mm,第二次刨削厚度为 0.5～1 mm。

(3)操作地板磨光机要平稳,速度均匀。高级硬木地板磨光时,先用带粗砂纸的磨光机打磨,后用较细的砂纸磨削,最后用盘式磨光机研磨。机械难以磨削的作业面,应使用手持磨光机进行打磨。

(4)每班工作结束后,要切断电源,擦拭保养机具。

二十四、固定石材切割机

(一)特点与用途

固定石材切割机(见图 1-81)用于切割大理石、花岗石等板材。小型切割机放置在板材粘贴现场,根据安装尺寸要求,随时切割半成品板、条料。较大型切割机一般安在室外,可以切割大块材料。

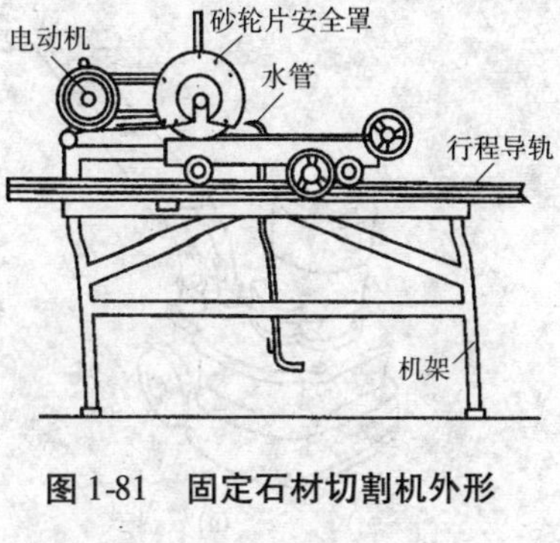

图 1-81　固定石材切割机外形

(二)结构与工作原理

固定石材切割机由电动机、传动机构、切割头(锯片)和机架等部分组成。板材固定在移动平台上,通过自动或手动达到板材平动,完成切割。大块板材切割时,把板材固定,切割机头平移切割。

(三)使用要点与注意事项

(1)使用前,要检查机械各部完好情况,尤其是电气绝缘情况,因为切割时要用水冷却锯片，周围潮湿，必须绝缘良好。

(2)切割开始时，首先打开冷却水管，并保证水源不中断。

(3)随时注意切割口情况和板材紧固情况。

(4)工作结束后，对机器进行清扫保养。

二十五、手提式电动石材切割机

(一)特点与用途

手提式电动石材切割机(见图 1-82)适用于瓷片、瓷板及水磨石、大理石等板材的切割，换上砂轮锯片，可做其他材料的切割，是装饰作业的常用机具。

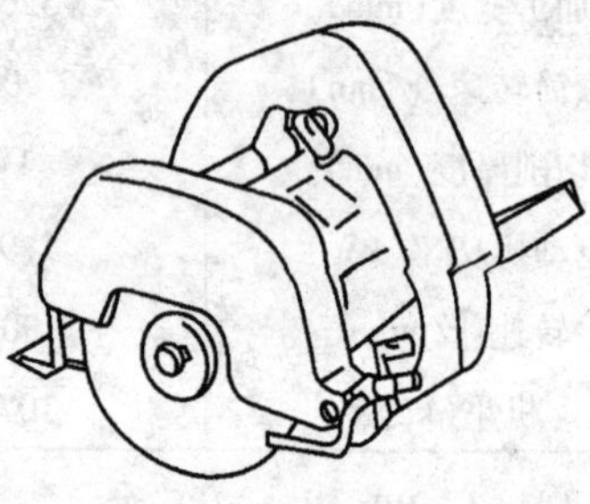

图 1-82　手提式电动石材切割机外形

国产回 Z1Q－12S 型切割机技术性能如下：输入功率 280 W，刀片空载转速 7 300 r/min，最大切割深度 25 mm，额定电源电压 220 V，刀片规格 ϕ125 mm，全机净重 2 kg。

博世牌 GMS34 切割机技术性能为：输入功率 800 W，空载转速 12 000 r/min，金钢石砂轮直径 770 mm，最大切割深度 34 mm，机重 2.7 kg。

(二)结构与工作原理

手提式电动石材切割机的构造与一般电锯基本相同，仅锯片不同，国内外均有定型产品。

(三)使用要点与注意事项

手提式电动石材切割机的切割刀片分为干、湿两种，选用湿型刀片时需用水做冷却剂，在切割工作开始前，要先接通水管，给水到刀口后才能按下开关，并匀速推进切割。

二十六、水磨石机

(一)特点与用途

水磨石机是修整石材地面的主要机械(见图 1-83)。根据不同的作业对象和要求，使用多种不同型式的水磨石机，其中，盘式水磨石机主要用于大面积水磨石地面的磨平和磨光，小型侧卧式水磨石机主要用于踢脚、踏步等小面积地方的磨光，手提式水磨石机则对较难施工的角落等处进行磨光。

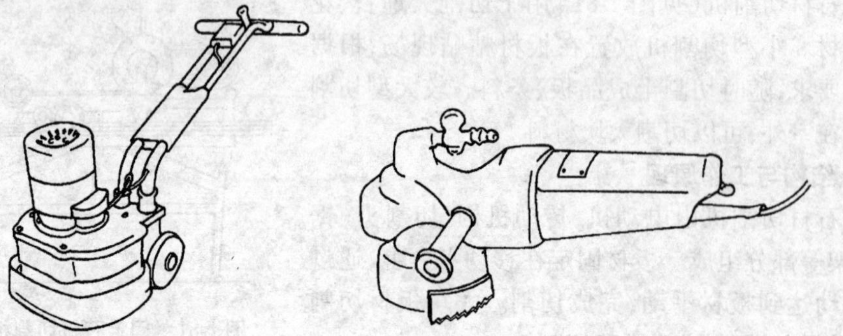

(a)双盘式　　(b)手提式

图 1-83　水磨石机外形

国产部分水磨石机技术性能见表1-50～表1-53。

表1-50 手提式水磨石机主要技术性能

型号	功率(kW)	电压(V)	电流(A)	砂轮空载转速(r/min)	砂轮规格(mm×mm)	外形尺寸长×宽×高(mm×mm×mm)	质量(kg)	生产厂
ZIMJ100	0.566	220	2.71	2 500	ϕ100×40	415×100×205	4.4	冷水江电动工具厂
ZIMJ100	0.57	220	2.71	2 500	ϕ100×40	415×100×250	4	
ZIMJ100	0.28	220	1.57	2 900	ϕ80×40	315×110×130	2.4	

表1-51 单盘式水磨石机主要技术性能

型号	磨盘转速(r/min)	磨削直径(mm)	效率(m^2/h)	电动机			外形尺寸长×宽×高(mm×mm×mm)	质量(kg)	生产厂
				型号	功率(kW)	转速(r/min)			
SF－D－A	282	350	3.5～4.5		2.2		1 040×410×950	150	北方建筑机械厂
DMS350	294	350	4.5	Y100L1－4	2.2	1 430	1 040×410×950	160	兰溪建筑机械厂
SM－5	340	360	6～7.5	J02－32－4	3	1 430	1 160×400×980	160	岳西建筑机械厂
MS	330	350	6	J02－32－4	3	1 430	1 250×450×950	145	福州建筑机械厂
HMP4	294	350	3.5～4.5	J02－31－4	2.2	1 420	1 140×410×1 040	160	中原机械厂
HMP－8		400	6～8	Y100L24	3	1 420	1 062×430×950	180	中原机械厂
HM4	294	350	3.5～4.5	J02－31－4	2.2	1 450	1 040×410×950	155	湖北振动器厂
MD－350	295	350	3.5～4.5	J02－32－4	3	1 430	1 040×410×950	160	冷水江电动工具厂

表1-52 双盘式水磨石机主要技术性能

型号	磨盘直径(mm)	磨盘转速(r/min)	磨削宽度(mm)	效率(m^2/h)	电动机			外形尺寸长×宽×高(mm×mm×mm)	质量(kg)	生产厂
					电压(V)	功率(kW)	转速(r/min)			
2MD350	345	285	600	14～15	380	2.2	940	700×900×1 000	115	东沟电动工具厂
650－A		325	650	60	380	3	1 430	850×700×900		安平建筑机械厂
SF－S		345		10	380	4		1 400×690×1 000	210	北方建筑机械厂
DMS350	360	340	680	14～15	380	3			210	兰溪建筑机械厂
SM2－2	360	340	680	14～15	380	4	1 420	1 160×690×980	200	岳西建筑机械厂
HMP－16	360	340		14～16	380	3	1 430	1 160×660×980	210	中原机械厂
2MD300		392		10～15	380	3		1 200×563×715	180	冷水江电动工具厂

表 1-53　小型侧卧式水磨石机主要技术性能

型号	单盘回转直径（mm）	磨盘个数	磨盘转速（r/min）	最大磨高（m）	效率（m^2/h）	功率（kW）	电压（V）	外形尺寸 长×宽×高（mm×mm×mm）	质量（kg）	生产厂
SWM2－310	180	2	415	1.2	2～3	0.55	380	390×330×1 050	36	如皋建筑机械厂
DSM2－2A	180	2	370	1.2	2～3	0.55	380	470×340×1 410	60	岳西建筑机械厂

（二）结构与工作原理

盘式水磨石机由驱动电动机、减速机构、转盘和机架组成。转盘转动时，磨石随转盘旋转，给水管喷注清水进行助磨和冷却，完成地面磨光作业。

（三）使用要点与注意事项

（1）当混凝土强度达到设计强度的70%～80%时，为水磨石机最适宜的磨削时机；强度达到100%时，虽能正常有效工作，但磨盘寿命会有所降低。

（2）使用前，要检查各紧固件是否牢固，并用木槌轻击砂轮，应发出清脆声音，表明砂轮无裂纹，方能使用。

（3）接通电源、水源，检查磨盘旋转方向是否与箭头所示方向相同。

（4）手压扶把，使磨盘离开地面后启动电动机，待运转正常后，缓慢地放下磨盘进行作业。

（5）作业时必须有冷却水并经常通水，用水量以调至工作面不发干为宜。

（6）更换新磨块应先在废水磨石地坪上或废水泥制品表面先磨1～2 h，待金刚石切削刃磨出后再投入工作面作业，否则会有打掉石子的现象。

（四）维护与保养

（1）每班作业后关掉电源开关，清洗各部位的泥浆，调整部位的螺栓并涂上润滑脂。

（2）及时检查并调整三角皮带的松紧度。

（3）使用100 h后，拧开主轴壳上的油杯，加注润滑油；使用1 000 h后，拆洗轴承部位并加注新的润滑脂。

水磨石机常见故障及排除方法见表1-54。

表 1-54　水磨石机常见故障及排除方法

常见故障	原因	排除方法
效率降低	三角带松弛，转速不够	调整三角带松紧度
磨盘振动	磨盘底面不水平	调整后脚轮
磨块松动	磨块上端缺皮垫或紧固螺帽缺弹簧垫	加上皮垫或弹簧垫后拧紧紧固螺帽
磨削的地面有麻点或条痕	①地面强度不够70% ②磨盘高度不合适	①待强度达到后再磨削 ②重新调整高度

二十七、高压无气喷涂机

(一)特点与用途

高压无气喷涂机(见图1-84)是利用高压泵直接向喷嘴供应高压涂料,特殊喷嘴使涂料雾化,实现高压无气喷涂工艺的新型设备。其动力分为气动、电动等。高压泵有活塞式、柱塞式和隔膜式三种。隔膜式高压泵使用寿命长,适用于喷涂油性涂料和水性涂料。

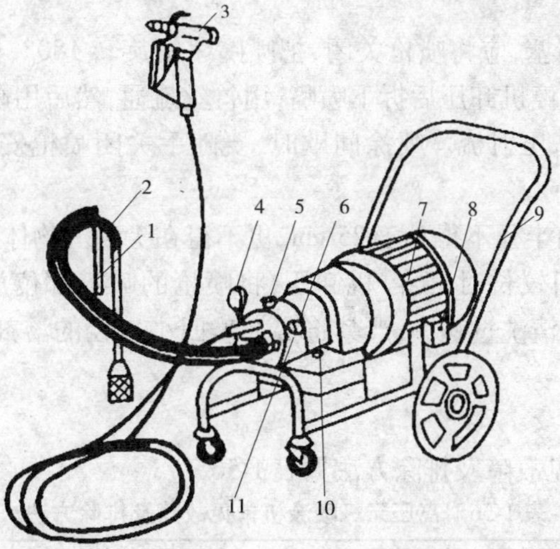

1—排料管;2—吸料管;3—喷枪;4—压力表;5—单向阀;6—卸压阀;
7—电动机;8—开关;9—小车;10—柱塞油泵;11—涂料泵(隔膜泵)

图1-84 PWD-8型高压无气喷涂机

部分高压无气喷涂机技术性能见表1-55。

表1-55 部分高压无气喷涂机技术性能

型号	PWD-8	PWD-8L	DGF-1	PWD-1.5	PWD-1.5
最大压力(MPa)	25	25	18.3	25.5	25
最大流量(L/min)	8.3	8.3	1.8	1.5	1.4
最大喷涂黏度(Pa·s)	500	800			
涂料最大粒径(mm)	0.3	0.3			
最大接管长度(m)	90	90			
同时喷涂枪数(把)	2	2	1	1	1
电动机功率(kW)	2.2	2.2	0.4	0.49	0.37
电压(V)	380	380	220	220	220
外形尺寸(mm×mm×mm)	1 300×460×760	794×420×980	400×370×240		
整机质量(kg)	75	85	30	25	22

(二)结构与工作原理

PWD-8型高压无气喷涂机由高压涂料泵、输料管、喷枪、压力表、单向阀及电动机等部分组成。吸料管插入涂料桶内,开动电动机,高压泵工作,吸入涂料,达到预定压力时,就可以开始喷涂作业。

(三)使用要点与注意事项

(1)机器启动前要使调压阀、卸压阀处于开启状态。首次使用的待冷却后,按对角线方向,将涂料泵的每个内六角螺栓拧紧,以防连接松动。

(2)喷涂燃点在21 ℃以下的易燃涂料时,必须接好地线。地线一头接电动机零线位置,另一头接铁涂料桶或被喷的金属物体。泵机不得和被喷涂物放在同一房间里,周围严禁有明火。

(3)喷涂时遇喷枪堵塞,应将喷枪关闭,把喷嘴手柄旋转180°,再打开喷枪用压力涂料排除堵塞物。如无效,可停机卸压后拆下喷嘴,用竹丝疏通,然后用硬毛刷彻底清洗干净。

(4)不许用手指试高压射流。喷涂间歇时,要随手关闭喷枪安全装置,防止无意打开伤人。

(5)高压软管的弯曲半径不得小于25 cm,更不得在尖锐的物体上用脚踩高压软管。

(6)作业中停歇时间较长时,要停机卸压,将喷枪的喷嘴部位放入溶剂里。每天作业后,必须彻底清洗喷枪。清洗过程中,严禁将溶剂喷回小口径的溶剂桶内,应防止静电火花引起着火。

(四)维护与保养

高压无气喷涂机常见故障及排除方法见表1-56。

表1-56 高压无气喷涂机常见故障及排除方法

故障现象	故障原因	排除方法
电动机转,不吸料	①吸入阀、排料阀密封不良 ②液压油不足或过滤器堵塞 ③卸压阀未关或关不严	①清洗阀口,重新密封 ②补充油液,清洗过滤器 ③关闭卸压阀或更换新阀
能吸涂料,但压力上不去	①调压阀、吸入阀密封不好 ②单向阀不密封或弹簧失效 ③涂料少了,吸进空气	①清洗或更换 ②清洗或更换钢球及弹簧 ③添加涂料,开启卸压阀排净空气
打开喷枪,压力显著下降	①喷嘴孔径太大或涂料太稠 ②单向阀密封不好	①更换合适喷嘴,释稀涂料 ②清洗单向阀或更换钢球
液压油明显减少	①隔膜连接处漏油 ②隔膜坏了	①按对角线方向依次拧紧连接螺栓 ②更换隔膜
喷涂过程经常发生堵嘴现象	①涂料太稠或喷嘴孔径太小 ②喷嘴里有干涂料或异物	①适当稀释涂料或更换合适喷嘴 ②在溶剂里浸泡喷嘴,认真清洗干净

二十八、电焊机

(一)特点与用途

电焊机作为焊接机具,具有结构简单、价格低廉、加工能力强、使用和维护方便等特点,在建筑装饰行业中应用非常广泛。在装饰装修施工中,电焊机主要用于连接钢铁构件,使之成为所需要的整体结构。电焊机包括电阻焊机和电弧焊机两大类。电阻焊机又称接触式焊机,如点焊机、对焊机等。电弧焊机又分为直流和交流两种,其中交流电弧焊机使用最为普遍。本部分内容重点介绍交流电弧焊机，交流电弧焊机的型号和主要技术性能见表1-57。

表1-57 交流电弧焊机的型号和主要技术性能

型号		BX1－135	BX1－330	BX1－500
结构形式		动铁芯式	动铁芯式	同体式
额定焊接电流(A)		135	330	120
额定初级电压(V)		220/380	220/380	220/380
电流调节范围(A)	接法Ⅰ	25～85	50～180	200～600
	接法Ⅱ	50～150	160～450	
次级空载电压(V)	接法Ⅰ	70	70	80
	接法Ⅱ	60	60	
工作电压(V)		30	30	45.5
额定负载率(%)		65	65	60
频率(Hz)		50	50	50
额定输入容量(kVA)		8.7	21	42
焊条直径(mm)		1.5～4	2～7	
质量(kg)		100	185	445
外形尺寸长×宽×高(mm×mm×mm)		680×480×580	882×577×786	

(二)结构与工作原理

目前，交流电弧焊机的种类很多，常用的有动铁芯漏磁式、同体组合电抗器式和动圈式三种。

1. 动铁芯漏磁式交流电弧焊机

这是目前使用较为广泛的一种电焊机。它有三个铁芯柱，两边为固定的主铁芯，中间为可动的主铁芯。变压器的初级线圈绕在一个主铁芯柱上，次级线圈分为两部分，一部分绕在另一个主铁芯柱上，另一部分绕在初级线圈所绕的主铁芯柱上。电焊机的两侧装有接线板，一侧为初级接线板，供接入市电网路用，另一侧为次级接线板，供接入焊接回路。图1-85为BX1－330型动铁芯漏磁式交流电弧焊机电原理图。

BX1－330型动铁芯漏磁式交流电弧焊机焊接电流的调节有粗调和细调两种，粗调改变线圈的匝数，细调改变活动铁芯的位置。在次级线圈的接线板上有两种接线位置供选择，当接线片接在1位置时，焊接电流调节范围为50～180 A；当接线片接在2位置时，焊接电流调节范围为160～450 A，在BX1－330型动铁芯漏磁式交流电弧焊机上装有手柄，转动手柄可改变活动铁芯的位置，从而改变漏磁的大小，达到调节焊接电流(细调)的目的。当活动铁芯向外移动时，磁阻增大，漏磁减少，焊接电流增大；反之，当铁芯向内移动时，焊接电流减小。

2. 同体组合电抗器式交流电弧焊机

此种电焊机铁芯呈“日”字形，上面为活动铁芯，活动铁芯上装有电抗线圈，初级线圈和次级线圈分别绕在两侧的固定铁芯上，次级线圈与电抗线圈串联。图1-86是BX2－500型同体组合电抗器式交流电弧焊机电原理图。

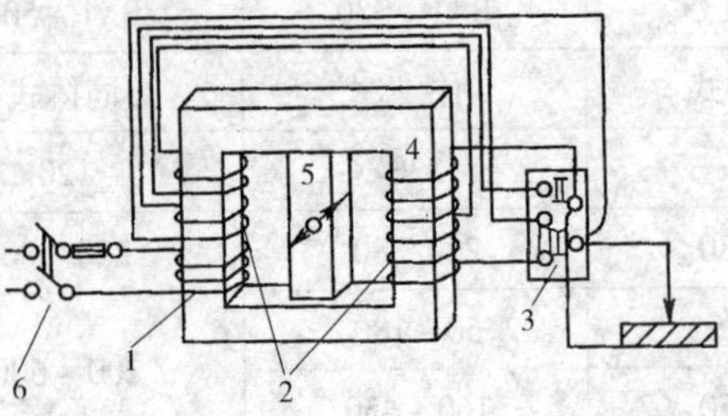

1—初级线圈；2—次级线圈；3—次级接线板；

4—固定铁芯；5—活动铁芯；6—初级接线板

图 1-85 BX1-330 型动铁芯漏磁式交流电弧焊机电原理

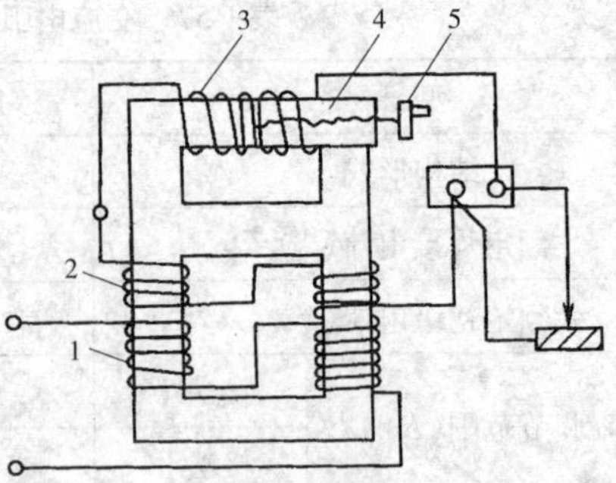

1—初级线圈；2—次级线圈；3—电抗线圈；

4—活动铁芯；5—手柄

图 1-86 BX2-500 型同体组合电抗器式交流电弧焊机电原理

同体组合电抗器式交流电弧焊机只有一种调节焊接电流的方法，即转动手柄，改变活动铁芯与固定铁芯的间隙。顺时针转动手柄，间隙增大，焊接电流增加；反之，焊接电流减小。

3. 动圈式交流电弧焊机

这种电焊机常用两个或四个铁芯装在一起，通过改变初级线圈与次级线圈的距离 L，调节焊接电流的大小，如图 1-87 所示。由于这种电焊机没有活动铁芯，因此避免了焊接时活动铁芯振动造成的电流不稳和噪声，这类电焊机的型号为 BX 系列。

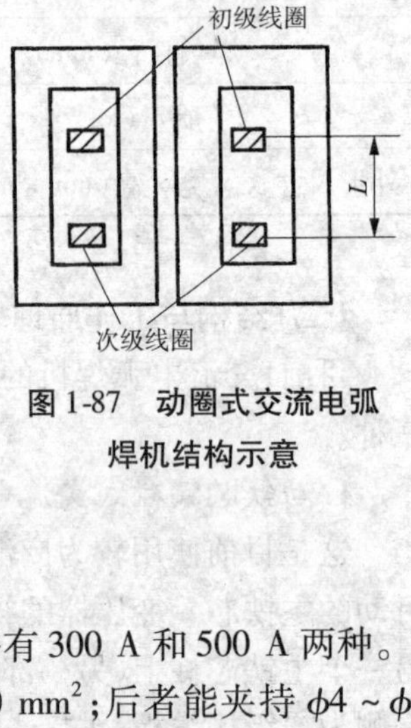

图 1-87 动圈式交流电弧焊机结构示意

4. 电弧焊工具

电弧焊工具包括电焊钳、电焊软线、电焊条烘干箱及保温筒、电焊面罩及其他防护用具、清理工具、夹具、胎具和量具等。下面重点介绍电焊钳、电焊软线、电焊面罩、电焊手套和脚盖及电焊条。

1) 电焊钳

电焊钳是夹持电焊条并传导焊接电流的操作器具，常用规格有 300 A 和 500 A 两种。前者能夹持 $\phi2 \sim \phi5$ mm 焊条，连接电焊软线的最大截面面积为 50 mm^2；后者能夹持 $\phi4 \sim \phi8$ mm 焊条，连接电焊软线最大截面面积为 95 mm^2。

2) 电焊软线

电焊软线是焊机与焊钳的连接线，并传导焊接电流。目前，使用的主要有 YHH 和 YHHR两种型号。工作时电焊软线应有足够的截面面积，软线的截面面积主要依据焊接电流的大小选取。软线截面面积与焊接电流的关系如表 1-58 所示。

表 1-58 软线截面面积与焊接电流的关系

电弧焊机型号	BX1-135	BX1-330	BX3-500	BX6-120
软线截面面积（mm^2）	25	50	70	25
软线最大允许电流（A）	140	225	280	140

3)电焊面罩

电焊面罩的主要作用是保护操作者的眼睛和面部不受电弧光辐射和不被飞溅的金属熔滴灼伤。电焊面罩有手持式和头戴式两种。面罩中部镶有护目玻璃,尺寸为 50 mm×70 mm。根据颜色深浅,面罩分三个牌号:9 号为较浅颜色,供电流小于 100 A 时使用;10 号为中等色,供电流 100～350 A 时使用;11 号色最深,供电流大于 350 A 时使用。在电焊玻璃外还必须加装普通玻璃,以防金属熔滴飞溅,沾污护目玻璃。

4)电焊手套和脚盖

电焊手套和脚盖用于防止弧光和熔滴灼伤皮肤,主要由帆布和皮革缝制而成。

5)电焊条

电焊条的种类很多,应根据不同的使用要求,选用相应的电焊条。建筑装饰行业中常用的是结构钢电焊条,常用结构钢电焊条的适用范围见表 1-59。焊条直径和焊接电流的对应关系见表 1-60。

(三)使用要点与注意事项

1.使用要点

(1)电焊机操作工必须经过专业训练,持证上岗。

(2)电焊机应放在清洁、干燥、通风、无腐蚀性介质、不靠近高温和粉尘的地方。现场应设有防雨、防潮、防晒的机棚。施工现场内不得堆放氧气瓶、乙炔罐、木材等易燃物。

表 1-59 常用结构钢电焊条的适用范围

牌号	名称	抗拉强度(MPa)	焊接电流	主要用途
结 421	钛型低碳钢电焊条	420	交流电	焊接一般低碳钢结构,尤其适用于薄板小件
结 422	钛钙型低碳钢电焊条	420	交流电	焊接较重要的低碳钢结构和强度等级低的普通低碳钢
结 426	低氢型低碳钢电焊条	420	交流电	焊接重要的低碳钢和某些低合金钢结构
结 502	钛钙型普通低合金钢电焊条	500	交流电	用于 16 锰等低合金钢结构的焊接
结 503	钛铁矿型普通低合金钢电焊条	500	交流电	用于 16 锰等普通低合金钢一般结构的焊接
结 506	低氢型普通低合金钢电焊条	500	交流电	用于重要低碳、中碳及某些普通低合金钢如 16 锰等的焊接
结 553	钛铁矿型普通低合金钢电焊条	550	交流电	用于相应强度的普通低合金高强度钢一般结构,如 15 锰钒、15 锰钛等
结 556	低氢型普通低合金钢电焊条	550	交流电	焊接中碳钢和 15 锰钒、15 锰钛等普通低合金钢结构
结 606	低合金高强度钢电焊条	600	交流电	用于焊接中碳钢及相应强度的低合金高强度钢结构

表 1-60　焊条直径和焊接电流的对应关系

搭接焊、帮条焊						坡口焊					
钢筋直径（mm）		10～12	14～22	25～32	36～40	钢筋直径（mm）		10～12	14～22	25～32	36～40
焊条直径（mm）	平焊	3.2	4	5	5	焊条直径（mm）	平焊	3.2	4	4	5
	立焊	3.2	4	4	5		立焊	3.2	4	4	5
焊接电流（A）	平焊	90～130	130～180	180～230	190～240	焊接电流（A）	平焊	140～170	170～190	190～220	200～230
	立焊	80～110	110～150	120～170	170～220		立焊	120～150	150～180	180～200	190～210

（3）当现场条件必须采用较长的电焊软线时，则需加大电焊软线截面，否则电弧将不稳定，影响焊接质量。焊接电流、电焊软线长度与导线截面面积的关系见表 1-61。

表 1-61　焊接电流、电焊软线长度与导线截面面积的关系　（单位：mm^2）

电流（A）	不同软线长（m）的导线截面面积								
	20	30	40	50	60	70	80	90	100
100	25	25	25	25	25	25	25	28	35
150	35	35	35	35	50	50	60	70	70
200	35	35	35	50	60	70	70	70	70
300	35	50	60	60	70	70	70	85	85

（4）工作中不允许用铁板搭接等来代替焊接件的电缆线，否则将因接触不良或降压过大而使电弧不稳，影响焊接质量。

（5）电焊软线与电焊机的接头应采用镀锡的紫铜接头，接头处必须拧紧，接头表面应保持清洁，否则将造成电能损耗，导致电焊机过热，甚至烧毁接线板。

（6）启动电焊机时，电焊钳和焊件不能接触，以防短路。在焊接过程中，也不能长时间短路。

（7）应经常清扫电焊机内部灰尘和铁屑等杂物，定期清洁调节手柄和丝杠，保持转动灵活。

2. 注意事项

（1）初级绕组的接法和电压必须与电焊机铭牌的规定相符，并装有保险丝和铁壳开关，保险丝的额定电流及铁壳开关额定容量应与焊接电流相适应。

（2）电焊机的外壳必须可靠接地，以保证安全，接地电线导体的截面面积，铜线不得小于 6 mm^2，铝线不得小于 12 mm^2。

（3）注意电源线、电焊软线、电焊钳等的绝缘性能是否良好，如有破损，则应予以修理或更换。

(4)工作完毕或临时离开施工现场时必须切断电源。

(5)焊工在进行焊接工作之前,必须穿戴整套电焊安全防护用具,否则不能进行工作。

(6)调节焊接电流或改变次级绕组接法,应在空载条件下进行。

(7)工作场所应用护板与其他人员隔开,并警告附近人员不得目视弧光。

(8)焊机不用时应存放在 -20 ~40 ℃、相对湿度≤85% 的环境中,且通风良好,无有害气体和介质侵蚀。未涂漆部分及不带电部分应涂上保护油脂。新安装和闲置已久的电焊机启用前必须做绝缘检查,符合要求才能启用。

(四)维护与保养

交流电弧焊机常见故障及排除方法如表 1-62 所示。

表 1-62　交流电弧焊机常见故障及排除方法

故障现象	故障原因	排除方法
电焊机过热	①超负载工作 ②铁芯螺杆绝缘损坏 ③绕组短路	①按规定负载工作 ②恢复绝缘 ③排除短路
电焊机罩壳带电	①初级绕组或次级绕组碰壳 ②电源线碰壳 ③焊接电缆碰壳 ④外壳接地不良或未接地	①排除碰壳 ②排除碰壳 ③排除碰壳 ④妥善接地
电焊机强烈嗡响和保险丝熔断	①初级绕组短路 ②次级绕组短路	①排除短路 ②排除短路
保险丝熔断	①电源接头处相碰 ②电源接头碰壳 ③电源线破损碰铁板	①排除短路 ②排除碰壳 ③更换或修理电源线
焊接过程中电流忽大忽小	①电焊软线和焊件接触不良 ②活动铁芯随焊机振动产生位移	①使其接触良好 ②消除铁芯移动现象
活动铁芯在焊接过程中有强烈振动声	①活动铁芯的制动螺丝或弹簧松动 ②活动铁芯的移动机构损坏	①旋紧螺钉,调整弹簧的拉力 ②修理移动机构
焊接电流过小	①电焊软线过长,降压太大 ②电焊软线卷成盘形,电感大 ③电焊机接线柱与电焊软线接触不良	①缩短软线长度或加大截面 ②放开软线,使之不成盘形 ③保持接触良好
电焊机电压不足,不能引弧	①电源电压不足 ②次级绕组部分线匝短路 ③电源线或电焊软线过细,压降太大 ④电焊软线与电焊机接线柱接触不良 ⑤初、次级绕组接法与电焊机铭牌规定的接法不符	①调整电压至额定值 ②排除短路 ③加大截面 ④使其接触良好 ⑤按规定连接

第三节　手动类机具

一、手动拉铆枪

(一)特点与用途

拉铆枪主要有手动拉铆枪、电动拉铆枪和风动拉铆枪三种。电动拉铆枪和风动拉铆枪铆接拉力大,适用于较大型结构件的预制及半成品制作。其结构复杂,维修相对困难,且必须具备气源。在装饰工程施工中最常用的是手动拉铆枪,其外形如图 1-88 所示。

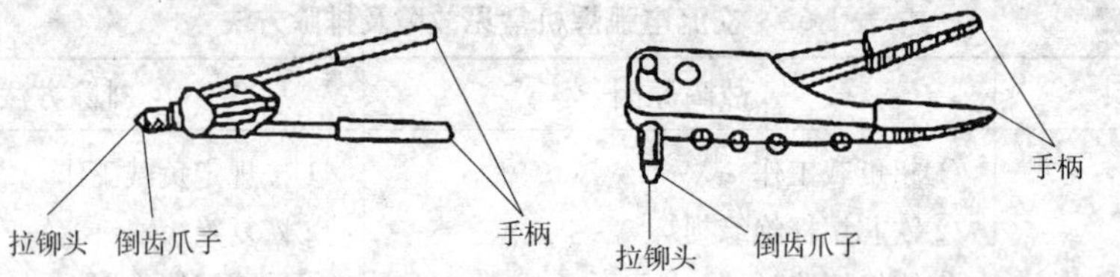

图 1-88　手动拉铆枪外形

在装饰装修施工中,拉铆枪广泛应用于吊顶、隔断及通风管道等工程的铆接作业。

(二)结构与工作原理

手动拉铆枪主要由移动导杆机构和头部工作机构等组成。其中,头部工作机构由爪子(图中未标出)、拉铆头、调节螺母、调节螺套组成,如图 1-89 所示。

手动拉铆枪通过两手柄张开和闭合,使拉杆张开和闭合,带动滑芯进行往复运动。头部工作机构在滑芯向上运动时爪子夹紧铆钉,拉铆头进行铆接;向下运动时,爪子松开,脱去钉芯,为下一次铆接做准备。

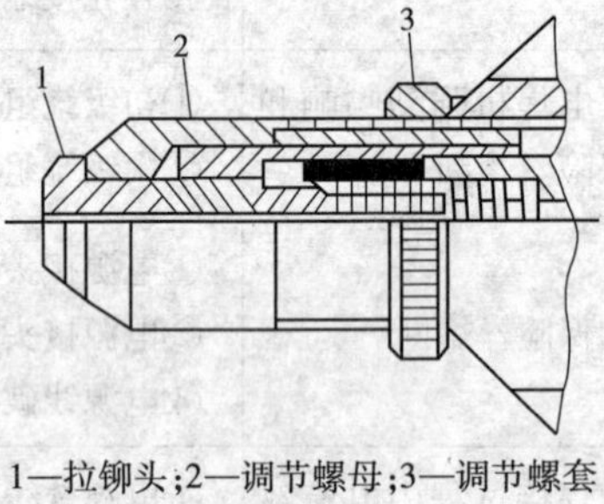

1—拉铆头;2—调节螺母;3—调节螺套

图 1-89　拉铆枪头部工作机构

(三)使用要点与注意事项

手动拉铆枪的使用方法如图 1-90 所示。

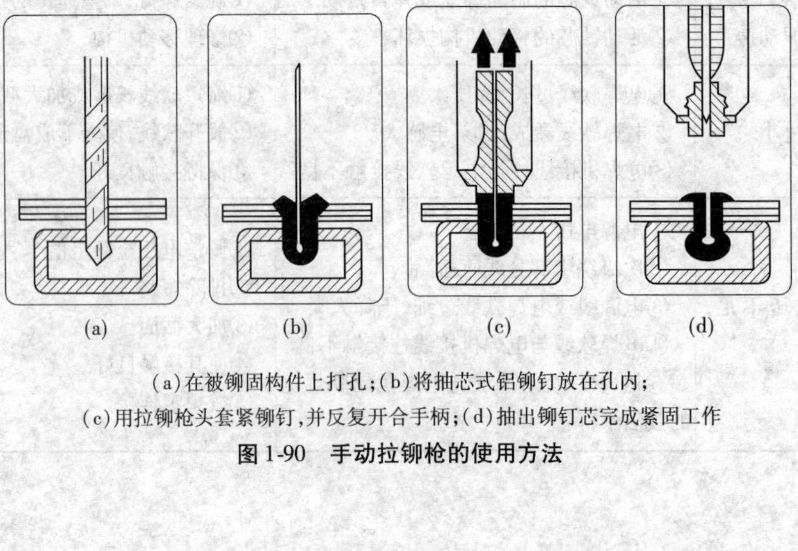

(a)在被铆固构件上打孔;(b)将抽芯式铝铆钉放在孔内;

(c)用拉铆枪头套紧铆钉,并反复开合手柄;(d)抽出铆钉芯完成紧固工作

图 1-90　手动拉铆枪的使用方法

(1)手动拉铆枪枪头有 $\phi 2$、$\phi 2.4$、$\phi 3$ 三种规格,适合不同直径的铆钉使用。使用时先选定所用的铆钉,根据选定的铆钉尺寸,再选择拉铆枪枪头,将枪头紧固在调节螺套上。选择时,铆钉的长度与铆件的厚度要一致,铆钉轴的断裂强度不得超过拉铆枪的额定拉力,并以钉芯能在孔内活动为宜。

(2)将枪头孔口朝上,张开拉杆,将需用的铆钉芯插入枪头孔内,钉芯应能顺利插入爪子内。若过紧或过松,可调节拉铆枪头。调节方法是:松开调节螺母2,根据需要调节螺套3,向外伸长,爪子变紧,反之则变松,调整完毕拧紧调节螺母。

(3)铆钉头的孔径应与铆钉轴滑动配合。需要紧固的构件必须严格按铆钉直径要求钻孔,所钻孔必须同构件垂直,这样才能取得理想的铆接效果。

(4)操作时将铆钉插入被铆件孔内,以拉铆枪枪头全部套进铆钉芯并垂直支紧被铆工件,压合拉杆,使铆钉膨胀,将工件紧固,此时钉芯断裂。如遇钉芯未断裂可重复动作,切忌强行扭撬,以免损坏机件。

(5)对于断裂在枪头内的钉芯,只要把拉铆枪倒过来,钉芯会自动从尾部脱出。

(6)在操作过程中,调节螺母,拉铆头可能松动,应经常检查,及时拧紧,否则会影响精度和铆接质量。

(四)维护与保养

(1)移动导杆机构,头部工作机构滑动部位应注意清洁,保持润滑。

(2)爪子属易损件,当齿锋磨钝、断裂时,应及时调换。

二、手动式墙地砖切割机

(一)特点与用途

手动式墙地砖切割机作为电动切割机的一种补充,广泛应用于装饰装修施工中。它适用于薄形墙地砖的切割,且不需电源,小巧、灵活,使用方便,效率较高。

(二)结构与工作原理

手动式墙地砖切割机主要由手柄、导轨、刀轮(在手柄头与底板之间,图中未标出)、可调标尺、固定标尺底板、压脚等组成,如图1-91所示。它的工作原理是,用刀轮在材料上划一道痕,然后用压脚压开,起到切割的作用。

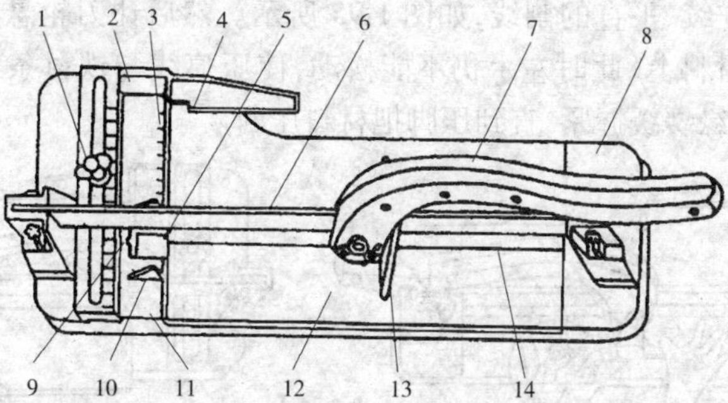

1—标尺蝶形螺母;2—可调标尺;3—凸台固定标尺;4—标尺靠山;5—塑料凹坑;6—导轨;7—手柄;8—底板;9—箭头;10—挡块;11—塑料凸台;12—橡胶板;13—手柄压脚;14—铁衬条

图1-91　手动式墙地砖切割机结构

(三)使用要点与注意事项

(1)将标尺蝶形螺母拧松,移动可调标尺,让箭头所指标尺的刻度与被切落材料尺一致,再拧紧螺母,如图1-92所示。也可直接由标尺上量出要切落材料的尺寸。注意:被切落材料的尺寸不宜小于15 mm,否则压脚压开困难。

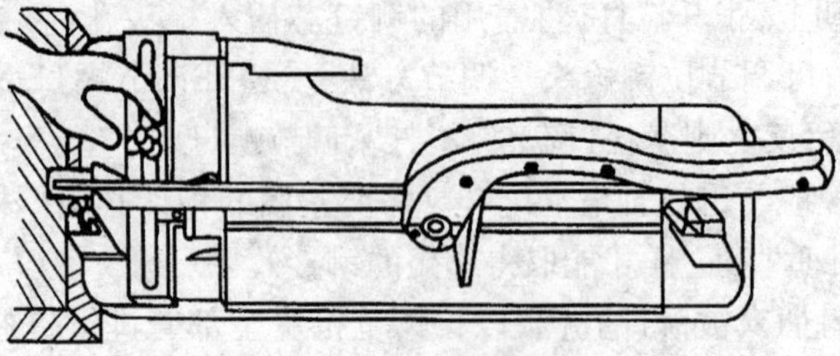

图1-92　调节标尺刻度

(2)应将被切材料正反面都擦干净,一般情况是正面朝上,平放在底板上。让材料的一边靠紧标尺靠山,左边顶紧塑料凸台的边缘,还要用左手按紧材料,如图1-93所示。在操作时,底板左端最好也找一阻挡物顶住,以免在用力时机身滑动。对表面有明显高低花纹的刻花砖,如果正面朝上不好切,可以反面朝上切。

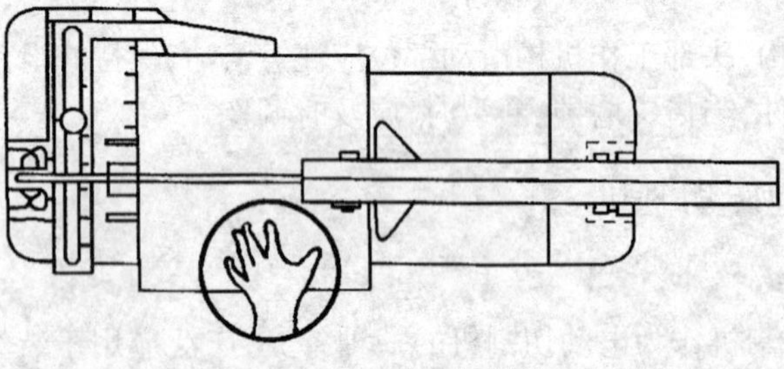

图1-93　固定被切材料

(3)右手提起手柄,让刀轮停放在材料右侧边缘上。为了不漏划右侧边缘,而又不使刀轮滚落,初试用者可在被切材料右边靠紧边缘放置一块厚度相同的辅助材料,如图1-94所示。

(4)操作时,右手要略向下压,平稳地向前推进,让刀轮在被切材料上从右至左一次性地滚压出一条完整、连续、平直的割线,如图1-95所示。然后让刀轮悬空,而让两压脚既紧靠挡块,又原地压在材料上(此时左手仍不能松动,使压痕线与铁衬条继续重合)。最后用右手四指勾住导轨下缘缓缓握紧,直到压脚把材料压断。

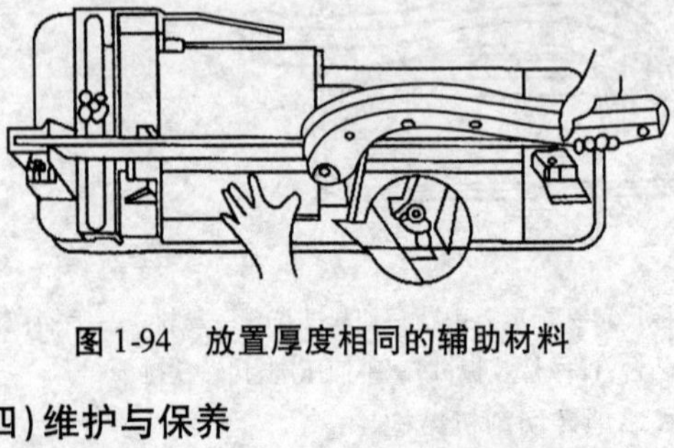

图1-94　放置厚度相同的辅助材料

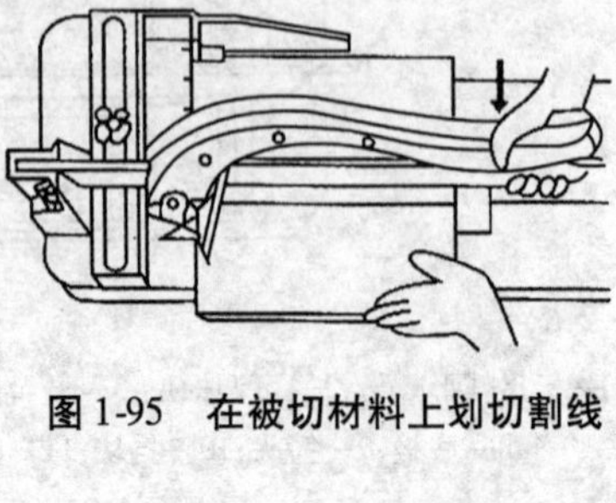

图1-95　在被切材料上划切割线

(四)维护与保养

(1)应避免使刀轮刃口受到不必要硬物的撞击。搬动时要使刀轮停在凹坑里。提拎时只能提导轨(见图1-96(a)),而不能提手柄(见图1-96(b))。

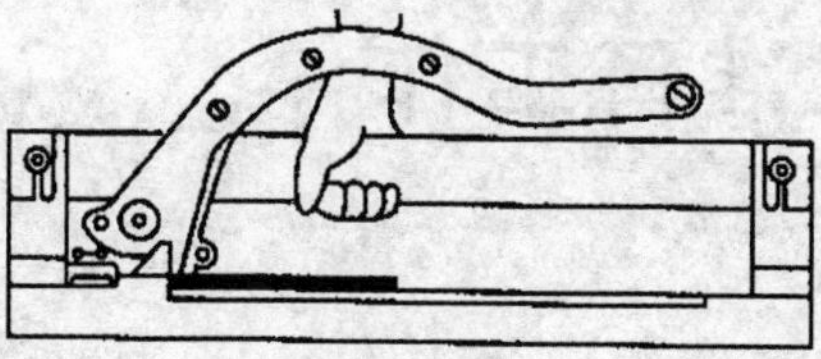
(a)正确提拎姿势

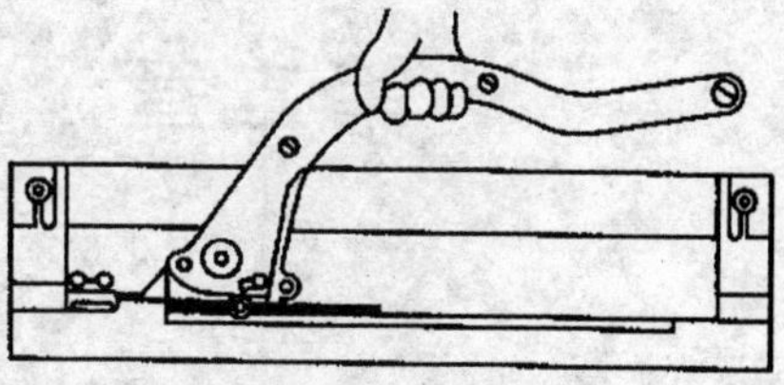
(b)错误提拎姿势

图1-96　手动式墙地砖切割机提拎姿势

(2)刀轮是做滚压切割用的,绝不可只压不推进,而企图用刀轮直接压开材料。

(3)经常清理工具凹坑和空隙里的杂物,擦掉沾到导轨和刀轮上的污物,以免卡阻或锈蚀,影响手柄的滑动和刀轮的滚动。使用前用手指拨动刀轮,看其是否转动灵活,一旦卡阻应立即排除,同时滴加少许润滑油。

(4)平时可经常竖起底板,从手柄与导轨槽孔间隙处往头部小轴承上滴加少量润滑油进行润滑,如图1-97所示。当加油不能恢复轴承的灵活转动时,应及时拆洗或更换轴承。

(5)刀轮的更换。其方法如下:卸下刀架上刀轮轴螺栓和刀轮,换上新刀轮,将螺栓涂少许润滑油后拧入。注意,拧入时一定要将螺栓大头全部旋入刀轮孔内,使刀架侧面成一个平面,如图1-98所示。装毕,检查刀轮是否转动灵活而无窜动,否则应重装。最后在另一端装上螺母。

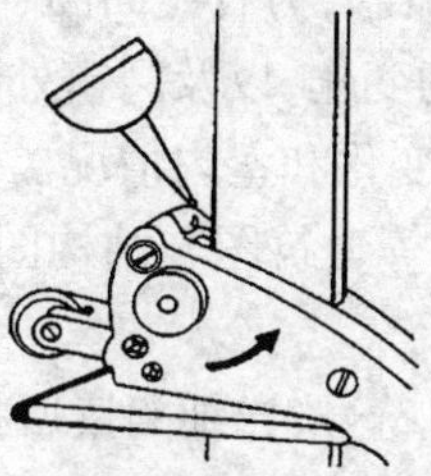
图1-97　给头部小轴承加注润滑油

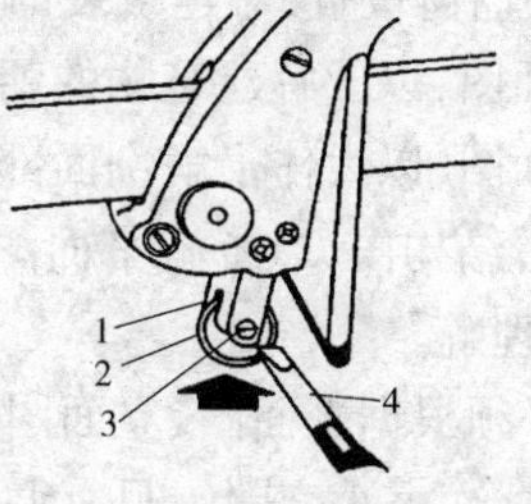

1—刀架;2—刀轮;3—刀轮轴螺栓;4—螺丝刀

图1-98　刀轮的更换

第二章　施工准备工作

第一节　审　图

施工图纸是建造房屋的依据，它明确规定了要建造一幢什么样的建筑，并且具体规定了形状、尺寸、做法和技术要求。装饰装修除专题审查装饰项目的图纸外，有时还要结合整个工程图纸看图，才能交圈配合，不出差错。为此，必须学会识图方法，才能收到事半功倍的效果。本书仅就识图方法，提出以下十点，供装饰施工员参考。

一、循序渐进

拿到一份图纸后，先看什么图，后看什么图，应该有主有次。其一般是：

(1)首先仔细阅读设计说明，了解建筑物装饰概况、位置、标高、材料要求、质量标准、施工注意事项以及一些特殊的技术要求，在思想上形成一个初步印象。

(2)接着要看平面图，了解房屋的平面形状、开间、进深、柱网尺寸、各种房间的安排和交通布置，以及门窗位置，对建筑装饰物形成一个平面概念，为看立面图、剖面图打好基础。

(3)看立面图，以了解建筑物的朝向、层数和层高的变化，以及门窗外装饰的要求等。

(4)看剖面图，以大体了解剖面部分的各部位标高变化和室内情况。

(5)最后看结构图，以了解平面图、立面图、剖面图等建筑图与结构图之间的关系，加深对整个工程的理解。

另外，还必须根据平面图、立面图、剖面图中的索引符号，详细阅读所指的大样图或节点图，做到粗细结合、大小交圈。只有循序渐进，才能理解设计意图，看懂设计图纸，也就是说，一般应做到："先看说明后看图，顺序最好平、立、剖，查对节点和大样，建筑结构对照读"，这样才能收到事半功倍的效果。

二、记住尺寸

建筑工程虽然各式各样，但都是通过各部尺寸的改变而出现各种不同的造型和效果。图上如果没有长、宽、高、直径等具体尺寸，施工人员就无法按图施工。

但是图纸上的尺寸很多，对具体的施工和操作人员来说，不需要也不可能将图上的所有尺寸都记住。但是，对建筑物的一些主要尺寸，主要构配件的规格、型号、位置、数量等则是必须牢牢记住的。这样可以加深对设计图纸的理解，有利于施工操作，减少或避免施工错误。

一般说，要牢记以下一些尺寸：

开间进深要记牢，长宽尺寸莫忘掉；

纵横轴线心中记，层高总高很重要；

结构尺寸要记住，构件型号别错了；

基础尺寸是关键，结构强度不能少；

梁、柱断面记牢靠，门窗洞口要留好。

三、弄清关系

看图时，必须弄清每张图纸之间的相互关系。因为一张图纸无法详细表达一项工程各部位的具体尺寸、做法和要求。必须用很多张图纸，从不同的方面表达某一个部位的做法和要求，这些不同部位的做法和要求就是一个完整的建筑物的全貌。所以，在一份施工图纸的各张图纸之间都有着密切的联系。

在看图时，必须以平面图中的轴线编号、位置为基准，做到"手中有图纸，心中有轴线，千头又万绪，处处不离线"。

图纸之间的主要关系，一般来说主要是：

轴线是基准，编号要相吻；

标高要交圈，高低要相等；

剖面看位置，详图见索引；

如用标准图，引出线标明；

要求和做法，快把说明拿；

材料和标准，有关图中查。

所以，弄清各张图纸之间的关系，是看图的重要环节，是发现问题、减少或避免差错的基本措施。

四、抓住关键

在看施工图时，必须抓住每张图纸中的关键。只有掌握住关键，才能抓住要害，少出差错。一般应抓住以下几个关键。

(1)平面图中的关键：①墙柱和门窗洞口的位置；②顶棚装饰造型的平面形式和尺寸，附加文字说明其所用材料、色彩及工艺要求；③顶部灯具的种类、式样、规格、数量及布置形式和安装位置；④空洞通风口、顶部消防报警等装饰内容及设备的位置等。

(2)立面图中的关键：①图名、比例、立面图两端的定位轴线及其编号；②立面图上使用的相对标高；③墙面造型的样式和饰面的处理，并用文字说明其饰面材料的品名、规格、色彩和工艺要求；④室内外墙面上各种装饰品的式样、大小和位置；⑤门窗的位置、形式、墙面、顶棚上的灯具等以及投影到的其他设备；⑥固定或靠在墙面上的家具的大小与位置。

(3)剖面图中的关键：在剖面图中，主要应掌握装饰构件的内部构造类型，相关尺度，门窗套、隔墙、隔断等装饰构件与建筑物的结合方式等。

(4)详图中的关键：主要应掌握装饰构件或特殊部位的装饰施工工艺、所用材料、细部构造做法，以及对特殊位置的特殊处理。

五、了解特点

建筑由于使用功能不同，也有不同的特点，如影剧院、报告厅等，由于对声学有特殊要求，故在顶棚、墙面有不同的处理方法和技术要求。因此，在熟悉每一份施工图纸时，必须了解该装饰工程的特点和要求，包括以下几方面：

(1)对材料的质量标准或对特殊材料的技术要求。

(2)施工注意要点或容易出问题的部位。

(3)新构造、新材料等的特殊施工工艺。

(4)设计中提出的一些技术指标和特殊要求。

(5)在结构上的关键部位。

只有了解一个工程项目的特点,才能更好地、更全面地理解设计图纸,保证工程的特殊需要。

六、图表对照

一份完整的施工图纸,除包括各种图纸外,还包括各种表格,这些表格具体归纳了各分项工程的做法、尺寸、规格、型号,是施工图纸的组成部分。在施工图纸中常见的表如下。

(1)室内、外做法表:主要说明室内外各通用部分的具体做法,如墙裙、踢脚、门窗套怎样做,走廊、房间的地面怎样做等。

(2)门、窗表:装饰工程中全部所需的工艺门、工艺窗的类型、尺度、数量等。

(3)构部件表:根据工程所需的石材、板材、玻璃的编号及名称,列出各类实物的规格、尺寸、型号、需要数量。

在看施工图时,最好先将自己看图时理解到的各种数据,与有关表中的数据进行核对,如完全一致,证明图纸及理解均无错误,如发现型号不对、规格不符、数量不等,应再次认真核对,进一步加深理解,提高对设计图纸的认识,同时也能及时发现图、表中的错误。

七、一丝不苟

看施工图纸必须认真仔细、一丝不苟。对施工图中的每个数据、尺寸,每一个图例、符号,每一条文字说明,都不能随意放过。对图纸中表述不清或尺寸短缺的部分,绝不能凭自己的想象、估计、猜测来施工;否则就会差之毫厘,失之千里。另外,一份比较复杂的设计图纸,常常是由若干专业设计人员共同完成的,由于种种原因,在尺寸上可能出现某些矛盾,如总尺寸与细部尺寸不符,大样、小样尺寸两样,还可能由于设计人员的疏忽,出现某些漏标、漏注部位。因此,施工人员在看图时必须一丝不苟,才能发现此类问题,然后与设计人员共同解决,避免错误的发生。

八、两个结合

在学习装饰施工图时,必须注意结合学习其他专业图纸,才能全面地、正确地了解工程的全貌,尤其是对大型工程,有装饰施工图,有水、暖、电、卫生设备安装图等。这些各个专业的图纸组成了一个装饰工程项目完整的总体。所以,这些专业图纸之间必须互相呼应、相辅相成,因此在看装饰图时要注意做到两个结合。

(1)装饰与结构结合。即在看装饰图时,必须与结构图互相对照着看。

(2)装饰与安装结合。在看装饰图时,必须结合看本工程的安装图,一定要做到:预留洞、预留槽,弄清位置和大小,施工当中要留好;预埋件、预埋管,规格数量核对好,及时安上别忘掉。

就是要求在看装饰图时,一定要注意各种进口的位置、大小、标高与安装图是否交圈,设备预留洞口要多大，留在什么部位，哪些地方要预埋铁件或预埋管等。

九、掌握技巧

看图纸和从事其他操作一样，除熟练外，还有个技巧问题。看图的技艺因人而异，各不相同，现介绍几点如下。

（1）随看随记：看图时，应随手记下主要部位的做法和尺寸，记下需要解决的问题，并逐张看，逐张记，逐个解决疑难问题，以加深印象。

（2）先粗后细：先将全部图纸粗看一遍，大体形成一个主体概念，然后再逐张细看2～3遍。细看时，主要是了解详细的做法，逐个解决粗看中提出的一些疑问，从而加深理解，加深记忆。

（3）反复对照，找出规律：对图纸大体看到一遍后，再将有关图纸摆在一起，反复对照，找出内在的规律和联系，从而巩固对图纸的理解。

（4）图上标注，加强记忆：为了看图方便，加深记忆，可把某些图纸上的尺寸、说明、型号等标注到常用图纸上，如标注到平面图上等。这样可以加深记忆，有利于发现问题。

十、形成整体概念

通过以上几个步骤的学习，对拟建工程就可以形成一个整体概念，对建筑物的特点、形状、尺寸、布置和要求已十分清楚。有了这个整体概念，在施工中就胸有成竹，可减少或避免错误。因此，在学习图纸时，绝不能只看单张，不看整体，就忙于开工。只有对项目形成了一个整体概念，才可以加深对工程的记忆和理解。

第二节　建筑结构查验

一、结构查验的必要性

装饰工程的特点是附着性施工，是先有建筑物，然后才谈得上装饰。没有建筑物做装饰载体，将无从谈装饰。如此说来，审查完图纸就要检查原建筑物，看设计是否符合原建筑物条件。

建筑物作为装饰对象，在实际施工中还有不同的情况。第一种是有的新建工程，在主体结构完成以后，便进入装饰阶段。第二种是新建工程不等主体结构交工验收便同时进行装饰。第三种是旧工程改建装饰，这也有几种情况：一是装饰更新，一切如原；二是局部改建性装饰；三是彻底否定原使用功能，进行全面改造，如办公室改客房、工业厂房改文化广场。这些，对从事装饰业的施工管理人员，提出了更新、更高的要求，因此在施工准备阶段必须要对原建筑物进行检查。

二、验收内容

检查的内容应该包括：结构状况，电源状况，供暖状况，设备状况，基底状况，给排水状况，煤气状况。

三、验收记录

通过检查，要进行登记造表，监理、业务、项目部、检查人都要签字，如表2-1所示。

表2-1　验收记录表

结构工程（原房屋）查验表　　　　年　月　日

工程项目	检查部位	发现问题	处理办法	说明
墙体				
梁				
柱				
地面				
屋顶				

业主代表：　　　　监理工程师：　　　　施工员：

水卫工程检验表　　　　年　月　日

工程项目	检查部位	发现问题	处理办法	说明
卫生设备系统				
消防设备系统				

业主代表：　　　　监理工程师：　　　　施工员：

注：空调和电气工程检验表格式与本表同，从略。

四、对建筑物改造拆除的检验

在旧工程改造中，对原装饰物的拆除也是一项技术性很强的工作，它不仅有量的表现，还有质的要求。什么该拆，什么不该拆，拆到什么部位等都要有明确的规定。比如，墙面设计是原墙贴面砖还是加复合板材装饰，前者要拆除原装饰面砖，后者就不必拆除。因此，对于旧建筑物改造的拆除也应做检查立项，并列表存查（见表2-2）。

表2-2　原装饰拆除项目

项目名称	拆除部位	拆除数量	拆除物处理办法
顶棚部分			
墙面部分			
地面部分			
细部装饰部分			

业主代表：　　　　监理工程师：　　　　施工员：

由于建筑工程对装饰施工的制约性，施工员对需装饰的建筑物应特别关注。如原来的水管、电线、墙体的新旧程度,保温墙的材质,无不直接关系到装饰的连接技术选择。因此,施工员在施工准备阶段应该特别强调对原建筑物的查验,如是新建工程,应要求提供结构图或竣工图。

第三节 编制施工方案

一、确立施工方案的目标

经过审图、查验原建筑物,便可根据公司总的施工组织设计和施工方案编制装饰装修施工方案。首先要确定项目目标,即工期目标、质量目标、安全目标和成本目标,一切方案和措施都要围绕这四个目标进行。

二、选定施工方案

(一)确定总的施工程序

施工程序是指在建筑装饰工程施工中,不同施工阶段的不同工作内容按照其固有的、在一般情况下不可违背的先后次序进行。建筑装饰工程的施工程序一般有先室外后室内、先室内后室外及室内外同时进行三种情况,应根据工期要求、劳动力配备情况、气候条件、脚手架类型等因素综合考虑。室内装饰的工序较多,一般是先做墙面及顶面,后做地面、踢脚,室内外的墙面抹灰应在装完门窗及预埋管线后进行;吊顶工程应在通风、水电管线完成安装后进行;客房、卫生间装饰应在做完地面防水层、安装澡盆之后进行;首层地面一般都留在最后施工。

(二)确定施工流向

单层建筑要定出分段施工在平面上的施工流向,多层及高层建筑除要定出每一层楼在平面上的流向外,还要定出分层施工的施工流向。确定施工流向时,要考虑下面几个因素。

(1)施工工艺流向过程,往往是确定施工流向的关键因素。建筑装饰工程施工工艺的总规律是先预埋、后封闭、再装饰。在预埋阶段,先通风、后水暖管道、再电气线路;在封闭阶段,先墙面、后顶面、再地面;在装饰阶段,先油漆、后裱糊、再面板;在调试阶段,先电气、后水暖、再空调。建筑装饰工程的施工流向必须按各工种之间的先后顺序组织平行流水,颠倒工序就会影响工程质量及工期。

(2)对技术复杂、工期较长的部位应先施工。有水、暖、电、卫工程的建筑装饰工程,必须先进行设备管线的安装,再进行建筑装饰工程施工。

(3)建筑装饰工程必须考虑满足用户对生产和使用的需要。对于要求急的应先施工,对于高级宾馆、饭店的建筑装饰改造,往往采取施工一层(或一段)交用一层(或一段)的做法,使之满足企业运营的要求。

(4)上下水、暖、电、卫、风的布置系统应根据水、暖、电、卫、风的系统布置,考虑流水分段。如上、下水系统,要根据干管的布置方法来考虑流水分段,以便于分层安装支管及试水。根据装饰工程的工期、质量、安全和使用要求,以及施工条件,其施工起点流向有自上而下、自下而上及自中而下再自上而中三种。

自上而下的施工起点流向通常是指主体结构工程封顶,做好屋面防水层后,从顶层开始,逐层往下进行。此种起点流向的优点是:新建工程的主体结构完成后,有一定的沉降时间，能保证装饰工程的质量；做好屋面防水层后，可防止在雨期施工时因雨水渗漏而影响装饰工程质量；自上而下的流水施工，各工序之间交叉少，便于组织施工，从上往下清理建筑垃圾也较方便。其缺点是：不能与主体施工搭接，因而施工周期长。对高层或多层客房改造工程来说，采取自上而下进行施工也有较多的优点，如在顶层施工，仅下一层作为间隔层，停业面积小，不影响大堂的使用和其他层的营业；卫生间改造涉及上下水管的改造，从上到下逐层进行，影响面小，对营业影响较小；装饰施工对原有电气线路改造时，从上而下施工只对施工层造成影响。

自下而上的施工起点流向，是指当结构工程施工到一定层后，装饰工程从最下一层开始，逐层向上进行。此种起点流向的优点是：工期短，特别是高层和超高层建筑工程其优点更为明显。在结构施工还在进行时，下部已装饰完毕，达到运营条件，可先行开业，业主可提前获得经济效益。其缺点是：工序之间交叉多，需很好地组织施工，并采取可靠的安全措施和成品保护措施。

自中而下再自上而中的施工起点流向，综合了上述两者的优缺点，适用于新建工程的中高层建筑装饰工程。

室外装饰工程一般采取自上而下的施工起点流向，但湿作业石材外饰面施工、干挂石材外饰面施工一般采取自下而上的施工起点流向。

（三）确定施工顺序

施工顺序是指分部分项工程施工的先后次序。合理确定施工顺序是编制施工进度计划、组织分部分项工程施工的需要，同时，也是为了解决各工种之间的搭接，减少工种间交叉干扰，以期达到预定质量目标，充分利用工作面，实现缩短工期的目的。

1. 确定施工顺序时应考虑的因素

（1）遵循施工总程序。施工总程序规定了各阶段之间的先后次序，在考虑施工顺序时应与之相符。

（2）符合施工工艺要求。如纸面石膏板吊顶工程的施工顺序为：顶内各管线施工→埋吊杆→吊主龙骨→电管穿线、水管打压、风管保温→次龙骨安装→安罩面板→涂涂料。

（3）按照施工组织要求。

（4）符合施工安全和质量要求。如外装饰应在无屋面作业的情况下施工，地面施工应在无吊顶作业的情况下进行，大面积刷油漆应在作业面附近无电焊的条件下进行。

（5）充分考虑气候条件的影响。如雨期天气太潮湿宜安排油漆施工；冬期室内装饰施工时，应先安门窗扇和玻璃，后做其他装饰项目；高温不宜安排室外金属饰面板类的施工。

2. 装饰工程的施工顺序

装饰工程分为室外装饰工程和室内装饰工程。室外装饰工程和室内装饰工程的施工顺序通常有先内后外、先外后内和内外同时进行三种顺序。具体选择哪种顺序可根据现场施工条件和气候条件以及合同工期要求来选定。通常，外装饰湿作业、涂料等项施工应尽可能避开冬雨期进行，干挂石材、玻璃幕墙、金属板幕墙等干作业施工一般受气候影响不大。外墙湿作业施工一般是自上而下（石材墙面除外）进行，干作业施工一般采取自下而上进行。

室内装饰施工的主要内容有：顶棚、地面、墙面装饰，门窗安装和油漆，固定家具安装和油漆，以及相应配套的水、电、风口（板）、灯饰、洁具安装等，施工顺序根据具体条件不同而不同。其基本原则是："先湿作业、后干作业"，"先墙顶、后地面"，"先管线、后饰面"。房间使用功能不同、做法不同，其施工顺序也不同。

三、施工顺序举例

（一）大厅施工顺序

搭架子→墙内管线→石材墙柱面→顶棚内管线→吊顶→线角安装→顶棚涂料→灯饰、风口、烟感器、喷淋头、广播、监控安装→拆架子→地面石材施工（配合安玻璃门地弹簧）→安门扇→墙、柱面电气插座、开关安装→地面清理打蜡→交验。

（二）客房、卫生间改造施工顺序

原旧物拆除→改上下水管道→改电管线→地面找坡→安门框→防水→保护层→安浴缸→台板架安装→贴墙砖→安大理石台面板→顶内排风机、管线、镜前灯安装→吊顶板、安镜子→安门扇及压线→木面油漆→地面面层→安坐便器、洗面器→地漏箅子、浴帘杆、毛巾架、拉手、手纸盒等安装→安电盒→清洗、修补→交验。

（三）客房改造施工顺序

拆除旧物改电器管线及通风→壁柜制作、窗帘盒安装→顶内管线→吊顶→安装角线→窗台板、暖气罩→安门框→墙、地面修补→顶棚涂料→安踢脚板→墙面腻子→安门扇→木面油漆→贴墙纸→电气面板、风口安装→铺地毯→床头灯及过道灯安装→清理、修补→交验。

第四节　绘制施工平面图

一、施工平面图的内容

施工平面图表明了单位工程施工所需机械、加工场地，材料、成品、半成品堆场，临时道路，临时供水、供电、供热管网和其他临时设施的合理布置场地位置。绘制施工平面图一般用1∶200～1∶500的比例。建筑装饰施工，要根据施工的具体情况灵活运用，可以单独绘制，也可与土建阶段的施工平面图结合一起，充分利用土建施工阶段的已有设施。因此，建筑装饰施工平面图中规定的内容要因时、因需要，结合实际情况来决定。施工平面图内容包括：

（1）地上及地下的一切建筑物、构筑物和管线位置。

（2）测量放线标桩、杂物及垃圾堆放场地。

（3）垂直运输设备的平面位置，脚手架、防护棚位置。

（4）材料、加工成品、半成品、施工机具设备的堆放场地。

（5）生产、生活用临时设施（包括大型施工机械、木工棚、仓库、办公室、临时供水、供电、供暖线路和现场道路等）并附一览表，一览表中应分别列出名称、规格、数量及面积大小。

（6）安全、防火设施。

上述内容可根据建筑总平面图、现场地形地貌、现有水源、电源、热源、道路、四周可以利用的房屋和空地、施工组织总设计及各临时设施的计算资料来绘制。

二、平面图设计要点

（1）垂直运输设备（如外用电梯、井架）的位置、高度，须结合建筑物的平面形状、高度和材料、设备的重量、尺寸大小，考虑机械的负荷能力和服务范围，做到便于运输，便于组织分层分段流水施工。

(2)大型施工机械设备、木工棚、仓库和材料、设备堆场的布置。

(3)木工棚、水电管道及金属加工的加工棚宜布置在建筑物四周的较远处,并有相应的木材、钢材、水电材料及其成品的堆场。单纯建筑装饰施工的工程,最好利用已建的工程作为仓库及堆放场地。

(4)混凝土、砂浆搅拌站应靠近使用地点,附近要有相应的砂石堆场和水泥库;砂石堆场和水泥库必须考虑运输车辆的道路。

(5)仓库、堆场的布置,要考虑材料、设备使用的先后,能满足供应多种材料堆放的要求。易燃易爆物品及怕潮怕冻物品的仓库须遵守防火、防爆安全距离及防潮、防冻的要求。

(6)点火冒烟的加工作业必须远离易燃品库并布置在下风向。

(7)临时供水、供电线路一般由已有的水电源接到使用地点,力求线路最短。消防用水一般利用城市或建设单位的永久性消防设施,如水压不够,可设置加压泵、高位水箱或蓄水池;建筑装饰材料中易燃品较多,除按规定设置消火栓外,在室内应根据防火需要设置灭火器。

(8)井架、外用电梯、脚手架等高度较大的施工设施,在雨期应有避雷设施。高井架顶部应装有夜间红灯,现场的井、坑、孔洞应加堵盖或设围栏。地下室、电梯间等阴暗部分应设临时照明。

(9)石材堆放场应考虑室外运输及使用时便于查找,同时应考虑防止雨淋措施。

(10)木制品堆放场应考虑防雨淋、防潮和防火。

(11)贵重物品应放置在室内,以防丢失。

第五节 技术及施工方案交底

一、技术及施工方案交底的组织工作

技术及施工方案交底的组织工作一般由技术负责人来主持,由项目经理亲自组织。根据工程项目规模不同,多数工程项目均由施工员越俎代庖。所以,施工员必须掌握技术及施工方案的交底工作。

二、技术及施工方案交底的内容

技术及施工方案交底总的内容应该包括施工组织设计、施工工艺、质量要求、安全措施,本项目涉及的施工规范、文明施工要求、图纸会审中提出的问题及解决方案。某饭店客房改造工程平面布置见图 2-1。

具体说明如下:

(1)水泥按每层用量直接到楼层分段进场(利用高车架)。

(2)纸面石膏板、木材(板)按层分段直接到楼层(利用高车架)。

(3)玻璃镜子利用 3 号楼梯人工向上搬运。

(4)卫生洁具利用原有电梯,分层分段夜间运送到楼层。

(5)施工层的下一层作为间隔层(停止营业),其余层正常营业。

(6)油漆按施工部位分段进场,放在开水间,专人发放。

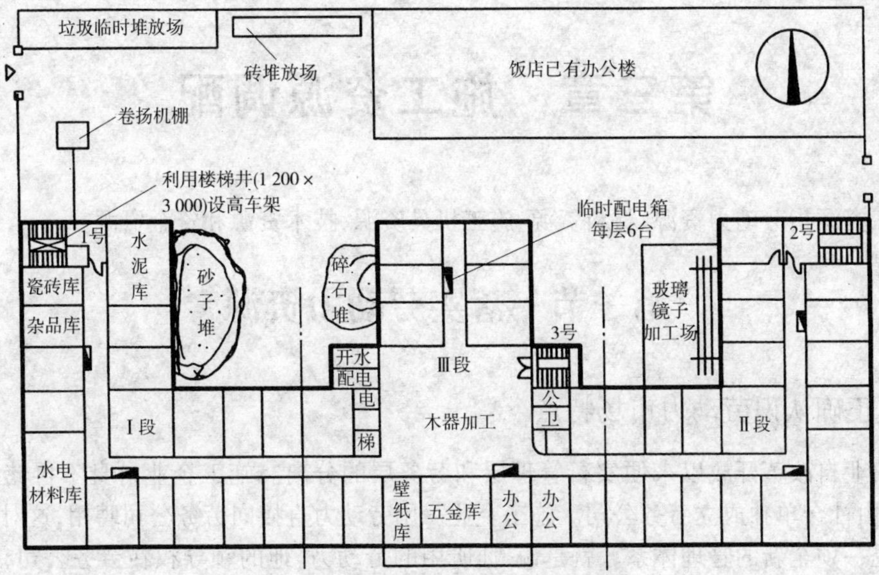

图 2-1　某饭店客房改造工程平面布置

(7)施工顺序为先Ⅱ段再Ⅲ段后Ⅰ段,地毯待油漆壁纸等施工完后铺设。

交底具体内容要结合施工方案来进行:

第一,要交清工程概况、规模、专业特点、总工程量及各专业工程量;

第二,要交清开工时间、实际作业时间、总作业时间、交工时间;

第三,要交清其他专业分包对装饰施工的影响;

第四,要核定各工种作业人数;

第五,要做出材料消耗计划;

第六,要发布强制性条文及最新国家颁布的法规;

第七,安装工程与装饰的协调;

第八,现场场容管理制度;

第九,样板间制作要求;

第十,本项目中出现的非常规施工技术要单独编制施工方案,进行交底,必要时施工员要作示范。

三、技术及施工方案交底应注意的方面

(1)技术及施工方案交底工作要建立健全正常的交底制度。首先要编写交底文件。凡需交底的内容,都应有文字依据。成文以后,要向监理工程师备案,得到支持。交底可以是一揽子交底,也可分专业交底。

(2)每次交底必须有交底会记录,与会者签字。

交底的目的之一是要落实责任制。如果其中的责任人不能参加交底会,要进行补课,直到责任人签字,才算完成交底任务。

(3)交底文件内容要有针对性、科学性、可操作性、可行性,同时还应具有便于检验的特点。

(4)技术及施工方案交底是整个施工准备工作的总结及汇编,交底工作是否完善,是对准备工作的检验,因此要认真做好这项工作。

第三章 施工资源调配

施工资源指劳动力资源、材料资源、施工机具资源、技术资源和资金资源。

第一节 落实劳动力资源

一、正确认识劳动力市场特点

建筑业自改革开放以来便实行管理层和劳务层的分离。施工企业自身不再储备劳动力,而是由社会单独成立劳务公司。施工企业需用劳动力直接向劳务公司聘用,这对于施工员来说是一项全新的管理体系。就是说,你所用的劳动力,他的领导权在劳务公司,你与劳务公司只有专业分包合同,对劳务的管理由劳务公司承担,他们是劳务管理的责任人。这对施工员指挥工人班组方面有一定的限制。

二、认真考察劳务企业水平

施工企业在确定选用劳务队伍的时候,一定要遵照有关规定办理。建设部于 2001 年 7 月做出决定,设立劳务分包企业,实行劳务分包专业资质等级管理,纳入市场准入管理范畴。《建筑业企业资质管理规定》(中华人民共和国建设部令第 87 号)“第二章资质分类和分段”中指出:获得劳务分包资质的企业,可以承接施工总承包企业或者专业承包企业分包劳务作业。劳务分包资质序列按照工程性质和技术特点,分别划分若干资质类别,分别如下:

木工作业分包企业资质等级标准分一、二级。

抹灰作业分包企业资质等级标准不分等级。

石制作业分包企业资质等级标准不分等级。

油漆作业分包作业资质等级标准不分等级。

水、暖、电安装作业分包企业资质等级标准不分等级。

装饰施工企业属于建筑业中装饰装修专业承包企业,使用劳动力也必须从上述专业作业公司聘用,不得从社会上乱招工人,并且要办理一系列的聘用手续。

三、认真编制劳动力使用计划

劳动力资源管理除聘用劳动力要符合国家政策外,施工员必须对劳动力的需求量做出计算,也可以将专业工程数量提供给劳务单位,由劳务公司做出供应计划,但要报项目部核准。

四、建立劳动力培训考核机制

劳动力计划一旦成立,施工员要对工人的技术水平进行考察,进场后要进行专业培训,工艺交底特别要强调电动类工具的使用知识、安全知识,未经考核或考核不及格者绝不能上岗。

第二节　落实材料资源

一、加强材料资源管理

装饰施工的过程，就是装饰材料的消耗过程。对材料资源管理一定要做到消料有项目、领料有计划、增料有洽商、余料有回收，特别强调加强计划管理。

二、明确材料采购责任制

材料的采购方式很多。总体有三大类：一类是业主采购；另一类是施工单位采购，还有一类业主确认材质，由施工单位采购。不管采用哪一类采购方式，必须事先由施工单位做好采购计划。采购计划首先要满足工期需要，对业主供料的材料一定要加强督促，要求其按计划供货，以免贻误施工。

三、材料的验收

装饰材料的验收工作十分复杂。作为施工员，可以借助项目部的相关人员协助进行。装饰材料具有多门类、多品种、多学科的特点，任何一个现场管理人员不可能什么材料都精通，因此在材料验收过程中必须持慎重态度，高度重视，认真负责，不可马虎从事。验收材料重点在严把质量关，其次是数量。目前，市场上材料供应往往有以次充好、以假乱真、以劣充优、冒名顶替、伪装商标等现象，使人防不胜防。验收中，按程序至少要求有政府部门批准的生产许可证，国家质检部门的质检，主管部门批准的出厂证书。有些材料，除有证件外，如果需要还要进行二次检验。验收方式为：一般供货单位将货送到指定地点或施工现场，项目部材料负责人接到送货单，可以组织相关人员对材料进行清点验收。验收方式可以根据订货合同规定的方式进行，有的材料可以抽样检查，有的材料、物件必须按件验收，如门窗，有的可以只验收原包装无损坏即可。验收时要有质检员参加，还要邀请监理工程师作见证。材料验收工作既决定工程质量，还决定工程成本，是施工管理工作的重中之重，应慎之又慎。

第三节　落实施工机具

一、施工机具在装饰施工中的重要性

电动（气动）类施工机具是施工的三大要素之一。

建筑装饰装修施工离不开先进的施工电动类机具（也有气动类机具），根据不同功能应该广泛使用电动（气动）类机具。电动类机具有切割类机具、钻孔类机具、打磨类机具等。电动类机具使用科学合理，有利于提高工程质量，加快施工速度。有些电动类机具是由装饰材料决定的，不能用手工替代。如石材切割、打孔、打磨，必须要采用电动类机具。采用电动类机具可以避免野蛮施工，有利于保护建筑体。电动类机具装备合理，可以体现一个施工队的技术水平。施工员应该熟悉了解装饰装修施工机具，对所负责的工程项目应该采用哪些机电、机具应该了如指掌，做到心中有数，不能到使用时才准备。

二、对施工机具的装备要求

由于装饰施工企业实行管理与劳务分离，作为施工三大要素之一的施工机具装备，目前市场上存在管理缺陷。最初阶段，施工机具由施工管理企业负责装备，之后产生了使用不当、丢失等现象，尤其是消耗材料，施工企业无法控制，也就是施工员无法控制，以后逐步过渡到由劳务队自己装备施工机具，甚至分工将大型机具由企业提供，手提式机具由劳务队自备，在确定劳务承包费时将部分机具费加到劳务承包合同中。这样做的结果，虽然趋于合理，但对提高机械化施工水平仍有一定制约，许多劳务队不愿投入必要的资金买机具。施工员对这种现象应该引起重视。该用机具而不用，必然导致野蛮施工，特别是在建筑体上打洞。所以，施工员要在施工资源调配时，把施工机具装备作为一项重要工作来抓。

三、重视外加机具装备

装饰装修施工提倡减少现场作业，合理安排工厂加工。对工厂加工的机具装备，施工员也要加以注意。比如干挂石材，多数是在石材车间加工的，其加工水平如何，施工员必须实地考察。设备水平低下，加工的成品质量就粗糙，尤其是打磨设备，必须要求精细，还有不锈钢加工品，必须达到安装合格。如果切割机、截板机、折边机等设备落后，成品就可能不合格。塑料门窗加工，一些小加工点甚至用土办法加工，质量更不合格。施工员不能只坐等接货，不过问加工条件及加工过程，一旦木已成舟，将无法收拾，既耽误工期，又增加费用。

四、施工机具的选用

施工机具的选用应遵守实用性、有效性、完好性、先进性和科学性，以及合理配套，不盲目追求数量。在施工现场，施工员在施工方案中要充分考虑为机电、机具提供科学的电源。

第四节　人、材、机的统筹安排

人、材、机是装饰施工的三要素。三者处于同等重要的位置，不能有任何一方偏颇。作为施工企业的项目经理部重要管理人员的施工员，对这三方面能否统筹配合，对施工进展有着举足轻重的作用。目前，这三个要素应该说不完全控制在项目部。项目部有这个形式，却未必有实权（即控制权与协调权）。人权是由劳务公司用合同形式固定下来的。他们的人事管理权在劳务公司，能否满足现场需要，项目部对此并不直接控制。材权即材料采购权。多数材料都控制在甲方手中，他们并不理会工程进度需要，只考虑自己方便，施工员也只能望材兴叹。机具设备控制在劳务队手中，也可能掌握一部分大型设备，如空气压缩机等。在没有完全实权的情况下要进行全面协调、资源调配，这是摆在施工员面前的一个难题。

第四章　加强计划管理

第一节　计划的编制

施工计划是整个施工管理的龙头，是一切管理工作的总纲。没有计划，施工会失去方向，会造成混乱。因此，施工员的工作要从抓计划开始，这里讲的计划，指的是施工计划。

一、施工计划表现形式

施工计划可以用横道图来表示，也可以用先进的网络图，即关键线路法来表示。不过网络图的编制比较麻烦，技术上要求较高。对一般规模不大、工期不长的工程项目，会得不偿失。

二、作业计划分类

项目部的作业计划可以分三个阶段来排，即月计划、旬计划和日计划。月计划是一个月的施工目标，从月度报量方面考虑，可以排到每个月的25日，可称为报表月。这个计划应该以报月度完成量为目标。从经营策略考虑，造价高的项目可以先排计划，项目比较集中的可以先排计划，这将有利于降低成本。有了月计划，就可以再把目标划小到10 d为一个分段计划。这种旬计划，无论是材料计划、劳动力安排将变得更加具体，人人做到心中有数，以后就可以按天排出目标。这是一切计划的基础，用来做当天交底文件。

三、编制月度计划的依据

施工员编制计划必须依据项目部的总进度计划进行。其目的在于贯彻执行项目部的工期目标。排计划同样要掌握生产资源，应以完成的工程量及工期为目标，配以劳动力、材料、机具，以劳动者每天完成量来安排。当劳动力与工期要求不符时，应当增减劳动力。当材料供应不足时，应派人督办，以满足计划需要。装饰工程施工常常会出现同类项目组织施工，这时可以安排为流水作业。图4-1是一份流水作业横道计划图。

四、网络计划的编制

现在装饰市场上招标投标文件，不论项目规模大小，都要有网络计划。实际上，网络计划不仅编制困难，实现起来也是非常困难的。首先要具有网络技术的人才，这不是一般计划员可以胜任的。编制网络计划要有许多条件，首先必须要有完整的设计图纸，已经落实的材料、资金和熟练的劳动力。当然，以横道图来作计划这些条件同样应该具备。不过，横道图执行过程发生变化，容易调整，网络图则不同，因为一开始就进行了详细的计算、周密的部署，严格设计了关键线路。同时，网络计划一旦被批准，凡参加本项目的一切单位都要对所处的网点承担责任。有一种简单做法，先画一个横道图，然后将横道图的内容转化成网络

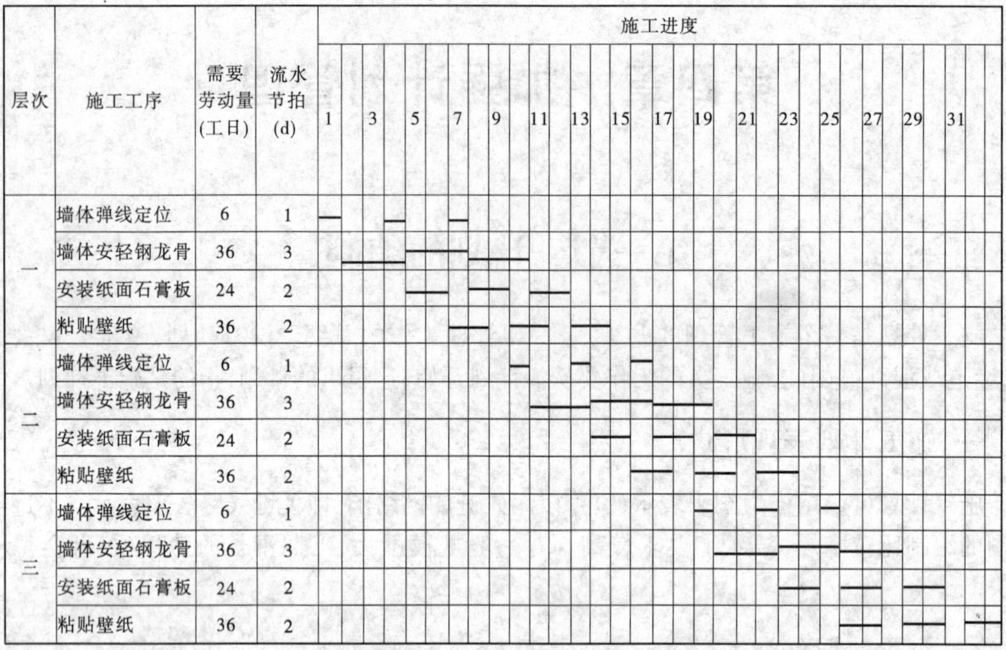

图 4-1　按分别流水法组织的施工进度计划

图,用这种办法来应付投标。其实网络计划是要通过最早开工时间、最早完工时间、最迟开工时间、最迟完工时间的排序,计算出总时差、自由时差、总工期,通过优化、调整,从中找出关键线路,这才是真正意义上的网络计划。此时的网络计划总工期一般会比横道计划的工期提前 15% ~20%。网络计划是一项现代管理技术,决不是将横道图简单转化一下就可以实现的。如果说横道图计划一天可以排出来,那么一项超过 50 个项目工程的网络计划恐怕一个星期都排不完。所以,对施工员要求编网络计划比较困难,编好但不一定能执行。如果没有专职计划人员进行及时调整,那就前功尽弃了。下面介绍某饭店改造时,编制的网络计划模型,以供参考。

编制网络计划第一步是将施工项目列全,第二步是将这些项目排出施工顺序,例如装饰工程施工顺序可以按以下顺序排列。

(1)总的施工顺序:先预埋,后封闭,再装饰。

(2)预埋阶段:先通风,后埋管,再电气。

(3)封闭阶段:先墙面,后顶棚,再地面。

(4)装饰阶段:先油漆,后裱糊,再面板。

(5)调试阶段:先电气,后水卫,再空调。

上述这些顺序,有些是不能改变的,属于工艺关系,有些是可以改变的,属于组织关系,在施工过程中可根据实际情况具体应用。比如,卫生间设备应该是先饰面、后安装,但是,浴盆则以先安装为宜,它可以保证饰面板压住浴盆边而不易漏水。如果先贴墙面砖,就可能是从墙底向上满贴,这样每个卫生间就会浪费面砖将近 2 m,但在浴盆未到时又只好先贴面砖,在这种情况下要经技术人员研究决定,在对浴盆尺寸有绝对把握的前提下,可以预留安装浴盆的位置。

编制网络计划要进行调查研究,掌握各方面的资料,包括自然条件、道路运输、垂直运输、技术条件、经济条件、设计意图、劳动力资源、材料及设备条件、施工机械供应条件,还要了解上级主管部门的意向、建设单位的要求、协作单位的情况。总之,就是要为编制网络计划准备好各种相关资料。

要合理确定工作项目的范围、施工顺序,并计算出每个工作项目的施工时间,编制出工作项目一览表。

以旅游饭店客房装饰施工为例,一般可设近40个工作项目。应以一个比较完整的工艺过程作为一个工作项目,分得太细,不易掌握,分得太粗,又不利于各工序的交叉搭配。表4-1是一个客房的工作项目一览表。

表4-1 客房工作项目一览表

序号	项目名称	紧前工作	工程量		总工日 (d)	每天人数 (人)	连续工作 (d)
			单位	数量			
1	拆除	0	间	25	125	25	5
2	配管(电)	1	间	25	48	8	6
3	卫生间装支管	1	间	25	48	8	6
4	装窗框	1	套	25	48	8	6
5	装面盆架	3	套	25	12	4	3
6	做防水	5	间	25	20	4	5
7	装配电箱	2	个	25	20	4	5
8	装门框	4	个	50	48	12	4
9	装窗台	8	个	25	8	2	4
10	装窗盒	9	个	25	40	8	5
11	做壁柜	1	个	25	40	4	10
12	修墙面	7、11	间	25	20	2	10
13	装镜台	6	个	25	32	8	4
14	装浴缸	6	个	25	16	4	4
15	贴瓷砖	13、14	间	25	100	20	5
16	穿线	7	间	25	48	8	6
17	校线	16	间	25	16	8	2
18	装排风	15、17	个	25	20	4	5
19	卫生间吊顶	18	间	25	40	8	5
20	装台面	19	个	25	20	4	5
21	装面盆	20	个	25	20	4	5
22	装镜子	21	块		20	4	5
23	铺地砖	22	间	25	32	4	8
24	装恭桶	23	个	25	10	2	5
25	装门(卫)	24	樘	25	10	2	5
26	装锁(卫)	25	把	25	5	1	5
27	装附件(卫)	20	套	25	5	1	5
28	客房吊顶	12	间	25	72	12	6
29	装门	25	间	25	20	4	5

续表 4-1

序号	项目名称	紧前工作	工程量		总工日	每天人数	连续工作
			单位	数量	(d)	(人)	(d)
30	装锁	29	间	25	8	2	4
31	装线角	28	间	25	36	6	6
32	油漆	30、31	间	25	40	4	10
33	贴墙纸	32	间	25	96	12	8
34	装床头柜	33	个	25	12	2	6
35	装灯具	17、27、34	间	25	40	8	5
36	调试	25	间	25	6	3	2
	其他用工		层	7	30	6	5
	总计				1 231		

表 4-1 是以一个三星级旅游饭店客房为模拟对象,并以 26 套客房为一个模数。表中所用工日数及每天人数是一般经验数据,属比较先进的,可作为客房装饰的参考。劳动力指标可根据装饰项目的增减进行调整。表中没有列入风机排管安装和铺地毯,但总的劳动力控制每套标准客房应以不超过 50 工日为原则。

在编制工作项目一览表的基础上,便可以设计网络图。图 4-2 是一套标准客房施工网络图,供参考。

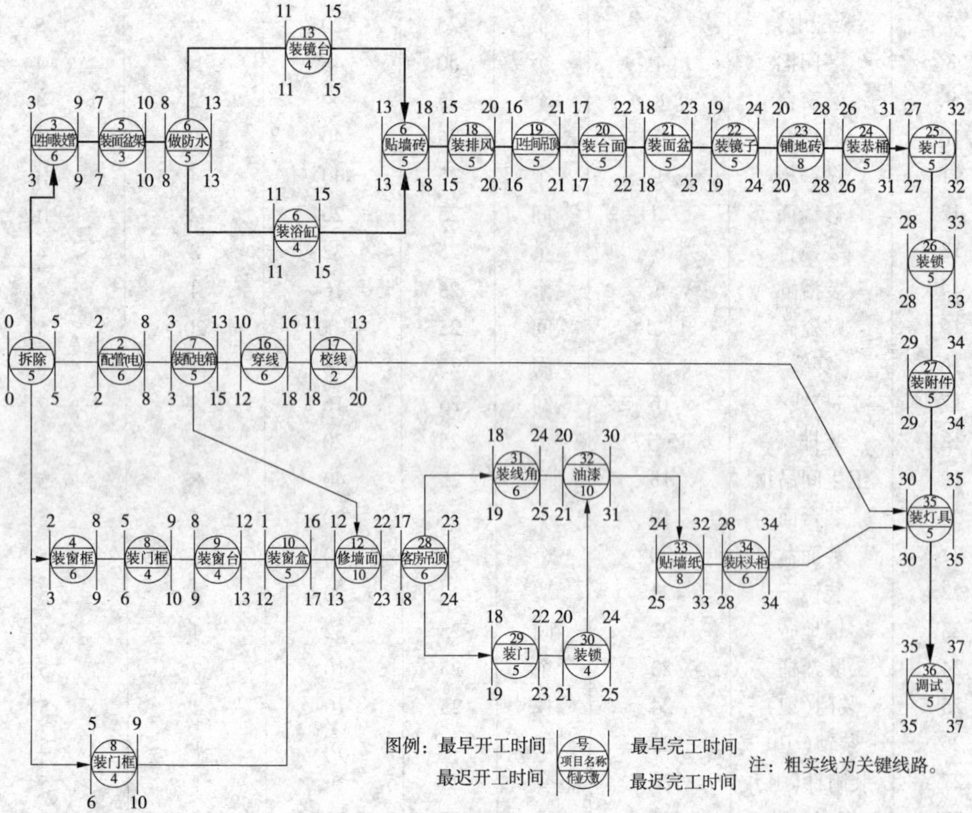

图 4-2 客房施工网络图

这是一份简化了的单代号网络计划,从图 4-2 上可以明显看到有一条粗黑线为关键线路。处在粗黑线上的各个项目即为关键项目。所谓保工期,就是要保处在黑粗线上的各个项目。如果其中有延误工期的,那么其结果将造成总工期延误。有了科学的网络计划,施工员可以做到一目了然,目标明确。

第二节 计划交底

一、落实人员

凡与落实计划有关的部门和人员都必须参加计划交底会议。

二、月、旬、日计划交底

月计划交底一月举行一次,旬计划交底每旬的最后一天举行,日计划交底每天上班时进行(传统上也叫班前会)。三层计划互相连接,不是相互孤立的,日计划保旬计划,旬计划保月计划。特别强调,施工员的一切工作都要把目光盯在计划的落实上。

第三节 材料管理

一、材料供应

计划落实的重点是要保证材料供应。无数事实证明,真正影响进度的是材料供应。没有了材料便没有了一切。材料供应的关键是要保证各个计划环节的畅通,这些可能不畅通的环节有设计方、业主方、供货方等方面原因。目前,市场上供应的材料对质量弄虚作假、订立虚假合同、不能按量供货等都将严重影响材料供应计划的实现。作为施工企业,虽然处于劣势位置,无力挽回各环节的问题,但还是应该积极工作,克服消极等待,能争取早一天到货,就可为工期争得一天时间,如果实在无法挽回,应该写出施工日志,明确误期责任方。

二、材料消耗

材料管理的另一重要问题是材料消耗。以往采用过限额领料,虽然手续麻烦,但可以降低成本、减少浪费。装饰材料的特点是价格高,品种多,批量品种数量少,周转时间短。这对实行限额领料有一定困难,但是不能放弃计划供料。有些材料要落实到实物量上,比如常用的玻化砖,不应用“m^2”计算,要用“块”计算。纸面石膏板,不能用“m^2”计算,要用“张”计算。

三、材料控制

计划一旦批准,若浪费则由施工人员负责,施工员必须严格把关,按工程项目供料,按作业面积折成实物量领料,超项目用料一律先洽商。

第四节　施工工艺交底

一、交底的重要性

装饰施工工艺是保证进度计划实现最直接的手段。要施工就会有工艺,因此向操作工人进行施工工艺交底,是施工员一项最基本的工作。施工工艺交底往往伴随着质量目标同时进行。施工工艺交底又是一次最具体、最生动、最直接的技术培训。交底工作要做得深入细致,务求工人真正掌握交底要领,则会达到减少返工、提高一次合格的水平。

二、编写交底文件的要求

施工工艺交底要编写交底文件,每项工艺具有鲜明的针对性、可操作性,要写出该项目的重点、难点,摒弃抄袭教材,照搬规范语言。在自编的工艺中不能用选择性语言,模棱两可,如采用某材料,或采用某某材料等,要用肯定性语言,使操作者有章可循。

装饰装修施工工艺之所以不能完全照搬规范语言,是因为装饰施工是一种附着性施工,被装饰的载体是各不相同的,要根据不同对象编写出不同的施工工艺。

三、应用举例

轻钢龙骨纸面石膏板吊顶面层喷涂乳胶漆,这种工程以一个分项工程为单位,并非某一工种的工艺,具有小型施工方案的性质。在标准施工工艺中是这样表述的:操作工艺及要点是在安装吊顶前应检查楼板有无蜂窝麻面、裂缝及强度不够之处,吊杆固定是浇筑楼板时应预留埋件或吊杆,也可用射钉固定。吊杆同龙骨连接,可用焊接或用吊挂件连接。由上述的表述可知,这明显是一项尚未交工或刚交工的新工程,不适合改建工程,不能随便照搬。

再如,固定吊杆,它是与主龙骨相对应的,在规定主龙骨间距时,习惯做法往往是标出1 000～1 200 mm,这是不可取的。必须明确是1 000 mm、1 100 mm或1 200 mm,否则没有针对性,可操作性也不强,质量标准不透明,模棱两可,这也是对施工员的高标准要求。

第五节　作业计划的动态管理

从理论上说,计划一旦批准,便成了一件必须遵守的文件,不可更改。在实践中,建筑装饰装修施工完全按照事先编好的计划来施工,几乎是不可能的。因为干扰进度计划的因素太多,比如设计要变更,这是经常出现的,牵涉设计部门、监理部门和业主,要做到全部签证不会少于2 d。再比如,业主供应的材料因主管人员意见不一致迟迟不作决定,这不是项目部自身可以决定的,也需要时日。总之,计划的执行是在一种动态的过程中进行的,不可能一成不变。

第一,既要考虑计划的严肃性,又要把握住在施工过程中的灵活性,把两者结合起来应用。第二,加强检制管理是保证实现作业计划目标的关键,有了制度与章程,如果不下大力气去管理、去控制，那么再好的制度和章程也无济于事。唯一的办法就是要管与追踪，把影响进度的根源找出来。这要有一个前提，编制计划应该是公开的，有关部门共同认可、共同签字的，不是施工员自己编出来的，这是保证计划顺利执行的关键。

从某种意义上说，施工员每天要做的第一件事就是落实当天的施工部位，有预见性地发现问题，及时解决问题，不能消极怠工。计划受阻的客观原因很多，要立即查明原因，设法解救，及时调整计划。计划是指导施工的，在这种情况下，计划客观上已经落后于现状，只有及时调整计划，使其重新处于指导地位，这就是计划的动态管理。

第五章　现场管理制度的落实

根据《建设部工程项目管理规范》(GB/T 50326—2006)的要求，主要落实《建设工程安全生产管理条例》和《职业健康安全管理体系》(GB/T 28000)标准。坚持安全第一、预防为主和防治结合的方针，建立并持续改进职业健康安全管理体系。装饰装修施工员有责任协助项目经理做好这一工作，将其作为本职工作内容之一。同时，还应遵照《环境管理体系要求及使用指南》(GB/T 24001—2004/ISO14001:2004)的要求，建立并持续改进环境管理体系。

第一节　安全生产管理

一、项目经理应负责项目职业健康安全的全面管理工作

专职安全生产管理人员应持证上岗。施工员要严格把关，无证不得上岗。项目部根据风险预防要求和该工程的特点，制订职业健康安全生产技术措施计划，确定职业健康及安全生产事故应急救援预案，完善应急准备措施，建立相关组织。发生事故，应按照国家有关规定，向有关部门报告。在处理事故时，应防止二次伤害。施工员应参与这项工作。

在项目设计阶段应注重施工安全操作和防护的需要，采用新结构、新材料、新工艺的建设工程应提出有关安全生产的措施和建议。在施工阶段进行施工平面图设计和安排施工计划时，应充分考虑安全、防火、防爆和职业健康等因素。施工员从审查设计时应关注以上问题。

规模较大的工程，应按有关规定必须为从事危险作业的人员在现场工作期间办理意外伤害保险。

项目职业健康安全管理应遵循下列程序：

(1)识别并评价危险源及风险。

(2)确定职业健康安全目标。

(3)编制并实施项目职业健康安全技术措施计划。

(4)职业健康安全技术措施计划实施结果验证。

(5)持续改进相关措施和绩效。

现场应将生产区与生活、办公区分离，配备紧急处理医疗设施，使现场的生活设施符合卫生防疫要求，采取防暑、降温、保暖、消毒、防毒等措施。

二、制订措施计划

(1)职业健康安全技术措施计划应在项目管理实施规划中编制。

(2)编制项目职业健康安全技术措施计划应遵循下列步骤：①工作分类；②识别危险源；③确定风险；④评价风险；⑤制定风险对策；⑥评审风险对策的充分性。

(3)项目职业健康安全技术措施计划应包括工程概况、控制目标,控制程序、组织结构、职责权限,规章制度、资源配置、安全措施、检查评价、奖惩制度和对分包的安全管理等内容。策划过程应充分考虑有关措施与项目人员能力相适宜的要求。

(4)对工程复杂、实施难度大、专业性强的项目,应制定项目总体、单位工程或分部分项工程的安全措施。

(5)对高空作业等非常规性的作业,应制定单项职业健康安全技术措施和预防措施,并对管理人员、操作人员的安全作业资格和身体状况进行合格审查。对危险性较大的工程作业,应编制专项施工方案,并进行安全验证。

(6)临街脚手架、临近高压电缆以及起重机臂杆的回转半径达到项目现场范围以外的,均应按要求设置安全隔离设施。

(7)项目职业健康安全技术措施计划应由项目经理主持编制,经有关部门批准后,由专职安全管理人员进行现场监督实施。

三、项目职业健康安全技术措施计划的实施

(1)项目部应建立分级职业健康安全生产教育制度,实施公司、项目经理部和作业队三级教育,未经教育的人员不得上岗作业。

(2)项目经理部应建立职业健康安全生产责任制,并把责任目标分解落实到人。

(3)职业健康安全技术交底应符合下列规定:

①工程开工前,项目经理部的技术负责人应向有关人员进行安全技术交底;

②结构复杂的分部分项工程实施前,项目经理部的技术负责人应进行安全技术交底;

③项目经理部应保存安全技术交底记录。

(4)项目部应定期对项目进行职业健康安全管理检查,分析影响职业健康或不安全行为与隐患存在的部位和危险程度。

(5)职业健康的安全检查应采取随机抽样、现场观察、实地检测相结合的方法,记录检测结果,及时纠正发现的违章指挥和作业行为。检查人员应在每次检查结束后及时提交安全检查报告。

(6)项目部应及时识别和评价其他承包人或供应单位的危险源,与其进行交流和协商,并制定控制措施,以降低相关的风险。

四、项目职业健康安全隐患和事故处理

职业健康安全隐患处理应符合下列规定:

(1)区别不同的职业健康安全隐患类型,制定相应整改措施并在实施前进行风险评价;

(2)对检查出的隐患及时发出职业健康安全隐患整改通知单,限期纠正违章指挥和作业行为;

(3)跟踪检查并纠正预防措施的实施过程和实施效果,保存验证记录。

项目经理部进行职业健康安全事故处理应坚持事故原因不清楚不放过,事故责任者和人员没有受到教育不放过,事故责任者没有处理不放过,纠正和预防措施没有制定不放过的原则。

处理职业健康安全事故应遵循下列程序:

(1)报告安全事故;

(2)事故处理;

(3)事故调查;

(4)处理事故责任者;

(5)提交调查报告。

第二节　消防保安及文明施工工作

施工员应该监督项目工作人员严格做好消防保安及文明施工工作。

一、消防保安工作的内容及管理制度要求

(1)工程部应建立消防保安管理体系,制定消防保安管理制度。

(2)项目现场应设有消防车出入口和行驶通道。消防保安设施应保持完好的备用状态。储存及使用易燃易爆品和保安器材时,应采取特殊的消防保安措施。

(3)项目现场的通道、消防出入口、紧急疏散通道等应符合消防要求,设置明显标志。有通行高度限制的地点应设限高标志。

(4)项目现场应有用火管理制度,使用明火时应配备监管人员和相应的安全设施,并制定安全防火措施。

(5)需要进行爆破作业的,应向所在地有关部门办理批准手续,由具备爆破资质的专业机构进行实施。

(6)项目现场应设立门卫,并根据需要设置警卫,以负责项目现场安全保卫工作。主要管理人员应在施工现场佩戴证明其身份的标识。严格现场人员的进出管理。

二、文明施工的工作内容

(1)进行现场文化建设。

(2)规范场容,保持作业环境整洁卫生。

(3)创造有序生产的条件。

(4)减少对居民和环境的不利影响。

(5)项目经理部应对现场人员进行培训教育,提高其文明意识和素质,树立良好的形象。

(6)项目经理部应按照文明施工标准,定期进行评定、考核和总结。

三、现场管理工作内容

(1)项目经理部应在施工前了解经过施工现场的地下管线,标出位置,加以保护。施工时发现文物、古迹、爆炸物、电缆等应当停止施工,保护现场,及时向有关部门报告,并按照规定处理。

(2)施工中需要停水、停电、封路而影响环境时,应经有关部门批准,事先告示。在行人、车辆通过的地方施工,应当设置沟、井、坎、洞覆盖物和标志。

(3)项目经理部应对施工现场的环境因素进行分析,对于可能产生的污水、废气、噪声、

固体废弃物等污染源采取措施,进行控制。

(4)建筑垃圾和渣土应堆放在指定地点,定期进行清理。装载建筑材料、垃圾或渣土的运输机械,应采取防止尘土飞扬、洒落或流溢的有效措施。施工现场应根据需要设置机动车辆冲洗设施,其中冲洗污水应进行处理。

(5)除有符合规定的装置外,不得在施工现场熔化沥青和焚烧油毡、油漆,亦不得焚烧其他可产生有毒有害烟尘和恶臭气味的废弃物。项目经理部应按规定有效地处理有毒有害物质。禁止将有毒有害废弃物现场回填。

(6)施工现场的场容管理应符合施工平面图设计的合理安排和物料器具定位管理标准化的要求,认真进行所负责区域的施工平面图的规划、设计、布置、使用和管理。

(7)现场的主要机械设备、脚手架、密封式安全网与围挡、模具、施工临时道路、各种管线、施工材料制品堆场和仓库、土方及建筑垃圾堆放区、变配电间、消火栓、警卫室、现场的办公、生产和生活临时设施等的布置,均应符合施工平面图的要求。

(8)现场入口处的醒目位置应公示下列内容:工程概况,安全纪律,安全生产与文明施工规定,施工平面图,项目经理部组织机构图及主要管理人员名单。

施工现场周边应按当地有关要求设置围挡和相关的安全预防设施。危险品仓库附近应有明显标志及围挡设施。

施工现场应设置畅通的排水沟渠系统,保持场地道路的干燥坚实。施工现场的泥浆和污水未经处理不得直接排放。地面宜做硬化处理,有条件时,可对施工现场进行绿化布置。

第六章　施工员的实操工作

第一节　定位放线

一、定位放线的作用

定位放线是一项工程进入施工阶段的先导。它是将设计落实到工程上的第一步，是施工的开局。开局顺利，往后会步步顺利，开局不顺，将导致施工中漏洞百出。因此，施工员要十分重视放线定位工作。

二、统一放线

定位放线是一项技术工作，是为施工立标杆落实设计尺寸，确保工程质量的前提。因此，必须实行各专业统一放线。装饰施工的工件配合协作、工序搭接的情况很多。每道工序都要有尺寸线，如果各工种各自放线，必然会造成混乱。装饰成品像是一块套色板，各种颜色都要一丝不差地印在一张纸上，形成一幅色彩绚丽的艺术品。如何保证尺寸一致、互不错位，这就需要实行统一放线、验线。

三、检验作用

统一放线的另一个作用是可以检验设计图纸的尺寸与现有建筑空间是否一致，原建筑空间的几何尺寸是否规矩，还可以检验各工种，特别是安装工程的尺寸、设备尺寸是否统一。统一放线还有一个重要条件。对50线的确定要经监理工程师认可，原因是有的改建项目是后接工程，与先天的地面工程不在一个水平上。如何确定50线，要与业主共同做出决定。定位放线可以交劳务队执行，但施工员必须亲自验线，放线员、验线人都要实行签证，落实责任。

第二节　特殊部位特殊工艺的编制及交底

一、综合工艺

装饰工程施工工艺除规范所列项目外，还经常会出现一些不规范的项目，不是某一个专业工种可以完成的。这就需要施工员亲自指导施工，要编写专项施工工艺。如有些结合部的施工，我们称之为结合工艺，具体如下：

(1)卫生间门框与墙面砖的结合；

(2)浴缸内侧檐口与墙面砖的结合；

(3)梳妆台镜面、墙面、灯罩、台面多部位的结合；

(4)吊顶与墙面的结合；
(5)吊顶与灯位的结合；
(6)踢脚板与墙面的结合；
(7)瓷砖、石材阳角对接等。

二、洁净工艺

装饰施工的洁净工艺是一项在各专业工种施工完成以后的收尾工作,一般当做清理卫生工作,不当做技术工作对待,这可能会导致前功尽弃。因此,在装饰施工工艺中,一定要设立洁净工艺。在洁净作业中,常常会使用一些化工溶液,但要看被洁净的物品属哪类材料。洁净作业是一门综合性、知识性和科学性很强的专业,它涉及面很广。如石材地面的洁净,要使用最先进的打磨技术。在卫生间做洁净作业时,不能用酸液擦拭,否则会使电镀退光。

三、修补工艺

这是在整个施工完成以后,某件物品发现存在缺陷,如果撤换已不可能,这就要对缺陷部位进行修补,这是一项技术性很高的工作。比如木门框上发现有大节疤,那就要将节疤挖出来,找同样的材料进行镶嵌,然后打磨油漆。

作为施工员,现场经常会出现一些意想不到的情况,有时候经过修凿,一个残品可能变成一件工艺品,这就要看施工员的艺术功底和灵感了。

四、异形制作工艺

异形制作如室内制作各种造型,需要特别提示制作安装方法,应单独编制施工方案。

第三节 日查、旬检、月报验

一、日查

施工员每天必须对原设定的进度进行核查,看是否达到该达到的部位。日查可以在巡视中进行,也可以用每天下午碰头会来查实,但实际情况会是有提前的、有未完的。这就要求施工员迅速做出决策,调整第二天的工作步骤,材料、劳务、质检等部门都要配合,协助未达到部位班组找原因,要查出结果,提出新措施,汇成新方案,做出决定,作为第二天的行动计划。凡是处在关键线路上的部位,决不放过,切不可不了了之。如果此时放弃追查,听之任之,那么原设定计划一定会落空,也从根本上放弃了管理,这将是一个失败的施工员。

二、旬检

每 10 d 要进行一次进度、质量、材料消耗等全面核查,看各项指标执行情况。往往某一天的进度发展会产生不平衡,但 10 d 下来,可能其间会得到平衡。旬检结果如果不理想,只要是合理的工期延误,也无须丧失信心,调整总进度,整顿队伍,继续奋斗。

三、月报验

月报验一般在每月的 25 日进行,除报进度、报量外,还应对报验的项目进行质量检验。

程序是先自检,然后报监理审查。月报验的项目应该是该项目的成品项目,至少应以工程量清单的项目范围为准。如有的清单项目顶棚到纸面石膏板算一项,有的要到喷涂乳胶漆后算一项,月报验也应与之同步。根据这个情况,施工员在对工人进行进度交底时就应该强调要将涂料项目做完,否则无法报验。

第四节　编写施工日志

施工日志是竣工文件之一,记录着施工的全过程,是一部重要的施工资料。在项目部一般都设有资料员,负责收集、记录每天的施工事件、文件来往。施工员作为一个项目施工的总管理者,必须有自己每天的施工日志。施工日志至少要记录如下内容。

一、当天的天气情况

这似乎对施工员工作无大碍,不过施工技术有环境因素一项。比如气候温、湿度对施工的影响,雨天对施工的影响。把当天的天气情况记录下来,日后若发生质量事故,可以分析气候环境因素。

二、记录当天的施工进展情况

前面分析过可能发生进度受阻。如果这样,日志上要将全过程记录下来,要将结果记上,写出第二天应该做的事情。

三、劳务状况

劳务专业分包单位每天会发生意外。比如劳动力不足,技术水平不佳,电动工具装备不足等,都可能影响施工进度。上述情况每天都会发生,处理应当及时。做好劳务工作,是保证进度的决定性因素。

四、当天材料供应情况

材料供不应求是施工过程中经常发生的状况,要记下事件、原因、解决方案、解决问题的责任人。注意,一件事情不可能每天解决,但如果第二天未解决,仍应该记录在案,直到完全解决。

五、每天发生的工程质量问题

每天发生的工程质量问题要详细记录,要会同监理工程师进行深入检查,分析事故原因,提出解决措施,落实到人,限定纠正时间,并要有责任人签字,以备检查。如有严重犯规情况,要提出处理办法,报上级备案。

六、设计变更

装饰装修工程的设计变更是经常发生的,会有三种情况:

第一种情况是业主要求变更设计,经监理工程师核准后交设计部门设计。变更后的设计图经监理工程师核准后交项目部执行。这时,项目部要办理变更洽商记录,有关方应签字备案。

第二种情况是由设计部门提出变更，经业主同意，监理工程师核准转项目部执行，这时需办理洽商记录。

第三种情况，由施工方提出修改设计，报监理工程师后由设计单位交施工单位执行。

不论哪一种情况，最终都要办理洽商记录。洽商记录会有两种：一种是纯技术变更，不发生经济洽商；另一种是因设计变更而产生经济洽商。这种经济变更，必须是经业主、监理、施工三方同意后办理洽商记录，作为工程结算的依据。

七、每天发生的与施工有关的重大事件

每天发生的与施工有关的重大事件要记录在施工日志上。比如社会原因、交通事故、供货厂商等都会影响施工。

八、经验和教训

当天发生的一切事件，如果及时写出自己的经验和教训，将有利于今后工作的安排，并可作为借鉴，少走弯路。

第二篇　建筑装饰工程质量控制

本篇主要介绍装饰装修施工员应掌握的质量控制技术，包括建筑装饰施工前的拆除与改造、顶棚装饰工程、抹灰工程、涂饰工程、饰面板（砖）工程、裱糊类装饰工程、轻质隔墙装饰工程、幕墙工程、楼地面装饰工程、门窗工程、细部工程等11个方面的内容。

第七章　建筑装饰施工前的拆除与改造

第一节　拆除施工进场前的施工准备

一、施工准备工作内容

（一）技术准备

（1）熟悉建筑物（构筑物）被拆除部位竣工图纸，弄清建筑物结构设计、建筑物施工、水电及设备管线情况，因在施工过程中可能有变更，重点是了解竣工图。

（2）结合安全技术文件学习有关方针政策。

（3）调查周围环境、场地、道路、水电设备管路等情况。

（4）编制拆除工程施工组织设计。

（5）对进场施工人员进行安全技术教育和交底。

（二）现场准备

（1）弄清拆除倒塌范围内的材料和设备。

（2）切断被拆除建筑物水、电、燃气、暖气、管线等。

（3）疏通运输道路，拆除施工中的临时水、电和设备。

（4）检查周围环境情况，必要时进行临时加固。

（5）发出安民告示，在拆除危险区设置警戒区标志。

（三）物资准备

拆除工程所需的机器工具、起重机和器材，以及危险品临时库房。

（四）组织准备

成立组织领导机构负责拆除工作，组织满足拆除施工要求的劳动力。

二、拆除工程的施工组织设计

施工组织设计是指导拆除工程施工准备和施工全过程的技术经济文件，必须由负责该项目的主管领导组织有关技术、生产、安全、材料、机械、劳资、保卫等部门人员讨论编制，报上级主管部门审批。

(一)编制原则

拆除工程施工组织设计编制的原则是:从实际出发，在确保人身和财产安全的前提下，选择经济、合理、扰民小的拆除方案，进行科学的组织，以实现安全、经济、速度快、扰民小的目标。

(二)编制依据

(1)被拆除建筑物的竣工图(包括结构、建筑、水、电、设备及外管线)，施工现场勘察得来的资料和信息。

(2)与拆除工程有关的施工验收规范、安全技术规范、安全操作规程和国家及地方有关安全技术规定。

(3)与甲方签订的经济合同(包括进度和经济要求)。

(4)国家和地方有关爆破工程安全保卫的规定。

(5)本单位的技术装备条件。

(三)施工组织设计内容

(1)被拆除建筑物和周围环境的简介。着重介绍被拆除建筑物的结构类型，结构各部分构件受力情况(附简图)，并介绍填充墙，隔断墙，装修做法，水、电、暖、煤气设备情况，周围房屋、道路、管线有关情况。所介绍的情况必须是现在的实际情况，可用现状平面图表示。

(2)施工准备工作计划。包括各项准备工作(包括组织技术、现场、设备材料、劳动力的准备工作)全部列出、安排计划、落实到人。要把组织领导机构名单和分工情况列出。

(3)拆除方法。根据实际情况和甲方的要求，对比各种拆除方法，选择安全、经济、快速、扰民小的方法。要详细叙述拆除方法的全部内容，采用控制爆破拆除，要详细说明爆破与起爆方法、安全距离、警戒范围、保护方法、破坏情况、倒塌方向与范围，以及安全技术措施。

(4)施工部署和进度计划。

(5)劳动力组织。

(6)机械、设备、工具、材料、计划应列出清单。

(7)施工总平面图。施工总平面图是施工现场各项工作安排的依据，也是施工准备工作的依据，应包括下列内容:

①被拆除建筑物和周围建筑及地上、地下的各种管线、障碍物、道路的布置和尺寸。

②起重吊装设备的升行线路和运输道路。

③爆破材料及其他危险品临时库房位置、尺寸和做法。

④各种机械、设备、材料及被拆除下来的建筑材料堆放场地布置。

⑤被拆除建筑物倾倒方向和范围、警戒区的范围要标明位置尺寸。

⑥要标明施工用水、电、办公、安全设施、消防栓位置及尺寸。

⑦安全技术措施针对所选用拆除方法和现场情况，根据有关规定提出全面的安全技术措施。

第二节　拆除作业安全控制

一、做好拆除作业前的准备工作

(1)拆除作业施工企业必须先编制安全施工组织设计。《中华人民共和国建筑法》(简称《建筑法》)规定:对专业性较强的工程项目,应编制施工组织设计,并采取安全技术措施。施工组织设计必须制定组织有序的施工顺序和针对性强的安全技术措施。在施工过程中,如果必须改变施工方法,调整施工顺序,必须先修改、补充施工组织设计。

(2)拆除工程在施工前,施工人员必须经过专业安全培训,考试合格,才允许上岗作业。同时,应对施工人员做好安全教育,组织工作人员学习安全操作规程,熟悉被拆除建筑物(或构筑物)的竣工图纸,弄清建筑物的结构情况、建筑情况、水电及设备管道情况。工地负责人要根据施工组织设计和安全技术规程向参加拆除的工作人员进行详细的交底。

(3)拆除工程在施工前,先清除拆除倒塌范围内的物资、设备;将电线、燃气道、水管、供热设备等干线与该建筑物的支线切断或迁移;检查周围危旧房,必要时进行临时加固;向周围群众贴出安民告示,在拆除危险区周围应设禁区围栏、警戒标志,派专人监护,禁止非拆除人员进入施工现场。

(4)对于生产、使用、储存化学危险品的建筑物的拆除,要经过消防、安全部门参与审核,制订保证安全的预案,经过批准后实施拆除工程。

(5)当准备用控制爆破拆除工程时,必须严格按《爆破安全规程》(GB 6722—2003)进行,并经过爆破设计,对起爆点、引爆物、用药量和爆破程序进行严格计算,以确保周围建筑和人员的绝对安全。编制爆破拆除作业的技术措施和安全措施并报上级部门和公安部门审批。爆破时对依靠自身重量倾倒的建筑物,要经过严格的计算,以保证安全。计算时除考虑自重外,还应考虑最不利方向上最大风力作用时不爆部分的失稳程度。

二、加强拆除施工过程中的安全管理

(1)施工人员进行拆除工作时,应该站在专门搭设的脚手架或者其他稳固的结构部分上进行操作。操作人员要佩戴安全帽和其他防护用品。拆除过程多属高空作业,工具、设备、材料杂乱,粉尘、日晒较多,作业工人应佩戴安全帽、手套、安全鞋等个人防护用品,以防止砖石、灰尘;切割螺钉的操作,应佩戴护目镜。拆除轻型结构屋面工程时,严禁施工人员直接踩踏在轻型结构板上进行工作,必须使用移动板梯,板梯上端必须挂牢,防止高处坠落。拆除过程中,现场照明不得使用拆除建筑物中的配电线,应另外设置配电线路。

(2)在拆除过程中,应有专业技术人员现场监督指导。为确保未拆除部分建筑的稳定,应根据结构特点,有的部位应先进行加固,再继续拆除。当拆除某一部分时,应防止其他部分倒塌,把有倒塌危险的构筑物用支柱、支撑、绳索等临时加固。

(3)拆除作业应严格按拆除方案进行。拆除建筑物应该自上而下依次进行;拆除建筑物的栏杆、楼梯和楼板等,应该和整体程度相配合,不能先行拆除;禁止数层同时拆除;建筑物的承重支柱和横梁,要等它所承担的全部结构和荷重拆除后才可以拆除;拆除屋架时,先将吊索绑好,两端拴好溜绳,再用气割在屋架两支座焊缝上同时切割,然后将起钩拆除。

(4)拆下的物料不准在楼板上乱堆乱放。不准将墙体推倒在楼板上,防止将楼板压塌,发生事故。拆下的物料不准向下抛掷,拆除较大构件要用吊绳或起重机吊下运走,散碎材料用溜放槽溜下,清理运走。

(5)用推倒法拆除墙时,人员应避至安全地带。拆除建筑物一般不采用推倒方法,遇到特殊情况墙体必须推倒时,应遵守以下规定:砍切墙根的深度不能超过墙厚的1/3,墙的厚度小于两块半砖的时候,不允许进行掏掘,为防止墙壁向掏掘方向倾倒,在掏掘前,要用支撑撑牢;建筑物推倒前,应发出信号,待所有人员远离建筑物高度2倍以上的距离后,方可进行。在建筑物推倒倒塌范围内,有其他建筑物时,严禁采用推倒方法。

(6)当用控制爆破拆除工程时,在人口稠密、交通要道等地区爆破建筑物,应采用电力或导爆索起爆,不得采用火花起爆。当采用分段起爆时,应采用毫秒雷管起爆。采用微量炸药来控制爆破,可大大减少飞石,仍应采取适当保护措施,如对低矮建筑物采取适当护盖,对高大建筑物爆破设一定安全区,避免对周围建筑物和人身的危害。爆破时,对原有蒸汽锅炉和空压机房等高压设备,应将其压力降到0.1~0.2 MPa。爆破各道工序要认真细致地操作、检查与处理,杜绝各种不安全事故发生。爆破要有临时指挥机构,便于分别负责爆破施工与起爆等有关安全工作。用爆破方法拆除建筑物部分结构的时候,应该保证其他结构部分的良好状态。爆破后,如果发现保留的结构部分有危险征兆,应采取安全措施后,再进行工作。在建筑物内爆破时,应将门窗打开,对受保护的建筑物,其震速不得超过5 cm/s,保留部分切割而震速不得超过8.7 m/s。

(7)当用机械拆除工程时,根据被拆除高度选择拆除机械,不可超高作业,打击点必须选在顶层,不可选在次顶层甚至以下。镐头机作业高度不够,可以用建筑垃圾垫高机身以满足需要,但垫层高度不得超过3 m,其厚度不得小于3.5 m,两侧坡度不得大于60°。机械解体作业时应设专职指挥员,监视被拆除物的动向,及时用对讲机指挥机械操作员进退。人机不可立体交叉作业,机械作业时,在其回旋半径内不得有人工作业。机械禁止在有地下管线处作业,如果一定要作业,必须在地面垫2~3 cm的整块钢板或走道板,以保护地下管线安全。机械拆除在分段切割时,必须确保未拆除部分结构的整体完整和稳定。

三、做好拆除作业后的安全工作

(1)拆卸下来的各种材料应及时清理,按品种、类别堆放在平整的地面上,高度应符合安全规定,并留有一定的间距,防止倒塌伤人。

(2)拆除堆放的材料场地,要专人看管,加强治安保卫。禁止外来人员特别是小孩入内玩耍。严禁烟火,并要配有一定的消防器材,以防万一。

(3)对于拆除生产、使用、储存危险物品场所的物料、器材、设备,不要与一般物料混杂存放,或放置到安全场所,或采取清洗措施,或安全销毁。

(4)拆除的区域,对电线、煤气管道、上下水管、供热设备管道等干线再进行一次检查,以防留下隐患,并要设明显标记。

(5)在保证安全的前提下,拆迁工程要和建筑工程的施工相互衔接好。拆迁场地在全部清理出场料后,再按照施工要求进行新的工程建筑。总之,保障拆除工程的施工安全,必须坚持以人为本、安全第一的方针,建立健全拆除的责任制度和群防群治制度,这样才能万无一失,防患于未然。

第三节　变动结构的拆改要求

一、变动结构构件

（一）变动墙

建筑物的墙体根据其受力特点分为承重墙、非承重墙和连系墙。不得拆除承重墙、连系墙，可以拆除非承重墙，但要经过结构验算校核。

（二）墙体开洞

在承重墙和连系墙上开设洞口，将削弱墙体截面，减少墙体刚度，降低墙体的承载能力。未经结构验算并采取加强措施是不允许随便在承重墙体上开洞的。

（三）楼板或屋面板上开洞开槽

无论发生上述哪种情况都将削弱楼板截面，切断或者损伤楼板钢筋，因敲击楼板使混凝土松动，降低楼板的承载能力。

（四）变动梁

在梁上开洞将削弱梁的截面，降低梁的承载能力（特别是抗震能力）。

梁钢筋焊接，当在原有梁上设置梁、柱、支架等构件时，往往将后加的构件的钢筋或连接件与原有梁的钢筋焊接，如施工不当，将损伤梁的钢筋、降低梁的承载能力和变形能力。

凿掉混凝土保护层未能采取有效的补救措施时，梁的截面会受到削弱，钢筋暴露在大气中将逐渐锈蚀。

（五）梁下加柱

梁下加柱相当于在梁下增加了支撑点，将改变梁的受力状态，在新增柱的两侧，梁由承受正弯矩变为承受负弯矩，这种变动是危险的。

（六）梁上增设柱子或梁

此种做法除连接可能带来的结构问题外，主要问题是增设的梁或柱将把它们所承受的荷载传递给原有的梁。如果原有梁在设计时未考虑这种荷载，将导致原有梁的破坏。

（七）柱子中部加梁

在柱子中部加梁（包括悬臂梁）将改变柱子的受力状态，增加柱子的荷载以及由此荷载引起的内力（包括轴力、弯矩等）。如果不进行必要的结构验算并采取相应的结构措施，盲目地在柱子中部加梁将会引起严重的后果。

二、房屋加层和房屋改造

房屋加层一般是指在原有房屋的顶层上再增加一层或几层。房屋改造一般指为了改变或增加新的建筑使用功能，从而对建筑物的结构构件和建筑构件进行相应变动的工作。房屋结构的改造、加层、加固必须进行设计。

（1）按有关规定，对原有房屋进行改造加固设计实施以后，承担此任务的设计单位应该对该房屋结构的安全性和耐久性负完全责任，而原来的设计单位未参与改造加固设计时，则不再负此责任。因此，改造加固设计应该由有资质的设计单位或研究单位来承担。

（2）改造加固设计时，应根据鉴定的评估报告对结构目前实际的安全性、适用性、耐久性作分析，在此基础上确定能否进行改造加固及采用何种设计方案。设计要依据现行国家和行业标准《混凝土结构加固技术规范》(GB 50367—2006)、《建筑抗震加固技术规程》(JGJ 116—2009)、《钢结构加固技术规程》(CECS 77:96)、《混凝土结构后锚固技术规程》(JGJ 145—2004)、《碳纤维片材加固混凝土结构技术规程》(CECS 146:2003)进行，同时还应遵循结构设计有关的现行规范、规程。

(3)改造加固设计与新建筑的结构设计有很大区别，在验算现有构件的承载力时应按《建筑结构荷载规范》(GB 50009—2001)第4.1.2条的规定考虑楼面活荷载的折减；钢筋混凝土现浇楼板的梁，核算其受弯承载力时，跨中应考虑现浇板有效受压翼缘宽度，跨中和梁端受压区钢筋的双筋梁作用；框架梁核算端部承载力和裂缝时的弯矩值应取柱边值而不应取柱中值；各构件的混凝土强度应按检测的实测值换算为设计值取用。因此，采用计算软件作整体内力分析后，必须对构件作局部验算，不能像新工程设计那样直接把软件整体计算结果拿来应用。局部计算可以用软件工具箱，也可采用手算。在一些改造加固工程中，由于只采用软件整体计算结果，不作局部补充验算，对实际不需要做加固处理的构件也进行加固，不但增加了材料、工期和造价，而且会对原有构件产生不必要的损伤。

(4)混凝土结构房屋加固后的使用年限应由业主和设计单位商定，一般定为30年。局部加固结构的使用年限与该结构已使用年数之和不得超过50年，如因业主要求或该工程的特殊性需要有更长的使用年限，设计应采取加强措施，必要时召开专家论证会讨论确定方案。对于原来未进行抗震设计、设防烈度低或按旧规范抗震设计的混凝土房屋结构，多数在改造加固设计时很难达到现行规范的要求。因此，目前许多工程甚至经专家论证会论证的重要工程，可按《建筑抗震鉴定标准》(GB 50023—2009)和《建筑抗震设计规范》(GB 50011—2001)的要求，并根据具体情况再适当加强。

(5)进行改造加固设计时，力求与承担施工的单位进行配合，根据该施工单位的经验和水平确定更合理的设计实施方案。如果由于招投标等原因，在设计时不能确定施工单位，那么在完成设计确定了施工单位后，开工之前应就设计中构造做法和施工要求与施工单位作交底和讨论，必要时进行方案调整和修改设计，以确保工程质量和降低造价。

(6)改造加固的检测鉴定及施工图设计文件，也需要同新建工程施工图文件一样，送施工图文件审查部门进行审查，如果在原有屋顶上加层或临主要街道立面有大的改造，设计方案应经当地规划部门批准。设计文件(包括检测报告、鉴定评估资料、设计图纸和计算书、相关审批文件等)应同新建设计工程一样归档保存。

(7)改造加固设计所采用的材料应尽可能轻质，以利于减小地震反应和避免对原有基础进行加固处理；屋顶加层宜采用钢结构和轻质维护结构；原有下部结构减少或不进行加固，以减少对下部房屋使用的影响；对原有构件进行加固处理应采用传力明确、构造简单、不损伤或少损伤原有构件、施工方便、费用低的方案；需考虑因二次受力导致的后加部分应力的滞后性，对新增材料强度应按有关规范、规程的规定作相应的折减；应遵循加固工程施工操作简单、方便就能保证质量这一道理。为满足构件抗弯承载力和抗剪承载力，采用粘贴钢板或粘贴碳纤维布加固是常用且有效的加固方法。这两种方法的共同点是均需要通过结构胶受剪使钢板或碳纤维布与原构件共同工作，故在加固部位必须要进行防火处理，因为一般的结构胶在60 ℃以上强度会降低，遇明火会燃烧。粘贴钢板还需要防锈蚀和设置锚栓；有的工程采用粘贴钢板加固，由于温度影响，钢与混凝土线膨胀系数不同，出现钢板鼓起而脱胶现象。因此,采用粘贴碳纤维布加固比粘贴钢板加固更可取。

(8)经检测保护层已经碳化时,在改造、加固时应采用外涂阻锈剂涂刷构件表面。国内外的阻锈剂质量和价格有所不同,可根据工程情况及构件不同的重要性选用。在涂刷阻锈剂前,构件表面必须清理干净,露出混凝土清洁的表面。

(9)经检测有裂缝时,在改造加固时应首先根据裂缝所在的部位、形状、宽度,分析其产生的原因及对构件承载力有无影响,然后采用不同的处理方法。如果是因钢筋锈蚀引起的顺筋裂缝,必须剔掉混凝土保护层露出已锈蚀的钢筋,并进行彻底除锈,当锈蚀特别严重已损失较多钢筋截面时应更换补强,然后采用环氧砂浆或聚合物砂浆喷砂浆修补恢复构件截面。对由于受剪、弯曲产生的裂缝,一般宽度较大,应采用环氧灌浆料压力灌浆黏结或其他补强方法。对由于混凝土收缩或温度影响产生的裂缝,为了防止钢筋锈蚀,凡裂缝宽度大于0.3 mm 的采用环氧灌浆料压力灌浆,裂缝宽度小于等于 0.3 mm 的可采用环氧胶泥进行表面封闭。

(10)在改造加固工程中,植筋、锚栓是最常用的方法,现行《混凝土结构加固技术规范》(GB 50367—2006)与《混凝土结构后锚固技术规程》(JGJ 145—2004)关于锚固长度有非常大的差别,而且按前者的规定,对于常规的梁、墙、柱等构件,其宽、厚度很难满足锚固长度。采用植筋、锚栓时,应注意最小边距和最小中距的规定,还应特别注意在原有构件钢筋密集的部位钻孔和定位的可能性,并应严禁损伤和截断原构件受力钢筋。

三、建筑装饰施工与结构安全

如果通过合理的设计与施工,使房屋的室内外空间达到一定的环境质量要求,将装饰材料用于房屋六面体表面和其他空间部分,不仅美化了环境,还能保护主体结构,延长建筑的使用寿命。而不尊重科学,盲目按“自己的意图”进行居室装修,便容易危及房屋的安全性,是许多不安定因素潜埋的隐患,后果难以估量,是十分危险的。一般标准的住宅建筑,主要由房屋的屋面、楼面、墙体、梁柱、基础等组成,所有结构组成部分是经过设计人员严密计算的,因此不经过设计单位的相关设计人员的认可就随意破坏房屋结构的后果是十分危险的。

(一)将装饰装修发包给无资质证书或不具备相应资质条件的企业

将装饰装修发包给无资质证书或不具备相应资质条件的企业甚至是装修零散工人,由于没有经过正规的培训和缺乏相应的基础理论知识,无人对施工现场进行指导和工程完工后的验收,施工的随意性大,缺乏相应的质量保证资料,这样做将给家庭装饰装修工程留下隐患。

(二)在装饰装修过程中随意破坏承重墙

承重墙体是传递楼面、屋面、墙体自身荷载并抵抗水平荷载的墙体,不能随意拆改。承重墙上的洞口设置及洞口尺寸都是综合了各方面的因素,经过了严格的设计才确定的,保证在外力的作用下,不产生过大的变形,从而保证房屋的整体性。如果在装修过程中,只图自己使用方便,在承重墙体上随意开凿洞口,这破坏了房屋的结构,有的在施工过程中就造成房屋的结构性破坏,如发生开裂甚至倒塌等事故。它降低了房屋的整体稳定性、抗震性和结构的安全,这种情况在装饰装修过程中应坚决予以杜绝。

(三)在装饰装修过程中乱拆非承重墙体

这主要表现在家庭装饰装修过程中把现有的窗户改成落地窗,增大采光和通风条件或以拆除非承重墙体而加大房间的面积。这主要是工人在施工过程中对已有的非承重墙体随意乱打乱砸，使房屋的墙体或其他构件承受比较大的冲击荷载，破坏了原有的墙体或构件，改变了原有的结构形式及荷载的传递，使房屋潜伏着不安全因素。

(四)在装饰装修过程中随意加大楼地面荷载

一般设计单位在房屋设计时根据规范要求，采用标准荷载，而有些用户在装修时毫无顾忌地叠加找平层、结合层，增大楼地面荷载，采用自重较大的大理石、花岗岩，使整幢房屋荷载增加，甚至超过设计允许值，使楼板开裂或断裂，影响地基及基础的承载能力，造成严重的后果。

(五)家庭装饰装修中在悬挑构件上加大集中荷载

在悬挑构件上加大集中荷载，这主要表现在：

(1)在装修过程中，由于杂物、废弃物较多或过多地堆放在阳台等悬挑构件上或对阳台实行全封闭，增大阳台荷载，造成悬挑构件根部开裂甚至悬挑构件断裂坠落。

(2)在悬挑构件外加设养花花台，加长悬挑构件的长度和重量，使阳台栏板、护栏开裂，同时也加长了悬挑构件的计算长度，使悬挑构件根部弯矩成几何级数增加，这显然是对悬挑构件不利的。

(六)在家庭装饰装修过程中随意凿钻楼板

一些住户在装修过程中因安装吊顶或灯具，随意凿钻楼板，现在使用的楼面板有的是现浇楼面，有的是预应力空心板，这有可能切断楼板中间的钢筋，使楼板承受荷载的能力削弱，减少房屋的正常使用寿命。

(七)在家庭装饰装修过程中使用的装修工具对墙体或楼地面施加过大的冲击力

由于在家庭装饰装修过程中采用铁锤进行敲打、大功率电动冲击钻进行钻孔、打眼等，它们均可产生较大的振动，对被施加的物件(如墙、柱、梁等)产生冲击力，这有可能使被施加物件的结构安全性受到影响，同时使房屋抗震能力降低，破坏了结构的整体性，给整幢房屋的使用寿命及结构安全带来不可估量的影响。

总之，以上是家庭装饰装修过程中可能会出现的一些不利的因素，住户在对房屋进行装饰装修的过程中应采取科学认真的态度：第一，在装修前应找该房屋的设计单位进行咨询，找专业的设计人员根据家庭装饰装修的要求进行设计，专业的设计队伍将保证房屋的结构安全和美丽大方的设计，专业化的设计队伍将极大地满足家庭装饰装修的要求；第二，应找有资质的装饰装修队伍根据设计进行施工，专业化的施工可以避免使用劣质材料和合同纠纷，这对保证工程质量和在装饰装修工程完工后使住户满意起到至关重要的作用。

第八章　顶棚装饰工程

第一节　常见质量通病及防治措施

一、吊顶龙骨

悬吊式顶棚由三部分组成,即吊杆或吊筋(用镀锌铁丝、钢筋、螺栓、型钢、木方等)、龙骨或搁栅(用木方、轻钢及铝合金等)及面层(各种抹灰、各种罩面板及装饰板)。按照施工工艺不同,又分暗龙骨吊顶和明龙骨吊顶。吊顶是一系统工程,不论哪一部分施工不好,都可能影响整体质量,故须层层把关。

(一)木搁栅拱度不匀

吊顶搁栅装钉后,其下表面的拱度不均匀,不平整,严重者呈波浪形;吊顶搁栅周边或四角不平;还有的吊顶完工后,只经过短期使用,便产生凹凸变形等质量问题。

1. 原因分析

(1)吊顶搁栅材质不好,变形大,不顺直,有硬弯,施工中又难以调直;木材含水率过大,在施工中或交工后产生收缩翘曲变形。

(2)不按规程操作,施工中吊顶搁栅四周墙面上不弹平线或平线不准,中间不按平线起拱,造成拱度不匀。

(3)吊杆或吊筋间距过大,吊顶搁栅的拱度不易调匀。同时,受力后易产生挠度,造成凹凸不平。

(4)受力节点结合不严,受力后产生位移变形。常见的有:

①装钉吊杆、吊顶搁栅接头时,因材质不良或钉径过大,节点端头棱钉劈裂,因松动不牢而产生位移。

②吊杆与吊顶搁栅未用半燕尾榫相连接,极易造成节点不牢或使用不耐久的弊病。

③当用螺杆做吊筋时,螺母处未加垫板,搁栅上的吊筋孔径又较大,受力后螺帽吃入搁栅内,造成吊顶局部下沉;或因螺帽长度不足,不能用螺帽固定,实际加大吊筋间距,受力后变形也加大。

④吊顶搁栅接头装钉不平或接出硬弯,直接影响吊顶的平整。

2. 防治措施

(1)吊顶应选用比较干燥的松木、杉木等软质木材,并防止受潮或烈日暴晒,不宜用桦木、色木及柞木等硬质木材。

(2)吊顶搁栅装钉前,应按设计标高在四周墙壁上弹线找平;装钉时,四周以平线为准,中间按平线起拱,起拱高度应为房间短向跨度的1/200,纵横拱度均应吊匀。

(3)搁栅及吊顶搁栅的间距、断面尺寸应符合设计要求;木料应顺直,如有硬弯,应在硬弯处锯断,调直后再用双面夹板连接牢固;木料在两吊点间如稍有弯度,弯度应向上。

(4)各受力节点必须装钉严密、牢固,符合质量要求。其措施有:

①吊杆和接头夹板必须选用优质软质木材制作,钉子的长度、直径、间距要适宜,要既能满足强度要求,装钉时又不能劈裂。

②吊杆应刻半燕尾榫,交错地钉固在吊顶搁栅的两侧,以提高其稳定性;吊杆与搁栅必须钉牢,钉长宜为吊杆厚的2~2.5倍,吊杆端头应高出搁栅上皮40 mm,以防装钉时劈裂。

③如用吊筋固定搁栅,其吊筋位置和长度必须埋设准确,吊筋螺母处必须设置垫板。如木料有弯,则与垫板接触不严,可利用撑木、木楔靠严,以防吊顶变形。必要时应在上、下两面均设置垫板,用双螺母紧固。

④吊顶搁栅接头的下表面必须装钉顺直、平整,其接头要错开,以加强整体性。板条抹灰吊顶,其板条接头必须分段错槎钉在吊顶搁栅上,每段错槎宽度不宜超过500 mm,以加强吊顶搁栅的整体刚度。

⑤在墙体砌筑时,应按吊顶标高沿墙牢固地预埋木砖,间距1 m,以固定墙周边的吊顶搁栅,或在墙上留洞,把吊顶搁栅固定在墙内。

(5)吊顶内应设置通风窗,使木骨架处于干燥环境中;室内抹灰时,应将吊顶入孔封严,待墙面干后,再将入孔打开通风,使吊顶保持干燥环境。

(6)如吊顶搁栅拱度不匀,局部超差较大,可利用吊杆或吊筋螺栓把拱度调匀。

(7)如吊筋未加垫板,应及时安设垫板,并把吊顶搁栅的拱度调匀;如吊筋太短,可用电焊将螺栓加长,并重新安好垫板、螺母,再把吊顶搁栅拱度调匀。

(8)凡吊杆被钉劈裂而节点松动处,必须将劈裂的吊杆换掉。

(二)铝合金龙骨不顺直、吊顶不对称

其主要包括铝合金主龙骨、次龙骨纵横方向线条不平直,吊顶造型不对称、罩面板布局不合理。

1. 主龙骨、次龙骨纵横方向线条不平直

1)原因分析

(1)主龙骨、次龙骨受扭折,虽经修整,仍不平直。

(2)挂铅线或镀锌铁丝的射钉位置不正确,拉牵力不均匀。

(3)未拉通线全面调整主龙骨、次龙骨的高低位置。

(4)测吊顶的水平线误差超差,中间平线起拱度不符合规定。

2)防治措施

(1)凡是受扭折的主龙骨、次龙骨一律不宜采用。

(2)挂铅线的钉位,应按龙骨的走向每间距1.2 m射一枚钢钉。

(3)一定要拉通线,逐条调整龙骨的高低位置和线条平直。

(4)四周墙面的水平线应测量正确,中间接平线起拱度1/200~1/300。

2. 吊顶造型不对称、罩面板布局不合理

1)原因分析

(1)未在房间四周拉十字中心线。

(2)未按设计要求布置主龙骨和次龙骨。

(3)铺安罩面板流向不正确。

2)防治措施

(1)按吊顶设计标高,在房间四周的水平线位置拉十字中心线。

(2)严格按设计要求布置主龙骨和次龙骨。

(3)中间部分先铺整块罩面板,余量应平均分配在四周最外边一块,便于调整。

二、轻型板吊顶

轻型板吊顶一般指吊顶板较轻者,如纤维板、胶合板及板条抹灰、钢丝网抹灰吊顶。由于板块较大、不易拼装平直,或抹灰不平、开裂等,容易产生质量问题。

(一)纤维板或胶合板吊顶面层变形

纤维板或胶合板吊顶装钉后,部分板块逐渐产生凹凸变形现象。

1.原因分析

(1)纤维板或胶合板,在使用中要吸收空气中的水分,特别是纤维板不是均质材料,各部分吸湿程度差异大,故易产生凹凸变形;装钉板块时,板块接头未留空隙,吸湿膨胀后,没有伸胀余地,会使变形程度更为严重。

(2)板块较大,装钉时不能使板块与吊顶搁栅全部贴紧,又从四角或四周向中心排钉装钉,板块内储存有应力,致使板块凹凸变形。

(3)吊顶搁栅分格过大,板块易产生挠度变形。

2.防治措施

(1)宜选用优质板材,以保证吊顶质量。胶合板宜选用五层以上的胶合板,纤维板宜选用硬质纤维板。为尽可能防止板块凹凸变形,装钉前应采取如下措施。

①为使纤维板的含水率与大气中的相对含水率相平衡或接近,减少纤维板因吸湿而引起的凹凸变形,对纤维板宜进行水湿处理。具体做法是:将纤维板放在水池中浸泡15~20 min,一般硬质纤维板用冷水;掺有树脂胶的纤维板要用45 ℃左右的热水。板从水中取出后毛面向上,堆放在一起,约24 h打开垛,使整个板面处在室温10 ℃以上的大气中,与大气湿度平衡,一般放置5~7 d后就可使用。

②经过浸水湿处理的纤维板,四边易产生毛口。所以,用于装钉纤维板明拼缝吊顶或钻孔纤维板吊顶,宜将加工后的小板块两面均涂刷一遍猪血来代替浸水,约经24 h干燥后再涂刷一遍油漆,干后在室内平放成垛保管待用。

③胶合板不得浸水和受潮,装钉前两面均涂刷一遍油漆,以提高抵抗吸湿变形的能力。

(2)轻质板块宜用小齿锯截成小块装钉。装钉时必须由中间向两端排钉,以避免板块内产生应力而凹凸变形。板块接头拼缝必须留3~6 mm的间隙,以减轻板块膨胀时的变形程度。

(3)用纤维板、胶合板吊顶时,其吊顶搁栅的分格间距不宜超过450 mm,否则,中间应加一根25 mm×40 mm的小搁栅,以防板块中间下挠。

(4)合理安排工序。如室内湿度较大,宜先装钉吊顶木龙骨,然后进行室内抹灰,待抹灰干燥后再装钉吊顶面层。但施工时应注意,周边的吊顶搁栅应离开墙面20~30 mm(即抹灰层厚度),以便在墙面抹灰后装钉吊顶面板及压条。

(5)若有个别板块变形过大,可由人孔进入吊顶内,补加一根25 mm× 40 mm的小搁栅,然后在下面将板块钉平。

（二）纤维板或胶合板吊顶中拼缝装钉不直，分格不均匀、不方正

轻质板材吊顶中，同一直线上的分格木压条或板块明拼缝，其边棱不在一条直线上，有错牙、弯曲等现象；纵横木压条或木板块明拼缝分格不均匀、不方正。

1. 原因分析

（1）搁栅安装时，拉线找直、归方控制不严；搁栅间距分得不均匀，且与板块尺寸不相符合等。

（2）未按先弹线后安装板块或木压条的顺序操作。

（3）明拼缝板块吊顶，板块裁截得不方正，或尺寸不准确等。

2. 防治措施

（1）按搁栅弹线计算出板块拼缝间距或压条分格间距，准确确定搁栅位置（注意扣除墙面抹灰层厚度），保证分格均匀，安装搁栅时，按位置拉线找直、归方、固定、顶面起拱及平整。

（2）板材应按分格尺寸裁截成板块。板块尺寸为吊顶搁栅间距减去明拼缝宽度（8 ~ 10 mm）。板块要方正，不得有棱角，板边挺直光滑。

（3）板块装钉前，应在每条纵横搁栅上按所分位置弹出拼缝中心线及边线，然后沿弹线装钉板块，发生超线及时修整。

（4）应选用软质木材制作木压条，并按规格加工，表面应刨平整光滑。装钉时，先在板块上拉线，弹出压条分格线后，沿线装钉压条，接头缝应严密。

（5）当发生上述质量问题时，可分别按产生原因进行返工修整。

（三）抹灰吊顶面层不平整

其包括板条抹灰吊顶、钢丝网抹灰吊顶面层不平整。

1. 原因分析

（1）板条抹灰吊顶不平是因为：板条厚度不匀或材质不好，有硬弯；装钉板条时，板条端部之间、板条与墙体之间未留空隙或空隙过小，抹灰时板条因受潮膨胀拱起，致使吊顶面层凹凸变形，抹灰开裂，或因吊顶搁栅间距过大，弯曲的板条不易钉平，受力后板条易产生挠度，导致面层不平。

（2）钢丝网抹灰吊顶不平是因为：钢丝网钉拉不紧、绑扎不牢、接头不平等。

2. 防治措施

（1）板条抹灰吊顶。板条宜用松木、杉木等软质木材制作，其厚度必须加工一致；板条如有硬弯，要赶直钉在吊顶搁栅上，其吊顶搁栅间距不宜大于 400 mm；灰板条必须钉牢，接头处不得少于两只钉子，钉长应为 25 mm；装钉板条时，板条端部之间应留 3 ~ 5 mm 的空隙，以防板条受潮产生胀力而凹凸变形。

（2）钢丝网抹灰吊顶。严格按操作规程装钉，钢丝网必须拉紧扎牢，并进行检验，1 m 内的凹凸偏差不得大于 10 mm，检验合格后方可进行下道工序。

（3）抹灰吊顶面层的平整度超过规定偏差时，应根据产生不平的原因进行返工修整。

三、石膏板吊顶

因石膏板可分为装饰石膏板、纸面石膏板、吸声穿孔石膏板及嵌装式装饰石膏板等几类，各类又分许多种，故石膏板吊顶应根据不同工程要求，正确选用。从常用规格看，有 500

mm×500 mm×(9~12) mm 及 600 mm×600 mm×(9~12) mm 两种。其安装固定方法主要有搁置法安装、胶粘剂粘贴安装及螺钉固定安装等,但随着制板工艺改进及大量使用轻钢龙骨,在搁置法安装的基础上,使用较多的是嵌装式安装法。嵌装式装饰石膏板与 T_{16-40} 轻钢暗式系列龙骨配套使用,组成新型隐蔽式装配吊顶。安装嵌装式装饰石膏板,通常选用企口暗缝咬接安装法,可不用钉、不用胶。

(一)拼板处不平整

1. 原因分析

(1)操作不认真,主、次龙骨未调平。

(2)选用材料不配套,或板材加工不符合标准。

2. 防治措施

(1)先安装主龙骨,并拉通线检查其是否正确,然后边安装板边调平,可满足板面平整度。

(2)使用专用机具和选用配套材料,可保证加工板材尺寸符合标准,减少原始误差和装配误差,以保证拼板处平整。

(二)罩面板大面积不平整,挠度明显

1. 原因分析

(1)由于未弹线,导致吊杆间距偏大,或吊杆间距忽大忽小等,吊顶构造不符合要求。

(2)龙骨与墙面间距偏大,致使吊顶在使用一段时间后,挠度暴露较为明显。

(3)次龙骨间距偏大,也会导致挠度暴露明显。

(4)采用螺钉固定时,螺钉与石膏板边的距离大小不均匀。

(5)次龙骨铺设方向不妥,不是与板长边垂直,而是顺着罩面板长边铺设,不利于螺钉排列。

2. 防治措施

(1)按规定在楼板底面弹吊杆的位置线,按罩面板规格尺寸确定吊杆间距。

(2)从稳定方面考虑,龙骨与墙面之间的距离应小于 100 mm。如选用大块板材,间距以不大于 500 mm 为宜。

(3)在使用纸面石膏板时,自攻螺钉与板边或板端的距离不得小于 10 mm,也不宜大于 16 mm,因为受到龙骨断面的限制,板中间螺钉的间距不得大于 200 mm。

(4)铺设大块板材时,应使板的长边垂直于次龙骨方向,以利于螺钉排列。

(三)吸声板吊顶孔距排列不均

无论什么材质的板材,凡带孔吸声板拼装后,会出现孔距不等,孔眼横、竖、斜看时,不成直线,或有弯曲及错位现象。

1. 原因分析

(1)没有预先按设计要求制作标准板块样板,或虽有标准样板,但因板块及孔位的加工精度不高,偏差较大,致使孔距排列不均。

(2)装钉板块时,如板块拼缝不直,分格不均匀、不方正,均可造成孔距不匀,排列错位。

2. 防治措施

(1)为确保孔距排列规整,板块应装匣钻孔,即将吸声板按计划尺寸分成板块,板边应刨直、刨光,装入铁匣内,每次放 12~15 块。用 5 mm 厚的钢板做成样板,放在被钻板块上面,用夹具夹紧。钻孔时,钻头必须垂直于板面。第一匣板块钻孔后,应在吊顶搁栅上试拼,无误后再继续加工,但也可在市场上采购符合标准的吸声板。

(2)装钉板块前,应先检查龙骨位置是否准确,纵横顺直,分格方正;明拼缝时,板块尺寸等于吊顶搁栅间距尺寸减去明拼缝宽度(8 ~10 mm)。

(3)检查板块是否方正。

(4)吸声板吊顶孔距排列不匀,不易修理,应一次装钉合格。

四、铝合金板吊顶

铝合金板吊顶,由于各种原因,造成吊顶不平、接缝明显或吊顶与设备衔接不妥等质量通病。

(一)铝合金板吊顶不平

1. 原因分析

(1)水平线控制不好是吊顶不平的主要原因之一。这由两方面因素造成:一是放线时控制不好、不准;二是龙骨未调平,安装施工时又控制不好。

(2)安装铝合金板的方法不妥,也是造成吊顶不平的原因,严重时会产生波浪形状。如龙骨未调平先安装板条,则使板条受力不均而产生波浪形状。

(3)轻质板条吊顶,在龙骨上直接悬吊重物,承受不住而发生局部变形。这种现象多发生在龙骨兼卡具这种吊顶形式。

(4)吊杆不牢,引起局部下沉。因吊杆本身固定不妥,自行松动或脱落,或吊杆不直,受力后拉直变长。

(5)板条自身的变形未加矫正而安装,产生吊顶不平,此种现象多发生在长板条类型上。板条变形,常为运输过程中的堆压变形,严重时犹如蛇形。

2. 防治措施

(1)对于吊顶四周的标高线,应准确地弹到墙上,其误差不能大于 ±5 mm。如果跨度较大,还应在中间适当位置加设控制点。在一个断面内应拉通线控制,线要拉直,不得下沉。

(2)待龙骨调直调平后方能安装板条,这是施工中既合理又重要的一道工序;反之,平整度难以控制,特别是当板较薄时,刚度差,受到不均匀的外力(哪怕是很小的力),极易产生变形。一旦变形,又较难以在吊顶面上调整,只能取下调整。

(3)应同设备配合考虑。不能直接悬吊的设备,应另设吊杆,直接与结构顶板固定。

(4)如果采用膨胀螺栓固定吊杆,应做好隐检记录,如膨胀螺栓埋入深度、间距等。关键部位还要做膨胀螺栓的抗拔试验。

(5)安装前要先检查板条平直情况,发现不符合标准者,应进行调整。

(二)接缝明显

1. 原因分析

板条接长部位的接缝明显,表现在:一是接缝处接口露白茬;二是接缝不平,在接缝处产生错台。

2. 防治措施

(1)做好下料工作。板条切割时,除控制好切割的角度外,对切口部位再用锉刀将其修平,将毛边及不妥处修整好。

(2)用相同色彩的胶粘剂(可用硅胶)对接口部位进行修补。用胶的目的一是可使接缝密合,二是也可对切口白边进行遮掩。

(三)吊顶与设备衔接不妥

1. 原因分析

(1)设备工种与装饰工种配合欠妥,导致施工安装后衔接不好。

(2)确定施工方案时,施工顺序不合理。

2. 防治措施

(1)如果孔洞较大,其孔洞位置应先由设备工种准确确定,吊顶在其部位断开。也可先安装设备,然后再吊顶封口。比如回风口等较大孔洞,一般均是先将回风箅子固定,这样做既保证位置准确,也易收口。

(2)对于小面积孔洞,易在顶部开洞,这样不仅使吊顶施工顺利,同时也能保证孔洞位置准确。如吊顶的嵌入式灯口一般就采用此法。开洞时先拉通长中心线,位置确定后,再用往复锯开洞。

(3)大开洞处的吊杆、龙骨应特殊处理,洞周围要加固。

第二节　质量要求及检验方法

一、一般规定

本部分内容适用于龙骨加饰面板的吊顶工程。按照施工工艺不同,又分暗龙骨吊顶和明龙骨吊顶。

(1)吊顶工程验收时应检查下列文件和记录:

①吊顶工程的施工图、设计说明及其他设计文件;

②材料的产品合格证书、性能检测报告、进场验收记录和复验报告;

③隐蔽工程验收记录;

④施工记录。

(2)吊顶工程应对人造木板的甲醛含量进行复验。

(3)吊顶工程应对下列隐蔽工程项目进行验收:

①吊顶内管道、设备的安装及水管试压;

②木龙骨防火、防腐处理;

③预埋件或拉结筋;

④吊杆安装;

⑤龙骨安装;

⑥填充材料的设置。

(4)各分项工程的检验批应按下列规定划分:同一品种的吊顶工程每 50 间(大面积房间和走廊按吊顶面积 30 m^2 为一间)应划分为一个检验批,不足 50 间也应划分为一个检验批。

(5)检查数量应符合下列规定:每个检验批应至少抽查 10%,并不得少于 3 间;不足 3 间时应全数检查。

(6)安装龙骨前,应按设计要求对房间净高、洞口标高和吊顶内管道、设备及其支架的标高进行交接检验。

(7)吊顶工程的木吊杆、木龙骨和木饰面板必须进行防火处理,并应符合有关设计防火规范的规定。

(8)吊顶工程中的预埋件、钢筋吊杆和型钢吊杆应进行防锈处理。

(9)安装饰面板前应完成吊顶内管道和设备的调试及验收。

(10)吊杆距主龙骨端部的距离不得大于300 mm,当大于300 mm时,应增加吊杆。当吊杆长度大于1.5 m时,应设置反支撑。当吊杆与设备相遇时,应调整并增设吊杆。重型灯具、电扇及其他重型设备严禁安装在吊顶工程的龙骨上。

二、暗龙骨吊顶工程

本部分内容适用于以轻钢龙骨、铝合金龙骨、木龙骨等为骨架,以石膏板、金属板、矿棉板、木板、塑料板或搁栅等为饰面材料的暗龙骨吊顶工程的质量验收。

(一)主控项目

(1)吊顶标高、尺寸、起拱和造型应符合设计要求。

检验方法:观察,尺量检查。

(2)饰面材料的材质、品种、规格、图案和颜色应符合设计要求。

检验方法:观察,检查产品合格证书、性能检测报告、进场验收记录和复验报告。

(3)暗龙骨吊顶工程的吊杆、龙骨和饰面材料的安装必须牢固。

检验方法:观察,手扳检查,检查隐蔽工程验收记录和施工记录。

(4)吊杆及龙骨的材质、规格、安装间距及连接方式应符合设计要求。金属吊杆及龙骨应经过表面防腐处理,木吊杆及龙骨应进行防腐、防火处理。

检验方法:观察,尺量检查,检查产品合格证书、性能检测报告、进场验收记录和隐蔽工程验收记录。

(5)石膏板的接缝应按其施工工艺标准进行板缝防裂处理。安装双层石膏板时,面层板与基层板的接缝应错开,并不得在同一根龙骨上接缝。

检验方法:观察。

(二)一般项目

(1)饰面材料表面应洁净、色泽一致,不得有翘曲、裂缝及缺损。压条应平直、宽窄一致。

检验方法:观察,尺量检查。

(2)饰面板上的灯具、烟感器、喷淋头、风口箅子等设备的位置应合理、美观,与饰面板的交接应吻合、严密。

检验方法:观察。

(3)金属吊杆、龙平的接缝应均匀一致,角缝应吻合,表面应平整,无翘曲、锤印。木质吊杆、龙平应顺直,无劈裂、变形。

检验方法:检查隐蔽工程验收记录和施工记录。

(4)吊顶内填充吸声材料的品种和铺设厚度应符合设计要求,并应有防散落措施。

检验方法:检查隐蔽工程验收记录和施工记录。

(5)暗龙骨吊顶工程安装的允许偏差和检验方法应符合表8-1的规定。

表8-1　暗龙骨吊顶工程安装的允许偏差和检验方法　（单位:mm）

项次	项目	允许偏差				检验方法
		纸面石膏板	金属板	矿棉板	木板、塑料板、搁栅	
1	表面平整度	3	2	2	3	用2 m靠尺和塞尺检查
2	接缝直线度	3	1.5	3	3	拉5 m线,不足5 m拉通线,用钢直尺检查
3	接缝高低差	1	1	1.5	1	用钢直尺和塞尺检查

三、明龙骨吊顶工程

本部分内容适用于以轻钢龙骨、铝合金龙骨、木龙骨等为骨架,以石膏板、金属板、矿棉板、塑料板、玻璃板或搁栅等饰面材料的明龙骨吊顶工程的质量验收。

(1)吊顶标高、尺寸、起拱和造型应符合设计要求。

检验方法:观察,尺量检查。

(2)饰面材料的材质、品种、规格、图案和颜色应符合设计要求。当饰面材料为玻璃板时,应使用安全玻璃或采取可靠的安全措施。

检验方法:观察,检查产品合格证书、性能检测报告和进场验收记录。

(3)饰面材料的安装应稳固严密。饰面材料与龙骨的搭接宽度应大于龙骨受力面宽度的2/3。

检验方法:观察,手扳检查,尺量检查。

(4)吊杆、龙骨的材质、规格、安装间距及连接方式应符合设计要求。金属吊杆及龙骨应进行表面防腐处理,木吊杆及龙骨应进行防腐、防火处理。

检验方法:观察,尺量检查,检查产品合格证书、进场验收记录和隐蔽工程验收记录。

(5)明龙骨吊顶工程的吊杆和龙骨安装必须牢固。

检验方法:手扳检查,检查隐蔽工程验收记录和施工记录。

(6)饰面材料表面应洁净、色泽一致,不得有翘曲、裂缝及缺损。饰面板与明龙骨的搭接应平整、吻合,压条应平直、宽窄一致。

检验方法:观察,尺量检查。

(7)饰面板上的灯具、烟感器、喷淋头、风口箅子等设备的位置应合理、美观,与饰面板的交接应吻合、严密。

检验方法:观察。

(8)金属龙骨的接缝应平整、吻合、颜色一致,不得有划伤、擦伤等表面缺陷。木龙骨应平整、顺直,无劈裂。

检验方法:观察。

(9)吊顶内填充吸声材料的品种和铺设厚度应符合设计要求,并应有防散落措施。

检验方法:检查隐蔽工程验收记录和施工记录。

明龙骨吊顶工程安装的允许偏差和检验方法应符合表8-2的规定。

表8-2 明龙骨吊顶工程安装的允许偏差和检验方法

项次	项目	允许偏差				检验方法
		石膏板	金属板	矿棉板	塑料板、玻璃板	
1	表面平整度	3	2	3	3	用2 m靠尺和塞尺检查
2	接缝直线度	3	2	3	3	拉5 m线,不足5 m拉通线,用钢直尺检查
3	接缝高低差	1	1	2	1	用钢直尺和塞尺检查

第三节 安全与环保措施

(1)现场临时水电设专人管理,防止长明灯、长流水。用水、用电分开计量,通过对数据的分析得到节能效果并逐步改进。

(2)工人操作地点和周围必须清洁整齐,做到活完脚下清,工完场地清,制定严格的成品保护措施。

(3)吊顶龙骨必须牢固平整。安装龙骨时应严格按放线的水平标准线和规方线组装周边骨架,龙骨的受力节点应装钉严密、牢固,保证龙骨的整体刚度。龙骨的尺寸应符合设计要求,纵横拱度均匀,互相适应。吊顶龙骨严禁有硬弯,如有必须调直再进行固定。

(4)吊顶面层必须平整。施工前应弹线,中间按平线起拱。长龙骨的接长应采用对接,相邻龙骨接头要错开,避免主龙骨向边倾斜。龙骨安装完毕,应检查合格后再装饰面板。龙骨分格的几何尺寸必须符合设计要求和装饰面板块模数。

(5)大于3 kg的重型灯具、电扇及其他重型设备严禁安装在龙骨上。

(6)持证上岗制:特殊工必须持有上岗操作证,严禁无证上岗。

(7)中小型机具必须经检验合格,履行验收手续后方可使用,同时应由专门人员使用操作并负责维修保养。必须建立中小型机具的安全操作制度,并将安全操作制度牌挂在机具旁明显处。

(8)中小型机具的安全防护装置必须保持齐全、完好、灵敏有效。

(9)使用人字梯攀高作业时只准一人使用,禁止同时两人作业。

第四节 成品与半成品的保护

(1)木龙骨骨架及罩面板安装时注意保护顶棚内各种管线。木龙骨骨架的吊杆、龙骨不得固定在通风管道及其他设备管道上。

(2)木龙骨骨架、罩面板及其他吊顶材料在入场存放、使用过程中应严格管理,保证不变形、不受潮、不生锈。

(3)其他工程吊挂件不得吊在木龙骨骨架上。

(4)轻钢骨架、罩面板及其他吊顶材料在入场存放、使用过程中应严格管理,保证不变形、不受潮、不生锈。

(5)装修吊顶用吊杆严禁挪做机电管道、线路吊挂用;机电管道、线路如与吊顶吊杆位置矛盾,须经过项目技术人员同意后更改,不得随意改变、挪动吊杆。

(6)吊顶龙骨上禁止铺设机电管道、线路。

(7)轻钢骨架及罩面板安装应注意保护顶棚内各种管线,轻钢骨架的吊杆、龙骨不准固定在通风管道及其他设备上。

(8)为了保护成品,罩面板安装必须在棚内管道试水、保温等一切工序全部验收后进行。

(9)设专人负责成品保护工作,发现有保护设施损坏的,要及时恢复。

(10)工序交接全部采用书面形式并由双方签字认可,由下道工序作业人员和成品保护负责人同时签字确认,并保存工序交接书面材料,下道工序作业人员对防止成品的污染、损坏或丢失负直接责任,专人对成品保护负监督、检查责任。

第九章　抹灰工程

第一节　常见质量通病及防治措施

一、一般抹灰饰面

抹灰(又称粉刷)工程是对建筑物的墙、柱、顶棚及地面表面的保护、美化或某些需要的一种传统做法的装饰工程。按抹灰的部位分为外墙(柱)抹灰、内墙(柱)抹灰、顶棚抹灰和地面抹灰等,按使用要求不同分为一般抹灰和装饰抹灰。

一般抹灰指石灰砂浆、水泥砂浆、水泥混合砂浆、聚合物水泥砂浆、膨胀珍珠岩水泥砂浆及麻刀石灰膏、纸筋石灰膏等墙面、顶棚的抹灰。装饰抹灰指水磨石、水刷石、斩假石、平粘石、假面砖、拉条灰、拉毛灰、喷涂、滚涂、弹涂等墙(柱、地)面、顶棚饰面的抹灰。

(一)外墙普通抹灰

一般建筑物或建筑物背面部位,常用水泥砂浆饰面。但由于各种原因,常出现空鼓、裂缝,接槎有明显抹纹,色泽不匀,阳台、雨篷、窗台等抹灰饰面在水平和垂直方向不一致,分格缝不直不平、缺棱错缝及雨水污染墙面等通病。

1. 空鼓、裂缝

1)原因分析

(1)基层处理不好,清扫不干净,墙面浇水不透或不匀,将影响该层砂浆与基层的黏结性能。

(2)一次抹灰太厚或各层抹灰层间间隔时间太短、收缩不匀,或表面撒水泥粉。

(3)夏季施工砂浆失水过快或抹灰后没有适当浇水养护,以及冬季施工受冻。

2)防治措施

(1)抹灰前,应将基层表面清扫干净,脚手眼等孔洞填堵严实;混凝土墙表面凸出较大的地方应事先剔平刷净;蜂窝、凹洼、缺棱掉角处,应先刷一道107胶:水为1:4的胶水溶液,再用体积比1:3(水泥:砂)(后同)的水泥砂浆分层填补;加气混凝土墙面缺棱掉角和板缝处,宜先刷掺水泥质量20%的107胶的素水泥浆一道,再用体积比1:1:6(水泥:石灰膏:砂)(后同)的混合砂浆修补抹平。基层墙面应于施工前一天浇水,要浇透、浇匀。让基层吸足一定的水分,使抹上底子灰后便于用刮杠刮平,搓抹时砂浆以潮湿柔软为宜。

(2)表面较光滑的混凝土墙面和加气混凝土墙面:抹灰前宜先涂刷一道107胶素水泥浆黏结层,增加与光滑基层的砂浆的黏结能力。

(3)室外抹灰,一般长度较长(如檐口、勒脚等),高度较高(如柱子、墙垛、窗间墙等),为不显接槎,防止抹灰砂浆收缩开裂,一般需设计分格缝。

(4)夏季应避免在日光暴晒下进行抹灰。罩面成活后第二天应浇水养护,并坚持养护7 d以上。

(5)窗台抹灰一般常在窗台中间部位出现一条或多条裂缝。其主要原因是窗口处墙身与窗间墙自重大小不同,传递到基础上的力也就不同,当基础刚度不足时,产生的沉降量就不同,由沉降差使窗台中部产生负弯矩而导致窗台抹灰裂缝。雨水容易从裂缝中渗透,导致膨胀或冻胀,使抹灰层空鼓,严重时会脱落。要避免窗台抹灰后裂缝问题,除从设计上加强基础刚度,设置地梁、圈梁外,还应尽可能推迟窗台抹灰时间,使结构沉降稳定后进行。同时,应加强抹灰层养护,减少收缩。

2. 接槎有明显抹纹,色泽不匀

1)原因分析

墙面没有分格或分格太大;抹灰留槎位置不正确;罩面灰压光操作方法不当,砂浆原材料不一致,没有统一配料,浇水不均匀。

2)防治措施

抹面层时要注意接槎部位操作,避免发生高低不平、色泽不一致等现象;接槎位置应留在分格条或阴阳角、水落管等处;阳角抹灰应用反贴八字尺的方法操作。

室外抹灰面积较大,罩面抹纹不易压光,尤其在阳光下观看,稍有些抹纹就很显眼,影响墙面外观效果,因此室外抹水泥砂浆墙面宜做成毛面,不宜抹成光面。用木抹子搓抹毛面时,要做到轻重一致,先以圆圈形搓抹,然后上下抽拉,方向要一致,不然,表面会出现色泽深浅不一、起毛纹等现象。

3. 阳台、雨篷、窗台等抹灰饰面在水平和垂直方向不一致

1)原因分析

在结构施工中,其主要由现浇混凝土和构件安装偏差过大,抹灰不易纠正;抹灰前未拉水平和垂直通线;施工误差较大所致。

2)防治措施

(1)在结构施工中,现浇混凝土或构件安装都应在水平和垂直两个方向拉通线,找平、找直,减少结构偏差。

(2)安窗框前应根据窗口间距找出各窗口的中心线和窗台的水平通线,认真按中心线和水平通线立窗框。

(3)抹灰前应在阳台、阳台分户隔墙板、雨篷、柱垛、窗台等处,在水平和垂直方向拉通线找平、找正,每步架贴灰饼,再进行抹灰。

4. 分格缝不直不平,缺棱错缝

1)原因分析

没有拉通线,统一在底灰上弹水平和垂直分格线;木分格条浸水不透,使用后变形;粘贴分格条和起分格条时操作不当,造成缝口两边缺棱角或错缝。

2)防治措施

(1)柱子等短向分格缝,对每个柱子要统一找标高,拉通线弹出水平分格线,柱子侧面要用水平尺引过去,保证水平,窗间墙竖向分层分格缝,几个层段应统一吊线分块。

(2)分格条使用前要在水中泡透。水平分格条一般应粘在水平线下边,竖向分格条一般应粘在垂直线左侧,以便于检查其准确度,防止发生错缝、不平等现象。分格条两侧抹八字形水泥砂浆固定时,在水平线处应先抹下侧一面,当天抹罩面灰压光后就可起出的,分格条两侧可抹成45°,如当时不罩面的,应抹陡一些,成60°坡,待水泥砂浆达到一定强度后才

能起出分格条。面层压光时应将分格条上水泥砂浆清刷干净，以免起条时损坏墙面。

5. 雨水污染墙面

1）原因分析

水泥砂浆外墙饰面，在窗台、雨篷、阳台、压顶、突出腰线等部位没有做好流水坡度或未做滴水线槽，易发生雨水顺墙流淌，污染墙面，甚至造成墙体渗漏。

2）防治措施

（1）在窗台、阳台、压顶及突出腰线等部位抹灰时，应做好流水坡度和滴水线槽。滴水线槽一般做法为：深 10 mm，上宽 7 mm，下宽 10 mm，距外表面不少于 20 mm。

（2）外墙窗台抹灰前，窗框下缝隙必须用水泥砂浆填实，防止雨水渗漏；抹灰面应缩进木窗框下 1 ~ 2 cm，慢弯抹出泛水。若为钢窗，窗台抹灰应低于钢窗框下 10 mm，窗框、窗台交接处必须认真处理好。

（二）内墙普通抹灰

内墙普通抹灰，量大面广，且对人们使用影响极大，但因其工程量大、单价低、费劳力，质量难保，通病时有发生，主要有：墙体与门窗框交接处抹灰层空鼓、裂缝脱落，墙面抹灰层空鼓、裂缝，墙面起泡、开花或有抹纹，墙面抹灰层析白及墙裙、踢脚线水泥砂浆空鼓、裂缝。

1. 墙体与门窗框交接处抹灰层空鼓、裂缝脱落

1）原因分析

（1）基层处理不当。

（2）操作不当、预埋木砖（件）位置不当，数量不足。

（3）砂浆品种选择不当。

2）防治措施

（1）不同基层材料交会处宜铺钉钢板网，每边搭接长度应大于 10 cm。

（2）门洞每侧墙体内预埋木砖不少于三块，木砖尺寸应与标准砖相同，并经防腐处理，预埋位置正确。

（3）门窗框塞缝宜采用混合砂浆，塞缝前先浇水湿润，缝隙过大时，应分层多次填嵌，砂浆不宜太稀。

（4）加气混凝土砌块墙与门窗框连接时，应先在墙体内钻孔深 10 cm，孔径 4 cm 左右，再用相同尺寸的圆木沾上 107 胶水后打入孔内，每道不少四处。

2. 墙面抹灰层空鼓、裂缝

1）原因分析

（1）基层没有处理好，清扫不干净，没按不同基层情况浇水。

（2）墙面不平，偏差太大，一次抹灰太厚。

（3）砂浆和易性、保水性差，硬化收缩大，黏结强度低。

（4）各层抹灰层砂浆配合比相差太大。

（5）操作不当，没有分层抹灰。

2）防治措施

（1）基层太光滑则应刷毛或用 1∶1 水泥砂浆加 10% 107 胶先薄薄刷一层。

（2）抹灰前对凹凸不平的墙面必须剔凿平整，凹处用 1∶3 水泥砂浆填实找平。

（3）基层表面污垢、隔离剂等必须清除干净。

(4)墙面脚手架孔和其他洞应在抹灰前填堵抹平。

(5)基层抹灰前要先浇透水,砖基层应浇水两遍以上,加气混凝土基层应提前浇透。

(6)砂浆和易性、保水性差时,掺入适量的石灰膏或外加剂。

(7)对加气混凝土基层面抹灰的砂浆强度等级不宜过高。

(8)水泥砂浆、混合砂浆及石灰膏等不能前后覆盖交叉涂抹。

(9)应分层抹灰。

(10)不同基层材料交接处,宜铺钉钢板网。

3. 墙面起泡、开花或有抹纹

1)原因分析

(1)抹完罩面后,砂浆未收水就开始压光,压光后产生起泡现象。

(2)石灰膏熟化不透,过火灰没有滤净,抹灰后未完全熟化的石灰颗粒继续熟化,体积膨胀,造成表面麻点和开花。

(3)底子灰过分干燥,抹罩面灰后水分很快被底层吸收,压光时易出现抹纹。

2)防治措施

(1)待抹灰砂浆收水后终凝前进行压光,纸筋石灰罩面时,待底子灰五六成干时再进行。

(2)石灰膏熟化时间不少于30 d,淋制时用小于3 mm×3 mm筛子过滤,采用磨细生石灰粉时,最好也提前2~3 d化成石灰膏。

(3)对已开花的墙面,一般待未熟化的石灰颗粒完全熟化膨胀后再处理。处理方法为挖去开花处松敞表面,重新用腻子刮平后喷浆。

(4)底层过干应浇水湿润,再薄薄地刷一层纯水泥浆后进行罩面。罩面压光时发现面层灰太干不易压光时,应洒水后再压以防止抹纹。

4. 墙面抹灰层析白

1)原因分析

水泥在水化过程中产生氢氧化钙,在砂浆硬化前受水浸泡渗聚到抹灰面,与空气中二氧化碳化合成白色碳酸钙出现在墙面。在气温低或用水灰比大的砂浆抹灰时,析白现象更严重。另外,若选用了不当的外加剂,也会加重析白的产生。

2)防治措施

(1)在保持砂浆流动性的条件下掺减水剂来减少砂浆用水量,减少砂浆中的游离水,则减轻了氢氧化钙的游离渗至表面。

(2)加分散剂,使氢氧化钙分散均匀,不会成片出现析白现象,而是出现均匀的轻微析白。

(3)在低温季节水化过程慢,泌水现象普遍时,应适当考虑加入促凝剂,以加快硬化速度。

(4)选择适宜的外加剂品种。

(三)喷涂抹灰饰面

一般喷涂抹灰,主要在内墙和顶棚使用,其机械化程度高,抹灰效率也高,黏结牢固,质量好。但操作不当也存在如下现象:花纹不匀,局部出现流淌、出浆及接槎明显;颜色不匀,深浅不一,局部有明显的泛白现象等通病。

1. 花纹不匀,局部出现流淌、出浆及接槎明显

1)原因分析

(1)砂浆稠度有变化,喷嘴口径、空压机压力有变化,喷涂距离、角度不同等,都会造成花纹大小不一致。

(2)基层局部特别潮湿,局部喷涂时间过长,喷涂量过大,或未及时向喷斗加砂浆,喷斗底部少量稀浆喷至墙面等,均会造成局部出浆、流淌。

(3)砂浆底灰有明显接槎,脚手架离墙太近的部位斜喷、重复喷;未在分格缝处接槎或虽在分格缝处接槎但未遮挡,成活部位溅上浮砂等,都会造成明显接槎。

2)防治措施

(1)基层应干湿一致。如底灰有明显接槎,喷涂第一遍时,应用木抹子顺平。

(2)采用固定脚手架时,与墙面净距离不应小于 30 cm。

(3)喷涂时,喷枪应垂直墙面,喷嘴口径、空压机压力应保持不变。

(4)喷涂时应及时向喷斗加砂浆,防止喷斗底部少量稀浆喷至墙面。如发生局部成片出浆,可待其收水后,再喷一层砂浆盖住。

(5)喷涂应连续操作,保持工作面软接槎,不到分格缝不得停歇。局部小块流淌,可铲掉多余砂浆;如大面积严重流淌应铲掉重喷,若墙面过湿,应待稍干后再喷。

(6)在拆脚手架前如发生花纹严重不匀,应重复喷涂。

2. 颜色不匀,深浅不一,局部有明显的泛白现象

1)原因分析

(1)不同厂家的水泥,对饰面颜色有影响;当水泥掺颜料时,由于颜料掺量不准确或混合不均匀,都会造成颜色不匀。

(2)不同粒径的骨料,对饰面颜色有一定的影响,用普通水泥掺石灰膏时,由于水泥质量、石灰膏细度不同或稠度不同,对饰面颜色也有较大影响。

(3)水泥与骨料配合比不准确,或在砂浆中二次加水,将使饰面颜色变浅。

(4)基层材质、砂浆的龄期和湿度悬殊,都会使饰面颜色深浅不一。

(5)施工温度及阳光辐射程度也都会影响饰面颜色的一致。

2)防治措施

(1)每一单位工程需用的原材料宜一次备齐。各种颜料应事先混合均匀备用。

(2)配制砂浆时,材料配合比和砂浆稠度必须严格掌握,不得随意加水。砂浆拌和后最好在 2 h 内用完,并不得超过 4 h。

(3)接槎材质应一致。墙面凹凸不平,缺棱掉角处应在喷涂前填平补齐。

(4)雨天不得施工;冬期施工时应防冻,并注意不得选用泛白的防冻剂。

(5)在条件允许时,可在喷涂表面重复喷涂或喷罩其他涂料。

(四)顶棚普通抹灰饰面

顶棚普通抹灰,无论基层用料如何,施工后产生的质量通病基本一致,主要就是空鼓及裂缝。

混凝土预制楼板常出现沿板缝纵向的裂缝和空鼓;混凝土现浇楼板,往往在顶板四角产生不规则裂缝,中部产生通长裂缝。

1. 原因分析

(1)基层清理不干净,抹灰前浇水不透。

(2)预制混凝土楼板板底安装不平,相邻板底高低偏差大,造成抹灰厚薄不均,产生空鼓裂缝。

(3)预制混凝土楼板安装排缝不匀、灌缝不密实,整体性差,挠曲变形不一致,板缝方向出现通长裂缝。

(4)砂浆配合比不当,底层灰浆与楼板底黏结不牢,产生空鼓、裂缝。

2. 防治措施

(1)预制混凝土楼板安装要平整,相邻两板板底高低差不应超过 5 mm;板缝灌缝时必须清扫干净,浇水湿润,用 C20 细石混凝土灌实,并加强养护。

(2)混凝土楼板板底表面的污物必须清理干净;使用钢模、组合小钢模现浇混凝土楼板或预制楼板时,应用清水加 10% 的火碱,将隔离剂、油垢清刷干净;现浇楼板如有蜂窝麻面,宜先用 1∶2水泥砂浆补平,凸出部分需剔凿平整;预制混凝土楼板板缝应先用 1∶2水泥砂浆勾缝找平。

(3)为了使底层砂浆与基层砂浆黏结牢固,抹灰前一天顶板应喷水湿润,抹灰时再洒水一遍。现浇混凝土顶板抹灰,底层砂浆用 1∶0.5∶1混合砂浆,厚度 2 ~ 3 mm,操作时应顺模板纹方向垂直抹,并紧跟抹中层砂浆找平。

预制混凝土楼板和使用小钢模现浇的混凝土楼板,抹底层砂浆时,宜采用水泥砂浆加水泥质量 20% 的乳胶或 107 胶搅匀,用钢抹子抹 2 ~ 3 mm 厚,并随手扫毛。第二天喷水养护,第三天再抹 1∶3∶9混合砂浆找平,厚约 6 mm,待找平层有六七成干时,即抹罩面纸(麻)筋灰。各层抹灰总厚度宜控制在 12 mm 左右。

混凝土顶板抹灰一般应安排在上层地面做完后进行。

二、装饰抹灰饰面

装饰抹灰除具有普通抹灰功能外,更具有装饰效果,使用功能更加优越。这里讲的装饰抹灰是指水刷石、干粘石、斩假石及砂浆装饰抹灰(如拉毛灰、甩毛灰、搓毛灰等)。

(一)水刷石饰面

水刷石饰面是一项传统装饰工艺,操作技术要求较高。常见的质量通病有空鼓,石子不均匀及部分脱落、饰面浑浊不清晰,阴阳角不垂直和有黑边,颜色不均匀等。

1. 空鼓

1)原因分析

(1)基层处理清扫不干净,墙面浇水不透不匀。

(2)一次抹灰太厚或各层抹灰跟得太紧。

(3)夏季抹灰砂浆失水过快或缺少必要的养护。

(4)在干燥的底灰上刮抹纯水泥浆黏结层时,底层没有浇水湿润,纯水泥浆刮抹不匀或漏刮以及刮浆后水泥石子浆罩面没跟上。

2)防治措施

(1)做好准备,清扫干净基层表面,堵严孔眼;混凝土墙面应剔平凸块;蜂窝、坑洼、缺棱掉角处应先刷一道 1∶4的 107 胶溶液(107 胶∶水)(后同),再用 1∶3水泥砂浆修补;加气混凝土墙面缺棱掉角和板缝处，宜先刷掺水泥质量20%的107胶的素水泥浆一道，再用1∶1∶6混合砂浆修补抹平。基层表面应施工前一天浇水，要浇透、浇匀。抹上底子灰后，用刮杆刮平，并搓抹压实。

(2)表面较光滑的混凝土墙面和加气混凝土墙面，抹底灰前宜先涂刷一道107胶素水泥浆，以增加黏结力。

(3)大面积墙面抹灰，为了不显接槎和减少抹灰层收缩开裂，宜设分格缝。

(4)夏季应避免在日光暴晒下抹灰。表面成活后第二天应浇水养护，并不少于7 d。

(5)窗台处是墙体最薄弱之处，易产生裂缝或空鼓，除设计上应考虑加强地基刚度外，抹灰时间，宜先在结构沉降稳定后进行，并加强抹灰的养护，减少砂浆收缩。

(6)在抹面层水泥石子浆前，应在底子灰上薄薄满刮一道纯水泥浆黏结层，然后抹面层水泥石子浆，随刮随抹，不能间隔，否则纯水泥浆凝固后，就起不到黏结作用而适得其反，增大面层空鼓的可能性。刮纯水泥浆应以底灰干到六七成时为宜，如底层已干燥，应适当浇水湿润。

2. 石子不均匀或部分脱落、饰面浑浊不清晰

1)原因分析

(1)石子使用前没有洗净过筛。

(2)分格条粘贴操作不当。

(3)底子灰干湿程度掌握不好。

(4)喷刷操作不当。

2)防治措施

(1)水刷石使用的石子粒径以4～6 mm为宜，要求颗粒坚韧、有棱角、干净。使用前应过筛冲洗并晾干，堆放时应防止污染。水泥石子浆要统一配料。

(2)分格条应选用优质木材，粘贴前应在水中浸透，增加木条的韧性和便于粘贴，保证起条后灰缝整齐又不掉石子。分格条外侧抹八字形纯水泥浆，以45°角为宜。若抹得太坡，抹水泥石子浆时，石子颗粒不易挤到边，喷刷后分格条缝处容易出现石子稀少和仅是水泥浆的情况；如果抹得太陡，则抹水泥石子浆时容易将粘贴水泥浆碰掉，在横向分格条上方，水泥石子浆下坠，致使分格条弯曲变形，影响分格条平直。起分格条时，应用铁皮尖头插入分格条上下摇动，由一端逐渐取出，避免粘贴纯水泥浆将分格条带出，造成分格条缝边缘石子脱落。

(3)抹罩面石子浆时，应掌握好底灰的干湿程序。如底层太干燥，抹上水泥石子浆后因底层吸水大，石子浆就干得快，产生假凝现象，就不易抹平和压实，在抹压过程中，石子颗粒在水泥浆中不易活动，造成较多石子的尖棱朝外，刷洗后表面石子就会显得稀散不均匀、不平整和不清晰(抹压过程应使石子大面朝外，刷洗后就会克服上述缺陷)。抹上水泥石子浆后，待其稍收水后，先用铁抹子拍平压光，然后用刷子蘸水刷去表面浮浆。拍平压光一遍，再刷再压一遍，并重复不少于三遍，达到表面石子排列紧密均匀。

(4)掌握好水刷石的关键工序——刷洗。刷洗过早或过度，都会造成石子颗粒露出灰浆面过多，容易脱落；刷洗过迟则灰浆冲洗不净，表面显得污浊、不清晰、不美观。控制好开始洒水刷洗时间，以用手指摸上去无痕或用刷子刷时石子不掉粒为宜。刷洗应由上而下，喷头离刷洗面10～20 mm，喷洗要均匀，一般洗到石子露出灰浆面1～2 mm即可。遇阳角处，

喷头应骑角喷洗，在一定的宽度内一喷到底，喷洗中发现局部石子颗粒不均匀时，应用铁抹子轻轻拍压，以使表面石子颗粒均匀一致。若发现表面有干裂、风裂现象，要先用抹子抹，才能喷洗，防止喷水时渗入石子浆内造成坍塌。最后用小壶由上而下冲洗，不宜过快、过慢或漏冲，过快或漏冲，混水浆冲不干净，表面容易发生浑浊或花斑；冲洗过慢会出现面层坠裂现象。

(5)接槎处喷洗前，应先把已完成的水刷石墙面喷湿约 30 cm，然后再由上往下喷洗，否则浆水容易溅污已完成的墙面，并不易清洗。大风天气不宜进行水刷石施工，以防浑浊浆雾被风吹到已经完成并干燥的水刷石墙面上，造成大面积花斑。

3. 阴阳角不垂直、有黑边

水刷石完活后在阳角棱角处没有石子或石子稀少，无尖棱，露出的灰浆成一条黑边。被分格条断开的阳角上下或左右不平直。

1)原因分析

(1)抹阳角时，操作不正确。

(2)阴角处抹罩面石子浆一次成活，没有弹垂直线找规矩。

(3)抹阳角罩面石子浆时，第一天抹完第一节，第二天抹第二节时，往往把靠尺对正贴在第一天抹完的阳角上，再用抹子压，石子浆中的空隙被石子挤严而使原来的石子浆面层产生收缩，水泥浆被冲洗掉以后，就比已抹完的第一节饰面略低一些，再把靠尺贴在已抹完的一面，同样又低一些。这样就出现了阳角不对直或不平直。

(4)刷洗阴阳角时，喷水角度和时间掌握不适当，石子被冲洗掉。

2)防治措施

(1)抹阳角反贴八字靠尺时，当抹完一面起尺后，伸出的八字棱应与另一面厚度相等，使罩面石子浆接槎正交在尖角上。如高出另一面，抹面灰时势必把伸出八字棱处的石子尖棱拍压回去，石子产生松动，待刷洗时石子极易脱落；如低于另一面，则易出现黑边。

阳角刷洗前，应先用刷子蘸水把靠近阳角面层上的灰浆刷掉；然后检查石子是否饱满、均匀和已压实，如压得不实应再压一遍，然后用喷头骑墙角由上而下顺序刷洗。要正确掌握刷洗时间。喷水时间长，易把阳角处石子冲掉；喷水时间短，又冲不干净。阳角贴尺时，应比上节已抹完的阳角略高 1 ~2 mm，经过抹压、冲洗，各节阳角罩面方可对正平直。

(2)阴角交接处的水刷面，最好分两次完成水刷面罩面操作，先做一个平面，然后做另一个平面。在靠近阴角处，按照罩面水泥石子浆厚，在底子灰上弹上垂直线，以此作为阴角抹直的依据；然后在已抹完的一面，靠近阴角处弹上另一条直线，作为抹另一面的依据。分两次操作可以解决阴角不直的问题，也可以防止阴角处石子脱落、稀疏等通病。阴角刷洗时要注意喷头的角度和喷水时间，如果角度不对，喷出的水顺阴角流量比较大，产生相互折射作用，容易把阴角旁边的石子冲洗掉；冲洗时间短，饰面石子洗不干净。

4. 颜色不均匀

选用的原材料和操作不当，带来水刷石墙面颜色不匀，或有白斑等现象。

1)原因分析

(1)所用石子种类不一，或有混批，质量欠佳，特别是含杂质过高。

(2)选用的颜料质量差，或与水泥混合搅拌不匀。

(3)施工时，底灰干湿不匀；大风天气施工的污染。

(4)冬期施工时,选用的防冻材料析盐出现白斑,造成墙面颜色不匀。

2)防治措施

(1)同一墙面所用的石子应为同一批石子,且颗粒坚硬均匀,色泽一致无杂质。使用前应过筛、冲洗、晾干,并盖好堆放,避免污染。

(2)应选用耐碱、耐光的矿物颜料,并特别注意使用前掺量准确并与水泥拌和均匀。

(3)罩面水泥石子浆前,干燥底灰面层应事先浇水湿润。

(4)避免大风天气施工,以免造成大面污染或出现花斑。

(5)冬期施工,应尽量避免掺氯化钠和氧化钙。

(二)干粘石饰面

干粘石饰面施工,操作简便,造价较低,饰面效果较好。在一般工程上仍然普遍采用。若操作不当,会出现空鼓,面层滑坠,接槎明显,棱角不通顺、表面不平整,抹痕等通病。

1. 空鼓

干粘石饰面空鼓有两种情况:一是底灰与基层(砖墙或其他材料墙)黏结不牢,二是面层与底灰黏结不牢。

1)原因分析

(1)砖墙面灰尘太多或粘在墙面上的灰浆、沥青或泥浆等污物未清理干净。

(2)混凝土基层表面太光滑或残留的隔离剂未清理干净,混凝土基层表面有空鼓、硬皮等未予处理。

(3)加气混凝土基层表面粉尘细灰清理不干净,抹灰砂浆强度过高而加气混凝土本身强度又较低,二者收缩不一致。

(4)施工前基层不浇水或浇水不适当:浇水过多易流,浇水不足易干,浇水不均产生干缩不均,或脱水快而干缩。

(5)冬期施工时抹灰层受冻。

2)防治措施

(1)做好基层处理。用钢模生产的混凝土制品基层较光滑并带有隔离剂,宜用10%的火碱水溶液将隔离剂清洗干净,混凝土制品表面的空鼓、硬皮应敲掉刷净。

(2)施工前必须将混凝土、砖墙、加气混凝土墙等基层表面上的粉尘、泥浆等污染物清理干净。

(3)如基层面凹凸超出允许偏差,凸处应剔平,凹处应分层修补平整。

(4)加强基层黏结。施工前针对不同材质的基层,严格掌握浇水量和均匀度。

(5)抹粘石面层灰之前,用1∶4的107胶水满刷一遍,并随刷随抹面层灰。加气混凝土墙面除按上述要求操作外,还必须采取分层抹灰,灰浆强度逐层提高,减小收缩差,增加黏结程度。

(6)对较光滑的混凝土基层面,宜采用聚合水泥稀浆(水泥∶砂 =1∶1,外加水泥质量5%~15%的107胶)满刷一遍,厚度约1 mm,不可太厚,并用扫帚划毛,使表面毛糙,待晾干后抹底灰。

2. 面层滑坠

局部泛浆、裂缝后,面层滑坠,呈现脱空状态。

1)原因分析

(1)底层抹灰不平,凹凸相差大于5 mm以上时,灰层厚的地方易产生滑坠。

(2)拍打过分,产生翻浆或灰层收缩,产生裂缝,形成滑坠。

(3)雨季施工时雨水多,底灰含水饱和又没有晾干,或施工时底灰浇水过多未经晾干就抹面层灰。

2)防治措施

(1)底层一定要抹平,厚度应小于5 mm。

(2)根据施工季节、温度及材质的不同,严格掌握好对基层的浇水量。砖墙墙面吸水多,混凝土墙面吸水少。加气混凝土墙面多为封闭孔,不易浇透。按照不同材质的墙面掌握浇水量,以墙面湿度均匀为宜。

(3)防止灰层出现收缩裂缝。灰层终凝前应加强检查,发现收缩裂缝可用刷子掸点水,再用抹子按平、按实、粘牢。

(4)底灰凹处大于5 mm,粘石前先用粘石灰浆修补平整。当修补灰浆晾干后,分两遍抹面层灰。先薄薄地刮一层,稍加晾干,随后再抹面层灰并随之粘石。

(5)打好底灰后如正赶下雨或连阴天,底灰含水饱和墙面不再吸水,但又要继续施工时,应薄薄地满刮粘石灰浆一道,随之用干灰进行晾干处理,方能继续抹面层灰进行粘石。

3. 接槎明显

在大面积粘石或分块较大的粘石面上施工时,因不能一次连续粘完或分次操作,会产生明显的接槎,影响粘石墙外观。

1)原因分析

(1)面层抹灰和粘石操作衔接不及时,使石子黏结不良。

(2)分格大,一次不能连续完成一格,接槎处灰干,粘不上石子。

(3)接槎处灰浆软硬不一致难以抹平,新灰粘在接槎处石子上,将接槎处石子碰掉等都会造成接槎明显。

2)防治措施

(1)施工前要熟悉图纸,检查分格是否合理,操作有无困难,是否会带来接槎质量问题。

(2)遇有较大块的分格时,要事先计划好,必须一次抹完一块,中间不留槎。

(3)脚手架高度与分块接槎要协调,避免不必要的接槎。

(4)在确保美观的条件下,按一次连续抹完一格合理地安排分格。

(5)遇有大块分格,做好工序搭接,抹面层后要"紧跟"粘石。如面层灰被晾干,可淋少量水及时粘石子,并用抹子用力拍平。

4. 棱角不通顺、表面不平整

其主要表现为:饰面棱角毛糙、不直、不顺又不清晰,分格条两侧石子不均或缺少,整个饰面不平整。

1)原因分析

(1)饰面前对房屋大角或通直线条缺乏整体考虑,特别是墙面外部为干粘石时,没有从上到下统一吊垂线、找水平线、贴标高灰饼及找直找方,而是施工时一步架子一找,必然造成棱角不直不顺,互不交圈。

(2)木制分格条湿水不够,容易把两侧灰层水分吸掉,使分格条两侧粘不上石子,造成无石子毛边，或起分格条时将两侧石子碰掉，造成缺棱短角。

2）防治措施

（1）对建筑物立面，施工前要统一全面考虑，外墙大角或通天柱、角柱等应事先统一吊垂线，檐口、阳台等要统一找水平线，然后贴灰饼、打底找平，抹面层灰时均以此做基线。

（2）阴角粘石施工与阳角一样，也应事先吊线找规矩，施工时要用大杠搓平，找直、找顺。阴角两个面应分先后施工，严防后抹面层板时沾污另一面墙。同时，注意不要将阴角碰坏或划出沟，以保证阴角平直清晰。

（3）大面积的粘石要统一分格，统一找平直线，选用平直方正的分格条。施工前用水浇透，抹灰时先抹格子中间部位面层灰，最后再抹分格条四周，抹好后立即进行粘石，确保分格条两侧灰层未干时就能粘好石子，使石子饱满、均匀、黏结牢固，分格缝清晰美观。

（4）对外墙大角、通天柱、角柱按事先从上到下统一吊的垂线、平线做基线，并向外量好尺寸，做好标记，接着粘尺、抹灰及粘石。每层、每步架子都以基线尺寸为准，并随时检查。

（5）木制分格条起条不要过早。再次使用的木制分格条要清洗干净，用水浸透后方能使用。

（6）每层、每步脚手架的高度要适宜，拆架子时必须保护好产品。

5. 抹痕

操作者技术不熟练，往往不敢拍打粘石，而用抹子溜抹石子表面，边溜边按，在粘石表面留下鱼鳞状痕迹，凹凸不平，称为抹痕。

1）原因分析

由于粘石灰浆太稀，加上粘石子后用抹子溜抹及操作技术不熟练，表面形成鱼鳞波抹痕。

2）防治措施

（1）根据不同墙面、施工季节，掌握好浇水量和面层灰浆的稠度。

（2）抹面层灰时一定要抹平，按晾干程度掌握好粘石的时间规律，做到随粘石子随拍平。

（3）技术较差者可采用滚子轻轻滚压至平整。

（三）斩假石饰面

斩假石是在抹灰层上做出有规律的槽纹，做成像石砌成的墙面，主要看斩纹或拉纹是否均匀、是否深浅一致、是否颜色均匀及有无空鼓。

1. 斩假石面颜色不匀

斩假石面颜色不匀，影响观感。

1）原因分析

（1）水泥石子浆掺用颜料的细度、批号不同。

（2）水泥石子浆中颜料掺用量不准确，拌和不均匀。

（3）斩完部分又蘸水洗刷。

（4）常温施工时，斩假石饰面受阳光直接照射不同，温度不同，也会使饰面颜色不匀。

2）防治措施

（1）同一饰面应选用同一品种、同一标号、同一细度的原材料，并一次备齐。

（2）拌灰时，应将颜料与水泥充分拌匀，然后再加入石子拌和，全部石子灰用量应一次备足。

(3)每次拌和水泥石子浆的加水量应准确,所需饰面应湿润均匀,斩剁时蘸水,但剁完部分的尘屑可用钢丝刷顺纹刷净,不得蘸水刷洗。

(4)雨天不得施工。常温施工时,为使颜色均匀,应在水泥石子浆中掺入分散剂木质素磺酸钙和疏水剂甲基硅醇钠。

2. 斩假石剁纹不匀

1)原因分析

(1)斩剁前,斩面未弹顺线,斩剁无顺序。

(2)剁斧不锋利,用力轻重不匀。

(3)各种剁斧选用不当,不合理。

2)防治措施

(1)面层抹完经过养护后,先在距墙边 10 cm 左右弹顺线,然后沿线斩剁,才能避免剁纹跑斜,斩剁顺序应符合操作要求。

(2)剁斧应保持锋利,斩剁动作要迅速,先轻剁一遍,再盖着前一遍的斧纹剁深痕,用力要均匀,移动速度一致,剁纹深浅一致,纹路清晰均匀,更不得有漏剁。

(3)饰面不同的部位应采用相应的剁斧和斩法,边缘部分应用小剁斧轻剁。剁花饰周围应用细斧,而且斧纹应随花纹走势而变化,纹路相应平行,均匀一致。

3. 斩假石空鼓

其主要表现为:斩假石饰面做成,待干燥后,敲击有声。

1)原因分析

(1)基层表面清理不干净,影响底灰与基层的黏结。

(2)底灰表面未划毛,或被污染,造成底灰与面层脱离,严重时在斩剁中脱落。

(3)抹底灰或面层时,浇水过多、不足或不均匀以及底灰过厚过薄,产生干缩不匀或部分脱水快干,形成空鼓。

2)防治措施

(1)施工前应将基层表面的粉尘、泥浆等杂物认真清理干净。

(2)对较光滑的基层表面,宜采用聚合水泥稀浆(水泥:砂:107 胶 =1:1:(0.05 ~0.15))涂刷一遍,厚约 1 mm,随着用扫帚扫毛,使表面粗糙,晾干后抹底,个别太厚的地方要分次填抹,并将表面划毛。

(3)根据季节、气温及基层面干湿程序,掌握好浇水量和均匀度,并注意完工后的养护,以增加黏结力。

(四)砂浆装饰抹灰

砂浆装饰抹灰,实际上是抹灰工程的一部分,只是除具有抹灰功能外,更具有装饰性。主要因工艺的不同,材料略有变化来满足装饰要求。砂浆装饰抹灰,一般指装饰线条抹灰,假面砖、人造大理石、外墙的喷涂、滚涂、弹涂及机喷石屑等的抹灰。

1. 装饰线条抹灰

装饰线条抹灰,在室内主要用于高级装饰房间的顶棚四周、吊灯周围及大厅立柱柱托等处。施工质量要求高,首先应严格按设计制作模具。施工时常见的质量通病是:装饰线条裂缝、空鼓,装饰线条凹凸不直或呈竹节形,装饰线条出现蜂窝麻面。

1)装饰线条出现裂缝、空鼓

a. 原因分析

(1)基层过于干燥,浮灰、污物清理不干净。

(2)一次抹灰太厚,各层抹灰未分遍进行,且跟得太紧。

(3)底层面上未事先涂一薄层黏结层,抹灰线用的砂浆配合比不适当。

(4)砂浆失水过快。砂浆保水性差,抹灰后又未采取适当养护措施。

b. 防治措施

(1)抹灰前认真清理基层表面的浮灰及污物;应提前一天浇水湿润,并浇匀浇透,待抹灰时再洒水湿润。

(2)线条抹灰要分层分遍进行,多次上浆,反复拉模压实捋平,不能一次性抹成。

(3)线条抹灰时,底面应先抹一层水泥石灰浆黏结层,各层抹灰砂浆的强度不宜过高,按同一配合比砂浆分层制作,才能使各层砂浆黏结牢固。

(4)抹灰后应加强洒水养护。

2)装饰线条凹凸不直或呈竹节形

a. 原因分析

(1)表面不平整,靠尺松动或冲筋损坏,影响灰线质量。

(2)操作不平稳,手持线模用力不均匀,脚站不稳。

(3)加浆不均,稠度变化太大。

b. 防治措施

(1)靠尺固定要平直、牢固,与线紧密吻合,不允许松动,否则要重新校正。

(2)抹线时,操作正确熟练,双脚站稳,两手拿线模搓压灰线时用力要均匀。

3)装饰线条出现蜂窝麻面

a. 原因分析

(1)抹灰时多时少,模具推拉砂浆挤压不严,砂浆不饱满或太稀。

(2)罩面灰太稠,推抹毛糙。

b. 防治措施

(1)用细纸筋灰修补,赶平压光。

(2)灰线接槎处,应用小靠尺刮平,并用排笔蘸水轻刷接口,使接槎平顺,均匀一致,不留痕迹。

2. 假面砖

假面砖是一种模拟面砖装饰效果的饰面做法,美观大方,操作简单,用工少。施工中常见的质量通病是:颜色不匀,易积灰被污染。

1)假面砖颜色不匀

a. 原因分析

(1)罩面砂浆配合比变化,颜料未拌和均匀,原材料不是同厂、同批。

(2)砂浆垫层湿干不等,湿度大的部分色深,干燥的部分泛白、色浅。

(3)罩面砂浆厚薄不均。

b. 防治措施

(1)施工前必须一次备足料,并将干料一次拌好备用,特别是水泥与颜料要称量准确,并按比例准确地充分混合均匀。

(2)尽可能保证垫层湿度均匀。

(3)抹罩面灰要厚薄均匀,砂浆稠度一致,并具有良好的和易性。

2)假面砖易积灰被污染

a. 原因分析

(1)在墙面假面砖抹灰划纹过多。

(2)假面砖面层不平整,不光滑。

b. 防治措施

(1)可将假面砖抹灰工程中的竖向划纹取消,只留横向划纹,减少积灰。

(2)罩面灰不宜太厚,保证抹面均匀,平整光滑。

(3)可外罩或内掺甲基硅醇钠或外喷其他防污染涂料。

3. 人造大理石

人造大理石,如果做得好,在颜色、花纹和光滑等方面可接近天然大理石,是一种经济、实用、美观的装饰材料。一般出现的问题是:花纹模糊,色彩不鲜艳。

1)原因分析

(1)抹罩面石膏面层时,抹压遍数过多。

(2)石膏色浆每层太薄。

(3)素石膏浆与石膏色浆分层之间未撒干石膏粉,或撒得过厚。

(4)墙面未完全干透就打蜡。

2)防治措施

(1)严格准确掌握素石膏浆和石膏色浆的比例,特别是石膏色浆的厚度。

(2)石膏浆罩在墙上后压的遍数不宜过多。

(3)素石膏层与石膏色浆层之间要注意撒同色干石膏粉。

(4)甩或抹石膏浆时,都要保证均匀。

(5)每块墙面要在 15 min 内完成。

(6)石膏墙面干透后才能打蜡上光。

4. 外墙喷涂聚合物水泥砂浆抹灰

外墙喷涂聚合物水泥砂浆抹灰,是用挤压式砂浆泵或喷斗将聚合物水泥砂浆喷涂在墙面基层或底灰上形成饰面层的一种装饰抹灰。若在涂层表面上再喷一层甲基硅醇钠或甲基硅树脂疏水剂,可提高涂层的耐久性和减少墙面污染。其施工质量的好坏,关键在配料和喷涂,掌握不好,常出现:颜色不均匀,局部有明显析白;花纹不匀,局部出浆、流淌,有明显接槎;喷涂颜色变浅(或退色)以及窗台下大面积挂灰积尘、严重污染等质量通病。

1)喷涂抹灰颜色不均匀,局部有明显析白现象

a. 原因分析

(1)不同批号、不同颜色、不同粒径骨料(含不同产地)等,均对饰面颜色有不同程度的影响。

(2)由于 107 胶掺入引起缓凝作用析出 $Ca(OH)_2$,引起颜色不均匀,严重时甚至产生析白。

(3)颜料及材料计量不准或混合不均匀。

(4)水泥与骨料的比例变化,107 胶的掺量、加水量不准确都是影响饰面颜色的原因。

(5)基层材质、龄期及干湿程度的不同。

(6)施工时温湿的变化,有无阳光直接辐射,也会使颜色深浅不一。

(7)施工短时间淋水,或室内向室外渗水及冬期施工,容易产生析白。

(8)基层表面不平整,凸出部分附着的色浆少,凹陷部分附着的色浆多。

b. 防治措施

(1)原材料应一次备齐、备足,各色颜料应事先混合均匀备用。

(2)配彩色水泥时,颜料的比例、掺量必须准确。水泥与颜料的用量采用质量比,且务必混合均匀。

(3)配制砂浆时,材料配合比和砂浆稠度必须严格掌握,不得随意加水,并必须在 2 h 内用完。

(4)基层材质应一致,并应预先填平补齐,喷涂前还要将墙面浇水湿润。

(5)混凝土墙面喷涂前应喷刷 1:3的 107 胶水溶液,加气混凝土墙面喷涂前应刷 1:2的 107 胶水溶液。

(6)常温施工时,宜在砂浆中掺入木质素磺酸钙或甲基硅醇钠;冬期施工时,宜掺入分散剂六偏磷酸钠或木质素磺酸钙和抗冻剂;雨天或预报下雨时不得施工。

2)喷涂抹灰花纹不匀,局部出浆、流淌,有明显接槎

a. 原因分析

(1)砂浆稠度、喷嘴口径及空压机压力等有变化,喷涂距离及角度的不同等都会造成花纹大小不一致。

(2)基层局部过潮,局部喷涂时间过长,喷涂量过大,未及时向喷斗加砂浆、喷斗底部少量稀浆喷至墙面,都会造成局部出浆、流淌。

(3)砂浆底灰有明显接槎,脚手架离墙太近的部位斜喷、重复喷,波面喷涂未在分格缝处接槎,或虽然在分格缝处接缝,但未遮挡,成活部位溅上浮砂,都会造成明显接槎。

b. 防治措施

(1)基层应干湿一致。如底灰有明显接槎,喷涂第一遍时应用木抹子顺平。采用固定脚手架时,与墙面净距不得少于 30 cm。

(2)喷涂时,喷枪应垂直于墙面,粒状喷涂距离墙面 30 ~ 50 cm。

(3)用喷斗做粒状喷涂时,应及时向喷斗内加砂浆,防止放空枪,若发生局部成片出浆现象,可待其收水后,再喷一层砂浆点盖住。

(4)波面喷涂应连续操作,保持工作面软接槎,不到分格缝处不得停歇,以免产生浮砂。

3)喷涂抹灰颜色明显变浅(或退色)

a. 原因分析

采用了不耐碱、不耐光的颜料,如地板黄、砂绿、颜料绿等。

b. 防治措施

(1)选用耐碱、耐光颜料,如氧化铁黄、氧化铁红、氧化铬绿、氧化铁黑等。

(2)有条件时,可在表面喷罩其他涂料,如乙丙烯乳液厚涂料。

4)喷涂抹灰外墙面窗台下大面积挂灰积尘、严重污染

a. 原因分析

(1)因建筑物立面凸出部位表面落土积尘,经雨水冲刷则成为污水挂流的污染源,如窗台、腰线等部位。

(2)粒状喷涂因表面凹凸不平,比波面喷涂较易挂灰积尘。其中,细碎颗粒由于蜂窝洞穴层次重叠,极易挂灰积尘和吸水。

(3)做粒状喷涂时,如果砂浆稠度小于 9 cm,喷到墙面上必然成为细碎颗粒并很快脱水、粉化,经半年左右即会严重污染。

(4)为了颜色均匀,喷涂时采用六偏磷酸钠作为分散剂,但此分散剂极易污染。

(5)砂浆中未掺疏水剂甲基硅醇钠,易发生污水挂流污染。

(6)107 胶缩合度大或存放时间过长与水不能混溶,掺入砂浆中使砂浆强度下降,吸水率提高,容易造成污水挂流和挂灰积尘污染。

(7)基层不平,凸出部分易挂灰积尘污染。吸水量大的基层,如未做处理,也易造成污水挂流污染。

b. 防治措施

(1)能向里面泛水的部位,如女儿墙压顶、阳台扶手等,应尽可能向里泛水,另行导出;不能向里泛水的部位,如窗台、腰线等,必须做滴水线或铁皮泛水。

(2)一般采用波面喷涂。采用粒状喷涂时要喷成点状质感,不得采用细碎颗粒喷涂。

(3)采用粒状喷涂时,砂浆稠度应控制在 10 ~ 11 cm。

(4)宜用木质素磺酸钙作为分散剂。

(5)喷涂砂浆中应掺入疏水剂甲基硅醇钠,也可采用外罩甲基硅醇钠的方法。在没有甲基硅醇钠的地区,可在喷涂后次日用喷雾器均匀喷水养护。

(6)107 胶必须易与水混溶,掺入水泥浆中不拉丝、不结团,否则严禁使用。

(7)墙体基层必须平整,突出部分应预先剔凿平整,明显的蜂窝麻面预先用水泥腻子(掺 20% 乳胶)刮平。吸水量大的基层(如加气混凝土),应在喷涂前刷 107 胶水溶液,进行基层处理。

(8)有条件时,可在喷涂表面另行喷涂或喷罩其他耐污染材料。

5. 外墙滚涂聚合物水泥砂浆抹灰

外墙滚涂聚合物水泥砂浆抹灰是将聚合物水泥砂浆先抹在墙面上,用辊子滚出花纹,再喷罩甲基硅醇钠形成的饰面。它是一种工效高、材料省、造价低的饰面。常出现的质量通病有:抹灰滚纹大小不一致,局部起砂或有接槎;外墙滚涂抹灰颜色不匀;外墙滚涂抹灰抹粉化、剥落及外墙滚涂抹灰明显退色等。

1)抹灰滚纹大小不一致,局部有起砂或有接槎

a. 原因分析

(1)砂浆稠度变化大,抹上的砂浆层厚薄不匀,滚拉时手劲大小掌握不一致,基层吸水不同等,都会造成滚纹大小不一致。

(2)采用干滚法施工时,基层局部吸水过快,或抹灰时间较长,滚涂后呈现出浆少砂多的起砂现象,且颜色也比其他部分深。

(3)未按分格缝或工作段成活,造成明显接槎。

b. 防治措施

(1)严格控制砂浆稠度在 11.5 ~ 12 cm 内。基层应事先处理平整,保证灰层薄厚一致。操作时,辊子运行要轻缓平稳,直上直下,避免歪扭蛇行;湿滚法辊子洒水量应一致。

(2)为避免起砂现象,干滚法抹灰后要适时滚涂。滚涂时辊子上下往返一次后,再向下走一遍,滚涂遍数不宜过多。

(3)操作时应按分格缝或工作段成活,不得任意停留甩槎。

2)外墙滚涂抹灰颜色不匀

a. 原因分析

(1)原材料不同造成颜色、粒径及细度的变化,掺量、配合比及称量均不准确等,都是使饰面颜色不匀的原因。

(2)基层材质、干湿程度掌握不准也会造成饰面颜色深浅不一。

(3)用湿滚法时,辊子洒水量不同。

(4)施工时的温度、湿度及阳光是否照射等均会使饰面颜色不匀。

总之,由于基层或气候条件不同,水泥水化时生成的 $Ca(OH)_2$ 析出表面,局部少量析出时,使饰面颜色不均匀、变浅;大量析出时,则产生析白。

b. 防治措施

(1)各种原材料应一次备齐,划分专用;各种颜料应事先混合均匀备用。

(2)基层处理用的材质应一致。墙面凹凸不平,缺棱掉角处,应在滚涂前填平补齐,过厚部分应分次填补。

(3)湿滚法施工时,辊子洒水量应保持一致。

(4)雨天不得施工;冬天施工时应掺入适量分散剂和防冻剂,选用防冻剂时注意不得有析白;常温施工时,宜在砂浆中掺入木质素磺酸钙和甲基硅醇钠。

3)外墙滚涂抹灰粉化、剥落

a. 原因分析

(1)水泥性能不合格,或过期水泥,标号过低;107 胶掺量不够或基层太干未洒水湿润;涂层过薄、失水过快等滚涂后产生粉化、剥落。

(2)基层未清理干净,残留有油污、尘土及脱模剂等;混凝土或砂浆龄期太短,含水率大,或盐类外加剂析出,滚涂后产生脱落。

b. 防治措施

(1)不得使用不合格或受潮过期结块水泥;掺 107 胶要按规定比例准确;基层太干燥时,应预先洒水湿润,必要时用 1∶3胶水溶液进行基层处理。

(2)基层有油污、脱模剂或盐类外加剂析出时,应预先清除洗刷干净。水泥砂浆基层用钢抹子抹平后用水刷子带毛。基层砂浆龄期在 7 d 以上,混凝土龄期在 28 d 以上方可进行表面处理。

(3)将粉化、剥落部位清刷干净,可重涂聚合物水泥砂浆,原料、配合比应尽可能与其他部位相同。

4)外墙滚涂抹灰明显退色

a. 原因分析

主要是选用颜料不当,如在施工中掺用砂绿、地板黄、颜料绿等不耐碱、不耐光的颜料。

b. 防治措施

(1)选用耐碱、耐光的矿物颜料,如氧化铁黄、氧化铁红、氧化铁黑等。

(2)如已明显退色,失去应有装饰效果,可将表面清洗干净,重罩其他涂料。

6. 外墙弹涂抹灰

外墙弹涂抹灰是在墙表面涂抹(刷)一道聚合物水泥(砂浆)色浆后,再用弹力器将各种色浆弹到墙面上,形成直径为1~3 mm、大小近似、颜色不同、互相交错的粒状色点,成深、浅色点相互衬托的一种彩色装饰面层。这种装饰黏结力好、质感强、对基层适应性广,但施工操作要求较高,否则易出现如下质量通病:弹出的色点不能定位成点状,并沿墙面下坠,其长度不一;出现长条形色点或尖形点;形成粗细不等的细丝;弹出的色点碎小或过大而扁平,粗细不协调,立面效果不佳;弹涂抹灰色点颜色不均匀;两天以后色点强度仍很低,甚至起粉、掉色;深灰色点经罩面后,表面局部片状发黑;色点颜色不均匀;饰面不平、接槎不顺;饰面分格线不直、相邻墙面颜色相混,污染门窗等。

1)弹涂抹灰弹出的色点不能定位成点状,并沿墙面下坠,其长度不一

a. 原因分析

(1)色浆料水灰比不准。

(2)弹涂基层面过于潮湿,或基底密实,表面光滑,表层吸水少。

b. 防治措施

(1)根据基层干湿程度及吸水情况,严格掌握色浆的水灰比。

(2)数量较多、面积较大的流坠浆点,用不同颜色的色点覆盖分解;数量不多、面积较小的流坠浆点,用小铲尖将其剥掉后,用不同颜色的色点局部覆盖。

2)弹涂抹灰出现长条形色点或尖形点

a. 原因分析

(1)出现长条形色点,是因弹力器距墙面较远,部分弹棒弹力小,弹出的色点呈弧线型落挂在墙面。

(2)出现尖形点,是因浆料中胶量过少,或操作中往较稠的色浆内加水时,未按配合比相应加入胶液。

b. 防治措施

(1)为避免出现长条形色点,要求操作人员技术熟练,操作中控制好弹力器与装饰面的距离(一般浆料筒距墙面约40 cm为宜),并应随料筒内浆料的减少逐渐缩短距离;经常检查更换弯曲、过长及弹力不足的弹棒。

(2)要避免尖形点,应控制好浆料的配合比。水泥浆料拌和前,可先将胶与水按比例配成胶水并搅均匀,对较稠的色浆可直接倒入胶水调解,浆料应搅拌均匀后再倒入料筒。

(3)数量不多的条形尖,可用毛笔蘸取不同色浆,局部点涂分解;若面积过大而且集中,可用不同色点全部覆盖消除;经常检查弹力器,注意更换弹棒。

(4)弹涂中发现尖形点时,应立即停止操作,调整浆料配合比。对已形成的尖形点,可用刮刀铲平后补弹。

3)弹涂抹灰层上形成粗细不等的细丝

a. 原因分析

(1)色浆中水分较少,胶液过多。

(2)操作时未搅拌均匀,或料浆稠度较大。

b. 防治措施

(1)材料、胶、水的配合比要准确,浆料拌和要均匀。

(2)一次拌料不能过多,应随拌随用。

(3)料浆过稠,可在砂浆中掺入适量的水和相应量的水泥调整。

4)弹涂抹灰弹出的色点碎小或过大而扁平,相互不协调,立面效果不佳

a. 原因分析

(1)操作技术不熟练,操作中料筒内浆料过少时未及时加料,造成弹出的色点碎小。

(2)料筒内一次投料过多,弹涂器距墙面又太近,个别弹棒胶管套端部过长,因而产生过大的色点。

b. 防治措施

(1)注意提高操作技术,根据料筒内料浆多少,控制好弹力器与墙面的距离,使色点均匀一致,大小适当。

(2)经常检查弹棒,发现弹棒弯曲、过长和弹力不够时应及时检修改换。

(3)掌握好投料时间,使每次投料间隔时间基本一致,浆料也基本一致。

5)弹涂抹灰色点颜色不均匀

a. 原因分析

(1)大面积施工时,材料没有一次备足,零散配料,计量不准,特别是颜色加入量不准。

(2)施工中浆料过稀,用水泥调节稠度时未相应加入颜料,色浆色变浅。

b. 防治措施

(1)施工计算全部用料量,一次备齐、备足,储存备用。

(2)调整浆料稠度时,应按比例掺入颜料。颜料宜先调成糊状,然后与水泥浆搅拌均匀。

(3)107 胶或乳液必须用塑料桶或搪瓷桶储存。

6)弹涂抹灰两天后色点强度仍很低,甚至起粉、掉色

a. 原因分析

(1)基层过干或温度过高,色点水分被基层很快吸干或很快风干,不能硬化。

(2)配合比掌握不准,水灰比过大。

b. 防治措施

(1)基层过于干燥,弹涂前应喷水湿润,但又不宜吸水过多;气温过高,应调整施工时间,减少色点失水过快。

(2)严格控制配合比,氧化铁黑掺量不超过 10%,其他颜料掺量不超过 5%。

7)弹涂深灰色点经罩面后,表面局部片状发黑

a. 原因分析

弹涂抹灰色点未全部干透就急于罩面,湿气被封闭在内部。

b. 防治措施

罩面前,应根据色点颜色深浅观察其干湿程度,必要时可剖开局部色点,检查内部湿度。待色点全部干透后再罩面。

7. 聚合物水泥浆刷涂抹灰

以白水泥为主,掺入适量有机聚合物并用水稀释至操作稠度的聚合物水泥浆(内掺或刷涂后外罩甲基硅醇钠),涂刷于墙体表面的饰面做法。该做法存在颜色不匀,粉化、剥落等质量通病。

1)聚合物水泥浆刷涂后颜色不匀

a. 原因分析

(1)由于聚合物水泥浆用的原材料水泥、颜料及107胶等批号不同、细度不同对浆料颜色有影响,107胶若用铁器储存,其铁锈会使胶色变深,对饰面颜色也有影响。

(2)料浆配料时,计量不准或拌和不均匀。

(3)料浆稠度不匀,刷涂后也会造成颜色不匀。

(4)基层材质不同,施工时温度、湿度不同及有无阳光直射等都是影响颜色不一致的因素。若为冬期施工,选用防冻剂不当,还会产生析白现象。

b. 防治措施

(1)107胶或乳液必须用塑料或陶瓷桶储存。一个单位工程的用料应一次备齐,颜料应事先混合均匀。

(2)配颜色水泥(最好直接选购需用颜色的彩色水泥)时,颜料比例、掺量必须准确,水泥与颜料配合比必须采用质量比,并仔细混合均匀。

(3)调水泥浆时,107胶或乳液、甲基硅醇钠的掺量及加水量必须准确。水泥浆调成后必须过箩,并随配随用,存放时间不得超过4 h。

2)聚合物水泥浆刷涂后粉化、剥落

a. 原因分析

(1)基层有油污、尘土及脱模剂等未清除干净;混凝土或砂浆基层龄期太短,含水率大,或盐类外加剂分析,刷涂后都可能产生起皮脱落现象。

(2)水泥受潮、过期或强度等级降低,掺胶量不足,基层太干未洒水湿润,涂后都可能产生掉粉或剥落现象。

b. 防治措施

(1)不得使用受潮、过期的水泥,掺胶量要准确。基层太干燥时,应预先喷水湿润,或先刷一遍107胶: 水为1∶3的溶液,进行基层处理。

(2)水泥砂浆基层应做成小麻面,即用铁抹子压光后用水刷子带毛。基层砂浆龄期应在7 d以上,混凝土龄期则在28 d以上。基层有油污、脱模剂或盐类外加剂析出时,应预先清除干净。

(3)将粉化、剥落处清理干净,严格按施工有关规定,重刷合格的聚合物水泥浆。

第二节　质量要求及检验方法

一、一般规定

本部分内容适用于一般抹灰、装饰抹灰和清水砌体勾缝等分项工程的质量验收。

(1)抹灰工程验收时应检查下列文件和记录:①抹灰工程的施工图、设计说明及其他设计文件；②材料的产品合格证书、性能检测报告、进场验收记录和复验报告；③隐蔽工程验收记录；④施工记录。

(2)抹灰工程应对水泥的凝结时间和安定性进行复验。

(3)抹灰工程应对下列隐蔽工程项目进行验收：①抹灰总厚度大于或等于 35 mm 时的加强措施；②不同材料基体交接处的加强措施。

(4)各分项工程的检验批应按下列规定划分：

①相同材料、工艺和施工条件的室外抹灰工程每 500 ~ 1 000 m^2 应划为一个检验批，不足 500 m^2 也应划为一个检验批；

②相同材料、工艺和施工条件的室内抹灰工程每 50 个自然间（大面积房间和走廊按抹灰面积 30 m^2 为一间）应划分为一个检验批，不足 50 间也应划分为一个检验批。

(5)检查数量应符合下列规定：

①室内每个检验批应至少抽查 10%，并不得少于 3 间，不足 3 间时应全数检查；

②室外每个检验批每 100 m^2 应至少抽查一处，每处不得小于 10 m^2。

(6)外墙抹灰工程施工前应先安装钢木门窗框、护栏等，并应将墙上的施工孔洞堵塞密实。

(7)抹灰用的石灰膏的熟化期不应少于 15 d，罩面用的磨细石灰粉的熟化期不应少于 3 d。

(8)室内墙面、柱面和门洞口的阳角做法应符合设计要求。设计无要求时，应采用 1∶2 水泥砂浆做护角，其高度不应低于 2 m，每侧宽度不应小于 50 mm。

(9)当要求抹灰层具有防水、防潮功能时，应采用防水砂浆。

(10)各种砂浆抹灰层，在凝结前应防止快干、水冲、撞击、震动和受冻，在凝结后应采取措施防止沾污和损坏。水泥砂浆抹灰层应在湿润条件下养护。

(11)外墙和顶棚的抹灰层与基层之间及各抹灰层之间必须黏结牢固。

二、一般抹灰工程

(一)主控项目

(1)抹灰前基层表面的尘土、污垢、油渍等应清除干净，并应洒水润湿。

检验方法：检查施工记录。

(2)一般抹灰所用材料的品种和性能应符合设计要求。水泥的凝结时间和安定性复验应合格。砂浆的配合比应符合设计要求。

检验方法：检查产品合格证书、进场验收记录、复验报告和施工记录。

(3)抹灰工程应分层进行。当抹灰总厚度大于或等于 35 mm 时，应采取加强措施。不同材料基体交接处表面的抹灰，应采取防止开裂的加强措施，当采用加强网时，加强网与各基体的搭接宽度不应小于 100 mm。

检验方法：检查隐蔽工程验收记录和施工记录。

(4)抹灰层与基层之间及各抹灰层之间必须黏结牢固，抹灰层应无脱层、空鼓，面层应无爆灰和裂缝。

检验方法：观察，用小锤轻击检查，检查施工记录。

(二)一般项目

(1)一般抹灰工程的表面质量应符合下列规定：

①普通抹灰表面应光滑、洁净、接槎平整，分格缝应清晰；

②高级抹灰表面应光滑、洁净、颜色均匀、无抹纹，分格缝和灰线应清晰美观。

检验方法：观察，手摸检查。

(2)护角、孔洞、槽、盒周围的抹灰表面应整齐、光滑，管道后面的抹灰表面应平整。

检验方法：观察。

(3)抹灰层的总厚度应符合设计要求，水泥砂浆不得抹在石灰砂浆层上，罩面石膏灰不得抹在水泥砂浆层上。

检验方法：检查施工记录。

(4)抹灰分格缝的设置应符合设计要求，宽度和深度应均匀，表面应光滑，棱角应整齐。

检验方法：观察，尺量检查。

(5)有排水要求的部位应做滴水线(槽)。滴水线(槽)应整齐顺直，滴水线应内高外低，滴水槽宽度和深度均不应小于 10 mm。

检验方法：观察，尺量检查。

(6)一般抹灰工程质量的允许偏差和检验方法应符合表 9-1 的规定。

表 9-1　一般抹灰工程质量的允许偏差和检验方法

项次	项目	允许偏差(mm)		检验方法
		普通抹灰	高级抹灰	
1	立面垂直度	4	3	用 2 m 垂直检测尺检查
2	表面平整度	4	3	用 2 m 靠尺和塞尺检查
3	阴阳角方正	4	3	用直角检测尺检查
4	分格条(缝)直线度	4	3	用 5 m 线，不足 5 m 拉通线，用钢直尺检查
5	墙裙、勒脚上口直线度	4	3	拉 5 m 线，不足 5 m 拉通线，用钢直尺检查

注：1. 普通抹灰，本表第 3 项阴角方正可不检查。

2. 顶棚抹灰，本表第 2 项表面平整度可不检查，但应平顺。

三、装饰抹灰工程

(一)主控项目

(1)抹灰前基层表面的尘土、污垢、油渍等应清除干净，并应洒水润湿。

检验方法：检查施工记录。

(2)装饰抹灰工程所用材料的品种和性能应符合设计要求。水泥的凝结时间和安定性复验应合格。砂浆的配合比应符合设计要求。

检验方法：检查产品合格证书、进场验收记录、复验报告和施工记录。

(3)抹灰工程应分层进行。当抹灰总厚度大于或等于 35 mm 时，应采取加强措施。不同材料基体交接处表面的抹灰，应采取防止开裂的加强措施，当采用加强网时，加强网与各基体的搭接宽度不应小于 100 mm。

检验方法：检查隐蔽工程验收记录和施工记录。

(4)各抹灰层之间及抹灰层与基体之间必须黏结牢固,抹灰层应无脱层、空鼓和裂缝。

检验方法:观察,用小锤轻击检查,检查施工记录。

(二)一般项目

(1)装饰抹灰工程的表面质量应符合下列规定:

①水刷石表面应石粒清晰、分布均匀、紧密平整、色泽一致,应无掉粒和接槎痕迹。

②斩假石表面剁纹应均匀顺直、深浅一致,应无漏剁处;阳角处应横剁并留出宽窄一致的不剁边条,棱角应无损坏。

③干粘石表面应色泽一致、不露浆、不漏粘,石粒应黏结牢固、分布均匀,阳角处应无明显黑边。

④假面砖表面应平整、沟纹清晰、留缝整齐、色泽一致,应无掉角、脱皮、起砂等缺陷。

检验方法:观察,手摸检查。

(2)装饰抹灰分格条(缝)的设置应符合设计要求,宽度和深度应均匀,表面应平整光滑,棱角应整齐。

检验方法:观察。

(3)有排水要求的部位应做滴水线(槽)。滴水线(槽)应顺直,且内高外低,滴水槽的宽度和深度均不应小于10 cm,并采取加强措施。不同材料基体交接处表面的抹灰,应采取防止开裂的加强措施,当采用加强网时,加强网与各基体的搭接宽度不应小于100 mm。

检验方法:观察,尺量检查。

(4)装饰抹灰工程质量的允许偏差和检验方法应符合表9-2的规定。

表9-2 装饰抹灰工程质量的允许偏差和检验方法

项次	项目	允许偏差(mm)				检验方法
		水刷石	斩假石	干粘石	假面砖	
1	立面垂直度	5	4	5	5	用2 m靠尺和塞尺检查
2	表面平整度	3	3	5	4	用2 m靠尺和塞尺检查
3	阳角方正	3	3	4	4	用直角检测尺检查
4	分格条(缝)直线度	3	3	3	3	用5 m线,不足5 m拉通线,用钢直尺检查
5	墙裙、勒脚上口直线度	3	3	—	—	用5 m线,不足5 m拉通线,用钢直尺检查

第三节 安全与环保措施

(1)施工垃圾要集中堆放,严禁将垃圾随意堆放或抛撒。施工垃圾应由合格单位组织消除,严禁随意消除。

(2)大风天气严禁筛制砂料、石灰等材料。

(3)砂子、石灰、散装水泥要集中存放,不得露天存放。

(4)清理现场时，严禁将垃圾杂物从窗口、洞口、阳台等处采取抛撒的运输方式，以防造成粉尘污染。

(5)遇恶劣气候(如风力在6级以上)，影响安全施工时，严禁高空作业。

(6)施工现场的脚手架、防护设施、安全标志和警告牌，不得擅自拆动。脚手架不得搭设在门窗、暖气片、洗脸池等非承重的器物上。

(7)在室内抹灰的高凳上铺脚手板时，宽度不少于两块(50 cm)脚手板，间距不大于2 m。移动高凳时上面不得站人，作业人员最多不得超过2人。高度超过2 m时，应由架子工搭设脚手架。

(8)对安全帽、安全网、安全带要定期检查，不符合要求的严禁使用。

(9)无论是搅拌砂浆还是抹灰操作，注意防止灰浆溅入眼内而造成伤害。

第四节　成品与半成品的保护

(1)遵循正确的抹灰施工工艺操作流程，一般是打点、冲筋完成后先天花板后墙面，并及时修理墙面地方，避免“回头垢”污染已成品墙面。正确的施工工序对产品成品质量的保护有决定性作用。施工时应充分考虑上道工序对下道工序质量的影响，使交叉作业对已完成的饰面的损坏减少到最低。应考虑外架作业、材料运输对成品保护的影响。

(2)成品抹灰墙面不允许乱涂乱画等人为破坏。

(3)避免材料运输对棱角处产生碰撞造成脱落缺口。

(4)外墙、阳台、雨篷、楼梯间等线条部位的滴水线及泛水坡度应符合规范要求，避免出现雨水污染现象。

(5)抹灰完成后，禁止再行开凿。所有管线孔洞预留应在抹灰工序施工前进行。

(6)地面施工时对抹灰部位应注意防护，如有污染要及时清理。

(7)孔洞处应事先做好对雨水的围护，防止雨水通过孔洞冲刷成品墙面或天花板。

(8)有关部位局部二次装饰时，应采取措施保护原有饰面不被破坏，并采取措施对接口部位进行处理，以求达到优化的装饰效果。如采取加基座盖板、线条等方法对孔洞、缝隙等做处理。

(9)对突出容易碰撞部位，应做好水泥砂浆护角，提高物体本身的抗冲击能力。

(10)对有关污染源应采取隔离措施，防止对装饰已完成面造成污染。

(11)刷涂料时，应防止沾污门窗、管道和设备等，对上述部位应采取包裹、遮盖等措施，被沾污的部位应及时清理干净。

(12)禁止室内拌制砂浆，避免污染地面、墙面、天花板。

(13)抹灰完成后及时做好地面的清理，做到工完场清。

(14)外墙打底后要做好养护，防止打底开裂、空鼓。

第十章　涂饰工程

第一节　常见质量通病及防治措施

一、油漆涂饰工程

油漆与涂料是同一概念，油漆是人们惯用的名称。由于新型人造漆已经趋向于少用油或完全不用油，或用水代替，而改用有机合成的各种树脂，所以已统称为涂料。即涂饰于物体表面与基体材料很好黏结并形成完整而坚韧的保护膜物料。为了符合人们的习惯和便于叙述，仍然分为油漆涂饰工程与涂料涂饰工程的质量通病与防治，该部分为油漆涂饰工程的质量通病与防治措施。

（一）油漆流坠

1. 现象

在垂直物体的表面，或线角的凹槽处，油漆产生流淌。较轻的形成泪痕像串珠子；严重的如帐幕下垂，形成凸出的倒影山峰状态，用手摸明显地感到流坠处的漆膜比其他部分凸出。

2. 原因分析

（1）油漆中加滞释剂过多，降低了油漆正常的施工黏度，漆料不能附着在物体表面而流淌下坠。

（2）涂刷的漆膜太厚，聚合物与氧反应未完成前，由于漆自重造成流坠。

（3）施工环境温度过低，湿度过大；或漆质干性较慢，也易形成流坠。

（4）使用的稀释剂挥发太快，在漆膜未形成前已挥发，造成油漆流平性能差，而形成漆膜厚薄不均；或使用的稀释剂挥发太慢，油漆流动性太大，也容易发生流坠。

（5）在凸凹不平的物体表面上涂刷油漆，容易造成涂刷不均匀，厚薄不一致，较厚处就要流坠，物体表面处理得不彻底，有油水等污物，油漆涂刷后不能很好地附着在物面上而自然下垂。

（6）物体的棱角、转角处或线角的凹槽处，常因油漆过厚而造成流坠。

（7）选用的漆刷太大，刷毛太长、太软，或涂刷油漆时蘸油太多，均易造成油漆涂刷厚薄不均，较厚处自然下垂。

（8）喷涂油漆时，选用喷嘴孔径太大，喷枪距离物面太近或距离不能保持一致；喷漆的气压太小或太大，都容易造成漆膜不均匀而自然下垂。

（9）漆料中含重质颜料过多（如红丹粉、重晶石粉等），颜料研磨不均匀，颜料湿润性能不良，也会使油漆流坠。

3. 预防措施

（1）选用优良的油漆材料和适当的稀释剂。

(2)涂漆前，物体表面的油、水等必须清除干净。

(3)物体表面凸凹不平之处，应先进行处理，凸鼓处要铲磨平整，凹陷处应用腻子抹平，较大的孔洞要分多次抹平整。

(4)施工环境温度和湿度要选择适当，以温度 15 ~ 25 ℃、相对湿度 50% ~ 75% 为最适宜的施工环境。

(5)选用适宜的油漆黏度。油漆的黏度与温度有关，温度高时，黏度应小些。一般采用喷涂方法黏度要小，采用刷涂方法黏度要略大些，如喷硝基清漆为 25 ~ 30 s，涂刷调和漆或油性磁漆为 40 ~ 45 s。

(6)每次涂刷油漆的漆膜不宜太厚，一般油漆应在 50 ~ 70 μm，喷涂油漆应比刷涂的要薄一些。

(7)使用喷涂方法时，选用喷嘴孔径不宜太大，空气压力应在 0.2 ~ 0.4 MPa，喷枪距物体表面一般在使用小枪时为 15 ~ 20 cm，使用大枪时为 20 ~ 25 cm 较合适，并应保持一致性，喷涂时移动速度要均匀。

(8)选择适宜的刷子。毛要有弹性，耐用，根粗而梢细，鬃厚口齐。刷门窗可使用 2 in (1 in = 2.54 cm)刷子；大面积刷涂，使用 2.5 ~ 3 in 刷子。刷面漆或黏度大的漆时，可用半口刷子(七八成新的旧刷子)；做板门或油墙时，可使用 3 ~ 4 in 刷子或油滚，滚涂后再理顺均匀。

(9)涂刷操作，应先开油(慢油)，再横油、斜油，最后理油(顺油)。理油前应在桶边将油刷内的油漆擦干净后，再将物面上的油漆上下(或顺木纹)理平整，做到油漆厚薄均匀一致，不要横涂乱抹。在线角和棱角处要用油刷轻按一下，将多余的油漆蘸起顺开，避免漆膜过厚而流坠。

(二)慢干和回粘

1. 现象

油漆涂刷后，漆膜超过规定时间，仍未干燥，称为慢干。如果漆膜已形成，但仍有粘指现象，称为回粘。慢干和回粘都容易使漆膜表面碰坏或沾污，使施工期延长，严重的还需要返工。

2. 原因分析

(1)油漆过稠，刷涂时漆膜太厚，致使漆膜氧化作用仅限于表面，漆膜内部聚合进行缓慢，长时间不能干燥。

(2)前遍漆未完全干透，又涂刷第二遍漆，造成面漆干燥结膜，而漆底不能固结，使漆膜长时间柔软不干固。

(3)催干剂使用不适当，品种不符，数量过多或不足；涂料储存过久，催干剂被颜料吸收而失效，造成漆膜不干结。

(4)在雨露、潮湿、严寒、黑暗、烈日暴晒等恶劣气候条件下施工，都能影响漆膜的干燥。

(5)物体表面不干净，有蜡、油和盐等附着在基层上，涂漆后易产生慢干或回粘。

(6)漆料中含有半干性或不干性油质，漆料采用了挥发性很差的稀释剂，如石油、煤油等；清漆熬煮时，熬炼时间不够或硬树脂局部受热分解，都会影响漆膜的干燥。

(7)漆料储存过久或未密封，漆料中溶剂已挥发而胶化，其性质起了变化，如果使用这种涂料，虽加入稀释剂后能够另行涂饰，但漆膜不易干燥或回粘。

(8)涂饰油漆时,周围环境含有酸、碱、盐雾或其他化学气体,也影响漆膜干燥。

(9)水泥砂浆等基层未完全干燥就进行油漆,造成漆膜长期不干或脱落。

3. 预防措施

(1)选用优良的涂料,不使用储存时间过长的涂料,对于不了解性能的涂料,要进行试验或做样板,合格后才能使用。

(2)选用适当的催干剂。常用的催干剂有铅催干剂、钴催干剂与锰催干剂。铅催干剂可促使漆膜的表面和内层同时干燥;钴催干剂,催干能力较强,可使漆膜表面迅速干燥;锰催干剂的催干作用介于铅催干剂与钴催干剂之间。这几种催干剂一般需配合使用,效果较好。

(3)水泥砂浆等潮湿基层不能涂油漆,经过一年干燥的基层才允许涂刷油漆。

(4)应选择良好的施工环境,不得有酸、碱、盐雾或其他化学气体;不在雨露、潮湿、严寒、黑暗、烈日暴晒等恶劣气候条件下进行施工。在室内、地下室施工,要使空气流通,促使漆膜干燥。

(5)基层上的蜡、油、盐分等杂物必须清洗干净。对于钢铁制品可用溶剂擦洗;含油脂较多的松柏类木质品,可涂刷一层漆片(或叫虫胶漆、泡力斯)隔离。在旧油漆基层上刷油漆时,清洗后可涂刷一遍血料水。

(6)涂饰的油漆稠度(黏度)应调配适当,宁可多涂刷几遍,不要急于求成一次将漆膜涂刷太厚,每遍漆必须涂刷均匀一致。

(7)一般建筑用漆干燥时间不得少于 24 h。考查漆膜干燥程度的简易方法是:涂漆前,用指甲划底漆,划痕呈白色时,即表示漆膜已干燥,可以进行涂漆。醇酸树脂漆,可在底漆尚未完全干透前涂刷面漆,不会影响漆膜的干性,但会减少面漆的光泽。

(三)漆膜粗糙

1. 现象

油漆涂饰在物体上,漆膜中颗粒较多,表面粗糙,不但影响美观,而且会造成粗粒凸出,部分漆膜提前损坏。

2. 原因分析

(1)漆料在制造过程中,研磨不够、颜料过粗、用油不足等都会产生漆膜粗糙,有的漆料调配时细度很好,但涂刷后即现出斑点。酚醛与醇酸清漆、混色漆中的蓝色、绿色及含铁蓝等涂料容易产生粗糙。

(2)涂料调制搅拌不均匀,过箩(或筛)不细致,将杂质污物混入颜料中,调配漆料时,产生的气泡混在漆内未经散开即施工,尤其在天气寒冷时,气泡更不易散开,漆膜在干燥过程中即产生粗糙。

(3)误将两种以上不同性质的漆混合,干燥快的漆即刻发生粗粒,有时在油完后才发现漆膜表面粗糙。

(4)施工环境不清洁,空气中有灰尘,刮风时砂粒等飘落于漆料中,或沾在未干的漆膜上。

(5)涂刷油漆前,物体表面打磨不光滑,灰尘、砂粒未清除干净。

(6)漆桶、刷子等工具不洁净,油漆表面沾有漆皮或其他杂物,油漆底部有灰砂,且未经过箩(或筛)就使用,都会使漆膜粗糙。

(7)使用喷涂方法时,枪口小、气压大,喷枪与物面距离太远,温度较高,漆粒未到达物面前即已干结，或将灰尘带入油漆中，使漆膜产生粗粒。

3. 预防措施

(1)选用优良的涂料，储存时间长的、材料性能不明的涂料，应做样板试验后再使用。

(2)涂料必须调制搅拌均匀，并过箩（或筛）将混入的杂物除净，等待气泡散开后再使用。

(3)对于两种以上型号、性能不同的涂料，即使颜色相同，也严禁混合使用，只有相同性质的涂料才可混合在一起使用。

(4)刮风或有灰尘的场所不得进行施工，刚涂刷完的油漆应防止尘土污染。

(5)基层在涂饰前，凸凹不平处应刮抹腻子，并打磨光滑，擦去粉尘后再涂刷油漆。

(6)漆桶边缘不应有旧漆皮，并经常保持洁净。未使用完的油漆，其表面应加些溶剂，或用纸、塑料布遮盖，防止结皮或灰砂等落入。

(7)选用适宜的气压、喷枪口径及喷枪与物面的距离，熟练掌握喷涂施工方法。

(8)当发现底漆膜有粗粒时，应先进行处理，再涂刷面漆。

(四)漆膜皱纹

1. 现象

漆膜干燥后，收缩形成许多高低不平的棱脊痕迹，影响表面光滑和光亮。但专门生产的美术漆，如晶纹漆、皱纹漆等则不属于漆膜的病态。

2. 原因分析

(1)涂料中含桐油太多，炼制聚合不佳的清漆，或含有沥青成分的黑瓷漆，往往漆膜尚未流平而黏度已经增稠，出现皱纹。

(2)刷油时或刷完后遇高温，或太阳暴晒，以及催干剂加得过多，使漆膜内外干燥不均，油漆表面提早干燥结膜，内部尚未干燥，就会形成表面皱纹。对于长油度的涂料，如防锈漆、油性调和漆尤为显著。

(3)在长油度漆膜上，加涂短油度漆膜，也会产生皱纹。

(4)在漆料中使用挥发快的溶剂，要比挥发慢的溶剂易于产生皱纹。

(5)底漆过厚，未干透或黏度太大，漆膜表层先干结成膜，隔绝了下层和空气的接触，以至少几天里不干而形成皱纹。

3. 预防措施

(1)酯胶调和漆含桐油较多，易产生皱纹。醇酸调和漆树脂含量较多，不易产生皱纹。因此，要重视涂料的选择。

(2)多选用铅或锌的催干剂，少用钴或锰的催干剂。涂料中加入的催干剂必须适量。

(3)高温、日光暴晒及寒冷、风大的天气不宜涂刷油漆。

(4)避免在长油度漆膜上加涂短油度涂料，或在底漆未完全干透的情况下涂饰面漆。

(5)对于黏度大的涂料，可以适当加入稀释剂，使涂料易刷。涂刷时，要使漆膜厚度均匀，必须纵横展开涂层，特别是在边棱、线角、转角处要涂刷均匀一致。涂刷黏度较大的涂料又不能稀释时，要选用刷毛短而硬的油刷进行涂饰。

(五)"桔皮"

1. 现象

漆膜表面呈现出许多圆状突起，形如桔子皮。

2. 原因分析

(1)在喷涂时,漆的黏度过大,压力太高、喷嘴太小、喷枪与物面距离远近不合适,以及施工温度太高或太低,都会使漆膜来不及流平,就干燥而形成“桔皮”。

(2)涂料处于静止液态的膜层中,由于高挥发酚溶剂急剧挥发,产生强烈对流电流,这种电流膜层破裂成小穴,未及二度流平已经表面干结,造成粗糙“桔皮”弊病。

3. 预防措施

(1)选用由脱水硝化纤维素和蒸发慢的溶剂配合的涂料。硝基漆的黏度应该用硝基漆稀释剂(香蕉水)适当兑稀。过氯乙烯漆的施工黏度,如采用小口径喷枪,应比硝基漆的施工黏度低得多,一般可按原漆量的30% ~60%过氯乙烯漆稀释剂来兑稀使用。

(2)施工现场温度应在20 ℃左右,喷漆使用压力不宜太高,黏度适中,喷嘴略大一些,喷枪与物面保持适当的距离。刷漆时黏度也不宜过大,防止产生“桔皮”。

(六)漆膜起泡

1. 现象

漆膜干透后,表面出现大小不同突起的气泡,用手压感到有一点弹性。气泡是在漆膜与物面基层,或面漆与底漆之间产生的。起泡的地方附着力为零,气泡外膜很容易成片地脱落。

2. 原因分析

(1)木材、水泥面层或混凝土基层潮湿,水分蒸发而造成漆膜起泡。木材本身含有的芳香油或松脂,自然挥发也会使漆膜起泡。漆膜在高湿度环境或浸水过程中,由于潮气透入膜下,并凝聚在低附着点区,如积聚量增多,气泡便扩展开来,其形状大小取决于漆膜中可溶性盐类含量和低附着区面积,鼓泡发展到一定程度会使涂膜破裂。

(2)耐水性差的涂料用于浸水物体的涂饰,采用的油性腻子未完全干燥或底漆不干就涂面漆,石膏凝胶中的水或底漆膜中残存的溶剂受热蒸发等,都会将漆膜顶起成泡。对于面漆结皮较快的涂料,由于膜中封闭的溶剂要逸出而产生气泡。

(3)金属表面处理不佳,凹陷处积聚潮气或包含铁锈,使漆膜附着不良而产生气泡。

(4)喷涂时,压缩空气中含有水蒸气,与涂料混在一起;涂刷的漆黏度太大,当油刷沿着涂料涂刷时,夹带的空气进入涂层,不能跟随溶剂挥发而产生气泡。

(5)施工环境温度太高,或日光强烈照射使底漆未干透,遇到雨水又涂上面漆,等漆干结时,产生气体将面漆膜顶起。

3. 预防措施

(1)在潮湿及经常接触水的部位,涂抹油漆时,应选用耐水涂料。

(2)含水率较高的木材、混凝土和水泥砂浆等基层上不要涂饰油漆;不在湿度较大的环境中施工;在金属表面涂饰油漆前,必须将铁锈清除干净。

(3)木材含有芳香油或松脂时,应将松脂挖除并涂刷漆片液(虫胶漆)后,再做底漆。使用油性腻子,须待腻子干透后,再刷油漆。

(4)当基层有潮气或底漆上有水时,必须将水擦净,潮气散干后,再涂油漆。

(5)涂料黏度不宜太大,一次涂膜不宜过厚,喷漆使用的压缩空气要过滤,防止潮气侵入漆膜中。

（七）发笑

1. 现象

漆膜表面有部分收缩成锯齿、圆珠、针孔等形状，像水洒在蜡纸上一样，斑斑点点露出底层，影响漆膜的外观和质量。在清漆、红丹漆等操作中发现较多，面漆中可见底漆，底漆中可见基层物面。

2. 原因分析

(1)基层表面太滑；打底漆光泽太大；有油污、蜡质、潮气时，漆膜在底漆表面的附着力差，由于表面张力使漆膜收缩，产生破裂而露底。

(2)溶剂选用不当，挥发太快，漆膜来不及二度流平就出现收缩现象。

(3)涂料黏度小，涂刷的漆膜太薄，或喷涂时混入油或水，都易产生漆膜收缩。

(4)制漆时，为了避免浮色或发花，往往加一些有机硅油，若用量过多，反而会使漆膜收缩。有的油漆颜料润湿性差，因此它不能成为一层均匀的膜层，极易发生收缩。

3. 预防措施

(1)选用润湿性强的涂料，避免使用纯酚醛树脂漆。

(2)选择挥发较慢的溶剂，稀释的涂料黏度要适中，漆膜厚薄要均匀一致；要使用没有油或水的压缩空气进行喷涂施工。

(3)尽量不在寒冷或潮湿的环境中进行油漆施工。

(4)认真清除基层表面的油污、蜡质、潮气等，如基层表面太光滑，可以用肥皂水、酒精或溶剂在表面上擦抹一遍，也可以用细砂纸打磨后再涂面漆。

（八）漆膜太薄

1. 现象

漆膜缺乏覆盖底层的能力，或失去光泽呈现干巴现象。

2. 原因分析

(1)调配涂料时，加入过多的稀释剂，破坏了原材料的黏度。

(2)没有严格按操作工艺标准进行涂刷，任意减少涂刷遍数而使涂层太薄。

3. 预防措施

根据实际情况，选择适当的涂料；不得任意在涂料中加入过量的稀释剂；严格按工艺、标准施工，不得任意减少涂刷遍数。

（九）木纹浑浊

1. 现象

清色油漆涂饰后，显露木纹不清晰，漆膜不透彻、不光亮。

2. 原因分析

(1)油色存放时间较长，颜料下沉，造成上部浅下部深，操作时，未搅拌均匀，涂颜色较深处，覆盖木纹而浑浊。

(2)木材质地不同，着色不均匀，一般木质软者易着色，硬者不易着色。

(3)操作技术不熟练，重刷处色深；刷毛太硬或太软也容易造成色泽不一致。

3. 预防措施

(1)木材染色颜料宜选用酒色或水色，尽量不使用油色。如果木材本身色泽明显不一致，深色部分可采用漂白脱色方法，破坏木质素使之变浅后，再进行木材染色；浅色部分可进行染色，使色调统一。

（2）用比重较大的颜料配制的染色材料，使用时要经常搅拌，保持颜色均匀。

（3）对于不同材质的基层，应选用不同的施工方法染色，操作要迅速、熟练，防止反复涂刷，个别部位可进行修色，取得色调一致。

（十）刷纹

1. 现象

漆膜上留有刷毛痕迹，干后依然存在一丝丝高低不平的刷纹，漆膜厚薄不匀，影响美观和使用寿命。这种现象在一些颜料含量高的油漆中较为多见。

2. 原因分析

（1）油漆中的填料吸油量大；颜料中有水分存在；油漆中的油质不足或漆料中未使用熟炼油都会造成油漆的流平性差，涂刷后，漆膜显露刷纹。

（2）涂料储存时间较长，遇水形成乳化悬垂体，使涂料黏度增大呈加厚状态；涂料中挥发性溶剂过多或涂料的黏度较大等，漆膜都易留下刷痕。

（3）漆刷太小或刷毛太硬，易出现漆膜未流平表面已干燥，因而刷痕较重。

（4）磁性漆比油性漆易显露刷纹。

3. 预防措施

（1）选择优良的涂料，不使用挥发性快的溶剂，涂料黏度应调配适中。

（2）使用磁性漆时，要用较软的漆刷，刷油漆动作要轻巧，顺木纹的方向平行操作。

（十一）胶状物析出

1. 现象

漆膜自生胶状物或硬块，影响漆膜的美观和使用寿命。

2. 原因分析

（1）使用稀释剂过多，或稀释剂溶解力差，至使涂料里面的胶状物不能全部溶解而部分析出。稀释时，先出现浑浊最后胶状物析出，虽尽力搅拌也难溶解，此种现象在清漆中较多见。

（2）色漆析出的胶体能与颜料结成硬块；稀释硝基漆中的消化棉有一定限度，超过限度即析出；乳化漆中加入的水量有一定限度，加水量超出限度，对乳化系统将产生破坏，一旦析出就难以补救。

3. 预防措施

（1）人造树脂涂料，使用直羟（汽油松香水）稀释时易析出。如果使用环羟（苯、甲苯、二甲苯）时，析出就会减少。

（2）硝基漆发现有析出现象时，可以加一些强溶剂，使之再溶化。

（3）检验析出的简单方法，是将涂料薄薄地涂在玻璃片上观察，析出严重的涂料禁止使用。

（十二）发汗

1. 现象

基层有矿物油、蜡质或底漆有未挥发掉的溶剂，把面漆膜局部溶解并渗透到表面。

2. 原因分析

（1）树脂含量较少的亚麻仁油或熟油膜，很容易发汗。

(2)施工环境潮湿、黑暗或湿热,使漆膜表面凝聚起水分,特别是通风不良更易发生。

(3)表面干燥的清漆膜,打磨后成为无光漆膜,但过几小时后光泽还会恢复,这是由于氧化未完全,油料发汗,或长油度漆未能从底部完全干燥所致。

(4)金属表面的油污未除尽,或旧漆面的残余石蜡、矿物油等处理不彻底,涂饰硝基漆后透入漆膜,使漆膜重新软化。

3. 预防措施

(1)选用优质的涂料。

(2)涂饰的基层要干燥。不在潮湿、黑暗、通风不良的环境中操作。基层表面油污等须处理干净后,才能进行涂料施工。

(十三)咬底

1. 现象

面漆中溶剂把底漆膜软化,影响底漆与基层的附着力,使漆膜破坏,缩短使用寿命。

2. 原因分析

(1)油脂漆膜、醇酸漆膜以及由于干性油改性的一些合成树脂漆膜,未经高度氧化和聚合成膜之前,一旦与强溶剂相遇,底漆膜就会被侵蚀而乳肿。如底漆用的是油性酚醛漆,面漆使用硝基漆,则硝基漆中的溶剂就会把油性酚醛漆咬起,并与原附着基层分开。

(2)底漆未完全干燥就涂面漆,面漆中的溶剂极易将底漆溶解软化,引起咬底。醇酸漆含有较强溶剂,如果第一遍漆未充分干燥,即进行第二遍涂饰,则第一遍漆膜也会被咬起。

(3)涂刷面漆时,操作不迅速,反复涂刷次数过多,也能使原来的底漆膜被溶解咬起。

(4)使用漆片液(虫胶漆)或硝基漆等涂刷,易产生咬底现象。

3. 预防措施

(1)在底漆完全干燥后,方可涂刷面漆。

(2)涂料和溶剂、腻子应配套使用。如果用不同的涂料,在油性漆表面做溶剂性较强的面漆时,可在底漆完全干透后,涂刷 2 ~3 遍漆片液(虫胶漆)做隔离封闭层,然后再涂刷面漆,即可避免或减少咬底弊病。

(3)涂刷强溶剂性的涂料,要求技术熟练,操作准确、迅速,防止反复涂刷。

(十四)漆膜发花

1. 现象

两种以上颜色配制的混色漆,在涂刷或干燥成膜时,油漆面上有一小部分着色颜料脱离颜料本身分离到膜面上层,产生泛色,但无斑点产生,漆湿时色淡,干后较深。在漆膜面上出现不同颜色的斑纹或直线丝纹,称为浮色。有时在清漆中也会产生发花。

2. 原因分析

(1)涂料中颜料比重及粉粒大小不同,重的下沉,轻的上浮;颜料的湿润性不好与液料不易混合,颜料中仍含有空气,因而上升;颜料的吸潮性大,如碳黑与铁蓝很容易在空气中吸收水汽,颜料的溶解性大,如有机颜料大红粉易泛金光;由于颜料粉粒接近胶体微粒细度而凝固,颜料吸油量大的,以及使用桐油、松油等都易产生发花现象。

(2)两种以上的着色颜料配制成的色漆,因颜料的比重不同,产生浮沉现象,使用时,未调和均匀就进行涂饰。

(3)刷子毛太粗、太硬,涂刷时易出现浮色和走线现象。

3. 预防措施

(1)选择优良的涂料。对于新材料要试验后使用。遇有发花的涂料,应针对发花原因加入适量的保护胶,如干酪素、聚乙烯醇等,或加入适量的润湿剂,如甲基硅油;或加入适量的低沸点溶剂,或将色漆储存一定时间再用。

(2)使用含有比重大的颜料,最好选用软毛漆刷。涂刷时,要经常反复搅拌均匀,以防止沉淀。

(十五)漆膜倒光

1. 现象

漆膜干燥后,表面无光泽或有一层白雾状物凝聚在漆膜上(有时呈蓝色光彩),有的浑浊或呈半透明牛乳色。这种弊病常在涂漆后立即产生,或几小时后出现。

2. 原因分析

(1)涂刷油漆时,空气温度过大或有水蒸气凝聚,或遇有烟熏,油漆干后易产生倒光。

(2)在阴雨天或冬天,使用漆片液(虫胶漆)涂刷,由于含有低沸点溶剂及稀释剂,易产生倒光。

(3)喷漆工具中有水分带入漆料,在漆膜上也会形成倒光。

(4)木材基质含有吸水的碱性植物胶;金属表面有油渍,喷涂硝基漆后,产生发雾或微白。

3. 预防措施

(1)阴雨、严寒天气或潮湿环境,不宜进行醇溶性漆或硝基漆施工。如果必须在上述天气环境条件下施工,应提高环境温度至15 ~20 ℃,降低漆中溶剂的挥发率;或加入少量防止漆膜发白的防潮剂,如选用挥发较慢的丁醇及杂醇油、乳酸乙酯、丁酯、二丙酮醇等。

(2)喷漆时,使用压缩空气,必须过滤,并装有防水器,防止水分混入漆中。

(3)木材、金属等基层表面,在涂漆前,必须处理干净,不得有污物和油渍。

(十六)漆膜生锈

1. 现象

钢铁基层涂漆后,漆膜表面开始略透黄色,然后逐渐破裂出现锈斑。

2. 原因分析

(1)涂饰出现列孔等弊病或有漏漆空白点,易产生锈斑。

(2)基层表面有铁锈、酸液、盐水、水分等,未清除干净,易产生铁锈。基层锈蚀,漆膜破坏造成生锈。

(3)漆膜太薄,水汽或腐蚀气体透过膜层,到达涂层内部的钢铁基层表面,产生针蚀而发展到大面积锈蚀。

3. 预防措施

(1)涂漆前,必须把钢铁表面的锈斑清除干净,处理后要尽快涂上底漆,防止再生锈。

(2)钢铁表面涂普通防锈漆时,漆膜要略厚一些,最好涂两遍防锈漆,并防止出现针孔或漏涂漆等弊病。

二、涂料涂饰工程

建筑涂料在建筑装饰工程中得到广泛应用,因使用部位不同,对涂料性能要求也不同。

这里主要叙述常用的内墙涂料(含顶棚涂料)、外墙涂料及地面涂料施工中的质量通病与防治措施。

(一)内墙和顶棚涂料

内墙和顶棚涂料,品种繁多,性能各有差异,按其化学成分(主要成膜材料)分8类,即聚乙烯醇、丙烯酸、氯乙烯、硅酸盐、苯丙、乙丙、复合类及其他类等。其中,常用的如聚乙烯醇、丙烯酸、硅酸盐及其他类。不同类材料虽有不同施工要求,但这些材料施工相同之处仍较多,如对基层处理,要求干净;基层含水率宜小于10%(湿墙涂料除外);施工温度以10 ℃以上为宜;成膜时间有长有短,但都应待第一遍干燥后再刷第二遍等。施工中出现的质量通病基本上为颜色不匀及掉粉、脱皮。

1.聚乙烯醇类涂料施工的质量通病

1)涂料涂层颜色不均匀

一个墙面上涂层颜色深浅不一致,或有接槎出现。

a.原因分析

(1)不是同批涂料,颜料掺量有差异。

(2)使用涂料时未搅拌匀或任意加水,使涂料本身颜色深浅不同,造成墙面颜色不均匀。

(3)基层材料差异,混凝土或砂浆龄期相差悬殊,湿度、碱度有明显差异。

(4)基层处理差异,如光滑程度不一,有明显接槎、有光面、有麻面等差别,涂刷涂料后,由于光影作用,看上去显得墙面颜色深浅不匀。

(5)施工接槎未留在分格缝或阴阳角处,造成颜色深浅不一致的现象。

b.防治措施

(1)同一工程,应选购同厂同批涂料,每批涂料的颜料和各种材料配合比例须保持一致。

(2)由于涂料易沉淀分层,使用时必须将涂料搅匀,并不得任意加水。确因特殊情况需要加水时,应掌握均匀一致。

(3)基层是混凝土时,龄期应在28 d以上,砂浆可在7 d以上,含水率小于10%,pH值在10以下。

(4)基层表面麻面小孔,应事先修补平整,砂浆修补龄期不少于3 d;若有油污、铁锈、脱模剂等污物,须先用洗涤剂清洗干净。

(5)严格执行操作规程,接槎必须在施工缝或阴阳角处,不得任意停工甩槎。

2)涂料涂层色淡易掉粉

涂料涂层干燥后,局部色淡且该处易掉粉末。

a.原因分析

(1)使用涂料时未搅拌均匀。桶内上部料稀,色料上浮,遮盖力差;下面料稠,填料沉淀,色淡,涂刷后易脱粉。

(2)涂料质量不合标准,耐水性能不合格。

(3)混凝土及砂浆基层龄期短,含水率高,碱度大。

(4)施工涂刷时,气温低于涂料最低成膜温度,或涂料未成膜即被水冲洗。

(5)涂料加水过多,涂料太稀,成膜不完善。

b. 防治措施

(1)基层须干燥,含水率应小于10%(若选用湿墙涂料另作考虑),应清理干净,并做必要的表面处理。若修补找平,应用水泥砂浆或水泥乳胶腻子。

(2)施工气温不宜过低,应在10 ℃以上,阴雨潮湿天不宜施工。

(3)基层材料龄期必须符合有关规定,如混凝土应28 d以上,水泥砂浆不少于7 d。

(4)涂料加水,必须严格按出厂说明要求进行,不得任意加水稀释。

(5)根据基层不同,正确选用涂料和配制腻子。如氯-偏共聚乳液涂料不能和有机溶剂、石灰水一起使用;过氯乙烯涂料与石膏反应强烈,不能直接涂于石膏腻子基层上等。

2. 多彩内墙涂料施工的质量通病、原因分析及防治措施

1)向下流淌

a. 原因分析

喷涂涂料太厚,自重较大,涂料不能很好挂住形成向下流淌的现象。

b. 防治措施

(1)正确操作,宜先试喷,控制速度、厚薄及喷涂距离等。

(2)转角处使用遮盖物,减少两个面互相干扰。

2)花纹不规则

喷涂面花纹紊乱,无规则,影响美观。

a. 原因分析

(1)喷涂时压力时大时小。

(2)喷涂操作工艺掌握不当。

(3)喷涂条件不佳或不足影响。

(4)喷涂过薄,遮盖率达不到标准。

b. 防治措施

(1)事先检查喷涂设备,保证喷涂压力稳定在0.25~0.30 MPa。

(2)正确操作,喷嘴到喷涂面距离为300~400 mm;喷涂速度前后一致,遵守操作规程。

(3)由专人负责,保证脚手架高度,照明一致,便于操作和观察。

(4)有一定喷涂厚度,保证达到适当的遮盖率。

3)光泽不均匀

a. 原因分析

多彩涂料一般由两层或三层复合组成,若中涂层吸收面涂层不均匀,则产生的光泽也不均匀。

b. 防治措施

涂中涂层前,对批嵌过的基面应先涂底涂层,以保证中涂层均匀吸收面涂层。

4)黏结差、剥落(呈起壳状)

a. 原因分析

(1)喷涂基层面潮湿。

(2)喷涂基层面强度太低。

(3)稀释中涂层料时,用水过度。

(4)中涂层未充分干燥即涂面涂层。

(5)使用了劣质中涂层料。

b. 防治措施

(1)喷涂前应检查基层是否干燥、干净,含水率应低于10%。

(2)基层清理干净后,可涂两遍底涂层。

(3)稀释中涂层料时,严格按标准合理配比。

(4)遵循涂刷间隔时间,在20 ℃时,底涂间隔2 h,中涂间隔4 h,面涂间隔24 h。

(5)使用合格多彩涂料。

5)屑状脱落

a. 原因分析

(1)环境湿度过高。

(2)冬季低温涂料黏度过大,用水进行稀释。

b. 防治措施

(1)避免阴雨天施工。

(2)低温时,黏度过大,可在50 ~60 ℃热水中加热包装容器,不得加水稀释。

(二)外墙涂料

外墙涂料直接暴露在大气中,受到风、雨、日晒的侵袭,故要求涂料要自耐水、保色、耐污染、耐老化及便于施工,黏结牢固,还要满足不同季节条件下的施工。外墙涂料规格品种较多,一般按装饰质感分为四类:复层花纹涂料、彩砂涂料、薄质涂料及厚质涂料。施工大同小异,装饰效果各异。施工中常见通病主要是起皮脱落,颜色不匀,花纹不匀,局部流坠及接槎明显。

1. 饰面起鼓、起皮、脱落

1)原因分析

(1)基层表面不坚固、不干净,受油污、粉尘、浮灰等杂物污染。

(2)新抹水泥砂浆基层湿度大(湿墙涂料除外),碱性也大,析出结晶粉末而造成起鼓、起皮。

(3)基层表面太光滑,腻子强度低,造成涂膜起皮脱落。

2)防治措施

(1)涂刷底釉涂料前,对基层缺陷进行修补平整,刷除表面油污、浮灰。

(2)检查基层是否干燥,含水率应小于10%;新抹水泥砂浆基面夏季养护7 d以上,冬季养护14 d以上;现浇混凝土墙面夏季养护10 d以上,冬季20 d以上。基面碱性不宜过大,pH值为10左右。

(3)外墙过干,施涂前可稍加湿润,然后涂抗碱底漆或封闭底漆。

(4)当基层表面太光滑时,要适当凿毛,出现小孔、麻点可用107胶水配滑石粉做腻子刮平。

2. 花纹不匀,花纹图案大小不一;局部稠流下坠,有明显的接槎

1)原因分析

(1)喷涂骨架层时,骨料稠度改变;空压机压力变化过大;喷嘴距基层距离、角度变化及喷涂快慢不匀等都会造成花纹大小不一致。

(2)基层局部特别潮湿;局部喷涂时间过长、喷涂量过大及骨料添加不及时,都会造成

花纹图案不一致或局部流淌下坠。

(3)操作工艺掌握不准确,如斜喷、重复喷,未在分格缝处接槎,随意停喷,或虽然在分格处接槎,但未遮挡,未成活一面溅上部分骨料等,都会造成明显接槎。

2)防治措施

(1)控制好骨料稠度,用专人负责搅拌;空压机压力、喷嘴距基层面距离、角度、移动速度等应基本保持一致。

(2)基层应干湿一致。如基层表面有明显接槎,须事先修补平整。脚手架与基层面净距不小于300 mm,保证不影响喷嘴垂直对准基面。

(3)防止放"空枪",应有专人加骨料;局部成片出浆、流坠,要及时铲去重喷。

(4)喷涂要连续作业,保持工作面"软接槎",到分格缝处停歇。

(5)停歇前,应有专人做好未成活部位的遮挡工作,若已溅上骨料应及时清除。

3. 颜色不均匀

1)原因分析

(1)面釉材料未一次配足,配料计量不准。

(2)喷涂不均匀或有漏喷。

2)防治措施

(1)配料计量准确,并一次配足。

(2)所有面釉材料在每次喷涂施工时要混在一起经充分拌和均匀后才使用,保证面釉材料颜色一致。

(3)面釉喷涂要均匀,更不得漏喷,一般宜喷两遍。

(4)颜色明显不均匀的,可重喷一道面釉涂料。

三、美术涂饰工程

在涂料施工中,除采用常规的施涂技术外,遇有不同饰物面及为适应某种特殊装饰功能的需要,常采用一些特种工艺,结合配套的材料及工具进行装饰施工,这些装饰技术可归纳为美术涂饰。

(一)划宽、窄、纵横油线和粉线(包括平身线)涂饰的质量通病及防治措施

1. 线条弯曲不挺直、粗细不均匀

(1)原因分析:操作不熟练,用力不匀,划线时手势不稳,有抖动。

(2)防治措施:执笔应牢而稳,不可抖动,用力均匀,匀速移动。选用窄于线宽的划线笔,先镶上线,后镶下线,笔与饰面的角度从小到大,直至垂直。

2. 揭起、露底、流坠

(1)原因分析:水性涂料划线时,重复多划几次,把墙面涂层揭起,产生露底。蘸油后没有匀油,划线时用力不匀,均可产生流坠现象。

(2)防治措施:掌握涂料稠度,划线时,不能停顿,一条直线一次划成,用力均匀。

(二)仿木纹、石纹、杂色花纹及石膏拉毛美术涂饰质量通病及防治措施

1. 仿木纹

1)断皱

(1)原因分析:刷纹、掸纹时手势不匀,操作技术不熟练。

(2)防治措施:刷、掸时手势应稳,用力应均匀,努力提高操作技术水平。

2)叠纹

(1)原因分析:绘制的仿木纹颜色干燥过快,两纹之间距离太近。

(2)防治措施:颜色水稀稠应适中;两刷间的距离应掌握恰当,不密不疏。

3)纹形模糊

(1)原因分析:底层涂料未干透即绘木纹,手势过重或过轻。

(2)防治措施:应待底层涂料干透后再绘木纹,且应用力均匀。

4)分块颜色深浅不一

(1)原因分析:涂料发生沉淀现象,不是一次配料。

(2)防治措施:操作时,涂料应经常搅拌,以防止沉淀;涂料应一次配足。

2. 仿石纹

1)纹形模糊

(1)原因分析:底层涂膜未干即点刷石纹,或点刷石纹的涂料颜色遮盖力差,以及点刷时用力过大。

(2)防治措施:点刷石纹应采用遮盖力较强的调和漆;必须待底层涂膜干燥后,才可进行点刷石纹操作;点刷时,用力均匀,且不宜过重或过轻。

2)分块颜色不一

(1)原因分析:面层涂刷厚薄不均匀,施涂时手用力有轻有重。

(2)防治措施:涂刷时,用力应均匀,速度一致,涂层厚薄掌握一致。

3. 杂色花纹

1)纹形模糊

(1)原因分析:花基漆涂饰、搭花时接得太近,以致花纹重叠;手势不匀;搭花用具软弱无筋骨;彩纹漆涂饰,一次没涂美观而重涂。

(2)防治措施:搭花时应按顺序,从左至右、从上至下搭,手势应均匀;搭花用具软弱时,应立即更换;彩纹漆涂饰应一次成活。

2)泡印

(1)原因分析:漆液加入盛水桶时,水面有泡(或在搅拌时产生泡),物件浸涂后,物面产生泡印。

(2)防治措施:发现有泡,应及时用废纸将泡轻轻沾掸掉后再浸涂,可防止产生泡印。

3)纹路粗糙,颜色不鲜艳

(1)原因分析:漆液黏度过大而使纹路粗糙,黏度过小会导致颜色不鲜艳。

(2)防治措施:彩纹漆的漆液应先进行调试,以确定各种颜色涂料的配合比,并一次备足用料,达到最佳的涂饰效果。

第二节 质量要求及检验方法

一、一般规定

本部分内容适用于水性涂料涂饰、溶剂型涂料涂饰、美术涂饰等分项工程的质量验收。

(1)涂饰工程验收时应检查下列文件和记录：

①涂饰工程的施工图、设计说明及其他设计文件；

②材料的产品合格证书、性能检测报告和进场验收记录；

③施工记录。

(2)各分项工程的检验批应按下列规定划分：

①室外涂饰工程每一幢楼的同类涂料涂饰的墙面每 500～1 000 m^2 应划分为一个检验批，不足 500 m^2 也应划分为一个检验批；

②室内涂饰工程同类涂料涂饰墙面每 50 间(大面积房间和走廊按涂饰面积 30 m^2 为一间)应划分为一个检验批，不足 50 间也应划分为一个检验批。

(3)检查数量应符合下列规定：

①室外涂饰工程每 100 m^2 应至少检查一处，每处不得小于 10 m^2。

②室内涂饰工程每个检验批应至少抽查 10%，并不得少于 3 间；不足 3 间时应全数检查。

(4)涂饰工程的基层处理应符合下列要求：

①新建筑物的混凝土或抹灰层基层在涂饰涂料前应涂刷抗碱封闭底漆。

②旧墙面在涂饰涂料前应清除疏松的旧装修层，并涂刷界面剂。

③混凝土或抹灰基层涂刷溶剂型涂料时，含水率不得大于 8%；涂刷乳液型涂料时，含水率不得大于 10%。木材基层的含水率不得大于 12%。

④基层腻子应平整、坚实、牢固，无粉化、起皮和裂缝；内墙腻子的黏结强度应符合《建筑室内用腻子》(JG/T 3049—1998)的规定。

⑤厨房、卫生间墙面必须使用耐水腻子。

(5)水性涂料涂饰工程施工的环境温度应为 5～35 ℃。

(6)涂饰工程应在涂层养护期满后进行质量验收。

二、水性涂料涂饰工程

本部分内容适用于乳液型涂料、无机涂料、水溶性涂料等水性涂料涂饰工程的质量验收。

(一)主控项目

(1)水性涂料涂饰工程所用涂料的品种、型号和性能应符合设计要求。

检验方法：检查产品合格证书、性能检测报告和进场验收记录。

(2)水性涂料涂饰工程的颜色、图案应符合设计要求。

检验方法：观察。

(3)水性涂料涂饰工程应涂饰均匀、黏结牢固，不得漏涂、透底、起皮和掉粉。

检验方法：观察，手摸检查。

(4)水性涂料涂饰工程的基层处理应符合规范要求。

检验方法：观察，手摸检查，检查施工记录。

(二)一般项目

(1)薄涂料的涂饰质量和检验方法应符合表 10-1 的规定。

表 10-1　薄涂料的涂饰质量和检验方法

项次	项目	普通涂饰	高级涂饰	检验方法
1	颜色	均匀一致	均匀一致	观察
2	泛碱、咬色	允许少量轻微	不允许	
3	流坠、疙瘩	允许少量轻微	不允许	
4	砂眼、刷纹	允许少量轻微砂眼、刷纹通顺	无砂眼，无刷纹	
5	装饰线、分色线直线度允许偏差(mm)	2	1	拉 5 m 线，不足 5 m 拉通线，用钢直尺检查

(2)厚涂料的涂饰质量和检验方法应符合表 10-2 的规定。

表 10-2　厚涂料的涂饰质量和检验方法

项次	项目	普通涂饰	高级涂饰	检验方法
1	颜色	均匀一致	均匀一致	观察
2	泛碱、咬色	允许少量轻微	不允许	
3	点状分布	—	疏密均匀	

(3)复合涂料的涂饰质量和检验方法应符合表 10-3 的规定。

表 10-3　复合涂料的涂饰质量和检验方法

项次	项目	质量要求	检验方法
1	颜色	均匀一致	观察
2	泛碱、咬色	不允许	
3	喷点疏密程度	均匀，不允许连片	

(4)涂层与其他装修材料和设备衔接处应吻合，界面应清晰。

检验方法：观察。

三、溶剂型涂料涂饰工程

本部分内容适用于丙烯酸酯涂料、聚氨酯丙烯酸涂料、有机硅丙烯酸涂料等溶剂型涂料涂饰工程的质量验收。

(一)主控项目

(1)溶剂型涂料涂饰工程所选用涂料的品种、型号和性能应符合设计要求。

检验方法：检查产品合格证书、性能检测报告和进场验收记录。

(2)溶剂型涂料涂饰工程的颜色、光泽、图案应符合设计要求。

检验方法：观察。

(3)溶剂型涂料涂饰工程应涂饰均匀、黏结牢固，不得漏涂、透底、起皮和反锈。

检验方法：观察，手摸检查。

(4)溶剂型涂料涂饰工程的基层处理应符合规范要求。

检验方法：观察，手摸检查，检查施工记录。

(二)一般项目

(1)色漆的涂饰质量和检验方法应符合表10-4的规定。

表10-4　色漆的涂饰质量和检验方法

项次	项目	普通涂饰	高级涂饰	检验方法
1	颜色	均匀一致	均匀一致	观察
2	光泽、光滑	光泽基本均匀、光滑，无挡手感	光泽均匀一致、光滑	观察、手摸检查
3	刷纹	刷纹通顺	无刷纹	观察
4	裹棱、流坠、皱皮	明显处不允许	不允许	观察
5	装饰线、分色线直线度允许偏差(mm)	2	1	拉5 m线，不足5 m拉通线，用钢直尺检查

注：无光色漆不检查光泽。

(2)清漆的涂饰质量和检验方法应符合表10-5的规定。

表10-5　清漆的涂饰质量和检验方法

项次	项目	普通涂饰	高级涂饰	检验方法
1	颜色	基本一致	均匀一致	观察
2	木纹	棕眼刮平、木纹清楚	棕眼刮平、木纹清楚	观察
3	光泽、光滑	光泽基本均匀、光滑，无挡手感	光泽均匀一致、光滑	观察、手摸检查
4	刷纹	无刷纹	无刷纹	观察
5	裹棱、流坠、皱皮	明显处不允许	不允许	观察

(3)涂层与其他装修材料和设备衔接处应吻合，界面应清晰。

检验方法：观察。

四、美术涂饰工程

本部分内容适用于套色涂饰、滚花涂饰、仿花纹涂饰等室内外美术涂饰工程的质量验收。

(一)主控项目

(1)美术涂饰所用材料的品种、型号和性能应符合设计要求。

检验方法：观察，检查产品合格证书、性能检测报告和进场验收记录。

(2)美术涂饰工程应涂饰均匀、黏结牢固，不得有漏涂、透底、起皮、掉粉和反锈。

检验方法：观察，手摸检查。

(3)美术涂饰工程的基层处理应符合规范要求。

检验方法：观察，手摸检查，检查施工记录。

(4)美术涂饰的套色、花纹和图案应符合设计要求。

检验方法:观察。

(二)一般项目

(1)美术涂饰表面应洁净,不得有流坠现象。

检验方法:观察。

(2)仿花纹涂饰的饰面应具有被模仿材料的纹理。

检验方法:观察。

(3)套色涂饰的图案不得移位,纹理和轮廓应清晰。

检验方法:观察。

第三节　安全与环保措施

(1)涂料干燥前,应防止雨淋、尘土沾污和热空气的侵袭。

(2)采用机械喷涂时,应将不喷涂的部位遮盖,以防沾污。

(3)外墙、厨房、浴室及厕所等需要使用涂料的部位和木地板表面需使用涂料时,应使用具有耐水性能的腻子,防止成品起鼓、开裂、脱落。

(4)涂料产品应盛在清洁、干燥、密封的容器中,有特殊要求的产品,还应在桶外加透笼的木箱或荆条筐。

(5)涂料产品在运输和装卸的过程中,应注意轻拿轻放,按类别、品种和批号排放整齐。并应绑扎牢固,以防止涂料容器的窜动和坠落。涂料容器不能倒置,不能遗失标签。

(6)涂料应防止雨淋和日光直接暴晒,应隔绝火源,远离热源。

(7)涂料施工前应检查基底是否干燥,避免事后涂料出现脱皮、变色的现象。

(8)涂料品种、牌号、颜色及配套底漆应符合设计要求并有产品质量证明书。

第四节　成品与半成品的保护

(1)操作时应佩戴口罩、手套等。

(2)现场施工应遵守现场施工纪律,使用的高凳和脚手板等应事先检查是否有裂痕,高凳必须绑扎牢固,凳脚用橡皮包扎,以防滑行。

(3)禁止穿硬底鞋、拖鞋、高跟鞋在架子上工作,架子上人数不得集中在一起,工具要搁置稳定,防止坠落伤人。

(4)使用的人字梯应在用前检查,发现开裂、腐朽、楔头松动、缺档等,不得使用。人字梯应四角落地,摆放平稳,梯脚应设防滑橡皮垫和保险链。人字梯上铺设脚手板,脚手板两端搭设长度不得少于20 cm,脚手板中间不得同时两人操作。梯子挪动时,作业人员必须下来,严禁站在梯子上踩高跷式挪动,人字梯顶部铰轴不准站人,不准铺设脚手板。

(5)室内应保持良好通风。完工后必须将地板、窗台板等沾上的水性涂料用湿布擦干净。打开门窗让房间通风。将用剩的涂料腻子归到料间,并将刷浆桶、排笔等清理干净,备用。

(6)施工现场严禁有明火。

(7)剩余涂料不准乱倒,应收集后集中处理。

第十一章　饰面板(砖)工程

第一节　常见质量通病及防治措施

一、陶瓷材料饰面

陶瓷材料饰面一般包括外墙面砖(属陶质或炻质)、釉面砖、陶瓷锦砖(属瓷质)、陶瓷壁画及琉璃制品等几类。这里主要介绍前三类陶瓷材料,以水泥为主要胶结材料镶贴的质量通病与防治措施。

(一)外墙面砖饰面

饰面砖用于建筑物外饰面,对外墙起保护和装饰两种作用,但施工不妥,易出现空鼓、脱落、分格缝不匀、墙面不平整、墙面污染、颜色不匀等通病,必须注意。

1. 空鼓、脱落

1)原因分析

(1)由于贴面砖的墙饰面层质量大,使底子灰与基层之间产生较大的剪应力,粘贴层与底子灰之间也有较小的剪应力,如果再加上基层表面偏差较大,基层处理或施工操作不当,各层之间的黏结强度差,面层即产生空鼓,甚至从建筑物上脱落。

(2)砂浆配合比不准,稠度控制不好,砂子中含泥量过大,在同一施工面上,采用不同的配合比砂浆,引起不同的平缩率而开裂、空鼓。

(3)饰面层各层长期受大气温度的影响,由表面到基层的温度梯度和热胀冷缩,在各层间也会产生应力,引起空鼓;如果面砖粘贴砂浆不饱满,面砖勾缝不严实,雨水渗透进去后受冻膨胀,也易引起空鼓、脱落。

2)防治措施

(1)在结构施工时,外墙应尽可能按清水墙标准,做到平整垂直,为饰面施工创造条件。

(2)面砖在使用前,必须清洗干净,并隔夜用水浸泡,晾干后(外干内湿)才能使用。使用未浸泡的干砖,表面有积灰,砂浆不易黏结,而且由于面砖吸水性强,把砂浆中的水分很快吸收掉,使砂浆与砖的黏结力大为降低;若面砖浸泡后没有晾干,湿面砖表面附水,使贴面砖时产生浮动,都能导致面砖空鼓。

(3)粘贴面砖砂浆要饱满,但使用砂浆过多,面砖又不易贴平;如果多敲,会造成浆水集中到面砖底部或溢出,收水后形成空鼓,特别在垛子、阳角处贴面砖时更应注意,否则容易产生阳角处不平直和空鼓,导致面砖脱落。

(4)在面砖粘贴过程中,宜做到一次成活,不宜移动,尤其是砂浆收水后再纠偏挪动,最容易引起空鼓。粘贴砂浆一般可采用1∶0.2∶2混合砂浆,并做到配合比准确,砂浆在使用过程中,更不要随便掺水和加灰。

(5)做好勾缝。勾缝用1∶1水泥砂浆,砂过筛,分两次进行,第一遍用一般水泥砂浆勾缝,第二遍按设计要求的色彩配制带色水泥砂浆,勾成凹缝,凹进面砖深度约 3 mm。相邻面砖不留缝的拼缝处,应用同面砖相同颜色的水泥浆擦缝,擦缝时对面砖上的残浆必须及时清除,不留痕迹。

2. 分格缝不匀,墙面不平整

1)原因分析

(1)施工前没有按照图纸尺寸,核对结构施工实际情况,进行排砖分格和绘制大样图。

(2)各部位放线贴灰饼不够,控制点少。

(3)面砖质量不好,规格尺寸偏差较大,施工中没有严格选砖,再加上操作不当,造成分格缝不均匀,墙面不平整。

2)防治措施

(1)施工前应根据设计图纸尺寸,核实结构实际偏差情况,决定面砖铺贴厚度和排砖模数,画出施工大样图。一般要求横缝应与窗台相平。竖向要求阳角窗口处都是整砖,如方格者按整块分均,确定缝子大小做分格条和划出皮数杆。根据大样图尺寸,对各窗心墙、砖垛等处要事先测好中心线、水平分格线、阴阳角垂直线,对偏差较大不符合要求的部位要事先剔凿修补,以作为安装窗框、做窗台、腰线等的依据,防止贴面砖时,在这些部位产生分格缝不匀、排砖不整齐等问题。

(2)基层打完底后用混合砂浆粘在面砖背后做灰饼,外墙面要挂线,阴阳角处要双面挂直,灰饼的黏结层不小于 10 mm,间距不大于 1.5 m,并要根据皮数杆在底子灰上从上到下弹上若干水平线,在阴阳角、窗口处弹上垂直线,作为贴面砖时控制标志。

(3)铺贴面砖操作时应保持面砖上口平直,贴完一皮砖后,需将上口灰刮平,不平处用小木片或竹签等垫平,放上分格条再贴第二皮砖。垂直缝应以低于灰弹线为准,随时检查核对,铺贴后将立缝处灰浆随时清理干净。

(4)面砖使用前应先进行剔选。凡外形歪斜、缺角掉棱、翘曲、龟裂和颜色不匀者均应挑出,用套板把同号规格分大、中、小进行分类堆放,分别使用在不同部位(有些缺陷则不能使用),以免由于面砖本身质量问题造成排砖缝子不直、分格不匀和颜色不匀等现象。

3. 墙面污染

1)原因分析

对面砖保管和墙面完活后成品保护不好;操作中没有及时清除砂浆,造成墙面污染。

2)防治措施

(1)开始贴面砖起,不得从脚手架上和室内向外倒脏水、垃圾。操作人员应严格做到活完顺手清。面砖勾缝时应自上而下进行,拆脚手架应注意不要碰坏墙面。

(2)用草绳或有色纸张包装的面砖,运输和保管期间要防止雨淋或受潮。

(3)面砖墙面完工后,当受砂浆、水泥浆水等沾污,用清水不容易洗刷干净时,可用 10% 的稀盐酸溶液洗刷,使盐酸与水泥浆中氢氧化钙发生化学反应,成为极易溶于水、强度甚低的氯化钙,被沾污的墙面就比较容易清洗干净。洗刷时,应由上而下进行,然后用清水洗净,否则饰面容易变黄。

4. 泛白污染

1)原因分析

(1)泛白污染的主要成分为碳酸钙,目前一般镶贴面砖的材料为水泥砂浆(或掺入少量胶液),水泥砂浆在水化硬化过程中,反应生成的氢氧化钙以及其他碱性水溶液,从贴缝或面砖析出表面,在空气中二氧化碳的作用下,变成不溶于水的碳酸钙。另外,在砂浆硬化后,从贴缝和其他地方浸入雨水,雨水就会溶解砂浆里的水溶成分,并再从面砖或贴缝中析出,当析出物日积月累,逐渐扩大时,即形成非常难看的泛白现象。

(2)有的面砖吸水率高,如用多孔陶质面砖,石灰水不仅要从贴缝处析出,而且会通过面砖孔隙析出表面,变成不溶解物质,出现整个面砖泛白。由于是通过面砖孔隙中析出的泛白,其泛白物质很难除掉(表面除掉后又会析出)。

2)防治措施

(1)做好勾缝,改变勾缝材料的性质,如掺加部分骨料,或适量的具有防水性质的聚合物,如金属皂类等。

(2)用液体防水剂处理接缝,使之减小透水性。采用这种方法,虽然防水剂从硬化了的勾缝材料外表面只能渗入2~3 mm,但对防止外部雨水渗透的效果很好。

(3)耐陶质面砖进行防水处理。为减小陶质面砖的透水性,使泛白污染物不容易黏附在面砖表面上,可用防水剂处理面砖。

(二)釉面砖(又称瓷砖、瓷片及釉面陶土砖)饰面

釉面砖,是上釉的薄片状精陶建筑材料,主要用于建筑物的内墙饰面及粘贴台面等。由于材质及施工等因素,常有变色污染、空鼓、脱落、接缝不平直、缝宽不均匀及表面裂缝等质量通病。

1. 变色污染

其主要出现白度降低,泛黄、发花、发黑等现象。

1)原因分析

(1)釉面砖背面是未施釉坯体,如吸水率大、质地疏松,使溶解在液体中的各种颜色逐渐向坯体的深处渗透、扩散,直至从正面泛出。

(2)我国釉面砖的坯体大多为白色,施的釉面是透明或半透明的乳白釉,目前施釉厚度约为0.5 mm,且乳浊度不足,遮盖力低。

(3)釉面砖质地疏松,施工前浸泡又不透,粘贴时,砂浆中的浆水或不洁净水从釉面砖背面渗进砖坯内,并慢慢地从透明釉面上反映出来,致使釉面砖变色。

2)防治措施

(1)生产釉面砖时,适当增加施釉厚度,施釉厚度如大于1 mm,阻透色效果就好。另外,提高釉面砖坯体的密实度,减小吸水率,增加乳浊度等。

(2)在施工过程中浸泡釉面砖应用洁净水,粘贴釉面砖的砂浆,应使用干净的原材料进行拌制;粘贴面密实,砖缝应嵌塞严密,砖面应及时擦洗干净。

(3)釉面砖粘贴前一定要浸泡透,并将有隐伤的挑出。尽量使用和易性、保水性较好的砂浆粘贴。操作时不要用力敲击砖面,防止产生隐伤,并随时将砖面上的砂浆擦洗干净。

2. 空鼓、脱落

1)原因分析

(1)基层没有处理好,墙面湿润不透,砂浆失水太快,造成釉面砖与砂浆黏结力低。

(2)釉面砖浸泡水不足,造成砂浆早期脱水;浸泡后的砖未晾干就粘贴,浮水使砖浮动下坠。

(3)操作不当,砂浆不饱满,厚薄不均匀,用力不均。

(4)砂浆已经收水,再对粘贴完的釉面砖进行纠偏移动。

(5)釉面砖本身有隐伤,事先未发现,嵌缝不密实或漏嵌。

2)防治措施

(1)基层清理干净,表面修补平整,过凹的地方要分次填补,墙面洒水湿透。

(2)釉面砖使用前必须清洗干净,用水浸泡到釉面砖不冒气泡为止,且不少于2 h,然后取出,待表面晾干后方可粘贴。

(3)粘贴釉面砖的砂浆厚度一般控制在7~10 mm之间,过厚或过薄均易产生空鼓。必要时,可使用掺有水泥质量3%的107胶水泥砂浆,改善黏结砂浆的和易性和保水性,并有一定的缓凝作用,不但增加黏结力,而且可以减少黏结层的厚度,校正表面平整和拨缝时间可长些,便于操作,易于保证粘贴质量。

(4)当采用混合砂浆黏结层时,粘贴后的釉面砖可用灰匙木柄轻轻敲击;当采用107胶聚合物水泥砂浆黏结层时,可用手轻压,并用橡皮锤轻轻敲击,使其与底层黏结密实。凡遇黏结不密实的,应取下重贴,不得在砖口处塞灰。

(5)当釉面砖墙面有空鼓和脱落时,应取下釉面砖,铲去原有黏结砂浆,再用107胶聚合物水泥砂浆粘贴修补。

3. 接缝不平直、缝宽不均匀

1)原因分析

(1)施工前对釉面砖挑选不严格,挂线、贴灰饼、排砖不规矩。

(2)平尺板安装不水平,操作技术水平低。

(3)基层抹灰面不平整。

2)防治措施

(1)对釉面砖的材质挑选,作为一道工序,将色泽不同的釉面砖分别堆放,并把翘曲、变形、裂纹、面层有杂质、缺棱掉角、几何尺寸超标等缺陷的釉面砖挑出。同一类尺寸釉面砖,应用在同一房间或一面墙上,保证接缝均匀。

(2)粘贴前做好规矩。用水平尺找平,校核墙面的方正,算好纵横皮数,划出皮数杆,定出水平标准。可先用废釉面砖贴灰饼,找出标准,灰饼间距应以小于靠尺板长度为宜。阳角处要两面抹直。

(3)根据弹好的水平线,稳好平尺板,作为粘贴第一行釉面砖的依据,由下向上逐行粘贴。每贴好一行釉面砖,应及时用靠尺板横、竖向靠平靠直,高出处用灰匙木柄轻轻敲平;及时校正横、竖缝平直和均匀,严禁在粘贴砂浆收工后再进行纠偏移动釉面砖。

4. 釉面砖面裂缝

1)原因分析

(1)釉面砖质量不好,材质松脆,吸水率大,因受湿膨胀较大而产生内应力,使砖面开裂。

(2)釉面砖在运输和操作过程中产生的隐伤而裂缝。

2)防治措施

(1)釉面砖,特别是用于高级装饰工程上的釉面砖,应选用材质密实,吸水率小于18%的质量较好的釉面砖,以减少裂缝的产生。

(2)粘贴釉面砖前一定要用水浸泡透,将有隐伤者挑出。尽量使用和易性、保水性较好的砂浆粘贴。操作时不要用力敲击砖面,防止产生隐伤。

(三)陶瓷锦砖饰面

陶瓷锦砖也称马赛克。由于成品按不同图案贴在纸上,又称纸皮石。其广泛用于工业与民用建筑的洁净车间、门厅、走廊、餐厅、厕所、盥洗室、浴室、工作间、化验室等处的内墙饰面,也可用于高级建筑物的地面和外墙饰面。当在铺贴时,操作不当,容易产生表面不平整,分格缝不均匀,砖缝不平直、空鼓、脱落和墙面污染等质量问题。

1.墙面不平整,分格缝不匀,砖缝不平直

1)原因分析

(1)陶瓷锦砖粘贴时,黏结层砂浆厚度小(3~4 mm),对基层处理和抹灰质量要求均很严格,如底子灰表面平整和阴阴角稍有偏差,粘贴面层时就不易调整找平,产生表面不平整现象。如果增加粘贴砂浆厚度来找平,则陶瓷锦砖粘贴后,表面不易拍平,同样会产生墙面不平整。

(2)施工前,没有按照设计图纸尺寸核对结构施工实际情况,进行排砖、分格和绘制大样图,抹底子灰时,各部位挂线找规矩不够,造成尺寸不准,引起分格缝不均匀。

(3)陶瓷锦砖粘贴揭纸后,没有及时对砖缝进行检查和认真拨正调直。

2)防治措施

(1)施工前应对照设计图纸尺寸,核实结构实际偏差情况,根据排砖模数和分格要求,绘制出施工大样图并加工好分格条,事先选好砖,裁好规格,编上号,便于粘贴时对号入座。

(2)按照施工大样图,对各窗间墙、砖垛等处要先测好中心线、水平线和阴阳角垂直线,贴好灰饼,对不符合要求、偏差较大的部位,要预先剔凿或修补,以作为安窗框及做窗台、腰线等的依据,防止在窗口、窗台、腰线、砖垛等部位,发生分格缝留不均匀或阳角处出现不够整砖的情况。抹底子灰要求确保平整,阴阳角要垂直方正,抹完后立即划毛,并注意养护。

(3)在养护完的底子灰上,根据大样图从上到下弹出若干水平线,在阴阳角处、窗口处弹上垂直线,以作为粘贴陶瓷锦砖时控制的标准线。

(4)粘贴陶瓷锦砖时,根据已弹好的水平线稳好平尺板,刷素水泥浆结合层一遍,随铺2~3 mm厚黏结砂浆,同时将若干块裁好规格的陶瓷锦砖铺放在特制木板上,底面朝上,缝里撒入1:2水泥干砂面,刷净表面浮砂后,薄薄涂上一层黏结砂浆,然后逐张提起,从平尺板上口,由下往上随即往墙上粘贴,每张之间缝要对齐,贴一组后,将分格条放在上口,重复上述次序,继续往上粘贴。

(5)陶瓷锦砖粘贴后,随即将拍板靠放在已贴好的面层上,用小锤敲击拍板,满敲均匀,使面层黏结牢固和平整,然后刷水将护纸揭去,检查陶瓷锦砖分缝平直、大小等情况,将弯扭的缝用开刀拨正调直,再用小锤拍板拍平一遍,以达到表面平整。

2.墙面空鼓、脱落

1)原因分析

(1)基层清理不干净,浇水不饱和、不透和不匀。

(2)刷纯水泥浆结合层后,没有随即抹黏结砂浆,或使用黏结砂浆配合比不当;和易性不好;揭护纸时间过迟在黏结砂浆已收水后才进行拨缝调直,都可能引起空鼓甚致脱落。

(3)勾缝不严,雨水渗透进面层或黏结层后受冻膨胀引起空鼓或脱落。

2）防治措施

（1）抹灰前底层应清理干净、剔凿和补平，浇水均匀，基层要湿润。

（2）刷纯水泥浆结合层后，要紧跟抹黏结砂浆，随即贴陶瓷锦砖，要做到随刷、随抹、随贴。粘贴时砂浆不宜过厚，面积不宜过大。黏结砂浆宜用1∶1水泥聚合物砂浆（掺水泥质量2%的聚醋酸乙烯乳液），以改善砂浆的和易性和保水性能，防止砂浆收水太快，黏结力降低，引起空鼓。

（3）陶瓷锦砖粘贴后，揭纸时间宜控制在1 h内完成，否则收浆收水后，再去纠偏拨缝挪动陶瓷锦砖面层，容易造成空鼓掉块。

（4）面层粘贴后，对起出分格条的大缝用1∶1水泥砂浆勾严实，砖缝要用素水泥浆擦缝填满。色浆的颜色按设计要求。

3. 墙面污染

1）原因分析

（1）陶瓷锦砖在运输和堆放过程中保管不良。

（2）墙面、地面粘贴完毕后，成品保护不好。

（3）施工过程中未及时清除砂浆、污水等。

2）防治措施

（1）贴面施工开始后，不得在室内向外泼脏水、倒垃圾。

（2）面砖勾缝应自上而下进行，并随时清理墙面；拆脚手架注意不得碰坏墙面。

（3）用草绳或色纸包装陶瓷锦砖（特别是白色砖）时，运输和保管期间要防止雨淋或受潮。

二、石质材料饰面

石质材料包括天然石材和人造石材两大类。这里主要介绍大理石（指天然的）、天然花岗石、人造大理石、预制水磨石、现浇水磨石及水泥地面砖等石质材料饰面工程的质量通病及防治措施。

（一）大理石墙、柱面饰面

1. 接缝不平，板面纹理不顺，色泽不匀

墙、柱面镶贴大理石板后，板与板之间接缝粗糙不平，花纹横竖突变不通顺，色泽深浅不匀。

1）原因分析

基层处理不合质量要求；对板材质量的检验不严格，镶贴前试拼不认真；施工操作不当，特别是分次灌浆时，灌浆高度过高。

2）防治措施

（1）镶贴前先检查墙、柱面的垂直平整情况，超过规定的偏差应事先剔除或补齐，使基层到大理石板面距离不小于5 cm，并将墙、柱面清刷干净，浇水湿透。

（2）镶贴前在墙、柱面弹线，找好规矩。大理石墙面要在每个分格或较大的面积上弹出中心线、水平通线，在地面上弹出大理石板面线；大理石柱子应先测量出柱子中心线和柱与柱之间水平通线，并弹出大理石柱子面线。

（3）事先将有缺棱掉角、裂纹和局部污染变色的大理石板材挑出，再进行套方检查，规格尺寸超过规定偏差，应磨边修正，阳角处用的大理石板，如背面是大于45°的斜面，还应剔凿磨平至符合要求才能使用。

(4)按照墙、柱面的弹线进行大理石板试拼，对好颜色，调整花纹，使板与板之间上下、左右纹理通顺，颜色协调，缝子平直均匀，试拼后，由上至下逐块编写镶贴顺序号，再对号镶贴。

(5)镶贴小规格块材时，可采用粘贴方法；大规格板材（边长大于40 cm）或镶贴高度大于1 m时，须使用安装方法。按照设计要求，事先在基层上绑扎好钢筋网，并与结构预埋铁件连接牢固，块材上下两侧面两端各用钻头打成5 mm圆孔，穿上铜丝或镀锌铁丝，把块材绑扎在钢筋网上。安装顺序是按照事先找好的中心线、水平通线和墙（柱）面线进行的试拼编号，在最下一行两头用块材找平找直，拉上横线，再从中间或一端开始安装，并随时用托线板靠平靠直，保证板与板交接处四角平整，待第一行大理石板块安装完后，用木楔固定；再在表面横竖接缝处，每隔10～15 cm用石膏浆（石膏粉掺20%的水泥后用水拌成）临时黏结固定，以防移动，缝隙用纸堵严。较大的板材固定时还要加支撑。

(6)待石膏浆凝固后，用1∶2.5水泥砂浆（厚度一般为8～12 cm）分层灌注，每次灌注不宜过高，否则容易使大理石板膨胀外移，造成饰面不平。

第一层灌注高度约为15 cm，且不得超过板高的1/3，灌浆时动作要轻，把浆徐徐倒入石板内侧缝中。第一层灌浆后1～2 h，待砂浆凝固后，先检查石板是否移动，当有外移错位，不合要求时，应拆除重新安装。第二层灌注高度约10 cm，达石板高度1/2处。第三层灌注至板口下约5 cm，为上行石板安装后灌浆的结合层。最后一层砂浆终凝后，将上口固定木楔轻轻移动拔出，并清理净上口，依次逐行往上镶贴，直至顶部。

2. 开裂

有的大理石石质较差，色纹多，当镶贴部位不当，墙面上下空隙留得较小时，常受到各种外力影响，在色纹暗缝或其他隐伤等薄弱处，易产生不规则裂缝。

1)原因分析

(1)当大理石板的色纹、暗缝或其他隐伤等缺陷以及凿洞开槽处，受到结构沉降压缩变形外力后，若外力超过板材薄弱处的强度，加上应力集中，会导致大理石镶贴墙面开裂。

(2)当大理石板镶贴在外墙面、紧靠厨房及厕浴等潮气较大的部位，安装粗糙、板缝灌浆又不严实时，侵蚀气体和湿空气易透入板缝，使钢筋网和挂钩等连接件遭到锈蚀，产生膨胀，给大理石板一种向外的推力。

(3)大理石镶贴墙、柱面时，上下空隙较小，当结构受压变形时，大理石饰面受到垂直方向的压力。

(4)在大理石镶贴的外墙面，当接缝不实时，潮气浸入，冬期在寒冷地区造成结冰，体积膨胀，使板材开裂。

2)防治措施

(1)在墙、柱等承重结构面上镶贴大理石板时，应待结构沉降稳定后进行；安装顶部和底部大理石板时，应留有适当的缝隙，以防结构压缩时，大理石板直接承重被压开裂。

(2)安装大理石板，灌浆要饱满，接缝缝隙应不大于0.5～1 mm，嵌缝要严密；板材不得有裂缝、缺棱掉角等缺陷，以防止侵蚀气体和湿空气侵入，锈蚀钢筋网片，或冬季结冰等体积膨胀，引起板面开裂。

(3)若是结构沉降引起的开裂,待沉降稳定后,视不同程度,采取补缝或更换。

(4)若非结构沉降引起的开裂,应随时采用水泥色浆掺 107 胶修补,色浆的颜色应尽量做到与修补的大理石表面接近。

3. 墙、柱面碰损、污染

1)原因分析

其主要包括:板材搬运、堆放不妥当,操作中没及时清洗被砂浆等脏物的污染,安装后成品保护未按规定做好。

2)防治措施

(1)大理石石质较软,因此在堆放和搬运过程中都应该细心保护。当大理石板直立搬运而边角着地时,要避免正面边角先着地或角先着地,防止正面棱角受损伤,影响安装时接缝的严密吻合。尺寸较大的板材不宜平运,石材有暗缝和半贯通色纹时,应注意防止板材因自重产生的弯矩而破裂或造成隐伤。

(2)大理石颗粒之间有一定的空隙和染色能力,遇到有色液体,便会渗透吸收,造成板面污染,且不易洗掉。因此,在运输保管过程中,浅色大理石不宜用草绳、草帘等捆扎;在成果保护中,不宜粘贴带色纸来保护成品,以免遇水或受雨淋后,受到有色液体污染。在安装过程中,墙、柱面灌浆时,要防止接缝处漏浆造成污染。因此,接缝要求平直紧密,灌浆前,应在横竖接缝内填塞废纸、麻丝或用麻刀灰堵缝,大理石表面如粘上灰浆应随手擦净,以免时间过长污染板面;对汉白玉等白色大理石,用于固定的石膏浆,应掺白水泥。此外,还应防止酸碱类化学药品、有色液体等直接接触大理石表面造成污染。

(3)大理石安装完后应认真做好成品保护,柱面、门窗口、窗台板等阳角部位要用板条绑牢,墙面采用木板、塑料布等覆盖。

(4)缺棱处用环氧树脂胶修补。修补完待环氧树脂胶凝固硬化后,用细油石磨平打光。

(5)掉角断裂的板材黏结修补:先将黏结面清洗干净,待干燥后,在两个黏结面上均涂上 0.5 mm 厚环氧树脂胶,粘贴后养护 3 d。黏结剂配好后宜在 1 h 内用完;采用 502 胶黏结时,在黏结面上涂上 502 胶后,稍加压力黏合,并在 15 ℃温度下,养护 24 h 即可。

4. 墙面腐蚀,空鼓脱落

大理石用于室外墙、柱面,经 10 ~ 20 年后,表面逐渐变色、退色和失去光泽,变得粗糙,并产生麻点、开裂和剥落等腐蚀现象,严重时还出现空鼓脱落。

1)原因分析

大理石是一种变质岩,主要成分为碳酸钙,约占 50% 以上,含杂质成分不同则呈不同的颜色和光泽,例如白色含碳酸钙、碳酸镁,紫色含锰,黑色含碳或沥青质,绿色含钴化物,黄色含铬化物,红褐色、紫色、棕黄色含锰及氧化铁水化物等。大理石中一般都含有许多矿物和杂质,在风霜雨雪、日晒下,容易变色和退色。如空气中的二氧化硫,遇到水汽时能生成亚硫酸,然后变为硫酸,与大理石中的碳酸钙发生反应,在大理石表面生成石膏。石膏易溶于水,且硬度低,使磨光的大理石表面逐渐失去光泽,变得粗糙,产生麻点、开裂和剥落。

2)防治措施

(1)大理石不宜用做室外墙、柱饰面,特别不宜在工业区附近的建筑物上采用,个别工程需用做外墙面时,应事先进行品种选择,挑选品质纯、杂质少、耐风化及耐腐蚀的大理石。

(2)室外大理石墙面压顶部位要认真处理,保证基层不渗透水。操作时,横竖接缝必须严密，灌浆饱满，每块大理石板与基层钢筋网连接应不少于四点。设计时尽可能在顶部加网罩，以防止大理石墙面直接受到雨淋日晒，延长使用寿命。

(3)将空鼓脱落的大理石板拆下，重新安装镶贴。但这种做法施工麻烦，修理费高，且修后的新、旧板材面光泽、颜色及花纹都难以达到一致。

(二)天然花岗石饰面

1. 接缝不平，板面纹理不顺，色泽不匀

其主要指墙、柱及地面镶贴花岗石板后，板与板间的接缝粗糙不平，纹理横竖突变不通顺协调，色泽深浅不匀。

1)原因分析

(1)基层处理不好，墙、柱面偏差过大。

(2)对板材质量未进行严格挑选，镶贴前试拼不认真。

(3)施工操作不当，每次灌浆高度过高。

2)防治措施

(1)镶贴前应先检查基层墙面垂直平整情况，偏差较大的应事先剔凿或修补，使基层面与花岗石表面的距离不得小于 5 cm，并将基层表面清扫干净，浇水湿透。

(2)镶贴前应在基层弹线，在墙面上弹出中心线、水平通线，在地面上弹出花岗石面线；柱子应先测量出中心线和柱与柱之间的水平通线，并弹出墙表线。

(3)事先将有缺棱掉角、裂缝和局部污染变色的花岗石板材挑出，完好的再进行套方检查，规格尺寸若有偏差，还应磨边修正。

(4)做好镶贴前试拼，对好颜色，调整花纹，使板与板之间上下、左右纹理通顺，颜色协调，并由上至下逐块编写镶贴顺序，然后对号入座。

(5)镶贴顺序是根据事先找好的中心线、水平通线和试拼编号，然后在最下一行两头用块材找平找直。拉上横线，再从中间或一端开始镶贴，随时用托线板靠直靠平，保证板与板交接处四角平整。镶贴地面时，可按照大理石、预制水磨石地面镶贴方法进行。

(6)灌浆用 1∶2.5 水泥砂浆分层灌注，每层厚度不得超过 20 cm，否则容易使花岗石板向外挤出，影响饰面平整。

2. 花岗石墙面开裂

1)原因分析

(1)由于花岗石板有暗缝或其他隐伤等缺陷，以及凿洞开槽断面变化等薄弱之处，当结构沉降压缩时，由于外力超过板材薄弱处的强度，导致花岗石饰面开裂。

(2)当花岗石板镶贴在外墙或紧贴厨房、厕所、浴室等潮气较大的房间时，因镶贴粗糙，板缝灌浆不严，侵蚀气体或湿空气透入板缝，使连接件遭到锈蚀，或结冰产生膨胀，给花岗石板一种向外的推力。

(3)花岗石板镶贴墙面、柱面时，上下空隙较小，当结构受压变形时，使花岗石饰面受到垂直方向的压力。

2)防治措施

(1)在墙、柱等承重结构面上镶贴花岗石时，应待结构沉降稳定后进行，在花岗石板顶部和底部应留有一定的缝隙，以防止结构压缩时饰面直接被压而开裂。

(2)镶贴花岗石板接缝处，缝隙应在 0.5 ~1 mm 之间，嵌缝要严密，灌浆要饱满，板材不应有裂缝、缺棱掉角等缺陷，以防止腐蚀性气体和湿空气侵入，锈蚀紧固件，或冬期在寒冷地区结冰使体积膨胀等，引起板面开裂。

(3)采用107胶白水泥浆掺色修补，色浆的颜色应尽量做到与修补的花岗石板面接近。

(三)人造大理石饰面

根据采用材料、工艺的不同，人造大理石板分为水泥型、树脂型、复合型及烧结型几种。

1. 原因分析

(1)当采用硅酸盐或铝酸盐水泥做胶结材料时，一般耐腐蚀性能较差；制品在使用过程中，因收缩较大，易出现微龟裂。

(2)若用树脂为胶结料，因树脂本身及掺量等因素，在大气中易老化，影响其耐久性；若染料或颜料选择不当，则易失去颜色或光泽。

(3)板材类型与板材尺寸选用不当，特别是一些面积大于400 mm×400 mm的板易出现翘曲。

2. 防治措施

(1)正确选择使用部位，人造大理石板应以室内装饰为宜。

(2)在环境条件较差，污染较重，特别干燥地区，要慎用。

(3)板块尺寸不宜过大。

(4)在临时或半永久房屋中应用。

(四)碎拼大理石饰面

利用生产大理石板的边角余料，经过适当分类加工成矩形块料，锯割成整齐、大小不等的正方体及立方体等；冰裂状块料；锯割整齐的各种多边形；不规则的毛边碎块。用这些块料采用不同的拼法和嵌缝进行粘贴而成。出现的通病主要是颜色不协调，表面不平整。

1. 原因分析

由于这种饰面随意性很大，块材较杂，图案设计变比又大，以及块材厚薄不匀，极易造成颜色不协调，饰面不平整。

2. 防治措施

(1)镶贴前应挑选颜色协调、厚薄一致的块材。

(2)按设计事先把图案尺寸、位置放在镶贴面上，并先镶贴图案部分，然后再贴其他部分。

(3)镶贴时，随时用靠尺找平，并注意镶贴砂浆不能超过15 mm。

(五)塑料饰面

塑料饰面板材，品种繁多，饰面新颖美观，常用的塑料饰面板材有聚氯乙烯塑料板(PVC)、三聚氰胺塑料板及塑料贴面装饰板等。这些板材，用于饰面工程时，因材料不同，出现的质量通病也不相同，现分析如下。

1. 聚氯乙烯塑料板饰面，板面不平，粘贴不牢

1)原因分析

基层不平、不干净，胶液涂刷不均匀及钉距不适当等。

2)防治措施

(1)基层抹灰应平整，对有麻面处，宜采用乳胶腻子事先修补平整。

(2)胶液不宜太稀或太稠，保证涂刷均匀，并不宜太厚，板材粘贴后，将拼缝处多余胶液

挤出刮净。

(3)当为硬质厚型的聚氯乙烯板时,用木螺丝加垫圈或金属压条固定时,钉距一般为400~500 mm。

2. 三聚氰胺塑料板饰面,局部空鼓、起皮及翘边

1)原因分析

主要是基层不平,表面有污物或浮浆处理不干净,粘贴时基层含水率过大及粘贴后加压不均匀等。

2)防治措施

(1)墙面基层处理,应先定出水平基线及垂直基线,分层用水泥砂浆抹平。一般抹2~3遍,每层厚20~25 mm,不能一次抹得太厚;先用较粗砂子拌成1∶3水泥砂浆抹底,然后用水泥∶砂为1∶2.5较细砂子水泥砂浆抹面,表面要抹平,不宜太光滑。

(2)基层水泥砂浆达75%强度后,用砂轮打磨,除去浮浆,磨平凸出部分,凹处应用腻子补平,表面磨平后用湿布擦干净。

(3)保持室内通风,基层含水率应控制在8%以下,排除过湿造成空鼓。

(4)粘贴完后应排净空气,加木压板,并加支撑,与墙面垂直,以保证不翘边,且用力均匀。室温15 ℃以上时,养护16 h。

(5)当中间出现局部空鼓时,应钻孔排气,注入胶液并重新加压;边缘翘起时应重新涂胶加压。

3. 塑料贴面装饰板

塑料贴面装饰板,其贴面厚度多数为0.8 mm,少数为1 mm,因此多与其他基层先粘贴后使用。若接缝处理不当,面板粘贴后会滑移以及板边有毛刺等。

1)原因分析

塑料贴面装饰板,厚度差别大,薄的只有8 mm,厚的有16 mm,不能用同一方法去安装;又因板材本身较光,再加上基层也光,则易产生滑移;当用锯裁板时,底面向上,则易出现毛边。

2)防治措施

(1)不同厚度的板,板缝处理应不同。8 mm厚的板,一般可用压条法,压条可用铝条、木条或塑料板条,用木螺丝固牢。当板厚为16 mm时,板拼缝应用企口拼接。

(2)粘贴基层面,应平整而不光滑,并有足够的坚实程度;贴面板底部,可用小刀刻痕或用粗砂纸打刷毛,增加黏结力,保证贴面板不滑移。

(3)切割板材时,应正面向上,可减少毛刺,并留有30 mm宽余量,需要时,可用刨子刨光修整,少量地方也可用粗砂纸磨光。

第二节　质量要求及检验方法

一、一般规定

本部分内容适用于饰面板安装、饰面砖粘贴等分项工程的质量验收。饰面板工程采用的石材有花岗石、大理石、青石板和人造石材;采用的瓷板有抛光和磨边板两种,面积不大于

1.2 m^2 且不小于 0.5 m^2；金属饰面板有钢板、铝板等品种；木材饰面板主要用于内墙裙。陶瓷面砖主要包括釉面瓷砖、外墙面砖、陶瓷锦砖、陶瓷壁画、劈裂砖等，玻璃面砖主要包括玻璃锦砖、彩色玻璃面砖、釉面玻璃等。

(1)饰面板(砖)工程验收时应检查下列文件和记录：①饰面板(砖)工程的施工图、设计说明及其他设计文件；②材料的产品合格证书、性能检测报告、进场验收记录和复验报告；③后置埋件的现场拉拔检测报告；④外墙饰面砖样板件的黏结强度检测报告；⑤隐蔽工程验收记录；⑥施工记录。

(2)饰面板(砖)工程应对下列材料及其性能指标进行复验：①室内用花岗石的放射性；②粘贴用水泥的凝结时间、安定性和抗压强度；③外墙陶瓷面砖的吸水率；④寒冷地区外墙陶瓷面砖的抗冻性。

(3)饰面板(砖)工程应对下列隐蔽工程项目进行验收：①预埋件(或后置埋件)；②连接节点；③防水层。

(4)各分项工程的检验批应按下列规定划分：

①相同材料、工艺和施工条件的室内饰面板(砖)工程每 50 间(大面积房间和走廊按施工面积 30 m^2 为一间)应划分为一个检验批，不足 50 间也应划分为一个检验批；

②相同材料、工艺和施工条件的室外饰面板(砖)工程每 500 ~ 1 000 m^2 应划分为一个检验批，不足 500 m^2 也应划分为一个检验批。

(5)检查数量应符合下列规定：

①室内每个检验批应至少抽查 10%，并不得少于 3 间，不足 3 间时应全数检查；

②室外每个检验批每 100 m^2 应至少抽查一处，每处不得小于 10 m^2。

(6)外墙饰面贴前和施工过程中，均应在相同基层上做样板件，并对样板件的饰面砖黏结强度进行检验，其检验方法和结果判定应符合《建筑工程饰面砖粘结强度检验标准》(JGJ 110—2008)的规定。

(7)饰面板(砖)工程的抗震缝、伸缩缝、沉降缝等部位的处理应保证缝的使用功能和饰面的完整性。

二、饰面板安装工程

本部分内容适用于内墙饰面板安装工程和高度不大于 24 m，抗震设防烈度不大于 7 度的外墙饰面板安装工程的质量验收。

(一)主控项目

(1)饰面板的品种、规格、颜色和性能应符合设计要求，木龙骨、木饰面板和塑料饰面板的燃烧性能等级应符合设计要求。

检验方法：观察，检查产品合格证书、进场验收记录和性能检测报告。

(2)饰面板孔及槽的数量、位置和尺寸应符合设计要求。

检验方法：检查进场验收记录和施工记录。

(3)饰面板安装工程的预埋件(或后置埋件)、连接件的数量、规格、位置、连接方法和防腐处理必须符合设计要求。后置埋件的现场拉拔强度必须符合设计要求。饰面板安装必须牢固。

检验方法：手扳检查，检查进场验收记录、现场拉拔检测报告、隐蔽工程验收记录和施工记录。

(二)一般项目

(1)饰面板表面应平整、洁净、色泽一致,无裂痕和缺损。石材表面应无泛碱等污染。

检验方法:观察。

(2)饰面板嵌缝应密实、平直,宽度和深度应符合设计要求,嵌填材料色泽应一致。

检验方法:观察,尺量检查。

(3)采用湿作业法施工的饰面板工程,石材应进行防碱背涂处理。饰面板与基体之间的灌注材料应饱满、密实。

检验方法:用小锤轻击检查,检查施工记录。

(4)采用传统的湿作业法安装天然石材时,由于水泥砂浆在水化时析出大量的氢氧化钙,泛到石材表面,产生不规则的花斑,俗称泛碱现象,严重影响建筑物室内外石材饰面的装饰效果。因此,在天然石材安装前,应对石材饰面采用防碱背涂剂进行背涂处理。

(5)饰面板上的孔洞应套割吻合,边缘应整齐。

检验方法:观察。

(6)饰面板安装的允许偏差和检验方法应符合表11-1的规定。

表11-1 饰面板安装的允许偏差和检验方法

项次	项目	允许偏差(mm)							检验方法
		石材			瓷板	木材	塑料	金属	
		光面	剁斧石	蘑菇石					
1	立面垂直度	2	3	3	2	1.5	2	2	用2 m垂直检测尺检查
2	表面平整度	2	3	—	1.5	1	3	3	用2 m靠尺和塞尺检查
3	阴阳角方正	2	4	4	2	1.5	3	3	用直角检测尺检查
4	接缝直线度	2	4	4	2	1	1	1	拉5 m线,不足5 m拉通线,用钢直尺检查
5	墙裙、勒脚上口直线度	2	3	3	2	2	2	2	拉5 m线,不足5 m拉通线,用钢直尺检查
6	接缝高低差	0.5	3	—	0.5	0.5	1	1	用钢直尺和塞尺检查
7	接缝宽度	1	2	2	1	1	1	1	用钢直尺检查

三、饰面砖粘贴工程

本部分内容适用于风墙饰面砖粘贴工程和高度不大于100 m,抗震设防烈度不大于8度,采用满粘法施工的外墙饰面砖粘贴工程的质量验收。

(一)主控项目

(1)饰面砖的品种、规格、图案颜色和性能应符合设计要求。

检验方法:观察,检查产品合格证书、进场验收记录、性能检测报告和复验报告。

(2)饰面砖粘贴工程的找平、防水、黏结和勾缝材料及施工方法应符合设计要求及国家现行产品标准和工程技术标准的规定。

检验方法:检查产品合格证书、复验报告和隐蔽工程验收记录。

(3)饰面砖粘贴必须牢固。

检验方法:检查样板件黏结强度检测报告和施工记录。

(4)满粘法施工的饰面砖工程应无空鼓、裂缝。

检验方法:观察,用小锤轻击检查。

(二)一般项目

(1)饰面砖表面应平整、洁净、色泽一致,无裂痕和缺损。

检验方法:观察。

(2)阴阳角处搭接方式、非整砖使用部位应符合设计要求。

检验方法:观察。

(3)墙面突出物周围的饰面砖应整砖套割吻合,边缘应整齐。墙裙、贴脸突出墙面的厚度应一致。

检验方法:观察,尺量检查。

(4)饰面砖接缝应平直、光滑,填嵌应连续、密实,宽度和深度应符合设计要求。

检验方法:观察,尺量检查。

(5)有排水要求的部位应做滴水线(槽)。滴水线(槽)应顺直,流水坡向应正确,坡度应符合设计要求。

检验方法:观察,用水平尺检查。

(6)饰面砖粘贴的允许偏差和检验方法应符合表11-2的规定。

表11-2　饰面砖粘贴的允许偏差和检验方法

项次	项目	允许偏差(mm)		检验方法
		外墙面砖	风墙面砖	
1	立面垂直度	3	2	用2 m垂直检测尺检查
2	表面平整度	4	3	用2 m靠尺和塞尺检查
3	阴阳角方正	3	3	用直角检测尺检查
4	接缝直线度	3	2	拉5 m线,不足5 m拉通线,用钢直尺检查
5	接缝高低差	1	0.5	用钢直尺和塞尺检查
6	接缝宽度	1	1	用钢直尺检查

第三节　安全与环保措施

(1)使用脚手架,应先检查是否牢靠。护身栏、挡脚板、平桥板是否齐全可靠,发现问题应及时修整好,才能在上面操作;脚手架上放置料具要注意分散并放平稳,不准超过规定荷载,严禁随意从高空向下抛掷杂物。

(2)使用手提电动操作工具,应接好地线及防漏电保护开头,使用前应先试运转,检查合格后,才能操作。

(3)饰面砖墙面作业时,砖碎片不得向外抛扔。

(4)在施工过程中应防止噪声污染,在噪声敏感区域宜选择使用低噪声的设备,也可以采取其他降低噪声的措施。

(5)挂上石板校核后应及时用卡具支撑稳牢,并应及时灌浆,以免卡具被人碰撞松脱使石板掉下伤人。

(6)材料必须符合环保要求,无污染;废料及垃圾必须及时清理干净,装袋运至指定堆放地点,堆放垃圾处必须进行围挡。

(7)切割石材的临时用水,污水经过沉淀后方可排放。

(8)搬运石材板要稳拿稳放,绳索工具要牢固。

第四节　成品与半成品的保护

(1)饰面板(砖)运输安装应采取相应保护措施,要轻拿轻放,堆放到指定地点,防止棱角破损及保护板面光泽。

(2)安装饰面板用的铁制锚固件、连接件,应镀锌或经防锈处理。镜面和光面的大理石、花岗石饰面板,应用铜或不锈钢制的连接件,防止日久连接件锈蚀污染成品。

(3)饰面板安装后残留在饰面板上的砂浆、尘土和油渍等应及时清除干净,如不及时清理,时间过长,会给清理带来困难。提前做好水电、通风、安装作业,防止饰面砖损坏。

(4)禁止用盐酸清洗亚光饰面板,以免造成表面泛黄泛白,颜色不一。

(5)突出墙面勒角的饰面板安装,应待上层的饰面工程完工后进行,以免造成污染。

(6)楼梯栏杆、栏板及墙裙的饰面板安装,应在楼梯踏步地(楼)面层完工后进行。

(7)外墙饰面砖清洗,在初次擦抹干净 1 h 后,再第二次擦洗,以保证表面清洗干净。

(8)饰面板(砖)镶贴时,基层应保证平整,要用专用胶锤敲打板面,避免表面损伤。

(9)应保证胶结材料的质量,并做好勾缝处理,防止外墙面在缝隙处产生对成品的污染。

(10)排栅拆除时应做好外墙饰面砖的检查及保护,有无漏贴以及清洗是否干净。

(11)外墙面所有的施工以及安装工程应在排栅拆除前完成,避免事后施工对外墙造成污染。

(12)外墙阳台管洞、露台层面泛水等部位做防水施工时应防止防水材料的飞溅、流淌对外墙砖造成污染。

(13)阳台边界等处涂料施工时,应注意对滴水线的保护以及避免涂料掉落外墙砖上。

(14)外墙用的水泥膏严禁在室内拌制,避免造成室内成品的污染。

(15)外墙施工时应注意对外墙管道等成品的保护,防止水泥膏污染成品以及对成品的损坏。

(16)外墙的铁件焊接以及油漆施工时,应做好外墙砖的保护后再施工,避免造成损坏或污染。

第十二章　裱糊类装饰工程

第一节　常见质量通病及防治措施

裱糊工程是指室内平整光洁的墙面、顶棚面和其他构件表面用壁纸、墙布等材料裱糊的装饰工程，它具有许多特点。

(1)多功能性。目前，市供壁纸、墙布不但具有好的装饰效果，还具有吸声、隔热、防菌、防霉、耐水等多种功能。

(2)装饰效果好。裱糊材料有各种颜色、花纹、图案，如仿木纹、石纹，仿锦缎，仿瓷砖等，通过精心设计及施工，使装饰具有优良的质感和立体感。

(3)施工简便，便于粘贴及维护保养，耐擦洗，防污染。

(4)使用寿命较油性涂料长。

但是，上述许多特点是要靠施工质量来保证的。目前，在裱糊工程施工中，仍然会产生一些质量问题，现就常见的质量通病及防治措施进行介绍。

一、腻子裂纹

刮抹在裱糊基层表面的腻子，部分或大面积出现小裂纹，特别是在凹陷坑洼处裂纹较严重，甚至脱落。

(一)原因分析

(1)腻子胶性小，稠度较大，失水快，腻子面层出现裂缝。

(2)凹陷坑洼外的灰尘、杂物未清理干净，黏结不牢。

(3)凹陷孔洞较大时，刮抹的腻子有半眼、蒙头等缺陷，造成腻子不生根或一次刮抹腻子太厚，形成干缩裂纹。

(二)防治措施

(1)调制腻子时，稠度要适中，拌液应略多一些。

(2)基层表面，特别是孔洞凹陷处，应将灰尘、浮土等清除干净，并涂刷一遍黏结液，增加腻子的附着力。当孔洞较大时，腻子胶性要略大一些，并分层进行填实，反复刮抹平整，坚实，牢固。

(3)对裂纹较大且已脱离基层的腻子，要铲除干净，待基层处理后，再重新刮一遍腻子。孔洞处的半眼、蒙头腻子必须挖出，处理后再分层刮腻子直至孔洞饱满平整。

二、腻子翻皮

在混凝土或抹灰基层表面刮腻子时，出现腻子翘起或呈鱼鳞状皱结的现象。

(一)原因分析

(1)腻子过稠或胶性较小。

(2)基层的表面有灰尘、隔离剂及油污等。

(3)基层表面太光滑或有冰霜,以及在表面温度较高的情况下刮抹腻子。

(4)基层过干燥,腻子刮得过厚。

(二)防治措施

(1)调制腻子时,加入适量的胶液,不宜过稠,也不宜过稀,以使用方便为准。

(2)基层表面上的隔离剂、油污及灰尘等必须清除干净。

(3)在光滑的基层表面或清除油污后的表面,先刷一层胶粘剂(如乳胶等),再刮腻子。

(4)每遍刮抹的腻子不宜过厚。不可在有冰霜、潮湿和高温的基层表面上刮腻子。

(5)翻皮的腻子应铲除干净,找出产生翻皮的原因,采取相应措施后再重新刮腻子。

三、表面粗糙、有疙瘩

表面有凸起或颗粒,不光洁。

(一)原因分析

(1)基层表面污物未清除干净,凸起部分未处理平整,砂纸打磨不够或漏磨。

(2)使用的工具未清理干净,有杂物混入材料中。

(3)操作现场周围有灰尘飞扬或污物落在刚粉饰的表面上。

(4)基层表面太干燥,施工环境温度较高。

(二)防治措施

(1)基层表面污物应清除干净,特别是混凝土流坠的灰浆或接槎棱印,需用铁铲或电动砂轮磨光。腻子疤等凸起部分要用细砂纸打磨平整。

(2)使用的材料需要过筛(或过铜丝箩),保持材料洁净;所用工具和操作现场也应洁净,以防止污物混入腻子或浆液中。

(3)对表面粗糙的粉饰,可以用细砂纸轻轻打磨光滑,或用铲刀将小疙瘩铲除平整,并涂底油一遍。

四、透底、咬色

浆膜未将基层覆盖严实而露出底色,特别是在阴阳角等处,或部分地方出现颜色改变。

(一)原因分析

(1)基层表面太光滑或有油污等,浆膜难以覆盖严实而露出底色或个别处颜色改变。

(2)基层表面或上道粉饰颜色较深,表面刷浅色浆时,覆盖不住,使底色显露。

(3)基层预埋铁件等物件未处理或未刷防锈剂及白厚涂料覆盖。

(二)防治措施

(1)基层表面油污要清除干净;表面太光滑时可以先喷一遍清胶液;表面颜色较深,可先涂刷一遍浆液。

(2)如原粉饰颜色很深,应用细砂纸打磨或刷水起底色,再做刮腻子刷底涂料。

(3)底层如有裸露的铁件等,凡能挖除的一定要挖除,如不能挖掉,必须刷防锈剂和白厚涂料覆盖。

(4)对有透底或咬色弊病的粉刷工程,要进行局部修补,再喷1~2遍面浆覆盖。

五、离缝或亏纸

相邻壁纸间的连接缝隙超过允许范围称为离缝；壁纸的上口与挂镜线（无挂镜线时，为弹的水平线），下口与踢脚线连接不严，显露基面，称为亏纸。

（一）原因分析

（1）裁割壁纸未按照量好的尺寸，裁割尺寸偏小，裱糊后出现亏纸；或丈量尺寸本身偏小，也会造成亏纸。

（2）第 1 张壁纸裱糊后，在裱糊第 2 张壁纸时，未连接准确就压实；或虽连接准确，但裱糊操作时赶压底层胶液推力过大而使壁纸伸胀，在干燥过程中产生回缩，造成离缝或亏纸现象。

（3）搭接裱糊壁纸裁割时，接缝处不是一刀裁割到底，而是变换多次刀刃的方向或钢直尺偏移，使壁纸忽胀忽亏，裱糊后亏损部分就出现离缝。

（二）防治措施

（1）裁割壁纸前，应复核裱糊墙面实际尺寸和需裁壁纸尺寸。直尺压紧纸后不得移动，刀刃紧贴尺边，一气呵成，手动均匀，不得中间停顿或变换持刀角度；尤其是裁割已裱糊在墙上的壁纸时，更不能用力过猛，防止将墙面划出深沟，使刀刃受损，影响再次裁割质量。

（2）裁割壁纸一般以上口为准，上、下口可比实际尺寸略长 10 ~ 20 mm；花饰壁纸应将上口的花饰全部统一成一种形状，壁纸裱糊后，在上口线和踢脚线上口压尺，分别裁割掉多余的壁纸；有条件时，也可只在下口留余量，裱糊完后割掉多余部分。

（3）裱糊前壁纸要先“闷水”，使其横向伸胀，一般 800 mm 宽的壁纸闷水后约胀出 10 mm。

（4）裱糊的每一张壁纸都必须与前一张靠紧，争取无缝隙，在赶压胶液时，由拼缝处横向往外赶压胶液和气泡，不允许斜向来回赶压或由两侧向中间推挤，应使壁纸对好缝后不再移动，如果出现位移要及时赶回原来位置。

（5）出现离缝或亏纸轻微的裱糊工程饰面，可用同壁纸颜色相同的乳胶漆点描在缝隙内，漆膜干燥后可以掩盖；对于稍严重的部位，可用相同的壁纸补贴，不得有痕迹；严重部分宜撕掉重贴。

六、花饰不对称

其主要表现在有花饰的壁纸裱糊后，两张壁纸的正反面、阴阳面，或者在门窗口的两边、室内对称的柱子、两面对称的墙壁等部位出现裱糊的壁纸花饰不对称现象。

（一）原因分析

（1）裱糊壁纸前没有区分无花饰和有花饰壁纸的特点，盲目裁割壁纸。

（2）在同一张壁纸上印有正花饰和反花饰、阴花饰和阳花饰，裱糊时未仔细区别，造成相邻壁纸花饰相同。

（3）对要裱糊壁纸的墙面未进行周密的观察研究，门窗口的两边、室内对称的柱子、两面对称的墙，裱糊壁纸的花饰不对称。

（二）防治措施

（1）壁纸裁割前对于有花饰的壁纸经认真区别后，将上口的花饰全部统一成一种形状，按照实际尺寸留出余量统一裁割。

(2)在同一张壁纸上印有正花饰和反花饰、阴花饰和阳花饰时,要仔细分辨,最好采用搭接法进行裱糊,以避免由于花饰略有差别而误贴。如采用接缝法施工,已裱糊的壁纸边花饰如为正花饰,必须将第2张壁纸边正花饰裁割掉。

(3)对准备裱糊壁纸的房间应观察有无对称部位,若有,应认真设计排列壁纸花饰,应先裱糊对称部位。如房间只有中间一个窗户,裱糊在窗户取中心线,并弹好粉线,向两边分贴壁纸,这样壁纸花饰就能对称;如窗户不在中间,为使窗间墙阳角花饰对称,也可以先弹中心线向两侧裱糊。

(4)对花饰明显不对称的壁纸饰面,应将裱糊的壁纸全部铲除干净,修补好基层,重新按工艺规程裱糊。

七、壁纸翘边(张嘴)

壁纸翘边主要表现为壁纸边缘脱胶离开基层而卷翘的现象。

(一)原因分析

(1)涂刷胶液不均匀,漏刷或胶液过早干燥。

(2)基层有灰尘、油污等,或表面粗糙干燥、潮湿,胶液与基层黏结不牢,使纸边翘起。

(3)黏结剂胶性小,造成纸边翘起,特别是阴角处,第2张壁纸粘贴在第1张壁纸的塑料面上,更易出现翘起。

(4)阳角处裹过阳角的壁纸宽度小于20 mm,未能克服壁纸的表面张力,也易翘起。

(二)防治措施

(1)根据不同施工环境温度、基层表面及壁纸品种,选择不同的胶粘剂,并涂刷均匀。

(2)基层表面的灰尘、油污等必须清除干净,含水率不得超过8%。若表面凹凸不平,应先用腻子刮抹平整。

(3)阴角壁纸搭缝时,应先裱糊压在里面的壁纸,再用黏性较大的胶液粘贴面层壁纸。搭接宽度一般不大于3 mm,纸边搭在阴角处,并且保持垂直无毛边。

(4)严禁在明角处甩缝,壁纸裹过阳角应不小于20 mm,包角壁纸必须使用黏性较强的胶液,并要压实,不能有空鼓和气泡,上、下必须垂直,不能倾斜。有花饰的壁纸更应注意花纹与阳角直线的关系。

(5)将翘边壁纸翻起来,检查产生翘边的原因,属于基层有污物的,待清理后,补刷胶液重新粘牢,属于胶粘剂胶性小的,应换用胶性较大的胶粘剂粘贴;如果壁纸翘边已坚硬,除应使用较强的胶粘剂粘贴外,还应加压,待粘牢平整后,才能去掉压力。

八、搭缝

相邻壁纸重叠凸起。

(一)原因分析

裱糊压实时,未将两张壁纸连接缝推压分开,造成搭缝。

(二)防治措施

(1)在裁割壁纸时,应保证壁纸边直而光洁,不出现凸出和毛边。对于塑料层较厚的壁纸更应注意,如果裁割,只将塑料层割掉而留有纸基,会给搭缝弊病带来隐患。

(2)粘贴无收缩性的壁纸时,不准搭接。对于收缩性较大的壁纸,粘贴时可适当多搭接一些,以便收缩后,正好合缝。因此,壁纸粘贴前,应先试贴,掌握壁纸收缩性能,方可取得良好效果。

(3)有搭缝弊病的裱糊工程,一般可用钢直尺压紧在搭缝处,用刀沿尺边裁割掉搭接的壁纸,处理平整,再将面层壁纸裱糊好。

九、空鼓(气泡)

其主要表现为壁纸表面出现小块凸起,用手指按压时,有弹性和与基层附着不实的感觉,敲击时有鼓音。

(一)原因分析

(1)裱糊壁纸时,赶压不得当,往返挤压胶液次数过多,使胶液干结失去黏结作用;或赶压力量太小,多余的胶液未能挤出,存留在壁纸内部,长时间不能干结,形成胶囊状;或未将壁纸内部的空气赶出而形成气泡。

(2)基层或壁纸底面涂刷胶液厚薄不匀或漏刷。

(3)基层潮湿,含水率超过有关规定,或表面的灰尘、油污未消除干净。

(4)石膏板表面的纸基起泡或脱落。

(5)白灰或其他基层较松软,强度低,裂纹空鼓,或孔洞、凹陷处未用腻子刮平,填补不坚实。

(二)防治措施

(1)严格按壁纸裱糊工艺操作,必须用刮板由里向外刮抹,将气泡或多余的胶液赶出。

(2)裱糊壁纸的基层必须干燥,含水率不超过8%;有孔洞或凹陷处,必须用石膏腻子或大白粉、化石粉、乳胶腻子刮抹平整,油污、尘土必须清除干净。

(3)石膏板表面纸基起泡、脱落,必须清除干净,重新修补好纸基。

(4)涂刷胶液必须厚薄均匀一致,绝对避免漏刷。为了防止胶液不匀,涂刷胶液后,可用刮板刮一遍,把多余的胶液回收再用。

(5)由于基层含有潮气或空气造成空鼓,应用刀子割开壁纸,将潮气或空气放出,待基层完全干燥或把鼓包内空气排出后,用医用注射针将胶液打入鼓包内压实,使之粘贴牢固。壁纸内含有胶液过多时,可使用医药注射针穿透壁纸层,将胶液吸收后再压实即可。

十、死褶

在壁纸表面上出现皱纹棱脊凸起的现象。

(一)原因分析

(1)壁纸材质不良或壁纸较薄。

(2)操作技术欠佳。

(二)防治措施

(1)选用材质优良的壁纸,不使用残次品。对优质壁纸也需进行检查,厚薄不匀要剪掉。

(2)裱糊壁纸时,应用手将壁纸舒平后,才能用刮板赶压,用力要匀。若壁纸未舒展平整,不得使用钢皮钢板推压,特别是壁纸已出现皱褶,必须将壁纸轻轻揭起,用手慢慢推平,待无皱褶时再赶压平整。

(3)发现有死褶,如果壁纸尚未完全干燥,可把壁纸揭起来重新裱糊;如果已经干结,只能将壁纸撕下,把基层清理干净后,重新按规定工艺裱糊。

十一、起光(质感不强)

表面出现星点或部分光亮,与壁纸整体光泽不一致。

(一)原因分析

(1)壁纸表面有胶迹未擦干净,胶膜反光。

(2)带花纹或较厚的壁纸,裱糊时用刮板赶压力量过大,将花饰或厚塑料层压偏,致使壁纸表面光滑反光。

(二)防治措施

(1)用毛巾或棉丝细心擦壁纸表面多余的胶液和污物,再用干毛巾或清水擦净。

(2)裱糊壁纸时,挤压壁纸内部的胶液和空气,压力不应超过壁纸弹性极限。

(3)胶迹起光的壁纸表面,可用温水布在胶迹处稍加覆盖,待胶液柔软时,轻轻将胶膜捣起或摩擦掉。属于刮胶用力过大造成的反光面积较大的壁纸饰面,应将原壁纸撕去,重裱新壁纸。

十二、颜色不一致

壁纸表面有花斑,色相不统一,与原壁纸颜色不一致。

(一)原因分析

(1)壁纸本身质量不佳,易退色。

(2)基层潮湿,或日光暴晒,使壁纸表面颜色变浅发白。

(3)壁纸太薄,混凝土或水泥砂浆基层的深灰颜色映透到壁纸表面。

(二)防治措施

(1)选用不易退色、较厚的优质壁纸,不使用残次品。

(2)基层的颜色较深时,应选用较厚、颜色较深及花饰较大的壁纸。

(3)应待基层含水率小于8%时,才准许裱糊壁纸。

(4)屋里避免壁纸处在日光下直接照射,或在有害气体的环境中储存和施工。

(5)将壁纸退色部分裁掉,保持裱糊的壁纸色相一致。

(6)有严重颜色不一致弊病的壁纸工程,必须撕掉重新裱糊。

第二节　质量要求及检验方法

一、一般规定

本部分内容适用于裱糊、软包等分项工程的质量验收。软包工程包括带内衬软包及不带内衬软包两种。

(1)裱糊与软包工程验收时应检查下列文件和记录:

①裱糊与软包工程的施工图、设计说明及其他设计文件;

②饰面材料的样板及确认文件；

③材料的产品合格证书、性能检测报告、进场验收记录和复验报告；

④施工记录。

(2)各分项工程的检验批应按下列规定划分：同一品种的裱糊或软包工程每50间(大面积房间和走廊按施工面积30 m^2 为一间)应划分为一个检验批，不足50间也应划分为一个检验批。

(3)检查数量应符合下列规定：

①裱糊工程每个检验批应至少抽查10%，并不得少于3间，不足3间时应全数检查；

②软包工程每个检验批应至少抽查20%，并不得少于6间，不足6间时应全数检查。

(4)裱糊前，基层处理质量应达到下列要求：

①新建筑物的混凝土或抹灰基层墙面在刮腻子前应涂刷抗碱封闭底漆；

②旧墙面在裱糊前应清除疏松的旧装修层，并涂刷界面剂；

③混凝土或抹灰基层含水率不得大于8%，木材基层的含水率不得大于12%；

④基层腻子应平整、坚实、牢固，无粉化、起皮和裂缝，腻子的黏结强度应符合《建筑室内用腻子》(JG/T 3049—1998)N型的规定；

⑤基层表面平整度、立面垂直度及阴阳角方正应达到规范GB 50210—2001高级抹灰的要求；

⑥基层表面颜色应一致；

⑦裱糊前应用封闭底胶涂刷基层。

二、裱糊工程

本部分内容适用于聚氯乙烯塑料壁纸、复合纸质壁纸、墙布等裱糊工程的质量验收。

(一)主控项目

(1)壁纸及墙布的种类、规格、图案、颜色和燃烧性能等级必须符合设计要求及国家现行标准的有关规定。

检验方法：观察，检查产品合格证书、进场验收记录和性能检测报告。

(2)裱糊工程基层处理质量应符合规范GB 50210—2001的要求。

检验方法：观察，手摸检查，检查施工记录。

(3)裱糊后各幅拼接应横平竖直，拼接处花纹、图案应吻合，不离缝，不搭接，不显拼缝。

检验方法：观察，拼缝检查距离墙面1.5 m处正视。

(4)壁纸、墙布应粘贴牢固，不得有漏贴、补贴、脱层、空鼓和翘边。

检验方法：观察，手摸检查。

(二)一般项目

(1)裱糊后的壁纸、墙布表面应平整，色泽一致，不得有波纹起伏、气泡、裂缝、褶皱及斑污，斜视时应无胶痕。

检验方法：观察，手摸检查。

(2)复合压花壁纸的压痕及发泡壁纸的发泡层应无损坏。

检验方法：观察。

(3)壁纸、墙布与各种装饰线、设备线盒应交接严密。

检验方法:观察。

(4)壁纸、墙布边缘应平直整齐,不得有纸毛、飞刺。

检验方法:观察。

(5)壁纸、墙布阴角处搭接应顺光,阳角处应无接缝。

检验方法:观察。

第三节 安全与环保措施

(1)禁止穿硬底鞋、拖鞋、高跟鞋在架子上工作,架子上人数不得集中在一起,工具要搁置稳定,防止坠落伤人。

(2)操作前检查脚手架和跳板是否搭设牢固,高度是否满足操作要求,不符合安全之处应及时修整。

(3)在两层脚手架上操作时,应尽量避免在同一垂直线上工作。

(4)选择材料时,必须选择符合国家规定的材料。

第四节 成品与半成品的保护

(1)墙纸裱糊完的房间应及时清理干净,不准做料房或休息室,避免污染和损坏。

(2)在整个裱糊的施工过程中,严禁非操作人员随意触摸墙纸。

(3)电气和其他设备等在进行安装时,应注意保护墙纸,防止污染和损坏。

(4)铺贴壁纸时,必须严格按照规程施工,施工操作时要做到干净利落,边缝要切割整齐,胶痕必须及时清擦干净。

(5)严禁在已裱糊好壁纸的顶、墙上剔眼打洞。若纯属设计变更,也应采取相应的措施,施工时要小心保护,施工后要及时认真修复,以保证壁纸的完整。

(6)次修补油、浆活及磨石二次清理打蜡时,注意做好壁纸的保护,防止污染、碰撞与损坏。

第十三章　轻质隔墙装饰工程

第一节　常见质量通病及防治措施

一、石膏空心条板隔墙

石膏空心条板隔墙包括珍珠岩石膏板、蛭石石膏板、磷石膏板、蜂窝石膏板等板材安装的隔墙。上述板材均以石膏为主要原料，构造上都是空心的，因此其施工质量通病类似。

（一）板材受潮，强度降低

这类板材吸水快，受潮后强度降低较大，如珍珠岩石膏板浸水 2 h，饱和含水率为 32.4%，其抗折强度下降 47.4%。

1. 原因分析

板材在制造厂露天堆放，运输途中或施工现场堆放等环节上受潮。由于工序安排不当，施工中造成板材受潮；当板材内水分没有完全蒸发即进行下道工序等，均会造成板材强度降低。

2. 防治措施

（1）板材在露天堆放时应采取防雨措施，在运输途中应加盖毡布，以防受潮；应组织好板材进场时间，减少露天堆放时间或尽量避免露天堆放。

（2）堆放板材的场地应有排水措施，并应垫平、架空，用毡布遮盖好。

（3）在施工过程中应安排好工序搭接，若楼板是小块预制板，应先做地面，再立墙板，防止塞细石混凝土及地面养护时水分浸入条板。

（4）根据使用要求正确选择条板。

（二）墙面不平整

板材接缝处高低不平，凹凸偏差超出允许范围。

1. 原因分析

板材厚薄不一致或板材翘曲变形，安装方法不当。

2. 防治措施

（1）合理选配板材，将厚度误差大或因受潮变形的条板挑出，在门口上或窗口下做短板使用。

（2）安装时宜采用简易支架。即按放线位置在墙的一侧（最好在主要使用房间墙的一面）支一简单木排架，使排架两根横杠在一垂直平面内，作为立条板的靠架，以保证墙体的平整度，也可防止墙板倾倒。

（三）墙板与结构连接不牢

墙板与楼顶板、外墙板（或柱）、地面局部连接不牢，出现裂缝或松动现象。

1. 原因分析

(1)条板头不方正,或采用下楔法施工,仅在板一面背楔,而与楼顶板接缝不严。

(2)条板与外墙板(或柱子)黏结不牢,出现裂隙,使黏结剂流淌。

(3)在预制楼板上,没有做好凿毛和清扫工作。另外,填塞的细石混凝土坍落度大,也会造成墙板与地面连接不密实。

2. 防治措施

(1)切锯板材时,一定要找方正。

(2)使用下楔法立板时,要在板宽各 1/3 处背两组木楔,使条板垂直向上挤严粘实。

(3)隔墙下大楼板的光滑表面必须事先凿毛,在填塞细石混凝土前,应把杂物及碎屑块清扫干净,并用干硬性细石混凝土填塞严实;最好用微膨胀混凝土填实。

(四)门框固定不牢

门框安装后不久即出现松动或灰缝脱落现象。

1. 原因分析

板侧凹槽杂物未清除干净,板槽内黏结料下坠;采取后塞口时预留门洞口过大;水泥砂浆勾缝不实或砂浆较稀干后收缩大等。

2. 防治措施

(1)门框安装前,应将槽内杂物、浮砂清除干净,刷 107 胶稀释溶液 1 ~ 2 道。槽内放小木条(可间断),以防止黏结材料下坠。安装门框后,沿门框高度钉 2 ~ 3 枚钉子,以防外力碰撞门口发生错位。

(2)将后塞口做法改为随立板随立口的工艺,即板材按顺序安装至门口位置时,将门框立好、挤严(缝宽 3 ~ 4 mm),然后再按顺序安装门框另一侧条板。

(五)板缝开裂

在相邻两块板的接缝处,有时会出现两道纵向断续的发丝裂缝。

1. 原因分析

勾缝材料选用不当,如使用混合砂浆勾缝,因两种材料收缩性不同,而出现发丝裂缝。

2. 防治措施

勾缝材料必须与板材本身成分相同,以珍珠岩石膏板为例,其勾缝材料是石膏与珍珠岩按 1:0.85(体积比)比例拌和均匀,用稀释 107 胶(15% ~ 20%)溶液搅拌成浆状,抹在板缝凹下处,勾缝料可略高出板面,待石膏凝固后立即用刨刀刮平。

(六)墙裙、踢脚板空鼓

墙裙或踢脚板较大面积空鼓甚至局部脱落。

1. 原因分析

因石膏板强度较低,用普通水泥砂浆直接抹面将会出现大面积空鼓或剥落。

2. 防治措施

采用水泥砂浆抹面时,应清除石膏板表面浮砂、杂物,刷稀释的 107 胶溶液,抹 107 胶水泥砂浆薄层(厚度不超过 4 mm)作为黏结层,待黏结层初凝时,用 1:2.5 水泥砂浆抹实压光。

(七)门侧板面裂缝

在门口一侧(装拉手一侧)出现以拉手为中心的对称弧形裂缝。这种裂缝的长短与宽度有较大变化,严重时可使板材裂通。

1. 原因分析

造成这种裂缝的内在原因是石膏条板的材性脆，外部原因则是施工或使用过程中的冲击力影响。具有对流条件的居室门出现这种情况的可能性最大。

2. 防治措施

（1）研究生产韧性好的板材，如掺入玻璃纤维等材料可改善板材性能。

（2）选用抗冲击、韧性好的板材。

（3）施工阶段，应控制门扇安装时间，有风季节，应在补门窗封闭后再安装门扇，可以减少撞击裂缝的出现。

二、纸面石膏板隔墙

复合石膏板是在工厂预制好的条板。石膏板需要在现场拼装。这两种板的隔墙都以纸面石膏板做面层，只是骨架形式不同。因此，其施工质量通病也有相似之处。

（一）门口上角墙面裂缝

在门口两个上角出现垂直裂缝，裂缝长度、宽度和出现的早晚有所不同。复合石膏板和工字龙骨板均会发生此现象。

1. 原因分析

当采用复合石膏板时，由于预留缝隙较大，后填入的 107 胶水泥砂浆不严实，且收缩较大，再加上门扇振动，在使用阶段门口两个上角出现垂直裂缝；当采用工字龙骨板时，接缝处嵌入以石膏为主的脆性材料，在门扇撞击作用下，嵌缝材料与墙体不能协同工作，也会出现这种裂缝。

2. 防治措施

注意板的分块，把面板接缝与门口立缝错开半块板的尺寸。这种做法对工字龙骨板较易实现；对复合石膏板则要增加两种板的型号，如预制加工厂有困难，可在现场将复合石膏板局部切锯。

（二）板面接缝有痕迹

板面接缝处喷浆后，出现较明显的痕迹。

1. 原因分析

石膏板端呈直角，当贴穿孔纸带后，由于纸带较厚，出现明显痕迹。

2. 防治措施

生产倒角板是处理好板面接缝的基本条件，订货时提出要求，若生产的不是倒角板，还可在现场加工。

（三）墙板与结构连接不牢

复合石膏板的这一质量通病，产生原因及防治措施与上述相同。工字龙骨板隔墙的质量通病是：隔墙与主体结构连接不严，但多出现在边龙骨。

1. 原因分析

边龙骨预先粘好薄木块，作为主要黏结点，当木块厚度超过龙骨翼缘宽度时，因木块是断续的，因而造成连接不严，龙骨变形也会出现上述情况。

2. 防治措施

边龙骨粘木块时，应控制其厚度不得超过龙骨翼缘宽度，同时，边龙骨应经过挑选。安装边龙骨时，翼缘边部顶端应满涂 107 胶水泥砂浆，使之黏结严密。

（四）门框固定不牢

门框安装后不久即出现松动或灰缝脱落。

1. 原因分析

板端凹槽杂物未清洗干净，板槽内黏结材料下坠，采取后塞口时预留门洞口过大；水泥砂浆勾缝不实。

2. 防治措施

（1）门框安装前，应将槽内杂物、浮砂清洗干净，刷 107 胶稀释溶液 1 ~ 2 道。槽内放小木条（可间断），以防止黏结材料下坠。安装门框后，沿门框高度钉 2 ~ 3 枚钉子，以防外力碰撞门口发生错位。

（2）尽量不用后塞口做法，应随立板随立口，即板材按顺序安装至门口位置时，将门框立好，挤严（缝宽 3 ~ 4 mm），然后再按顺序安装门框另一侧条板。

（五）板缝开裂

一般竣工 5 ~ 6 个月以后，纸面石膏板接缝陆续出现开裂，开始是不很明显的发丝裂纹，随着时间的延续，裂缝有的可达 1 ~ 2 mm。

1. 原因分析

板缝节点构造不合理，板胀缩变形，刚度不足，嵌缝材料选择不当，施工操作及工序安排不合理等，都会引起板缝开裂。

2. 防治措施

（1）选择合理的节点构造。一般有两种做法：一种做法是，清除缝内杂物，嵌缝腻子填至板倒角边平，待腻子初凝（一般 30 ~ 40 min）时，再刮一层较稀的腻子（厚约 1 mm），随即贴穿孔纸带，纸带贴好后放置一段时间，待水分蒸发后，在纸带上再刮一层腻子，将纸带压住，同时把接缝板面找平；另一种做法是，在对头缝中勾嵌缝腻子，用特制工具把主缝勾成明缝，安装时应将多余的黏结剂及时刮净，保持明缝顺直清晰。

（2）为了防止施工水分引起石膏板变形裂缝，墙面应尽量采用贴墙纸或刷 106 彩色涂料等做法。

三、加气混凝土条板隔墙

加气混凝土条板隔墙施工不好，常产生如下一些质量通病：墙表面不平整，墙板与结构连接不牢，门框固定不牢，板下塞缝不实，墙面抹灰空鼓、脱落及抹灰面层裂缝等。

（一）墙表面不平整

板材缺棱掉角；接缝有错台，表面凹凸不平超出允许偏差值。

1. 原因分析

（1）条板不规矩，偏差较大，或在吊运过程中吊具使用不当，损坏板面和棱角。

（2）施工工艺不当，安装时不跟线；断板时未锯透就用力断开，造成接触面不平。

（3）安装时用撬棍撬动，磕碰损坏。

2. 防治措施

（1）加气混凝土条板在装车、卸车或现场搬运时，应采用专用吊具或用套胶管的钢丝绳轻吊轻放，并应侧向分层码放，不得平放。

(2)条板切割应平整垂直,特别是门窗口边侧必须保持平直;安装前进行选板,如有缺棱掉角,应用与加气混凝土材性相近的修补剂进行修补;未经修补的坏板或表面酥松的板不得使用。

(3)安装前应在顶板(或梁底和墙)上弹线,并应在地面上放出隔墙位置线,安装时以一面线为准,接缝要求平顺,不得有错台。

(4)安装时撬棍不能带尖,应在头上加焊横向角钢。

(二)墙板与结构连接不牢

黏结砂浆不饱满,有干缝,稍加外力就松动摇晃。

1. 原因分析

(1)黏结砂浆原材料质地不好,配合比不当;或一次搅拌过多,使用时间超过 2 h,降低了砂浆黏结强度。

(2)黏结砂浆涂抹不均匀、不饱满,黏结面有浮尘杂物。

(3)材质本身干燥,吸水率大,造成黏结砂浆失水。

(4)操作时未按工艺要求将条板拼接严密。

2. 防治措施

(1)严格控制砂浆配合比及原材料质量,并做到随配随用,应保证在 2 h 内用完。黏结砂浆配比如下:水玻璃∶磨细矿渣∶砂=1∶1∶(2~2.5)或水泥∶107 胶∶砂=1∶1∶3。

(2)安装时首先将条板黏结面清扫干净,去掉粉尘,用毛刷蘸水稍加湿润,把黏结砂浆涂抹在拼接面上(厚度约 3 mm),拼接应严密平整,并将挤出的黏结剂刮平刮净。

(3)条板下木楔应刷沥青做防腐处理,顺板方向背紧不再撤出,但应注意木楔不得宽出板面。

(4)每条板缝下 1/3 处(包括门洞口过梁等小块板缝),斜钉 1 mm 厚的铁片,以加强其整体性和刚度。

(5)刚安装好的条板要防止碰撞,做好成品保护工作。

(三)门框固定不牢

门框与条板间的塞灰受外力振动出现裂缝或脱落,严重时将钉子振松拔出,门框松动脱开。

1. 原因分析

采用后塞口方法安装门框,塞灰不饱满;抹完黏结砂浆后未及时钉钉子,已凝结的砂浆被振裂,失去挤压作用,使门框松动;刚安装完的门框或条板受外力碰撞,使门框松动。

2. 防治措施

(1)条板安装的同时应顺序立好门框,门框与板材采用粘钉结合的方法固定。即预先在条板上钻深 100 mm、直径 25~30 mm 的洞眼,吹去渣灰,用水湿润后再以相同尺寸的圆木蘸 107 胶水泥浆钉入洞眼内,安装门窗框时将木螺丝拧入圆木内,也可用扒钉、胀管螺栓等方法固定门框(钻孔位置同留木砖位置)。

(2)由于隔墙门窗洞口上部不另设置过梁,因此门窗框上部的加气混凝土块,必须伸入两侧加气混凝土墙内 50 mm 以上;如一侧无加气混凝土板,应使上部加气混凝土块顶住混凝土墙,不必埋设铁件或设置支座,用砂浆粘牢即可。

(3)为了尽量减少墙体振动,门框应加钉铁皮护角等保护措施(铁皮包过条板不少于

50 mm）。

（四）墙面抹灰空鼓、脱落及裂缝

墙面抹灰后不久，沿板缝处产生纵向裂缝；条板与顶板之间产生横向裂缝；墙面产生空鼓和不规则裂缝。

1. 原因分析

（1）条板安装时，板缝黏结砂浆挤压不严，砂浆不饱满。

（2）条板上口板头不平整方正，与顶板黏结不严。

（3）墙体整体性和刚度较差，墙体受到剧烈冲击振动。

2. 防治措施

（1）墙体表面浮灰、松散颗粒应在抹灰前认真清扫干净；提前两天（每天 2 ~ 3 次）浇水，抹灰时再浇水润湿一遍。

（2）抹石灰砂浆时，应事先刷一道 107 胶水溶液，配合比为 107 胶∶水 = 1∶（3 ~ 4）；抹混合砂浆时应先刷一道 107 胶素水泥浆，107 胶掺量为水泥质量的 10% ~ 15%，紧接着抹底层砂浆。

（3）底层砂浆强度等级不宜过高，一般用 1∶3石灰砂浆打底，纸筋灰罩面做法较好；如墙体表面较平整，可直接在基层上薄抹两遍纸筋（麻刀）罩面灰，厚度 2 ~ 3 mm，第一遍纸筋（麻刀）灰内掺 10% ~ 15% 的 107 胶，以增加与基层的黏结力。

需要做水泥砂浆的墙面底层砂浆以抹 1∶3∶9或 1∶1∶6混合砂浆为宜，面层用 1∶0.3∶3或 1∶0.1∶2.5 混合砂浆，总厚度不得超过 12 mm。

（4）应保证条板下端与楼层黏结密实；两板之间、门框与墙板之间和过梁等部位均应黏结密实，保证墙体有良好的整体性和必要的刚度。

（五）抹灰面层裂缝

门洞口上角及沿缝产生纵向裂缝，管线、穿墙孔周围产生龟纹裂缝，面层风干造成干缩裂纹。

1. 原因分析

（1）门洞口上方的小块加气混凝土块在两旁板安装后才嵌入，小板两侧黏结砂浆被加气板碰掉，使板缝中的黏结砂浆不饱满，拌和后易在此处产生裂缝。

（2）基层不平整，抹灰层厚薄不一，产生不等量收缩。

（3）抹灰后管线穿墙凿洞，墙体受到剧烈冲击振动。

（4）冬春两季由于温度的变化及风干而引起裂缝。

2. 防治措施

（1）条板安装应避免后塞门框的做法，使门洞口上方小块板能顺墙面安装，改善门框与加气板的连接。

（2）加气混凝土条板安装质量要求应符合一般抹灰标准，注意在一道墙上选用厚薄一致、表面状况大致相同的板，并应控制抹灰的厚度，混合砂浆或水泥砂浆以不超过 2 mm 为宜。

（3）合理安排施工综合进度计划，尽量避免墙面抹灰后凿洞钻眼穿管线。

（4）为避免抹灰风干过快或减少对墙体振动，室内装修阶段应将外门窗关闭且加强养护，并减少碰撞和振动。

(5)改进门口抹灰构造。抹灰层与门框离开 2～3 mm，盖上压缝条，门框受振亦不会撞击抹灰层，则抹灰层不易开裂脱落。

四、木板隔墙

木板隔墙是一种高级装饰，对材质、施工质量要求都较高，质量通病主要表现在与骨架固定不牢、板面粗糙、接头不平、细部做法不规矩等。

(一)隔墙与结构或骨架固定不牢

门框活动脱开，隔墙松动倾斜，严重者影响使用。

1. 原因分析

(1)上下槛和主体结构固定不牢靠，立筋横撑没有与上下槛形成整体。

(2)龙骨料尺寸过小或材质差。

(3)安装顺序不正确，先安装了竖向龙骨，并将上下槛断开。

(4)门口处下槛被断开，两侧立筋的断面尺寸未加大；门窗框上部未加钉人字撑。

2. 防治措施

(1)上下槛要与主体结构连接牢固。两端为砖墙时，上下槛插入墙内应不少于 120 mm，伸入部分应做防腐处理；两端为混凝土时，应预埋木砖，同时应加强上下槛和顶板、底板的连接(可采取预留铅丝、螺栓或后打膨胀螺栓等方法)，使隔墙骨架与结构紧密连成整体。

(2)选材要严格。凡有腐朽、劈裂、扭曲、多节疤等疵病的木材不得使用。用料尺寸应不小于 40 mm×70 mm。

(3)龙骨固定顺序应先下槛，后上槛，再立筋，最后钉水平横撑。立筋应垂直，两端顶紧上下槛，并用钉斜向钉牢。靠墙立筋与预埋木砖的空隙应用木垫垫实并钉牢，以加强隔墙的整体性。

(4)遇有门口时，门下槛在门口处被断开，其两侧应用通天立筋，下脚卧入楼板内嵌实，并应加大其截面尺寸至 80 mm×70 mm，门窗框上部宜加钉人字撑。

(二)墙面粗糙，接头不平不严

龙骨装钉板的一面未刨光找平，板材厚薄不一或受潮后松软变形，边棱翘起，造成表面凹凸不平。

1. 原因分析

(1)龙骨料含水率过大，干燥后易变形。室内抹灰时龙骨受潮变形或被撞击后未经修理就钉面板。

(2)工序颠倒，先钉面板后室内抹灰，使面板受潮，出现边棱翘起、脱层等。

(3)选面板时没有考虑防潮防水，表面粗糙又未再加工；板材薄厚不一，没有采取补救措施。

(4)钉板顺序不当，先上后下，压力小，拼接不严或组装不规格，造成板面不平。

(5)铁冲子过粗，钉眼太大，面板钉子过稀，造成表面凹凸不平。

2. 防治措施

(1)选料要严格。龙骨料一般应用红白松，含水率不大于 15%，并应做好防腐处理。板材应根据使用部位选择相应的面板，纤维板需做润湿处理，表面过粗时，应用细刨子净面。

(2)所有龙骨钉板的面均应刨光，龙骨应严格按线组装，尺寸一致，找方找直，纵横龙骨交接处要平整,缝子严实。

(3)工序要合理,先钉龙骨后进行室内抹灰,最后钉板材。钉板材前,应认真检查,如龙骨变形或被撞动,应修理合格后再钉面板。

(4)面板薄厚不均时,应以厚板为准,薄板背面垫起,但必须垫平、垫实、垫牢。面板正面应刮直(朝外为正面,靠龙骨面为背面)。

(5)面板应从下面角上逐块钉设,并以竖向装钉为好,板与板的接头宜做成坡棱(如为留缝做法,面板应从中间向两边由下向上铺钉。接头缝隙以5~8 mm为宜),板材分块大小按设计要求,拼缝应位于立筋或横撑上。

(6)铁冲子应磨成扁头(与钉帽一般大小),钉帽要预先砸扁(钉纤维板时钉帽不必砸扁),顺木纹钉入面板内1 mm左右,钉子长度应为面板厚度的3倍。钉子间距:纤维板为100 mm,其他板材为150 mm(钉木丝板时钉帽下应加镀锌垫圈)。

(三)细部做法不规矩

与墙、顶交接处不直不顺,门框与面板不变心,接头不严不直,踢脚板出墙不一致,接缝翘起。

1. 原因分析

操作不认真或细部做法交代不清。

2. 防治措施

(1)熟悉图纸,了解设计意图,处理好每一个细部构造。

(2)为防止潮气由边部侵入墙板内引起边缘翘起,应在板材四周接缝处加钉盖缝条。亦可根据不同板材,采取四周留缝的做法,缝宽一般以10 mm左右为宜。

(3)门口处构造应根据墙厚而定,墙厚等于门框厚度时,可加贴脸;小于门框厚度时,应加压条。

(4)分格时注意接头位置,应避开视线敏感范围。

(5)胶接时,用胶不能太稠太多,涂布要均匀,接缝时用力挤出余胶,否则易产生黑纹。

(6)踢脚板如为水泥砂浆,下边应砌两层砖,砖上固定下槛,上口抹平,面板直接压到踢脚板上口;如为木踢脚板,应在面板钉后再安装踢脚板。

五、木板条隔墙

木板条隔墙是一种传统工艺制作的隔墙,但施工不注意仍然会产生隔墙与结构或门架固定不牢,抹灰面开裂、空鼓或脱落,细部做法不规矩等质量通病。

(一)隔墙与结构或门架固定不牢

门框活动,隔墙松动,严重者影响使用。

1. 原因分析

(1)上、下槛和立体结构固定不牢,立筋和横撑没有与上、下槛形成整体。

(2)龙骨不符合设计要求。

(3)安装时,施工顺序不正确。

(4)门口处下槛被断开后未采取加强措施。

2. 防治措施

(1)横撑不宜与隔墙立筋垂直,而应倾斜一些,以便调节松紧和钉钉子。其长度应比立筋净空大 10 ~ 15 mm，两端头按相反方向锯成斜面，以便与立筋联结紧密，增强墙身的整体性和刚度。

(2) 立筋间距应根据进场板条长度考虑，量材使用，但最大间距不得超过 500 mm。

(3) 上、下槛要与主体结构连接牢固，能伸入结构部分应伸入嵌牢。

(4) 选材符合要求，不得有影响使用的疵病，断面不应小于 40 mm × 70 mm。

(5) 正确按施工顺序安装。

(6) 门口等处应按实际补强，采用加大用料断面，通天立筋卧入楼板锚固等。

(二) 抹灰面层开裂、空鼓、脱落

抹灰面层风干后，出现无规律或有规律开裂，局部空鼓，严重时脱落。

1. 原因分析

(1) 板条规格尺寸过大或过小，材质不好，钉的方法不对（如板条间隔、错头位置、对头缝大小等）。

(2) 钢板网过薄或搭接过厚、孔过小，钉得不牢、不平，搭接长度不够、不严密等。

(3) 砂浆配合比不当，操作方法不对，各抹灰层间隔控制不好，养护条件差。

2. 防治措施

(1) 板条要求采用红白松，不得用腐朽、劈裂、多节疤的材料。板条宽度为 20 ~ 30 mm，厚度为 3 ~ 5 mm，间距以 7 ~ 10 mm 为宜（钉钢板网时应为 10 ~ 12 mm）。板条接头缝必须赶在龙骨上，对头缝隙不得小于 5 mm，板条与龙骨相交处都应钉 2 枚钉子。

板条接头应分段错开（每段长度以 500 mm 左右为宜），以保证墙面的完整性。板条表面应平整（2 m 靠尺检查表面凹凸不超过 3 mm），以减少因抹灰层厚薄不均而产生裂缝。如果加钉钢板网，除板条间隔稍加大外，钢板网厚度应不超过 0.5 mm，网孔 20 mm × 20 mm，要求钉平钉牢，不得有鼓肚现象。钢板网接头应错开，搭接长度不少于 200 mm，搭接头上应加钉一排钉子，严防边角翘起。

(2) 抹灰前应经有关部门和抹灰班组检验，合格后方准抹灰。

(三) 细部做法不规矩

门口墙边或顶棚处产生裂缝或翘曲，影响使用和美观。

1. 原因分析

未按图施工，细部构造做法交待不清，未采取相应技术措施。

2. 防治措施

(1) 与要抹灰的墙面（如砖墙、加气混凝土墙）相接处，应加设钢板，每侧卷过去不少于 150 mm。

(2) 与不需抹灰的墙面相接处，可加钉小压条，以防出现裂缝或翘边。

(3) 与门口交接处，可加贴脸或钉小压条。

第二节　质量要求及检验方法

一、一般规定

本部分内容适用于板材隔墙、骨架隔墙、活动隔墙、玻璃隔墙等分项工程的质量验收。

（1）轻质隔墙工程验收时应检查下列文件和记录：①轻质隔墙工程的施工图、设计说明及其他设计文件；②材料的产品合格证书、性能检测报告、进场验收记录和复验报告；③隐蔽工程验收记录；④施工记录。

（2）轻质隔墙工程应对人造木板的甲醛含量进行复验。

（3）轻质隔墙工程应对下列隐蔽工程项目进行验收：①骨架隔墙中设备管线的安装及水管试压；②木龙骨防火、防腐处理；③预埋件或拉结筋；④龙骨安装；⑤填充材料的设置。

（4）各分项工程的检验批应按下列规定划分：同一品种的轻质隔墙工程每 50 间（大面积房间和走廊按轻质隔墙的墙面 30 m^2 为一间）应划分为一个检验批，不足 50 间也应划分为一个检验批。

（5）轻质隔墙与顶棚和其他墙体的交接处应采取防开裂措施。

（6）民用建筑轻质隔墙工程的隔声性能应符合现行国家标准《民用建筑隔声设计规范》（GBJ 118—88）的规定。

二、板材隔墙工程

本部分内容适用于复合轻质墙板、石膏空心板、预制或现制的钢丝网水泥板等板材隔墙工程的质量验收。板材隔墙工程的检查数量应符合下列规定：每个检验批应至少抽查 10%，并不得少于 3 间；不足 3 间时应全数检查。

（一）主控项目

（1）隔墙板材的品种、规格、性能、颜色应符合设计要求。有隔声、隔热、阻燃、防潮等特殊要求的工程，板材应有相应性能等级的检测报告。

检验方法：观察，检查产品合格证书、进场验收记录和性能检测报告。

（2）安装隔墙板材所需预埋件及连接件的位置、数量及连接方法应符合设计要求。

检验方法：观察，尺量检查，检查隐蔽工程验收记录。

（3）隔墙板材安装必须牢固。现制钢丝网水泥隔墙与周边墙体的连接方法应符合设计要求，并应连接牢固。

检验方法：观察，手扳检查。

（4）隔墙板材所用接缝材料的品种及接缝方法应符合设计要求。

检验方法：观察，检查产品合格证书和施工记录。

（二）一般项目

（1）隔墙板材安装应垂直、平整、位置正确，板材不应有裂缝或缺损。

检验方法：观察，尺量检查。

（2）板材隔墙表面应平整光滑、色泽一致、洁净，接缝应均匀、顺直。

检验方法：观察，手摸检查。

（3）隔墙上的孔洞、槽、盒应位置正确、套割方正、边缘整齐。

检验方法：观察。

（4）板材隔墙安装的允许偏差和检验方法应符合表 13-1 的规定。

表 13-1　板材隔墙安装的允许偏差和检验方法

项次	项目	允许偏差(mm)				检验方法
		复合轻质墙板		石膏空心板	钢丝网水泥板	
		金属夹芯板	其他复合板			
1	立面垂直度	2	3	3	3	用 2 m 垂直检测尺检查
2	表面平整度	2	3	3	3	用 2 m 靠尺和塞尺检查
3	阴阳角方正	3	3	3	4	用直角检测尺检查
4	接缝高低差	1	2	2	3	用钢直尺和塞尺检查

三、骨架隔墙工程

本部分内容适用于以轻钢龙骨、木龙骨等为骨架，以纸面石膏板、人造木板、水泥纤维板等为墙面板的隔墙工程的质量验收。骨架隔墙工程的检查数量应符合下列规定：每个检验批应至少抽查 10%，并不得少于 3 间，不足 3 间时应全数检查。

(一)主控项目

(1)骨架隔墙所用龙骨、配件、墙面板、填充材料及嵌缝材料的品种、规格、性能和木材的含水率应符合设计要求。有隔声、隔热、阻燃、防潮等特殊要求的工程，材料应有相应性能等级的检测报告。

检验方法：观察，检查产品合格证书、进场验收记录、性能检测报告和复验报告。

(2)骨架隔墙工程边框龙骨必须与基体结构连接牢固，并应平整、垂直、位置正确。

检验方法：手扳检查，尺量检查，检查隐蔽工程验收记录。

(3)骨架隔墙中龙骨间距和构造连接方法应符合设计要求。骨架内设备管线的安装、门窗洞口等部位加强龙骨应安装牢固、位置正确，填充材料的设置应符合设计要求。

检验方法：检查隐蔽工程验收记录。

(4)木龙骨及木墙面板的防火和防腐处理必须符合设计要求。

检验方法：检查隐蔽工程验收记录。

(5)骨架隔墙的墙面板应安装牢固，无脱层、翘曲、折裂及缺损。

检验方法：观察，手扳检查。

(6)墙面板所用接缝材料的接缝方法应符合设计要求。

检验方法：观察。

(二)一般项目

(1)骨架隔墙表面应平整光滑、色泽一致、洁净、无裂缝，接缝应均匀、顺直。

检验方法：观察，手摸检查。

(2)骨架隔墙上的孔洞、槽、盒应位置正确、套割吻合、边缘整齐。

检验方法：观察。

(3)骨架隔墙内的填充材料应干燥，填充应密实、均匀、无下坠。

检验方法：轻敲检查，检查隐蔽工程验收记录。

(4)骨架隔墙安装的允许偏差和检验方法应符合表13-2的规定。

表13-2　骨架隔墙安装的允许偏差和检验方法

项次	项目	允许偏差(mm)		检验方法
		纸面石膏板	人造木板、水泥纤维板	
1	立面垂直度	3	4	用2 m垂直检测尺检查
2	表面平整度	3	3	用2 m靠尺和塞尺检查
3	阴阳角方正	3	3	用直角检测尺检查
4	接缝直线度	—	3	拉5 m线,不足5 m拉通线,用钢直尺检查
5	压条直线度	—	3	拉5 m线,不足5 m拉通线,用钢直尺检查
6	接缝高低差	1	1	用钢直尺和塞尺检查

四、玻璃隔墙工程

本部分内容适用于玻璃砖、玻璃板隔墙工程的质量验收。

玻璃隔墙工程的检查数量应符合下列规定:每个检验批应至少抽查20%,并不得少于6间,不足6间时应全数检查。

(一)主控项目

(1)玻璃隔墙工程所用材料的品种、规格、性能、图案和颜色应符合设计要求。玻璃板隔墙应使用安全玻璃。

检验方法:观察,检查产品合格证书、进场验收记录和性能检测报告。

(2)玻璃砖隔墙的砌筑或玻璃板隔墙的安装方法应符合设计要求。

检验方法:观察。

(3)玻璃砖隔墙砌筑中埋设的拉结筋必须与基体结构连接牢固,并应位置正确。

检验方法:手扳检查,尺量检查,检查隐蔽工程验收记录。

(4)玻璃砖砌筑隔墙中应埋设拉结筋,拉结筋要与建筑主体结构或受力杆件有可靠的连接;玻璃板隔墙的受力边也要与建筑主体结构或受力杆件有可靠的连接,以充分保证其整体稳定性,保证墙体的安全。

(5)玻璃板隔墙的安装必须牢固。玻璃隔墙胶垫的安装应正确。

检验方法:观察,手推检查,检查施工记录。

(二)一般项目

(1)玻璃隔墙表面应色泽一致、平整洁净、清晰美观。

检验方法:观察。

(2)玻璃隔墙接缝应横平竖直,玻璃应无裂痕、缺损和划痕。

检验方法:观察。

(3)玻璃板隔墙嵌缝及玻璃砖隔墙勾缝应密实平整、均匀顺直、深浅一致。

检验方法:观察。

(4)玻璃隔墙安装的允许偏差和检验方法应符合表13-3的规定。

表 13-3　玻璃隔墙安装的允许偏差和检验方法

项次	项目	允许偏差(mm)		检验方法
		玻璃砖	玻璃板	
1	立面垂直度	3	2	用2 m垂直检测尺检查
2	表面平整度	3	—	用2 m靠尺和塞尺检查
3	阴阳角方正	—	2	用直角检测尺检查
4	接缝直线度	—	2	拉5 m线,不足5 m拉通线,用钢直尺检查
5	接缝高低差	3	2	用钢直尺和塞尺检查
6	接缝宽度	—	1	用钢直尺检查

第三节　安全与环保措施

(1)隔断工程的脚手架搭设应符合建筑施工安全标准。

(2)脚手架上搭设跳板应用铁丝绑扎固定,不得有探头板。

(3)工人操作应佩戴安全帽,注意防火。

(4)施工现场必须工完场清,设专人洒水、打扫,不能有扬尘污染环境。

(5)有噪声的电动工具应在规定的作业时间内施工,防止噪声污染、扰民。

(6)机电器具必须安装触电保安器,发现问题立即修理。

(7)遵守操作规程,非操作人员决不准乱动机具,以防伤人。

(8)现场保护良好通风,但不宜过堂风。

第四节　成品与半成品的保护

(1)施工中各工种应紧密配合,合理安排工序,严禁颠倒工序作业。

(2)轻钢龙骨隔墙施工中,工种间应保证已装项目不受损坏,墙内电管及设备不得碰动错位及损伤。

(3)轻钢骨架及纸面石膏板入场,存放使用过程中应妥善保管,保证不变形、不受潮、不污染、无损坏。

(4)施工部位已安装的门窗、地面、墙面、窗台等应注意保护,防止损坏。

(5)已安装完的墙体不得碰撞,保持墙面不受损坏和污染。

(6)严防运输小车或其他物体碰撞墙体和门口。

(7)施工楼地面时,应防止砂浆溅污墙面。

第十四章　幕墙工程

第一节　常见质量通病及防治措施

一、铝合金玻璃幕墙质量通病防治

(一)材料

1. 合格证与试验报告

1)通病现象

玻璃及型材合格证、检测报告、试验报告资料缺失。

2)产生原因

(1)供应商或检测单位未提供足够数量的合格证或资料。

(2)对合格证和检验报告、试验资料归档管理不善。

3)防治措施

(1)明确供应商及检测单位所提供合格证或检测报告、试验资料的正确数量。

(2)加强合格证、检测报告和试验资料的管理和归档工作。

2. 密封胶采购

1)通病现象

结构胶、耐候胶订货渠道不正规,品质无保证。

2)产生原因

(1)结构胶、耐候胶市场管理不规范。

(2)采购部采购工作的统筹协调不足。

(3)没有建立合格的供应商档案和实施有效的供应商评审工作。

3)防治措施

(1)配合政府或职能部门认真做好结构胶、耐候胶市场的规范管理工作。

(2)做好项目采购的统筹协调工作。

(3)建立合格供应商档案,实施有效的供应商评审管理工作。

(4)供应商应及时提供结构胶、耐候胶的出厂合格证,与工程结算付款挂钩。

(5)严格按照建筑用硅酮结构密封胶标准进行进货检验。

3. 密封胶使用期限

1)通病现象

结构胶、耐候胶过期使用。

2)产生原因

(1)结构胶、耐候胶生产厂家没有在产品上醒目地标明出厂日期或使用期限。

(2)没做好加工和施工过程的自检。

(3)质量与生产管理环节脱节。

(4)运输、储存、搬运等过程造成不同批次产品混装。

3)防治措施

(1)明确要求结构胶、耐候胶厂家在产品上醒目地标明出厂日期和使用期限。

(2)加强加工和施工过程的自检和专检工作。

(3)加强关键质量的联产计酬管理工作。

(4)加强运输、储存、搬运等过程的品质管理工作。

4. 结构胶试验

1)通病现象

未在施工前进行结构胶件相容试验和黏结力试验。

2)产生原因

(1)员工质量意识薄弱。

(2)工序控制失效。

3)防治措施

(1)加强员工质量意识教育。

(2)制定和完善工序控制程度和有效的管制措施。

(3)有效地实施工序管制。

5. 密封胶条

1)通病现象

密封胶条品质和物理性能差,达不到标准要求。

2)产生原因

(1)供应厂商品质量控制失效。

(2)进货检验制度执行不力。

(3)进货检验手段、方法、标准不明确或不完善。

3)防治措施

(1)建立和完善合格供应商档案,加强供应商的评审和选择工作。

(2)定期把信息资料反馈至供应商,协助厂商做好品质控制工作。

(3)完善密封胶条的进货检验手段、方法、标准。

(4)供应商应提供产品出厂合格证。

6. 五金配件

1)通病现象

五金配件质量变异大。

2)产生原因

(1)五金配件市场不规范,厂家多而杂。

(2)五金配件质量差异大,不稳定。

(3)五金配件尚未形成健全和完善的质量标准、检验方法和手段。

(4)进货检验制度不健全,执行不力。

3)防治措施

(1)加强五金配件市场的规范管理工作。

(2)建立合格供应商档案，并进行有效的采购评审。

(3)完善五金配件的质量标准、检验方法和手段。

(4)健全进货检验制度并严格有效地执行。

(5)五金配件均应附出厂合格证。

(二)支座点安装

1. 预埋件

1)通病现象

预埋钢板位置、标高、前后偏差大，支座钢板连接处理不当，影响结点受力和幕墙的安全。

2)产生原因

(1)设置预埋件时，基准位置不准。

(2)设置预埋件时，控制不严。

(3)设置预埋件时，钢筋捆扎不牢或不当，混凝土模板支护不当，浇筑混凝土振捣时发生胀模、偏模。

(4)混凝土捣固后预埋件变位。

3)防治措施

(1)按标准线进行复核，找准基准线，以便检查测量时参照使用。

(2)预埋件固定后，按基准标高线、中心线对分格尺寸进行复查，按规定基准位置支设预埋件。

(3)加强钢筋捆扎检查，在浇筑混凝土时，应经常观察及测量预埋件情况，当发生变形时即停止浇筑，进行调整、排除。

(4)为了防止预埋件的尺寸、位置出现位移或偏差过大，土建施工单位与幕墙安装单位在预埋件放线定位时密切配合，共同控制各自的正确尺寸，否则预埋件的质量不符合设计或规范要求，将直接影响安装质量及工程进度。

(5)对已产生偏差的预埋件，要订出合理的施工方案进行处理。

2. 支座结点三维微调设计

1)通病现象

支座结点未考虑三维方向微调位置，使安装过程中主梁无法调整，满足不了规范的要求。

2)产生原因

设计时未考虑此项要求。

3)防治措施

(1)在建筑施工中，国家对建筑物偏差有一定要求，在设计中应参照国家有关规范。

(2)在设计支座时，应充分考虑建筑物允许的最大偏差数据，以满足幕墙的施工要求。因主体变动一般不大可能，只有在幕墙设计中用三维调整来满足工作的要求。

(三)玻璃板块主体制作及注胶

1. 玻璃及铝框

1)通病现象

下料、加工后的零件几何尺寸出现偏大或偏小，达不到设计规定的尺寸要求，超出国家行业标准的尺寸规定。

2)产生原因

(1)原材料质量不符合要求。

(2)设备和量具达不到加工精度。

(3)材料加工前未进行设备和量具的校正调整。

(4)下料、加工过程中,各道工序没有做好自检工作。

3)防治措施

(1)严格执行原材料质量检验标准,禁用不合格的材料。

(2)必须使用能满足加工精度要求的设备和量具,且要定期进行检查、维护及计量认证。

(3)确保开工前设备和量具校正调整合格,杜绝误差超标。

(4)认真看图纸,按要求下料、加工。每道工序都必须进行自检。

2. 注胶环境条件

1)通病现象

在不符合条件要求的注胶间注胶。

2)产生原因

(1)注胶不符合规定,工作场地不清洁,注胶环境不符合要求。

(2)有关人员未培训上岗,缺乏必要的知识和操作方法。

3)防治措施

(1)按规定和标准设置,达到干净平整、无粉尘污染,并备有良好的通风设备。

(2)有关人员必须经专门培训,掌握本职工作的基本知识和操作方法方可上岗。

(3)保持工作场地清洁。

3. 注胶工艺

1)通病现象

注胶构件表面清洗马虎,或未采用合格的清洁剂彻底擦抹。

2)产生原因

(1)不按工艺要求清洁注胶构件表面。

(2)工作马虎,未认真清洁注胶构件表面。

(3)使用不合格的清洁剂清洗。

3)防治措施

(1)严格执行注胶构件表面清洁的工艺要求。

(2)加强现场管理,提高工作质量。

(3)采用合格的清洁剂清洗,如二甲苯、乙酮等。

4. 注胶质量

1)通病现象

不按操作要求注胶,技术差、操作马虎,注胶不密实饱满,有气泡。

2)产生原因

(1)没有严格执行注胶操作的规定要求。

(2)操作不娴熟,甚至未培训上岗。

(3)在更换碰凹变形的胶桶时,在倒胶过程中混入空气。
(4)注胶机出现故障。
3)防治措施
(1)严格注胶操作的规定要求。
(2)严禁未培训人员上岗操作,操作时应均匀缓慢移动注胶枪嘴。
(3)放净含有气泡的胶后,再进行构件的注胶。
(4)加强注胶机的维护和保养。
5.胶缝质量
1)通病现象
胶缝宽不均匀,缝面不平滑、不清洁,胶缝内部有孔隙。
2)产生原因
(1)玻璃边凹凸不平。
(2)双面胶条粘贴不平直。
(3)注胶不饱满。
(4)胶缝修整不平滑,不清洁。
3)防治措施
(1)玻璃裁割后必须进行倒棱、倒角处理。
(2)双面胶条粘贴规范、倒角处理。
(3)缝口外溢出的胶应用力向缝面压实,并刮平整,清除多余的胶渍。
6.玻璃在铝框的位置不正
1)通病现象
玻璃放置在铝框上的位置不正,产生偏移或歪斜。
2)产生原因
(1)玻璃、铝框尺寸与设计尺寸不符。
(2)操作不当引起双面胶条粘贴错位。
(3)组装后铝框变形,玻璃下料不正。
(4)装配人员责任心不强,技术不精,装配好的构件未做最后检验和校正。
3)防治措施
(1)按图施工,加强工序管理。
(2)组装后,应检查校正变形的铝框。
(3)严格执行操作规程,杜绝蛮干的工作态度。
7.固化时间控制
1)通病现象
注胶后,平置固化时间控制不严格。
2)产生原因
(1)固化现场管理混乱,经常挪动在固化保养期内的构件。
(2)急需构件安装,而过早出货。
3)防治措施
(1)加强固化现场管理,避免固化保养期内的构件经常挪动。

(2)加强加工、安装的计划管理,确保有足够时间进行固化保养。

8. 板块组件出厂检验控制

1)通病现象

板块组件尺寸偏差大,玻璃同铝框产生错位,或未进行切框检查胶的剥离测试,板块组件未检查出厂。

2)产生原因

(1)加工误差和累积误差大。

(2)构件在固化期内经常挪动引起错位。

(3)不按要求检验板块组件。

(4)产品出厂检验控制不严。

3)防治措施

(1)按图纸加工,每道工序应进行自检和专检。

(2)构件在固化期内严禁挪动。

(3)按规定要求抽查的板块组件时须切框检查胶的剥离测试,测试合格才能出厂。

(四)竖框、横梁制作安装

1. 型材加工

1)通病现象

型材加工、制作精度不高。

2)产生原因

(1)型材尺寸精度差。

(2)设备落后,精度不高。

(3)定位基位偏差。

(4)划线不准确。

(5)员工责任心不强。

3)防治措施

(1)加强型材进货检验,不合格型材退货。

(2)做好设备维修、维护和保养等管理工作,加工制作时应调整和校验好设备。

(3)准备设计基准。

(4)提高划线精度,有条件的可更换先进设备或改良旧有设备。

2. 横梁

1)通病现象

横梁加工未留出伸缩间隔或间隙过大。

2)产生原因

(1)设计时未考虑温差变化和装配误差因素。

(2)加工时存在尺寸误差。

3)防治措施

(1)设计时考虑温差变化因素及装配误差,留好伸缩间隙。

(2)严格按图纸加工和检验,不合格品不出厂、不施工。

3. 柔性垫片

1）通病现象

横梁与竖框接触面未设柔性垫片，温差变化或风力作用下产生噪声。

2）产生原因

（1）设计时未考虑此因素。

（2）未严格按要求施工。

3）防治措施

（1）设计时要考虑温差变化及风力作用可能产生的摩擦噪声，横梁与竖框接触面设柔性垫片。

（2）加强管理，严格按图纸施工。

4. 横梁、窗框排水、泄水

1）通病现象

有积水或渗漏现象。

2）产生原因

（1）设计不当，不符合“等压原理”。

（2）施工时未做密封处理或密封处理不当。

3）防治措施

（1）用“等压原理”进行结构设计。

（2）加强施工管理，易渗漏部分做好密封处理。

（3）对易产生冷凝水的部位，应设置冷凝水排水管道。

（4）开启部分设置滴水线及挡水板，用适当的密封材料进行密封处理。

5. 紧固件锁紧

1）通病现象

自攻螺钉孔径过大，紧固力不足，易松动。

2）产生原因

（1）个别安装人员图省力方便，使用过大的钻头。

（2）紧固力不够。

3）防治措施

（1）严格按标准选用钻头。

（2）建议使用电动螺丝刀代替手动螺丝刀紧固螺丝。

（五）玻璃板块组件

1. 对缝不平齐，墙面不平整，超标

1）通病现象

刚施工完毕的幕墙，对缝不平，幕面不平整，影响外观效果。

2）产生原因

（1）主梁变形量大，超过国家铝材验收标准。

（2）玻璃切割尺寸超差。

（3）组框生产时，对角线超标。

（4）安装主梁时垂直度达不到标准要求。

(5)组框和主横梁结构及材料选用有问题。

3)防治措施

(1)严格控制材料关,特别对主梁的检查应严格按国家标准进行检验,不合格的退货。

(2)加强玻璃裁割尺寸检验和控制,其尺寸如有超差则做退货处理。

(3)在注胶生产中,严格控制组框尺寸,特别要检查和控制好对角线尺寸。

(4)主梁安装时,调整好尺寸后再行固定、焊接。

(5)组框和主梁的结构,设计上要认真计算,选料要合适。

2. 勾块(压块)部位

1)通病现象

选用勾块(压块)固定玻璃组件时,可能产生固定不牢,或勾块(压块)数量、间距与设计不符。在一定风压下,可能产生表面变形,甚至玻璃组件脱落。

2)产生原因

(1)设计时考虑不细,在有条件不用压块式固定时仍采用了压块式固定。

(2)施工人员未做好安全技术交底,现场管理不到位。

(3)现场检验、控制不完善。

(4)螺纹底孔直径不合适。

3)防治措施

(1)加强设计工作,在有条件的情况下,尽量少采用压块式固定方法固定玻璃组件。

(2)认真做好安装技术交底工作,使施工人员树立质量意识,认真按图施工。

(3)严格"三检"制,在上一工序施工完成经过质检人员检查合格后,才能进入下一工序。

(4)在钻底孔前要按标准要求进行选配钻头,而在有条件的情况下,采用自攻螺丝,既节约时间,又能满足要求。

3. 活动窗的安装

1)通病现象

活动窗不灵活,缝隙不严密,有漏水、漏气现象。

2)产生原因

(1)铰链质量不好。

(2)安装调整不当。

(3)密封胶条材质不好。

3)防治措施

(1)选择质量好的铰链。

(2)铰链按要求进行安装及调整,做到开关灵活,密封性能好。

(3)选用图纸中要求的型号胶条,并且按材质要求采购优质胶条。在有条件的情况下,采用弹性好、耐老化的材料胶条。

(4)在开启窗的设计上,要考虑扇上避水结构,如在扇上设高滴水或内排水结构,以防止水直接进入防水胶条上。

4. 隐框下托块

1)通病现象

隐框幕墙或竖明横隐幕墙下口不装或漏装下托块,其托块位置固定不牢或和玻璃接触处未放胶垫块形成硬接触。

2)产生原因

(1)设计图要求不明确。

(2)施工人员未能领会图纸。

(3)管理不当。

3)防治措施

(1)设计上要认真落实规范的要求,图纸上注明托块的位置尺寸。

(2)加强对施工员的安全技术交底,领会图纸,认真落实。

(3)加强管理,严格按图纸施工。

5.横梁施工

1)通病现象

横梁支撑块固定不牢,安装时土建湿作业未完,又未加防护,造成污染,安装玻璃时不清理。

2)产生原因

(1)技术交底未做好,现场施工人员对要求不清楚。

(2)现场管理未到位。

(3)未按顺序要求安装横梁,在湿作业未完时,横梁已就位施工。

3)防治措施

(1)认真做好技术交底工作,并落实到现场施工所有人员。

(2)加强现场管理,每完成一层都要对其进行检查,调正、校正、固定,使其符合质量要求。

(3)安装横梁一般要在土建湿作业完工后进行,在其施工顺序上,就整幢而言,应从上到下,而每一层安装应从下到上。

6.玻璃

1)通病现象

玻璃表面污染,色差过大,钢化玻璃变形量大,影响变形。

2)产生原因

(1)玻璃质量不符合要求。

(2)施工过程中未按要求做好清洁工作。

3)防治措施

(1)抓好供货环节和避免玻璃的二次污染,注胶过程中严禁将剩余胶或含胶物粘在玻璃表面。

(2)在拆架前应做好清洁工作,并用中性清洁剂清洗。

7.耐候胶的填塞

1)通病现象

采用聚乙烯发泡材料填缝时位置深浅不一,耐候胶厚度不符合要求,缝内注胶不密实,胶缝不平直、不光滑,玻璃表面不清洁,有污染。

2)产生原因

(1)不按图纸要求施工。

(2)未按施工工艺要求操作。

(3)注胶前未进行清洁工作。

3)防治措施

(1)施工人员必须认真按技术交底要求,严格按图纸施工。

(2)严格按工艺要求操作。

(3)注意施工中的清洁,在拆架之前用中性清洁剂清洁表面。

(六)防火保温及防雷

1.防火保温

1)通病现象

(1)防火层托板位置不在横梁上或与玻璃接触。

(2)同层防火区间隔未做竖向处理。

(3)防火层铺填有空隙,不严实(如用散棉)。

(4)防火托板固定不牢。

(5)保温材料铺设不规范,未留空气层。

2)产生原因

(1)由于外观设计要求或其他原因,使大玻璃分格跨越两个防火区;横梁标高与建筑楼层标高不一致。

(2)同层两防火分区隔墙中心线与幕墙竖框分格中心线不重合,竖向处理责任方不明确。

(3)施工不细致,防火层插板和防火岩棉切割外形与欲填充空间外形相差大。

(4)防火层托板固定点太少,固定点相隔距离过大。

3)防治措施

(1)设计时按规范做防火分区处理,尽量避免一大块玻璃跨越楼层上、下两个防火区,如果因外观分格需要使横梁与楼层结构标高相距较远,应采用镀锌钢板以及其防火装饰材料与横梁连接,形成防火分区。

(2)同层防火分区间隔处理,应明确施工责任方,应用不燃烧材料隔开两区间。

(3)采用符合防火规范要求的材料,控制加工质量。板边裂缝隙应小于3 mm,防火岩棉应填充密实,无缝隙。

(4)托板四周应根据被连接件材质不同选用合适的紧固件固定牢,两固定点之间间距以350~450 mm为宜。

(5)保温材料与玻璃间留出宽度≥50 mm的空气层,保温材料与室内空间也应采用隔气层隔开。

2.防雷

1)通病现象

(1)幕墙防雷措施不完善,幕墙顶部有超出大楼接闪器保护范围的部分。

(2)均压及均压环与建筑防雷网的连接引下线布置间距过大。

(3)均压及均压环层的幕墙竖框间未导通,未设均压环楼层的幕墙竖框与固定在设均压环楼层的竖框间未连通,位于均压环处竖框的横梁与竖框间未连通。

(4)接地电阻值过大,达不到规范要求。

(5)均压及引下线的焊接方法不对。

2)产生原因

(1)未按建筑物防雷设计规范要求布置防雷设施。

(2)竖框与钢支座之间的防腐垫片,横梁两端的弹性橡胶垫的绝缘作用,上、下竖框之间通过芯套相接连通不畅。

(3)导电材料横截面面积不够大,若所用材料未经两面处理而年久锈蚀,减少了对电流的导能面积。

(4)防雷装置用钢材之间焊接时没采用对面焊的方式,或搭接长度不够。

3)防治措施

(1)幕墙防雷框架的装置,距地30 m以上的建筑部分,每隔三层设置一圈均压环,均压环每隔15 m(一类防雷幕墙)或18 m(二、三类防雷幕墙)和建筑物防雷网接通;30 m以下部分每隔3~5 m与建筑物防雷系统引下线接通,幕墙顶部女儿墙的盖板(封顶)应置于避雷带保护角之下,或设计成直接受雷击的接闪器每隔12 m(一类防雷幕墙)或15 m(二类防雷幕墙)或18 m(三类防雷幕墙)与建筑物防雷网连接。

(2)增加连接可靠性方面,不妨采用旁路导通的方法来连接设均压环层的竖框和预埋件钢件,以及未设均压环层的竖框和设置均压环层的立柱。同时,设均压处的竖框上的横梁两端不装弹性橡胶垫。

(3)防雷装置材料应符合规范要求。圆钢直径 $d=12$ mm(一类防雷幕墙)、$d=8$ mm(二、三类防雷幕墙),扁钢厚度≥4 mm,截面面积 $S=240\ mm^2$(一类防雷幕墙)、$S=150\ mm^2$(二、三类防雷幕墙),尽量采用热镀锌件,或刷两道防锈漆。

(4)防雷装置焊接时,焊缝的搭接长度,圆钢不少于 $6d$,扁钢不少于 $2d$(d 为宽度)。

(5)检测时,冲击阻应分别达到小于5 Ω(一类防雷幕墙)、10 Ω(二、三类防雷幕墙)的要求。

(七)封边、封顶处理

1. 封边

1)通病现象

(1)封边板直接与水泥砂浆接触,造成腐蚀。

(2)封边金属板处理不当,密封不好、漏水。

(3)封边构件固定不可靠,有松动。

2)产生原因

(1)封边板未做防腐处理。

(2)封边板与封边板之间连接采用简单搭接,未做密封防水处理。

(3)封边板与外墙材料的结合部未打胶,或注胶不连续。

(4)封边板与墙直接打钉固定,墙体不平,铝板因变形浮出,或固定点间距太大。

3)防治措施

(1)参照铝门窗标准,全埋入水泥砂浆层内的铝封边板应涂防腐涂料(如沥青油)。外露的做保护涂层处理或贴保护胶纸。

(2)封板两边交接处设置淘槽,注胶密封。

(3)封板与外墙材料间留淘槽或形成倾角,注胶饱满、连续。

(4)封板固定处墙体应找平装面,还可用先装胶塞再植入螺钉的方法固定封板。

2. 封顶

1)通病现象

(1)封顶处理不严密,造成顶部漏水。

(2)封顶铝板跨度过大,无骨架、有变形、平直度差。

(3)伸出封顶的金属栏杆及避雷带的接口注胶密封处理差,漏水且不美观。

2)产生原因

(1)封顶板之间接缝处理不当。板上贴有保护胶纸,铝板和密封胶间形成缝隙。

(2)注胶面的脏物,或蒸气造成密封不严。

(3)设计不当,偷工省料,女儿墙顶未全覆盖。

(4)封顶板设计不合理,内部没加筋增加强度。

(5)土建墙体不平,出入大,而封板的连接无相应调整措施。

(6)吊篮作业时绳索压迫封顶板导致变形。

(7)伸出压顶的栏杆或避雷带竖杆位置不成直线,距离不定;安装压顶的工作作业不细致,开口过大或过小。

3)防治措施

(1)封压板制成单元件,两接口处理缝注胶,采用连续封板的,接缝处应加搭连接片,留缝注胶密封,外露连接铆钉也应涂胶处理。

(2)注胶面应清理干净,无水滴。女儿墙顶应用封压板全部覆盖,如一级封顶不够宽,可采用二级。

(3)应合理设计封顶板跨度,根据强度要求设计内衬框架;考虑到有些作业会在其上面进行,应做铝材或钢材龙骨。

(4)铝封板与墙体固定连接处增设可供调节进出位的构件,必要时另做龙骨找平安装面。

(5)与做女儿墙顶栏杆或避雷带的承建商协商好安装顺序,先做竖杆,并尽可能有序安装。

二、金属幕墙通病

(一)板面不平整,接缝不平齐

1. 产生原因

(1)连接码件固定不牢,产生偏移。

(2)码件安装不平直。

(3)金属板本身不平整。

2. 防治措施

确保连接件的固定,应在码件固定时放通线定位,且在上板前严格检查金属板的质量。

(二)密封胶开裂,产生气体渗透或雨水渗漏

1. 产生原因

(1)注胶部位不洁净。

(2)胶缝深度过大,造成三面黏结。

(3)胶在未完全黏结前受到灰尘沾染或损伤。

2. 防治措施

(1)充分清洁板材间缝隙(尤其是黏结面),并加以干燥。

(2)在较深的胶缝中充填聚氯乙烯发泡材料(小圆棒),使胶形成两面黏结,保证其嵌缝深度。

(3)注胶后认真养护,直到完全硬化。

(三)预埋件位置不准,致使横、竖料很难与其固定连接

1. 产生原因

(1)预埋件安放时偏离安装基准线。

(2)预埋件与模板、钢筋的连接不牢,使其在浇筑混凝土时位置变动。

2. 防治措施

(1)预埋件放置前,认真校其安装线,确定其准确位置。

(2)采取适当方法将预埋件与模板、钢筋牢固连接(如绑扎、焊接等)。

(四)胶缝不平滑充实,胶线不平直

1. 产生原因

打胶时,挤胶用力不匀,胶枪角度不正确,刮胶时不连续。

2. 防治措施

连续均匀挤胶保持正确角度,将胶注满后用专用工具将其刮平,表面应光滑无镀纹。

(五)成品污染

1. 产生原因

金属板安装完毕后,未及时保护,使其发生碰撞变形、变色、污染、排水孔堵塞等现象。

2. 防治措施

(1)施工过程中要及时清除板面及构件表面的黏附物。

(2)安装完毕后立即从上向下清扫,并在易受污染破坏的部位贴保护胶纸或覆盖塑料薄膜,易受磕碰的部位设护栏。

三、石材幕墙质量通病

(一)材料

1. 质量通病

(1)骨架材料型号、材质不符合设计要求,用料断面偏小,杆件有扭曲变形。

(2)所采用的锚栓无产品合格证,无物理力学性能测试报告。

(3)石材加工尺寸与现场实际尺寸不符,或与其他装饰工程发生矛盾。

(4)石材色差大,颜色不均匀。

2. 防治措施

(1)骨架结构必须由有资质劳动等级证明的设计部门设计,按设计要求选购合格产品。

(2)设计要提出锚栓的物理力学性能要求,选择正规厂家的牌号产品,施工单位严格采购进货的检测和验货手续。

(3)加强现场的统一测量放线,提高测量放线的精度,加工前绘制放样加工图,并严格按放样图加工。

(4)要加强到产地选材的工作,不能单凭小块样板确定材种,加工后要进行试铺配色,不要选用含氧化铁成分较多的石板材种。

(二)安装

1. 质量通病

(1)骨架竖框的垂直度、横梁的水平度偏差较大。

(2)锚栓松动不牢,垫片太厚。

(3)石材缺棱掉角。

(4)石材安装完表面不平整。

(5)防火保温材料接缝不严。

2. 防治措施

(1)提高测量放线的精度,所用的测量仪器要检验合格。安装时加强检测和自验工作。

(2)钻孔时,必须按锚栓产品说明书的要求施工,钻孔的直径、孔深应适合所用锚栓的要求,不能扩孔,不能钻孔过深。

(3)挂件尺寸要能适应土建工程误差,垫片太厚会降低锚件的承载拉力。

(4)不选用质地太脆的石材。

(5)要用小型机具和工具,解决施工安装时人工扛抬搬运容易造成破损棱角的问题。

(6)一定要将挂件调平和用螺栓锁紧后再安装石材。

(7)不能将测量和加工误差积累。

(8)要选用良好的铆钉和胶粘剂,铺放时要仔细。

(三)胶缝

1. 质量通病

(1)密封胶开裂、不严密。

(2)胶中硅油渗出污染板面。

(3)板(销)孔中未注胶。

2. 防治措施

(1)必须选用柔软、弹性好、使用寿命长的耐候胶,一般宜用硅酮胶。

(2)施工时要用清洁剂将石材表面的污物擦净。

(3)胶缝宽度和深度不能太小,施工时精心操作,不漏封。

(4)应选用石材专用嵌缝胶。

(5)要严格按设计要求施工。

第二节　质量要求及检验方法

一、一般规定

本部分内容适用于玻璃幕墙、金属幕墙、石材幕墙等分项工程的质量验收。

幕墙工程验收时应检查下列文件和记录:

(1)幕墙工程的施工图、结构计算书、设计说明及其他设计文件。

(2)建筑设计单位对幕墙工程设计的确认文件。

(3)幕墙工程所用各种材料、五金配件、构件及组件的产品合格证书、性能检测报告、进场验收记录和复验报告。

(4)幕墙工程所用硅酮结构胶的认定证书和抽查合格证明,进口硅酮结构胶的商检证,国家指定检测机构出具的硅酮结构胶相容性和剥离黏结性试验报告,石材用密封胶的耐污染性试验报告。

(5)后置埋件的现场拉拔强度检测报告。

(6)幕墙的抗风压性能、空气渗透性能、雨水渗漏性能及平面变形性能检测报告。

(7)打胶、养护环境的温度、湿度记录,双组分硅酮结构胶的混匀性试验记录及拉断试验记录。

(8)防雷装置测试记录。

(9)隐蔽工程验收记录。

(10)幕墙构件和组件的加工制作记录,幕墙安装施工记录。

幕墙工程应对下列材料及其性能指标进行复验:

(1)铝塑复合板的剥离强度。

(2)石材的弯曲度,寒冷地区石材的耐冻融性,室内用花岗石的放射性。

(3)玻璃幕墙用结构胶的邵氏硬度、标准条件拉伸黏结强度、相容性试验,石材用结构胶的黏结强度,石材用密封胶的污染性。

幕墙工程应对下列隐蔽工程项目进行验收:

(1)预埋件(或后置埋件)。

(2)构件的连接节点。

(3)变形缝及墙面转角处的构造节点。

(4)幕墙防雷装置。

(5)幕墙防火构造。

各分项工程的检验批应按下列规定划分:

(1)相同设计、材料、工艺和施工条件的幕墙工程每 500 ~ 1 000 m^2 应划分为一个检验批,不足 500 m^2 也应划分为一个检验批。

(2)同一单位工程的不连续的幕墙工程应单独划分检验批。

(3)对于异型或有特殊要求的幕墙,检验批的划分应根据幕墙的结构、工艺特点及幕墙工程规模,由监理单位(或建设单位)和施工单位协商确定。

(4)检查数量应符合下列规定:

①每个检验批每 100 m^2 应至少抽查一处,每处不得小于 10 m^2;

②对于异型或有特殊要求的幕墙工程,应根据幕墙的结构和工艺特点,由监理单位(或建设单位)和施工单位协商确定。

(5)幕墙及其连接件应具有足够的承载力、刚度和相对于主体结构的位移能力。幕墙构架立柱的连接金属角码与其他连接件应采用螺栓连接,并应有防松动措施。

(6)隐框、半隐框幕墙所采用的结构黏结材料必须是中性硅酮结构密封胶,其性能必须符合《建筑用硅酮结构密封胶》(GB 16776—2005)的规定;硅酮结构密封胶必须在有效期内使用。

(7)立柱和横梁等主要受力构件,其截面受力部分的壁厚应经计算确定,且铝合金型材壁厚不应小于 3.0 mm，钢型材壁厚不应小于 3.5 mm。

(8)隐框、半隐框幕墙构件中板材与金属框之间硅酮结构密封胶的黏结宽度，应分别计算风荷载标准值和板材自重标准值作用下硅酮结构密封胶的黏结宽度，并取其较大值，且不得小于 7.0 mm。

(9)硅酮结构密封胶应打注饱满，并应在温度 15 ~ 30 ℃、相对湿度 50% 以上及洁净的室内进行，不得在现场墙上打注。

(10)幕墙的防火除应符合现行国家标准《建筑设计防火规范》(GB 50016—2006)和《高层民用建筑设计防火规范》(GB 50045—95)的有关规定外，还应符合下列规定：

①应根据防火材料的耐火极限决定防火层的厚度和宽度，并应在楼板处形成防火带。

②防火层应采取隔离措施。防火层的衬板应采用经防腐处理且厚度不小于 1.5 mm 的钢板，不得采用铝板。

③防火层的密封材料应采用防火密封胶。

④防火层与玻璃不应直接接触，一块玻璃不应跨两个防火分区。

(11)主体结构与幕墙连接的各种预埋件，其数量、规格、位置和防腐处理必须符合设计要求。

(12)金属框架与主体结构预埋件的连接、立柱与横梁的连接及幕墙面板的安装必须符合设计要求，安装必须牢固。

(13)单元幕墙连接处和吊挂处的铝合金型材的壁厚应通过计算确定，并不得小于 5.0 mm。

(14)幕墙的金属框架与主体结构应通过预埋件连接，预埋件应在主体结构混凝土施工时埋入，预埋件的位置应准确。当没有条件采用预埋件连接时，应采用其他可靠的连接措施，并应通过试验确定其承载力。

(15)主柱应采用螺栓与角码连接，螺栓直径应经过计算，并不应小于 10 mm。不同金属材料接触时应采用绝缘垫片分隔。

(16)幕墙的抗震缝、伸缩缝、沉降缝等部位的处理应保证缝的使用功能和饰面的完整性。

(17)幕墙工程的设计应满足维护和清洁的要求。

二、玻璃幕墙工程

本部分内容适用于建筑高度不大于 150 m、抗震设防烈度不大于 8 度的隐框玻璃幕墙、半隐框玻璃幕墙、明框玻璃幕墙、全玻璃幕墙及点支承玻璃幕墙工程的质量验收。

(一)主控项目

(1)玻璃幕墙工程所使用的各种材料、构件和组件的质量，应符合设计要求及国家现行产品标准和工程技术规范的规定。

检验方法：检查材料、构件、组件的产品合格证书、进场验收记录、性能检测报告和材料的复验报告。

(2)玻璃幕墙的造型和立面分格应符合设计要求。

检验方法：观察，尺量检查。

(3)玻璃幕墙使用的玻璃应符合下列规定：

①幕墙应使用安全玻璃，玻璃的品种、规格、颜色、光学性能及安装方向应符合设计要求。

②幕墙玻璃的厚度不应小于6.0 mm。全玻璃幕墙肋玻璃的厚度不应小于12 mm。

③幕墙的中空玻璃应采用双道密封。明框幕墙的中空玻璃应采用聚硫密封胶及丁基密封胶，隐框和半隐框幕墙的中空玻璃应采用硅酮结构密封胶及丁基密封胶，镀膜面应在中空玻璃的第2面或第3面上。

④幕墙的夹层玻璃应采用聚乙烯醇缩丁醛(PVB)胶片干法加工夹层玻璃。点支承玻璃幕墙夹层胶片(PVB)厚度不应小于0.76 mm。

⑤钢化玻璃表面不得有损伤，8.0 mm以下的钢化玻璃应进行引爆处理。

⑥所有幕墙玻璃均应进行边缘处理。

检验方法：观察，尺量检查，检查施工记录。

(4)玻璃幕墙与主体结构连接的各种预埋件、连接件、紧固件必须安装牢固，其数量、规格、位置、连接方法和防腐处理应符合设计要求。

检验方法：观察，检查隐蔽工程验收记录和施工记录。

(5)各种连接件、紧固件的螺栓应有防松动措施，焊接连接应符合设计要求和焊接规范的规定。

检验方法：观察，检查隐蔽工程验收记录和施工记录。

(6)隐框或半隐框玻璃幕墙，每块玻璃下端应设置两个铝合金或不锈钢托条，其长度不应小于100 mm，厚度不应小于2 mm，托条外端应低于玻璃外表面2 mm。

检验方法：观察，检查施工记录。

(7)明框玻璃幕墙的玻璃安装应符合下列规定：

①玻璃槽口与玻璃的配合尺寸应符合设计要求和技术标准的规定。

②玻璃与构件不得直接接触，玻璃四周与构件凹槽底部应保持一定的空隙，每块玻璃下部应至少放置两块宽度与槽口宽度相同、长度不小于100 mm的弹性定位垫块；玻璃两边嵌入量及空隙应符合设计要求。

③玻璃四周橡胶条的材质、型号应符合设计要求，镶嵌应平整，橡胶条长度应比边框内槽长1.5% ~2.0%，橡胶条在转角处应斜面断开，并应用黏结剂黏结牢固后嵌入槽内。

检验方法：观察，检查施工记录。

(8)高度超过4 m的全玻璃幕墙应吊挂在主体结构上，吊夹具应符合设计要求，玻璃与玻璃、玻璃与玻璃肋之间的缝隙，应采用硅酮结构密封胶填嵌严密。

检验方法：观察，检查隐蔽工程验收记录和施工记录。

(9)点支承玻璃幕墙应采用带万向头的活动不锈钢爪，其钢爪间的中心距离应大于250 mm。

检验方法：观察，尺量检查。

(10)玻璃幕墙四周、玻璃幕墙内表面与主体结构之间的连接节点、各种变形缝、墙角的连接节点应符合设计要求和技术标准的规定。

检验方法：观察，检查隐蔽工程验收记录和施工记录。

(11)玻璃幕墙应无渗漏。

检验方法：在易渗漏部位进行淋水检查。

(12)玻璃幕墙结构胶和密封胶的打注应饱满、密实、连续、均匀、无气泡,宽度和厚度应符合设计要求和技术标准的规定。

检验方法:观察,尺量检查,检查施工记录。

(13)玻璃幕墙开启窗的配件应齐全,安装应牢固,安装位置和开启方向、角度应正确;开启应灵活,关闭应严密。

检验方法:观察,手扳检查,开启和关闭检查。

(14)玻璃幕墙的防雷装置必须与主体结构的防雷装置可靠连接。

检验方法:观察,检查隐蔽工程验收记录和施工记录。

(二)一般项目

(1)玻璃幕墙表面应平整、洁净,整幅玻璃的色泽应均匀一致,不得有污染和镀膜损坏。

检验方法:观察。

(2)每平方米玻璃的表面质量和检验方法应符合表14-1的规定。

表14-1 每平方米玻璃的表面质量和检验方法

项次	项目	质量要求	检验方法
1	明显划伤和长度 > 100 mm 的轻微划伤	不允许	观察
2	长度 ≤ 100 mm 的轻微划伤	≤ 8 条	用钢尺检查
3	擦伤总面积	≤ 500 mm^2	用钢尺检查

(3)一个分格铝合金型材的表面质量和检验方法应符合表14-2的规定。

表14-2 一个分格铝合金型材的表面质量和检验方法

项次	项目	质量要求	检验方法
1	明显划伤和长度 > 100 mm 的轻微划伤	不允许	观察
2	长度 ≤ 100 mm 的轻微划伤	≤ 2 条	用钢尺检查
3	擦伤总面积	≤ 500 mm^2	用钢尺检查

(4)明框玻璃幕墙的外露框或压条应横平竖直,颜色、规格应符合设计要求,压条安装应牢固。单元玻璃幕墙的单元拼缝或隐框玻璃幕墙的分格玻璃拼缝应横平竖直、均匀一致。

检验方法:观察,手扳检查,检查进场验收记录。

(5)玻璃幕墙的密封胶缝应横平竖直、深浅一致、宽窄均匀、光滑顺直。

检验方法:观察,手摸检查。

(6)防火、保温材料填充应饱满、均匀,表面应密实、平整。

检验方法:检查隐蔽工程验收记录。

(7)玻璃幕墙隐蔽节点的遮封装修应牢固、整齐、美观。

检验方法:观察,手扳检查。

(8)明框玻璃幕墙安装的允许偏差和检验方法应符合表14-3的规定。

表 14-3 明框玻璃幕墙安装的允许偏差和检验方法

项次	项目		允许偏差(mm)	检验方法
1	幕墙垂直度	幕墙高度≤30 m	10	用经纬仪检查
		30 m<幕墙高度≤60 m	15	
		60 m<幕墙高度≤90 m	20	
		幕墙高度>90 m	25	
2	幕墙水平度	幕墙幅宽≤35 m	5	用水平仪检查
		幕墙幅宽>35 m	7	
3	构件直线度		2	用2 m靠尺和塞尺检查
4	构件水平度	构件长度≤2 m	2	用水平仪检查
		构件长度>2 m	3	
5	相邻构件错位		1	用钢直尺检查
6	分格框对角线长度差	对角线长度≤2 m	3	用钢尺检查
		对角线长度>2 m	4	

(9)隐框、半隐框玻璃幕墙安装的允许偏差和检验方法应符合表14-4的规定。

表 14-4 隐框、半隐框玻璃幕墙安装的允许偏差和检验方法

项次	项目		允许偏差(mm)	检验方法
1	幕墙垂直度	幕墙高度≤30 m	10	用经纬仪检查
		30 m<幕墙高度≤60 m	15	
		60 m<幕墙高度≤90 m	20	
		幕墙高度>90 m	25	
2	幕墙水平度	层高≤3 m	3	用水平仪检查
		层高>3 m	5	
3	幕墙表面平整度		2	用2 m靠尺和塞尺检查
4	板材立面垂直度		2	用垂直检测尺检查
5	板材上沿水平度		2	用1 m水平尺和钢直尺检查
6	相邻板材板角错位		1	用钢直尺检查
7	阳角方正		2	用直角检测尺检查
8	接缝直线度		3	拉5 m线,不足5 m拉通线,用钢直尺检查
9	接缝高低差		1	用钢直尺和塞尺检查
10	接缝宽度		1	用钢直尺检查

三、金属幕墙工程

本部分内容适用于建筑高度不大于 150 m 的金属幕墙工程的质量验收。

(一)主控项目

(1)金属幕墙工程所使用的各种材料和配件,应符合设计要求及国家现行产品标准和工程技术规范的规定。

检验方法:检查产品合格证书、性能检测报告、材料进场验收记录和复验报告。

(2)金属幕墙的造型和立面分格应符合设计要求。

检验方法:观察,尺量检查。

(3)金属面板的品种、规格、颜色、光泽及安装方向应符合设计要求。

检验方法:观察,检查进场验收记录。

(4)金属幕墙主体结构上的预埋件、后置埋件的数量、位置及后置埋件的拉拔力必须符合设计要求。

检验方法:检查拉拔力检测报告和隐蔽工程验收记录。

(5)金属幕墙的金属框架立柱与主体结构预埋件的连接、立柱与横梁的连接、金属面板的安装必须符合设计要求,安装必须牢固。

检验方法:手扳检查,检查隐蔽工程验收记录。

(6)金属幕墙的防火、保温、防潮材料的设置应符合设计要求,并应密实、均匀、厚度一致。

检验方法:检查隐蔽工程验收记录。

(7)金属框架及连接件的防腐处理应符合设计要求。

检验方法:检查隐蔽工程验收记录和施工记录。

(8)金属幕墙的防雷装置必须与主体结构的防雷装置可靠连接。

检验方法:检查隐蔽工程验收记录。

(9)各种变形缝、墙角的连接节点应符合设计要求和技术标准的规定。

检验方法:观察,检查隐蔽工程验收记录。

(10)金属幕墙的板缝注胶应饱满、密实、连续、均匀、无气泡,宽度和厚度应符合设计要求和技术标准的规定。

检验方法:观察,尺量检查,检查施工记录。

(11)金属幕墙应无渗漏。

检验方法:在易渗漏部位进行淋水检查。

(二)一般项目

(1)金属板表面应平整、洁净、色泽一致。

检验方法:观察。

(2)金属幕墙的压条应平直、洁净、接口严密、安装牢固。

检验方法:观察,手扳检查。

(3)金属幕墙的密封胶缝应横平竖直、深浅一致、宽窄均匀、光滑顺直。

检验方法:观察。

(4)金属幕墙上的滴水线、流水坡向应正确、顺直。

检验方法:观察,用水平尺检查。

(5)每平方米金属板的表面质量和检验方法应符合表 14-5 的规定。

表 14-5　每平方米金属板的表面质量和检验方法

项次	项目	质量要求	检验方法
1	明显划伤和长度 > 100 mm 的轻微划伤	不允许	观察
2	长度≤100 mm 的轻微划伤	≤8 条	用钢尺检查
3	擦伤总面积	≤500 mm^2	用钢尺检查

(6)金属幕墙安装的允许偏差和检验方法应符合表 14-6 的规定。

表 14-6　金属幕墙安装的允许偏差和检验方法

<table>
<tr><th>项次</th><th colspan="2">项目</th><th>允许偏差(mm)</th><th>检验方法</th></tr>
<tr><td rowspan="4">1</td><td rowspan="4">幕墙垂直度</td><td>幕墙高度≤30 m</td><td>10</td><td rowspan="4">用经纬仪检查</td></tr>
<tr><td>30 m < 幕墙高度≤60 m</td><td>15</td></tr>
<tr><td>60 m < 幕墙高度≤90 m</td><td>20</td></tr>
<tr><td>幕墙高度 > 90 m</td><td>25</td></tr>
<tr><td rowspan="2">2</td><td rowspan="2">幕墙水平度</td><td>层高≤3 m</td><td>3</td><td rowspan="2">用水平仪检查</td></tr>
<tr><td>层高 > 3 m</td><td>5</td></tr>
<tr><td>3</td><td colspan="2">幕墙表面平整度</td><td>2</td><td>用 2 m 靠尺和塞尺检查</td></tr>
<tr><td>4</td><td colspan="2">板材立面垂直度</td><td>3</td><td>用垂直检测尺检查</td></tr>
<tr><td>5</td><td colspan="2">板材上沿水平度</td><td>2</td><td>用 1 m 水平尺和钢直尺检查</td></tr>
<tr><td>6</td><td colspan="2">相邻板材板角错位</td><td>1</td><td>用钢直尺检查</td></tr>
<tr><td>7</td><td colspan="2">阳角方正</td><td>2</td><td>用直角检测尺检查</td></tr>
<tr><td>8</td><td colspan="2">接缝直线度</td><td>3</td><td>拉 5 m 线,不足 5 m 拉通线,用钢直尺检查</td></tr>
<tr><td>9</td><td colspan="2">接缝高低差</td><td>1</td><td>用钢直尺和塞尺检查</td></tr>
<tr><td>10</td><td colspan="2">接缝宽度</td><td>1</td><td>用钢直尺检查</td></tr>
</table>

四、石材幕墙工程

本部分内容适用于建筑高度不大于 100 m、抗震设防烈度不大于 8 度的石材幕墙工程的质量验收。

(一)主控项目

(1)石材幕墙工程所用材料的品种、规格、性能等级,应符合设计要求及国家现行产品标准和工程技术规范的规定。石材的弯曲强度不应小于8.0 MPa,吸水率应小于0.8%。石材幕墙的铝合金挂件厚度不应小于4.0 mm,不锈钢挂件厚度不应小于3.0 mm。

检验方法:观察,尺量检查,检查产品合格证书、性能检测报告、材料进场验收记录和复验报告。

(2)石材幕墙的造型、立面分格、颜色、光泽、花纹和图案应符合设计要求。

检验方法:观察。

(3)石材孔及槽的数量、深度、位置、尺寸应符合设计要求。

检验方法:检查进场验收记录或施工记录。

(4)石材幕墙主体结构上的预埋件和后置埋件的位置、数量及后置埋件的拉拔力必须符合设计要求。

检验方法:检查拉拔力检测报告和隐蔽工程验收记录。

(5)石材幕墙的金属框架立柱与主体结构预埋件的连接、立柱与横梁的连接、连接件与金属框架的连接、连接件与石材面板的连接必须符合设计要求,安装必须牢固。

检验方法:手扳检查,检查隐蔽工程验收记录。

(6)金属框架的连接件和防腐处理应符合设计要求。

检验方法:检查隐蔽工程验收记录。

(7)石材幕墙的防雷装置必须与主体结构防雷装置可靠连接。

检验方法:观察,检查隐蔽工程验收记录和施工记录。

(8)石材幕墙的防火、保温、防潮材料的设置应符合设计要求,填充应密实、均匀、厚度一致。

检验方法:检查隐蔽工程验收记录。

(9)各种结构变形缝、墙角的连接节点应符合设计要求和技术标准的规定。

检验方法:检查隐蔽工程验收记录和施工记录。

(10)石材表面和板缝的处理应符合设计要求。

检验方法:观察。

(11)石材幕墙的板缝注胶应饱满、密实、连续、均匀、无气泡,板缝宽度和厚度应符合设计要求和技术标准的规定。

检验方法:观察,尺量检查,检查施工记录。

(12)石材幕墙应无渗漏。

检验方法:在易渗漏部位进行淋水检查。

(二)一般项目

(1)石材幕墙表面应平整、洁净,无污染、缺损和裂痕。颜色和花纹应协调一致,无明显色差,无明显修痕。

检验方法:观察。

(2)石材幕墙的压条应平直、洁净、接口严密、安装牢固。

检验方法:观察,手扳检查。

(3)石材接缝应横平竖直、宽窄均匀;阴阳角石板压向应正确,板边合缝应顺直;凸凹线出墙厚度应一致,上下口应平直;石材面板上洞口、槽边应套割吻合,边缘应整齐。

检验方法:观察,尺量检查。

(4)石材幕墙的密封胶缝应横平竖直、深浅一致、宽窄均匀、光滑顺直。

检验方法:观察。

(5)石材幕墙上的滴水线、流水坡向应正确、顺直。

检验方法:观察,用水平尺检查。

(6)每平方米石材的表面质量和检验方法应符合表 14-7 的规定。

表 14-7 每平方米石材的表面质量和检验方法

项次	项目	质量要求	检验方法
1	明显划伤和长度 >100 mm 的轻微划伤	不允许	观察
2	长度≤100 mm 的轻微划伤	≤8 条	用钢尺检查
3	擦伤总面积	≤500 mm^2	用钢尺检查

(7)石材幕墙安装的允许偏差和检验方法应符合表 14-8 的规定。

表 14-8 石材幕墙安装的允许偏差和检验方法

<table>
<tr><th rowspan="2">项次</th><th rowspan="2" colspan="2">项目</th><th colspan="2">允许偏差(mm)</th><th rowspan="2">检验方法</th></tr>
<tr><th>光面</th><th>麻面</th></tr>
<tr><td rowspan="4">1</td><td rowspan="4">幕墙垂直度</td><td>幕墙高度≤30 m</td><td colspan="2">10</td><td rowspan="4">用经纬仪检查</td></tr>
<tr><td>30 m < 幕墙高度≤60 m</td><td colspan="2">15</td></tr>
<tr><td>60 m < 幕墙高度≤90 m</td><td colspan="2">20</td></tr>
<tr><td>幕墙高度 > 90 m</td><td colspan="2">25</td></tr>
<tr><td>2</td><td colspan="2">幕墙水平度</td><td colspan="2">3</td><td>用水平仪检查</td></tr>
<tr><td>3</td><td colspan="2">板材立面垂直度</td><td colspan="2">3</td><td>用水平仪检查</td></tr>
<tr><td>4</td><td colspan="2">板材上沿水平度</td><td colspan="2">2</td><td>用 1 m 水平尺和钢直尺检查</td></tr>
<tr><td>5</td><td colspan="2">相邻板材板角错位</td><td colspan="2">1</td><td>用钢直尺检查</td></tr>
<tr><td>6</td><td colspan="2">幕墙表面平整度</td><td>2</td><td>3</td><td>用垂直检测尺检查</td></tr>
<tr><td>7</td><td colspan="2">阳角方正</td><td>2</td><td>4</td><td>用直角检测尺检查</td></tr>
<tr><td>8</td><td colspan="2">接缝直线度</td><td>3</td><td>4</td><td>拉 5 m 线,不足 5 m 拉通线,用钢直尺检查</td></tr>
<tr><td>9</td><td colspan="2">接缝高低差</td><td>1</td><td>—</td><td>用钢直尺和塞尺检查</td></tr>
<tr><td>10</td><td colspan="2">接缝宽度</td><td>1</td><td>2</td><td>用钢直尺检查</td></tr>
</table>

第三节 安全与环保措施

(1)进入施工现场应戴好安全帽。搬运玻璃时,应戴上手套。玻璃应立放紧靠。高空装配及揩擦玻璃时,必须穿软底鞋,系好安全带,以保安全操作。

(2)截割玻璃,应在指定场所进行。截下的边角余料应集中投入木箱,及时处理。

(3)截下的玻璃条及碎块,不得随意乱抛,应集中收集在木箱中。大批量玻璃截割时,要有固定的工作室。

(4)安装玻璃时应带工具袋。木门窗玻璃安装时,严禁将钉子含在口内进行操作。同一垂直面上不得上下交叉作业。玻璃固定前,不得歇工或休息,以防工具或玻璃掉落伤人。

(5)安装门窗或隔断玻璃时,不得将梯子靠在门窗扇上或玻璃框上操作。脚手架、脚手板、吊篮、长梯、高凳等,应认真检查是否牢固,绑扎有无松动,梯脚有无防滑护套,人字梯中间有无拉绳,符合要求后方可用其进行操作。

(6)在高处安装玻璃,应将玻璃放置平稳,垂直下方禁止通行。安装屋顶采光玻璃,应铺设脚手板或其他安全措施。

(7)门窗玻璃安装后,应随手挂好风钩或插上插销,锁住窗扇,防止刮风损坏玻璃,并将多余玻璃、材料、工具清理入库。

(8)玻璃安装时,操作人员应对门窗口及窗台抹灰和其他装饰项目加以保护。门窗玻璃安装完毕后,应有专人看管维护,检查门窗关启情况。

(9)拆除外脚手架、悬挑脚手架和活动吊篮架时,应有预防玻璃被污染及破损的保护措施。

(10)大块玻璃安装完毕后,应在1.6 m左右高处,粘贴彩色醒目标志,以免误撞损坏玻璃。对于面积较大、价格昂贵的特种玻璃,应有妥善保护措施。

(11)安装构件前应检查混凝土梁柱的强度等级是否达到要求,预埋件焊接是否牢靠,不松动;不准使用膨胀螺栓与主体结构拉结。

(12)吸盘机必须有产品合格证和产品使用说明书,使用前必须检查电源电线、电动机绝缘应良好无漏电,重复接地和接保护零线牢靠,触电保护器动作灵敏,液压系统连接牢固无漏油,压力正常,并进行吸附力和吸持时间试验,符合要求,方可使用。

(13)遇有大雨、大雾或5级阵风及其以上,必须立即停止作业。

(14)进入现场必须遵守安全操作规程和安全生产十大纪律。

(15)禁止在外脚手架上攀爬,必须由通道上下。

(16)幕墙施工下方禁止人员通行和施工。

(17)现场电焊时,在焊接下方应设接火斗,防止电火花溅落引起火灾或烧伤其他建筑成品。

(18)金属板(铝合金板和不锈钢板)应倾斜立放。倾角不大于10°,地面上垫厚木质衬板,板材上勿置重物或践踏。

(19)搬运时要两人抬起,避免由于扒拉而损伤表面涂层或氧化膜。

(20)工作台面应平整清洁,无杂物(尤其硬物),否则易损伤金属板表面。

(21)所有施工机具在施工前必须进行严格检查,如手持吸盘须检查吸附质量和进行持续吸附时间试验,电动工具需做绝缘电压试验。

(22)在高层石材板幕墙安装与上部结构施工交叉作业时,结构施工层下方应架设防护网;在离地面3 m高处,应搭设挑出6 m的水平安全网。

第四节　成品与半成品的保护

(1)玻璃必须在有顶盖的干燥房间内保管,在运输途中和装卸时需有防雨设施。

(2)玻璃在储存、运输、装卸时,箱盖向上,箱子不得平放或斜放。

(3)玻璃在运输时,箭头朝向运输方向,并采取措施防止倾倒、滑动。

(4)玻璃搁置时,应放到指定地点,一般情况下玻璃应搁置在垫木上。采取措施防止玻璃面和边缘受到损伤,玻璃上面禁止堆放任何材料。

(5)当搁置的玻璃受到迎面的风压或风吹时,有可能倒塌,特别是搁置的玻璃片数较少时,更易出现上述现象。按实际情况,采取相应措施,防止玻璃被风吹倒。

(6)玻璃搬运时,迎风的玻璃受到风力的作用,当玻璃面积较大或风荷载较大时,搬运者要防止跌倒或坠落。

(7)当焊接、切割、喷砂等作业可能损伤玻璃时,要采取遮、挡、盖或专项方案等措施予以保护。当焊接火花飞溅到钢化玻璃上时,钢化玻璃表面会产生细微的伤痕。当其受到风压力或振动力等作用时,伤痕就逐渐扩大,一旦进入了玻璃厚度中心部分的拉应力层后,就引起玻璃突然全面破碎,这种情况应当避免。

(8)玻璃安装后,应对玻璃与框、扇同时进行清洁工作。严禁用酸性洗涤剂或含研磨粉的去污粉清洗热反射玻璃的镀膜面层。应避免清洗墙面时的强酸性洗涤剂溅到玻璃上,溅上时要立即用清水冲洗。对于热反射玻璃的反射膜面,若溅上了碱性灰浆,应立即用水冲洗干净,否则反射膜会变质。竣工后的玻璃工程表面应洁净,不得留有油灰、浆水、密封膏、涂料等斑污。

(9)幕墙、窗框四周嵌防水密封胶时,操作应仔细,不得污染幕墙、窗框。

(10)拆搭脚手架、跳板时,其材料对铝框要有相应的保护措施,否则不许在门窗框上拖拽,安装管线,设备应防止撞坏幕墙。不许在幕墙或窗框上撞击、钉钉或刻画,幕墙、窗玻璃安装后立即贴上“小心玻璃”标志。

(11)施工中的幕墙应采取适当的措施加以保护,防止发生碰撞、污染、变形、变色及排水管堵塞等现象。

(12)施工中,对幕墙及幕墙构件表面装饰造成影响的黏附物要及时清除,恢复其原状及原貌。

(13)玻璃幕墙工程安装完成后,应制订清扫方案,防止幕墙表面污染和发生异常,其清扫工具、吊盘以及清扫方法、时间、程序等,应得到专职人员批准。

(14)幕墙安装完后,应从上到下用中性清洁剂对幕墙表面及外露构件进行清洗。清洗玻璃和铝合金件的中性清洁剂,清洗前应进行腐蚀性检验,证明对铝合金和玻璃无腐蚀作用后方能使用。清洁剂有玻璃清洁剂和铝合金清洁剂之分,互有影响,不能错用。清洗时应隔离。清洁剂清洗后应及时用清水冲洗干净。

(15)铝合金饰面板安装完毕,对阳角应加保护,板面应贴纸或塑料薄膜,以防污染。女儿墙玻璃花饰线宜先施工,以避免污染表面。

第十五章　楼地面装饰工程

第一节　常见质量通病及防治措施

一、水泥砂浆地面

(一)地面起砂

1. 现象

地面表面粗糙,颜色发白,不坚实。走动后,表面先有松散的水泥灰,用手摸时像干水泥面。随着走动次数的增多,砂粒逐渐松动或有成片水泥硬壳剥落,露出松散的水泥和砂子。

2. 治理

(1)小面积起砂且不严重时,可用磨石将起砂部分水磨,直至露出坚硬的表面。也可以用纯水泥浆罩面的方法进行修补,其操作顺序是:清理基层→充分冲洗湿润→铺设纯水泥浆(或撒干水泥面)1 ~2 mm→压光 2 ~3 遍→养护。如表面不光滑,还可水磨一遍。

(2)大面积起砂时,可用 107 胶水泥浆修补,具体操作方法和注意事项如下:

①用钢丝刷将起砂部分的浮砂清除掉,并用清水冲洗干净。地面如有裂缝或明显的凹痕,先用水泥拌和少量的 107 胶制成的腻子嵌补。

②用 107 胶加水(约一倍水)搅拌均匀后,涂刷地面表面,以增强 107 胶水泥浆与面层的黏结力。

③107 胶水泥浆应分层涂抹,以每层涂抹约 0.5 mm 厚为宜,一般应涂抹 3 ~4 遍,总厚度为 2 mm 左右。底层胶浆的配合比可用水泥∶107 胶∶水为1∶0.25∶0.35(如掺入水泥用量的 3% ~4% 的矿物颜料,则可做成彩色 107 胶水泥浆地面),搅拌均匀后涂抹于经过处理的地面上。操作时可用刮板刮平,底层一般涂抹 1 ~2 遍。面层胶浆的配合比可用水泥∶107 胶∶水为 1∶0.2∶0.45(如做彩色 107 胶水泥浆地面,颜色掺量同上),一般涂抹 2 ~3 遍。

④当室内气温低于 +10 ℃时,107 胶将变稠甚至会结冻。施工时应提高室温,使其自然融化后再行配制,不宜直接用火烤加温或加热水的方法解冻。107 胶水泥浆不宜在低温下施工。

⑤107 胶掺入水泥(砂)浆后,有缓凝和降低强度的作用。试验证明,随着 107 胶掺量的增多,水泥(砂)浆的黏结力也增加,但强度则逐渐下降。107 胶的合理掺量应控制在水泥质量的 20% 左右。另外,结块的水泥和颜料不得使用。

⑥涂抹后按照水泥地面的养护方法进行养护,2 ~3 d 后,用细砂轮或油石轻轻将抹痕磨去,然后上蜡一遍,即可使用。

(3)对于严重起砂的水泥地面,应做翻修处理,将面层全部剔除掉,清除浮砂,用清水冲洗干净。铺设面层前,凿毛的表面应保持湿润,并刷一遍水灰比为 0.4 ~0.5 的素水泥浆(可掺入适量的 107 胶),以增强其黏结力,然后用 1∶2水泥砂浆另铺设一层面层,严格做到随刷浆随铺设面层。面层铺设后，应认真做好压光和养护工作。

（二）地面空鼓

1. 现象

地面空鼓多出现于面层与垫层之间，或垫层与基层之间，用小锤敲击有空鼓声。使用一段时间后，容易开裂。严重时大片剥落，破坏地面使用功能。

2. 治理

（1）对于房间的边角处，以及空鼓面积不大于 0.1 m^2 且无裂缝者，一般可不做修补。

（2）对人员活动频繁的部位，如房间的门口、中部等处，以及空鼓面积大于 0.1 m^2，或虽面积不大，但裂缝显著者，应予翻修。

（3）局部翻修时应将空鼓部分凿去，四周宜凿成方块形或圆形，并凿进结合良好处 30 ~ 50 mm，边缘应凿成斜坡形。底层表面应适当凿毛。凿好后，将修补周围 100 mm 范围内清理干净。修补前 1 ~ 2 d，用清水冲洗，使其充分湿润。修补时，先在底面及四周刷水灰比为 0.4 ~ 0.5 的素水泥浆一遍，然后用面层相同材料的拌和物填补。如原有面层较厚，修补时应分次进行，每次厚度不宜大于 20 mm。终凝后，应立即用湿砂或湿草袋覆盖养护，严防早期产生收缩裂缝。

（4）大面积空鼓，应将整个面层凿去，并将底面凿毛，重新铺设新面层。有关清理、冲洗、刷浆、铺设和养护等操作要求同上。

（三）预制楼板顺板缝方向裂缝

1. 现象

顺预制楼板拼缝方向的通长裂缝。这种裂缝有时在工程竣工前就出现，一般上下裂通，严重的水能通过裂缝往下渗漏。

2. 治理

（1）如果裂缝数量较少，且裂缝较细，楼面又无水或其他液体流淌，可不做修补。

（2）如果裂缝数量虽少，且裂缝较细，但经常有水或其他液体流淌，则应进行修补。修补的方法如下：

①将裂缝的板缝凿开，并凿进板边 30 ~ 50 mm，接合面呈斜坡形，坡度 h/b 为 1∶（1 ~ 2）。预制楼板面和板侧适当凿毛，并清理干净。

②修补前 1 ~ 2 d，用清水冲洗，使其充分湿润，修补时达到面干饱和状态。

③补缝时，先在板缝内刷水灰比为 0.4 ~ 0.5 的纯水泥浆一遍，然后随即浇捣细石混凝土，第一次浇捣板缝深度的 1/2，稍等吸水，进行第二次浇捣。如板缝较窄，应先用 1∶（2 ~ 2.5）水泥砂浆（水灰比为 0.5 左右）浇 2 ~ 3 cm，捣实后再浇 C20 细石混凝土捣至离板面 1 cm 处，捣实压平，可不压光，养护 2 ~ 3 d。养护期间，严禁上人。

④修补面层时，先在板面和接合处涂刷纯水泥浆，再用与面层相同材料的拌和物填补，高度略高于原来地面，待收水后压光，并压得与原地面平。压光时，注意将两边接合处赶压密实，终凝后用湿砂或湿草袋等进行覆盖养护。养护期间禁止上人活动。

（3）如房间内裂缝较多，应将面层全部凿掉，并凿进板缝深 1 ~ 2 cm，在上面满浇一层厚度不小于 3 cm 的钢筋混凝土整浇层，内配一层双向钢筋网片（直径 5 ~ 6 mm，间距 150 ~ 200 mm），浇筑不低于 C20 的细石混凝土，随捣随抹（表面略加适量的 1∶1.5 水泥砂浆）。有关清洗、刷浆、养护等要求同前。

(四)预制楼板平行于楼板搁置方向裂缝

1. 现象

这种裂缝主要发生在大房间,裂缝位置一般均在预制楼板支座搁置位置的正上方。当走廊用小块楼板做横向搁置时,房间的门口处也发生这种裂缝。这种裂缝出现较早,上宽下窄,上口宽度达 3 mm 以上。

2. 治理

(1)如裂缝较细,楼面又无水或其他液体流淌,一般可不做修补。

(2)当裂缝较粗,或虽裂缝较细,但楼面经常有水或其他液体流淌时,则应进行修补。

①当房间外观质量要求不高时,可用凿子凿成一条浅槽后,用屋面用胶泥(或油膏)嵌补。凿槽应整齐,宽约 10 mm,深约 20 mm。嵌缝前应将缝清理干净,胶泥应填补平实。

②如房间外观质量要求较高,则可顺裂缝方向凿除部分面层(有找平层时一起凿除,底面适量凿毛),宽度 1 000 ~1 500 mm。用不低于 C20 的细石混凝土填补,并增设钢筋网片。

(五)楼地面面层不规则裂缝

1. 现象

预制板楼地面或现浇板楼地面上都会出现这种不规则裂缝,有的表面裂缝,也有连底裂缝,位置和形状不固定。

2. 治理

对楼地面产生的不规则裂缝,由于造成原因比较复杂,所以在修补前,应先进行调查研究,分析产生裂缝的原因,然后再进行处理。对于尚在继续开展的“活裂缝”,为了避免水或其他液体渗过楼板而造成危害,可采用柔性材料(如沥青胶泥、嵌缝油膏等)做裂缝封闭处理。对于已经稳定的裂缝,则应根据裂缝的严重程度做如下处理。

(1)裂缝细微,无空鼓现象,且地面无液体流淌时,一般可不做处理。

(2)裂缝宽度在 0.5 mm 以上时,可做水泥浆封闭处理,先将裂缝内的灰尘冲洗干净,晾干后,用纯水泥浆(可适量掺些 107 胶)嵌缝。嵌缝后加强养护,常温下养护 3 d,然后用细砂轮在裂缝处轻轻磨平。

(3)如裂缝涉及结构受力,则应根据使用情况,结合结构加固一并进行处理。

(4)如裂缝与空鼓同时产生,则可参照下述方法进行处理:

①如裂缝较细,楼面又无水或其他液体流淌,一般可不做修补。

②如裂缝较粗,或虽裂缝较细,但楼面经常有水或其他液体流淌,则应进行修补。

③当房间外观质量要求不高时,可用凿子凿成一条浅槽后,用屋面用胶泥(或油膏)嵌补。凿槽应整齐,宽约 10 mm,深约 20 mm。嵌缝前应将缝清理干净,胶泥应填补平实。

④如房间外观质量要求较高,则可顺裂缝方向凿除部分面层(有找平层时一起凿除,底面适量凿毛),宽度 1 000 ~1 500 mm。用不低于 C20 的细石混凝土填补,并增设钢筋网片。

二、预制水磨石、大理石地面

(一)地面空鼓

预制水磨石板、大理石板与基层或垫层与基层局部脱离。

1. 原因分析

(1)基层清理不干净或浇水湿润不够,造成垫层和基层脱离。

(2)垫层砂浆太稀或一次铺得太厚,收缩太大,易造成板与垫层空鼓。

(3)板背面浮灰未清刷干净,又没浇水,影响黏结。

(4)铺板时操作不当,锤击不当。

2. 防治措施

(1)基层必须清理干净,并充分浇水湿润,垫层砂浆应为干硬性砂浆;粘贴用的纯水泥浆应涂刷均匀,不得用扫浆法。

(2)预制板和石板背面必须清理干净,并刷水事先湿润,待表面稍晾干后方可铺设。

(3)当基层较低或过凹时,宜先用细石混凝土找平,再垫 1∶(3~4)干硬性水泥砂浆,厚度以 2.5~3 cm 为宜。铺放板材时,宜高出地面线 3~4 mm,若砂浆铺得过厚,放上板材后,砂浆底部不易砸实,也常常引起局部空鼓。

(4)做好初步试铺,并用橡皮锤敲击,既要达到铺设高度,也要使垫层砂浆平整密实。根据锤击的空实响声,搬起板材,或增或减砂浆,再浇一薄层素水泥浆后安铺板材,注意平铺时要四角平稳落地。锤击时,不要砸板的边角;若垫方木锤击,方木长度不得超过单块板的长度,更不要搭在另一块已铺设的板材上敲击,以免引起空鼓。

(5)板材铺设 24 h 后,应洒水养护 1~2 次,以补充水泥砂浆在硬化过程中所需的水分,保证板材与砂浆黏结牢固。

(6)浇缝前应将地面扫净,并把板材上和拼缝内松散砂浆用开刀清除掉;灌缝应分几次进行,用长把刮板往缝内刮浆,务使水泥浆填满缝子和部分边角不实的空隙。灌缝 24 h 后再浇水养护,然后覆盖锯末等保护成品进行养护。养护期间禁止上人踩踏。

(二)接缝不平、缝子不匀

板材地面铺设,往往会在门口与楼道相接处出现接缝不平,或纵横方向缝子不匀。

1. 原因分析

(1)板块材料本身有厚薄、宽窄、窜角、翘曲等缺陷,事先挑选又不严格,造成铺设后在接缝处产生不平,缝子不匀现象。

(2)各个房间内水平标高线不一致,使之与楼道相接的门口处出现地面高低偏差。

(3)板块铺设后,成品保护不好,在养护期内过早上人,板缝也易出现高低差。

(4)拉线或弹线误差过大,造成缝子不匀。

2. 防治措施

(1)应由专人负责从楼道统一往各房间内引进标高线,房间内应四边取中,在地面上弹出十字线(或在地面标高处拉好十字线)。铺贴时,应先安放好十字线交叉处最中间的一块板材作为标准;若以十字线为中缝,也可在十字线交叉点对角处安设两块标准块。标准块为整个房间的水平标准及经纬标准,应用 90°角尺及水平尺仔细校正。

(2)从标准块向两侧和后退方向顺序铺贴,并注意随时用水平尺和直尺找准。缝子必须通长拉线,不能有偏差;铺设前分段分块尺寸要事先排好定死,以免产生游缝、缝子不匀和最后一块铺不下或缝子过大的现象。

(3)板材应事先用垂尺检查,对有翘曲、拱背、宽窄不方正等缺陷的板应挑出不用,或在试铺时认真调整,用在适当部位。

(三)色泽不均匀

其主要表现在水磨石、大理石板颜色不一致。

1. 原因分析

(1)选材不认真。

(2)试铺工作马虎,在颜色上没有做好适当调配。

2. 防治措施

(1)按质量标准认真选购材料。

(2)认真做好试铺调色工作。

三、现浇水磨石地面

在水泥砂浆或混凝土垫层上,按设计要求,现浇一层水泥石子浆,硬化后经磨光、打蜡即成。现浇水磨石常用在大厅、餐厅、候车室等楼地面及踢脚板与楼梯等工程部位。其质量通病有以下几个方面。

(一)分格条显露不清

1. 现象

分格条显露不清,呈一条纯水泥斑带,外形不美观。

2. 原因分析

(1)面层水泥石子浆铺设厚度过高,超过分格条较多,使分格条难以磨出。

(2)铺好面层后,磨石不及时,水泥石子面层强度过高(亦称"过老"),使分格条难以磨出。

(3)第一遍磨光时,所用的磨石号数过大,磨损量过小,不易磨出分格条。

(4)磨光时用水量过大,使磨石机的磨石在水中呈飘浮状态,这时磨损量也极小。

3. 预防措施

(1)控制面层水泥石子浆的铺设厚度,虚铺高度一般以比分格条高出 5 mm 为宜,待用滚筒压实后,则比分格条高出约 1 mm,第一遍磨完后,分格条就能全部清晰外露。

(2)水磨石地面施工前,应准备好一定数量的磨石机。面层施工时,铺设速度应与磨光速度(指第一遍磨光速度)相协调,避免开磨时间过迟。

(3)第一遍磨光应用 60 ~ 90 号的粗金刚砂磨石,以加大其磨损量。同时,磨光时应控制浇水速度,浇水量不应过大,使面层保持一定浓度的磨浆水。

(二)分格条压弯(指铜条、铝条)或压碎(玻璃条)

1. 现象

铜条或铝条弯曲,玻璃条断裂,分格条歪斜不直。这种现象大多发生在滚筒滚压过程中。

2. 原因分析

(1)面层水泥石子浆虚铺厚度不够,用滚筒滚压后,表面同分格条平,有的甚至低于分格条,滚筒直接在分格条上辗压,致使分格条被压弯或压碎。

(2)滚筒滚压过程中,有时石子黏在滚筒上或分格条上,滚压时就容易将分格条压弯或压碎。

(3)分格条粘贴不牢,在面层滚压过程中,往往因石子相互挤紧而挤弯或挤坏分格条。

3. 预防措施

(1)控制面层的虚铺厚度,具体要求见"分格条显露不清"的预防措施相应部分。

(2)滚筒滚压前,应先用铁抹子或木抹子在分格条两边约 10 cm 的范围内轻轻拍实,并应将抹子顺条处往里稍倾斜压出一个小八字,这样既可检查面层虚铺厚度是否恰当,又能防止石子在滚压过程中挤坏分格条。

(3)滚筒滚压过程中,应用扫帚随时扫掉粘在滚筒上或分格条上的石子,防止滚筒和分格条之间存在石子而压坏分格条。

(4)分格条应粘贴牢固。铺设面层前,应仔细检查一遍,发现粘贴不牢而松动或弯曲的,应及时更换。

(三)分格条两边或分格条十字交叉处石子显露不清或不匀

1. 现象

分格条两边 10 mm 左右范围内的石子显露极少,形成一条明显的纯水泥斑带。十字交叉处周围也出现同样的一圈纯水泥斑痕。

2. 原因分析

(1)分格条粘贴操作方法不正确。水磨石地面厚度一般为 12 ~ 15 mm,常用石子粒径为 6 ~ 8 mm。因此,在粘贴分格条时,应特别注意砂浆的粘贴高度和水平方向的角度。

(2)分格条在十字交叉处粘贴方法不正确,嵌满砂浆,不留空隙。在铺设面层水泥石子浆时,石子不能靠近分格条的十字交叉处,结果周围形成一圈没有石子的纯水泥斑痕。

(3)滚筒的滚压方法不妥,仅在一个方向来回碾压,与滚筒碾压方向平行的分格条两边不易压实,容易造成浆多石子少的现象。

(4)面层水泥石子浆太稀,石子比例太少。

3. 预防措施

(1)正确掌握分格条两边砂浆粘贴高度和水平方向的角度,用正确的粘贴方法粘贴牢固。

(2)分格条在十字交叉处的粘贴砂浆,应留出 15 ~ 20 mm 的空隙。这在铺设面层水泥石子浆时,石子就能靠近十字交叉处,磨光后,石子显露清晰,外形也较美观。

(3)滚筒的滚压方法不妥,应在两个方向(最好采用“米”字形三个方向)反复辗压。如辗压后发现分格条两侧或十字交叉处浆多石子少,应立即补撒石子,尽量使石子密集。

(4)以采用干硬性水泥石子浆为宜,水泥石子浆的配合比应正确。

(四)面层有明显的水泥斑痕

1. 现象

一般有两种情况:一种是脚印斑痕,面积与脚跟差不多大;另一种是水泥斑痕,面积则大小不一。这种部位的石子明显偏少,使面层的外观质量大为逊色。

2. 原因分析

(1)水泥石子浆在铺设时是很松软的,如果穿高跟胶鞋或是鞋底凹凸不平较明显的胶鞋进行操作,必将踩出很多较深的脚印。在滚筒滚压过程中,脚印部分往往由水泥浆填补,不易发现这一缺陷,磨光后,则会立即发现脚印部分出现一块块水泥斑痕,造成弥补的质量缺陷。水泥石子浆越稀软,这种现象就越显著。

(2)铺设水泥砂浆地面面层,一般常用刮尺刮平,但铺设水磨石地面面层时,由于水泥石子浆中石子成分较多,如果用刮尺刮平,则高出部分的大部分石子给刮尺刮走,留下的部分出现浆多石子少的现象,磨光后,出现一块块水泥斑痕,影响美观。

3. 预防措施

(1)水泥石子浆拌制不能过稀,以采用干硬性的水泥石子浆为宜。

(2)铺设水泥石子浆时,应穿平底或底棱凹凸不明显的胶鞋进行操作。

(3)面层铺设后,出现面部过高时,不得用刮尺刮平,应用铁抹子或铁铲将高出部分挖去一部分,然后再将周围的水泥石子浆拍挤抹平。

(4)滚筒滚压过程中,应随时认真观察面层泛浆情况,如发现局部泛浆过多,应及时增补石子,并滚压密实。

(五)地面裂缝

1. 现象

常出现在大面积现制水磨石地面。一般都用在大厅、餐厅、休息厅、候车室等地面,施工后一段时间,经常会出现裂缝现象。

2. 原因分析

(1)现制水磨石地面产生裂缝,主要是地面回填土不实、高低不平或基层过冬时受冻;沟盖板水平标高不一致,灌缝不严;门口或门洞下部基础砖墙砌得太高,造成垫层厚薄不均或太薄,引起地面裂缝。

(2)楼地面水磨石产生裂缝,主要是工期较紧,结构沉降不稳定;垫层与面层工序跟得过紧,垫层材料收缩不稳定,暗敷电线管线过高,周围砂浆固定不好,造成面层裂缝。

(3)基层清理不干净,预制混凝土楼板板缝及端头缝浇灌不密实,影响楼板的整体性和刚度,地面荷载过于集中引起裂缝。

3. 预防措施

(1)首层地面房心回填土应分层夯实,不得含有杂物和较大冻块,冬期施工中的回填土要采取保温措施,防止受冻。大厅等较大面积混凝土垫层应分块断开,也可采取适当的配筋措施,以减弱地面沉降和垫层混凝土收缩引起的面层裂缝。

门口或门洞处基础砖墙最高不超过混凝土垫层下皮,保持混凝土垫层有一定的厚度,门口或洞口处做水磨石面层时,宜在门口两边镶贴分格条,这对解决该处裂缝有一定作用。

(2)现制水磨石地面,混凝土垫层浇筑后应有一定的养护期,使垫层基本收缩后再做面层;较大的或荷重分布不均匀的房间,混凝土垫层中最好加配钢筋(双向Φ 6 间距 150 ~ 200 mm)以增加垫层的整体性。板缝和端头缝必须用细石混凝土浇筑严实。暗敷电线管不应太集中,管线上面至少应有 2 cm 混凝土保护层,电线管集中或较大部位,垫层内可采用加配钢筋网的做法。

(3)做好基层表面清扫处理,保证上下层黏结牢固。

(4)尽可能使用干硬性混凝土和砂浆。混凝土坍落度和砂浆稠度过大,必然扩大收缩裂缝的机会,并降低强度,引起水磨石地面空鼓裂缝。

(六)表面光亮度差,细洞眼多

1. 现象

表面粗糙,有明显的磨石凹痕,细洞眼多,光亮度差。

2. 原因分析

(1)磨光时磨石规格不齐,使用不当。水磨石地面的磨光遍数一般不应少于三遍(俗称"两浆三磨")。第一遍应用粗金刚石砂轮磨,这一遍的作用是磨平磨匀,使分格条和石子清晰外露，但也留下明显的磨石凹痕。第二遍应用细金刚石砂轮磨，主要作用是磨去第一遍磨光后留下的磨石凹痕，将表面磨光。第三遍应用更细的金刚石砂轮或油石磨，进一步将表面磨光滑。但在施工中，金刚石砂轮的规格往往不齐，对第二遍、第三遍的磨石要求重视不够，只要求石子、分格条显露清晰，而忽视了对表面光亮度的要求。

(2)打蜡之前未涂擦草酸溶液，或将粉状草酸直接撒于地面表面后进行干擦。

打蜡的目的是使地面光滑、洁亮美观，因此要求蜡与地面表面层有一定的黏附力和耐久性。涂擦草酸溶液能除去地面表面的杂物污垢，洁净表面，增强打蜡效果。如果直接将粉状草酸撒于地面后进行干擦，则难以保证草酸擦得均匀。擦洗后，面层的洁净程度不一，擦不净的地方就会出现片片斑痕，直接影响打蜡效果。

(3)补浆时不用擦浆法，而用刷浆法。水磨石地面在磨光过程中需进行两次补浆，这是消除面层洞眼孔隙的有效措施。如果用刷浆法，则往往一刷而过，仅在洞眼上口有薄层浆膜，一经打磨，仍是洞眼。

3. 预防措施

(1)打磨时，磨石规格应齐全，对外观要求较高的水磨石地面，应适当提高第三遍的油石号数，并增加磨光遍数。

(2)打蜡之前应涂擦草酸溶液。溶液的配合比可用热水∶草酸为1∶0.35(质量比)，溶化冷却后用。溶液洒于地面，并用油石打磨一遍后，用清水冲洗干净。

(3)补浆应用擦浆法，用干布蘸上较浓的水泥浆将洞眼擦严擦实。擦浆时，洞眼中不得有积水、杂物，擦浆后应进行养护，使水泥浆有良好的凝结硬化条件。

(七)彩色水磨石地面颜色深浅不一，彩色石子分布不匀

1. 现象

色泽深浅不一，石子混合和显露不匀，外观质量差。

2. 原因分析

(1)施工准备不充分，材料使用不严格，进多少，用多少，或是进什么材料，用什么材料。由于不同厂、不同批号的材料性能有差异，结果就出现颜色深浅不同的现象。

(2)每天所用的面层材料没有专人负责配置，往往随用随拌，随拌随配。操作马虎，检查不严，造成配合比不正确。

3. 预防措施

(1)严格用料要求。对同一部位、同一类型的地面所需的材料(如水泥、石子、颜料等)，应使用同一厂、同一批号的材料，一次进场，以确保面层色泽一致。

(2)认真做好配料工作。施工前，应根据整个地面所需的用量，事先一次配足。配料时应注意计量正确，拌和均匀，不能光用铁铲拌和，还要用筛子筛匀。水泥和颜料拌和均匀后，仍用水泥袋每包按一定质量装起来，待日后使用，以免水泥暴露在空气中受潮变质。石子拌和筛匀后，应集中储存待用。这样在施工时，不仅速度快，也容易保证地面颜色深浅一致，彩色石子分布均匀。如果面层材料用量较少，采用现配现用时，则应注意加料顺序。人工拌料时，应先将颜料加于水泥上，拌均匀后再加石子拌和均匀；用机械搅拌时，则应先把石子倒在料斗内，然后再加水泥和颜料，防止石子直接着色，产生色泽不匀的现象。

(3)固定专人配料，加强岗位责任制，认真操作，严格检查。

(4)外观质量要求较高的彩色水磨石地面，施工前应先做若干小样，经建设单位、设计单位和施工单位等商定其最佳的试样后再行施工。

(八)不同颜色的水泥石子浆色彩污染

1. 现象

色彩污染现象大多发生在不同颜色地面的分界处(即分格条边缘处),呈点滴状或细条状,有时分格块中间也有点滴异色。

2. 原因分析

(1)铺设水泥石子浆时,先铺的面层在靠近分格条处有空隙,局部低于分格条。后铺另一色水泥石子浆时,又不注意认真控制边缘,致使水泥浆漫过分格条而填补了先铺设的空隙和局部低洼处,磨光后,分格条边缘就出现异色的水泥浆斑。

(2)先铺设的水泥石子浆厚度过厚,水泥浆漫过分格条,涂挂于分格条的另一侧,铺设后未注意对分格条进行清理,给后铺另一色水泥石子浆时留下隐患,造成沿分格条边缘的异色污染斑痕。

(3)补浆工作不慎,特别是第一遍磨光后的补浆,由于洞眼孔隙较多,极易造成点滴状污染。

(4)彩色水磨石地面在铺设面层水泥石子浆前,涂刷的素水泥浆结合层,其色彩与面层不同,在面层滚压过程中,素水泥浆泛至表面,造成表面颜色不一。

3. 预防措施

(1)对于掺有颜料的水磨石地面,应特别注意铺设顺序。一般应先铺设掺有颜料的部分,后铺设不掺颜料的部分,或先铺设深色部分,后铺设浅色部分。

(2)掌握好面层的铺设厚度,特别是在分格条处,不能过高,也不能过低。沿分格条两边应认真细致地拍实,避免空隙和低洼,当一种颜色的面层铺设完成后,应对分格条做一次认真细致的清理,后铺另一色水泥石子浆时,应再次检查一遍。

(3)补浆工作应认真细致,先补不掺颜料或浅色的部位,后补掺有颜料或深色的部位。

(4)对于彩色水磨石地面,铺设面层前所刷的素水泥浆结合层,其色彩(及配比成分)应与面层相同。

(九)面层退色

1. 现象

面层刚做好时,色泽较鲜艳,但时间不长就逐步退色,影响美观。

2. 原因分析

(1)水泥在水化过程中会析出氢氧化钙($Ca(OH)_2$),它是一种碱性物质。因此,如果掺入面层中颜料的耐碱性能差,则容易发生退色或变色现象。如果地面经常受阳光照射,则会因颜料的耐光性能差而造成退色或变色。

(2)颜料本身质量差。

3. 预防措施

采用耐碱性能(有太阳光照射的地面还应有耐光性能)好的矿物颜料。由于颜料的品种、名称较多,因此在采购和使用时,应加以注意,避免差错。如氧化铁黄(又名铁黄,学名叫含水三氧化二铁,分子式为 $Fe_2O_3 \cdot H_2O$)的耐碱、耐光性能都非常强,是比较理想的黄色系颜料。而铬黄(又名铅铬黄、黄粉等,学名叫铬酸铅,分子式为 $PbCrO_4$)耐碱和耐光性能都较差,因此在地面施工中不宜采用。

四、水泥地面砖

水泥地面砖抗压强度高，耐磨性好，花色繁多，可组成各种图案，铺设简单，施工期短且价格低廉，是地面用得较多的装饰材料之一，一般多铺在刚性基层上。施工中常出现的质量通病有：地面空鼓，接缝不平或缝子不匀。

（一）地面空鼓

1. 原因分析

(1) 基层清理不干净或浇水湿润不足，结合层涂抹不均匀，或涂抹时间过长，已风干结硬，造成面层和结合层一起空鼓。

(2) 黏结砂浆铺得太厚，砸不密实，易出现空鼓；或收缩过大，也易脱离。

(3) 面砖背面浮灰没有刷净和用水浸透，砂浆失水过快，黏结力降低。过早走动，或铺贴时锤击不当。

2. 防治措施

(1) 基层地面必须认真清理，并充分湿润，以保证黏结层与基层结合良好。黏结层与基层的素水泥浆结合层应涂刷均匀，不能用撒干水泥后再洒水扫浆的做法，这种方法由于素水泥拌和不均匀，水灰比不准确，会影响黏结效果而造成局部空鼓。

(2) 铺贴砂浆厚度以 10 mm 为宜，如遇基层较低或过凹，应事先用砂浆或细石混凝土找平，铺放时以比地面线高 3 ~ 4 mm 为宜。

(3) 地面砖背面的浮土杂物必须清除干净，并事先浸泡湿润，待表面稍晾干后再行铺贴。

(4) 铺贴 24 h 后，应洒水 1 ~ 2 次养护，以补充水泥砂浆在硬化过程中需要的水分，保证地面砖与砂浆黏结牢固。

(5) 扫(勾)缝后 24 h 再浇水养护，然后覆盖锯末等保护成品。养护期间禁止车及人行走。

（二）接缝不平或缝子不匀

1. 原因分析

(1) 水泥地砖本身有厚薄不匀、宽窄不均及窜角、翘曲等缺陷，使铺设后在接缝处产生不平及缝子不匀等现象。

(2) 各房间水平标高线不统一，或分段施工标高不一致，使得与走道相接的门口处出现地面高低差或分段处高低不平。

2. 防治措施

(1) 由专人负责从楼道统一向各房间内引进标高线，房间内应四边取中，在地面上弹出十字线。铺设时，应先安好十字线交叉处最中间的块作为标准块，并作为整个房间的水平标准和经纬标准，应用 90°角尺及水平尺细致校正。对于分段施工，较大面积地砖铺贴，宜一次定出标准线，减少误差。

(2) 铺贴前，事先用套尺等工具检查，将有翘曲、拱背、宽窄不方正等缺陷的砖挑出，或在试铺时认真调整，用在适当部位。

(3) 铺贴时应向两侧和后退方向顺序铺贴，随时用水平尺和直尺找准，缝必须拉通长线，不能有偏差，铺设时分段分块尺寸要事先排好定死，以免产生游缝、缝子不匀和最后一块铺不上或缝子过大等现象。

五、木质材料饰面

木质材料饰面，主要分两大类：一类是地面饰面，另一类是墙、柱面及顶棚。地面主要是各种做法的木地板；墙、柱面及顶棚用的各种木质板材较多，如有防火胶板、印涂木纹人造板、微薄木贴面板及大漆建筑装饰板、竹胶合板等。

（一）木地板

木地板具有弹性好，耐磨性能佳、蓄热系数小及不老化等优点，是室内高级装饰地面的一种。按木质一般分为普通木地板、硬木地板、硬质纤维板地板及拼花木地板几类。木地板的施工和维护要求较高，若不注意，常出现下列质量通病：人行走时有响声、拼缝不严、表面不平整、颜色不一致、拼花不规矩、局部起鼓、表面戗槎及木踢脚板安装不平、不垂直、不严密和接槎高低不平等。

1. 人行走时有响声

1）原因分析

（1）木搁栅本身含水率大或施工时周围环境湿度大使木搁栅受潮，完工后木搁栅干燥收缩松动。

（2）固定木搁栅的预埋铁丝、“门”型铁件被踩断或不合要求，搁栅固定处松动。也可能是固定点间距过大，搁栅变形松动。

（3）毛地板、面板钉子少钉或钉得不牢。

（4）木搁栅铺完后，未认真进行自检。

2）防治措施

（1）木搁栅及毛地板必须用干燥材料。毛地板的含水率不大于15%，木搁栅的含水率不大于20%。木搁栅应在室内环境比较干燥的情况下铺设。一般应在室内湿作业完成后晾放7～10 d，雨季晾放10～15 d。

（2）采用预埋铁丝法，要注意保护铁丝，不要弄断；锚固铁件，顺搁栅间距不大于800 mm，锚固铁钉面宽度不小于100 mm，并用双股14号铅丝与木搁栅绑扎牢；采用螺栓连接时，螺帽应拧紧。调平用的垫块应设在绑扎处，宽度不小于40 mm，两头伸出木搁栅不小于20 mm，并用钉子钉牢。

（3）基层为预制楼板的，其锚铁应设于叠合层；如无叠合层，可设于板缝内，锚铁中距400 mm。如预制板宽超过900 mm，应在板中间增加锚固点。

（4）横撑或剪刀撑间距800 mm，与搁栅钉牢，但横撑表面应低于搁栅面约10 mm。

（5）搁栅铺钉完，要认真检查有无响声；每层块板所钉钉子数量，不应少钉，并要钉牢固。随时检查，不符合要求应及时修理。

2. 拼缝不严

1）原因分析

（1）地板条规格不合要求，如不直（有顺弯或死弯）、宽窄不一、企口榫太松等。

（2）拼装企口地板条时缝太虚，表面上看结合紧密，经刨平后即显出缝隙，或拼装时敲打过猛，地板条回弹，钉后造成缝隙。

（3）面层板铺设至接近收尾时，剩余的宽度与地板条的宽度不成倍数，为凑整块，加大板缝；或者将一部分地板条宽度加以调整，经手工加工后地板条不很规矩，即产生缝隙。

(4)板条受潮,在铺设阶段含水率过大,铺设后经风干收缩而产生大面积“拔缝”。

2)防治措施

(1)地板条拼装前,应严格挑选,尺寸应符合标准,有腐朽、结疤、劈裂、翘曲等疵病者应剔除。宽窄不一、企口不合要求的应先修理再用。地板条有顺弯应刨直,有死弯应从死弯处截断,修理后方可使用。

(2)为使地板面层铺设严密,铺钉前房间应弹线找方,并弹出地板周边线。踢脚板根部有凹形槽的,周圈先钉凹形槽。

(3)长条地板与木搁栅垂直铺钉,当地板条为松木或为宽度大于70 mm的硬木时,其接头必须在搁栅上。接头应互相错开,并在接头的两端各钉一枚钉子。

(4)长条地板铺至接近收尾时,要先计算一下差几块到边,以便将该部分地板条修成合适的宽度。严禁用加大缝隙来调整剩余宽度。装最后一块地板条不易严密,可将地板条刨成略有斜度的大小头,以小头插入并楔紧。

(5)木地板铺完后应及时刨平磨光,立即上油或烫蜡,以免“拔缝”。

(6)若发现缝小于1 mm者,用同种木料的锯末加树脂胶和腻子嵌缝。缝隙大于1 mm时,用相同材料刨成薄片(成刀背形),蘸胶后嵌入缝内刨平。如修补的面积较大,影响美观,可将烫蜡改为油漆,并加深地面的颜色。

3.表面不平整

1)原因分析

(1)房间水平线弹得不准,如找平时线杆不直、画点不准、墨线太粗等因素,造成累计误差大,使每一房间实际标高不一致,或者木搁栅本身不平等。

(2)先后施工的地面,或不同房间同时施工的地面,操作时互不照应,结果不交圈。如施工中先做水磨石、大理石地面,后铺木地板,而后施工的木地板标高未接先施工的地面实际标高找齐,造成交接处高低不平。

(3)房间中间部分用电刨刨光,周边用手工找刨,由于电刨吃刀深,故房间中间刨得深,周边手工刨得浅,造成整个房间地面不平。再者,由于操作电刨不稳,行走速度快慢不均或有时停顿,也会使面层刨得高低不平。还有在换刀片处的交接点,因刀片的利钝变化、吃刀深浅使刨削深度不一,也能使房间地面不平。

2)防治措施

(1)木搁栅经隐蔽验收合格后,方可铺设毛地板或面层板。

(2)铺设毛地板或面层板前,应先校准水平线(一般设在室内+500 mm),有误差应调整。

(3)遵守先湿后干和先外后内的作业顺序。除按照先做完湿作业后,再做地面干作业外,应尽可能先走廊后房间,如不可能,也应将走廊面层标高线弹好,各房间由走廊的面层标高往里引,以达到里外交圈一致。相邻房间标高应以先施工的为准。

(4)使用电刨时,刨刀要细要快,转速最好不低于4 000 r/min,行走速度要均匀,中途不要停顿。

(5)人工修边要尽量找平。

(6)当出现两种不同材料的地面高差在3 mm以内时,可将高处刨平或磨平,但必须在一定范围内顺平,不得过陡有明显痕迹;若门口处高差达3~5 mm,可设过渡带;若高差超过

5 mm，须将木地板拆开调整木搁栅高度（或砍或垫），并在 2 m 以内顺平。

4. 颜色不一致

1）原因分析

树种颜色的差异是客观现象，即使同一种材质，颜色也会有差异，但造成“大花脸”颜色不一致的主要原因还是思想上重视不足。

2）防治措施

（1）铺贴前对地板面料应先分色挑选，并分类编号，同一房间最好用一个号。

（2）若遇一个房间用一个号不够，亦可调配使用，但颜色应由浅入深或由深入浅逐渐过渡，并注意将深色用在光线强的部位，浅色的用在光线弱的部位，使颜色得到调整。

（3）对颜色过分混杂的，应适当加深地板的油漆颜色或做混水以便掩盖。

5. 拼花不规矩

1）原因分析

（1）地板条规格不合要求，宽窄长短不一，施工前又未严格检验，安装时又没有套方，造成拼花地板犬牙交错。

（2）铺钉面板时，没有先弹线或弹线不准，排档不匀；操作人员互不照应，造成混乱，以至不能保证拼花图案匀称、角度一致。

2）防治措施

（1）拼花地板块应经检验，规格整齐一致。最好分规格、颜色装箱编号，操作过程中也要逐一套方。不合要求的地板条要修理合格后再用。

（2）房间应先弹线后施工，席纹地板弹十字线；人字地板弹分档线；各对称边留空应一致，以便圈边。但圈边的宽度最多不大于 10 块地板条。

（3）铺设拼花地板时，宜从中间开始，每一房间的操作人员不要过多，以免多头不易交圈。铺设第一趟或第一方经检查合格后，继续从中央向四周铺设。

（4）采取上述预防措施后，仍出现错牙、圈边宽窄不等现象，可按下述方法治理。

局部错牙：端头不齐在 2 mm 以内者，用小刀锯将该处锯一小缝，接上述“板缝不严”治理；若错牙不齐面积较大且不易修补时，可以加深地板油漆的颜色并进行处理；一方或一块地板条偏差过大，应挖掉重铺。

6. 局部起鼓

1）原因分析

（1）室内湿作业刚完，湿度太大，或在交叉作业的情况下铺设木地板；空心楼板孔内积水（雨水或冬期施工时积水）、基层保温隔声材料含水率大等，均可使木地板受潮而起鼓。

（2）未铺防潮层或底层地板下未开通气孔，铺设面层后内部潮气不能及时排出。

（3）毛地板未拉开缝隙或拉的缝隙太小，受潮后鼓胀严重，引起面层起鼓。

（4）室内上水、暖气试水时漏水泡湿木地板。

（5）门厅或没有阳台的房间雨天进水，使木地板受潮起鼓。

2）防治措施

（1）木地板施工必须合理安排工序，首先应将外窗玻璃安好，并待湿作业完成后 7 ~ 10 d，室内基本干燥后方可进行木地板施工作业，雨期还应适当延长时间。

（2）门厅或带阳台房间的门口木地板处，应认真处理，防止雨水向室内倒流。

(3)毛地板条之间拉开 3 ~ 5 mm 的缝。

(4)底层地板面层留通气孔,每间不少于 2 处,踢脚板上通气孔每边不少于 2 处,通气孔一般为ϕ 12 ×3 或设通风箅子。

(5)室内上下水及暖气片试水时,应在木地板刷油或烫蜡后进行。试水时要有专人查看,采取有效措施,使木地板免遭浸泡。

(6)遇上大面积起鼓时,应将面层拆开,在毛地板上钻若干通气孔,晾至木搁栅、毛地板干燥后再重新封上面层。修复席纹地板铺至最后两档时,要两档同时变错向前铺钉,最后收尾的一方块地板,一头有榫,另一头无榫,应互相交错并用胶粘牢。

(二)木踢脚板

木踢脚板安装质量通病,一般表现为:表面不平,与地板面不垂直,接槎高低不平及不严密等。

1. 原因分析

(1)木砖间距过大,垫木表面不在同一平面上,踢脚板钉完后呈波浪形。

(2)踢脚板变形翘曲,与墙面接触不严。

(3)踢脚板与地面不垂直,垫木不平或铺钉时未经套方。

(4)铺钉时未拉通线,踢脚板上口不平。

2. 防治措施

(1)墙体内应预埋木砖,中距不得大于 400 mm,并要上下错位设置或立放,转角处或端头必须埋设木砖。

(2)加气混凝土墙或其他轻质隔墙,踢脚以下要砌普通机制砖,以便埋设木砖。

(3)钉木踢脚时先在木砖上钉垫木,垫木要平整,并拉通线找平,然后再钉踢脚板。

(4)为防止踢脚板翘曲,应在其靠墙的一面设两道变形槽,槽深 3 ~ 5 mm,宽度不少于 10 mm。

(5)踢脚上面的平线要从基本平线往下量,而且要拉通线。

(6)墙面抹灰要用大杠刮平,安踢脚板时要贴严,踢脚板上边压抹灰墙不小于 10 mm,钉子应尽量靠上部钉。

(7)踢脚板与木地板交接处有缝隙时,可加钉三角形或半圆形木压条。

六、塑料地板

塑料材料饰面,分为塑料地面和塑料饰面。塑料地面有块状、卷材及涂料等多种,且材料成分各异。塑料饰面基本上都是板材,只是成分不同。由于各种材料成分不同,施工中不能用一种工艺或材料粘贴。

塑料地面是近年来发展较快的一类地面,具有独特的装饰效果。从外形分,有块状、卷材、涂料之分;从材料分,有聚氯乙烯塑料(PVC)、氯化聚乙烯(CPE)、软质聚氯乙烯及环氧树脂涂布等。由于塑料性能不同,质量有高低,有的主要在一些特殊要求的地面使用,如 CPE。这里只介绍聚氯乙烯塑料地板,其质量通病及防治如下所述。

(一)塑料板颜色深浅不一,软硬不一

1. 原因分析

(1)塑料板老化程度不同,温水中浸泡时间把握不当,颜色和软硬程度也不一样,不但影响美观和使用效果，而且还会影响拼缝的质量。

(2)塑料板不是同一品种、同一生产厂及同一批号，颜色和软硬程度往往不一。

2. 防治措施

(1)同一房间、同一部位应采用同一品种、同一生产批号的塑料板，严格防止混杂使用。

(2)在热水中浸泡应由专人负责。一般在75 ℃的热水中浸泡10～20 min，并尽量控制恒温和掌握时间一致。

(3)浸泡后取出晾干时的环境温度，应与铺贴温度相同，不能过低或过高。最好堆放在待铺的房间内备用。

(4)对于一般建筑中不影响使用或不发生空鼓等现象的，一般可不修理，但对外观及使用质量要求较高的，以及产生空鼓影响使用的，应予修补。

(二)面层空鼓

1. 原因分析

(1)基层表面粗糙，或有凹坑孔隙。粗糙的表面有很多小孔隙，涂胶时不但使用量增加，而且厚薄不匀。粘贴后，由于小孔内胶液多，其中的挥发性气体聚积到一定程度后，就会在粘贴的薄弱部位形成板面起鼓，用手掀有气泡或板边起翘张开。

(2)基层含水量大，面层粘贴后，基层内的水分继续向外蒸发，在粘贴的薄弱部位积聚起鼓，当基层表面粗糙时，尤为显著。

(3)基层表面不清洁，有浮尘、油污等，降低了胶粘剂的胶结力。

(4)塑料板粘贴前，未做除蜡处理，影响粘贴效果，也会造成面层起鼓。

(5)塑料板粘贴后，面层粘贴过早或过迟，也可能造成面层起鼓。

(6)粘贴方法不当，整块下贴，造成面板与基层间存有空气，或排气时没有排净，影响粘贴效果，也易空鼓。

(7)施工环境温度过低，黏结层厚度增加，既浪费胶粘剂，又降低黏结效果，甚至会冻结引起面层空鼓。

(8)胶粘剂质量不合标准或已过期变质。

2. 防治措施

(1)基层表面应坚硬、平整、光滑、无油污及其他杂物；不得有起砂、起壳现象；找平基层水泥砂浆配合比宜用1:(1.5～2.0)，并用铁抹子压光，消除孔隙。如基层表面有麻面或凹坑孔隙，应用乳液腻子修补平整后再粘贴面板。

(2)基层含水率应控制在6%～8%范围内。

(3)涂刷胶粘剂应待稀释剂挥发后再进行粘贴。塑料板贴面上胶粘剂应满涂，四边不漏涂，确保边角粘贴密实。

(4)塑料板在粘贴前应做除蜡处理，一般将塑料板放进75 ℃左右的热水中浸泡10～20 min，然后取出晾干，并除去表面蜡膜。

(5)加工温度应控制在15～30 ℃为宜，相对湿度应不高于70%(保持至施工后10 d内)。温度过低影响黏结；温度过高，则胶粘剂干燥硬化过快，也会影响粘贴质量。

(6)粘贴时应从一角或一边开始。一边粘贴，一边用手抹压，将粘贴层中的空气全部挤出。当粘贴好一块后，还应用橡皮锤自中心向四周轻轻拍打，排除气泡，以增加黏结效果。粘贴过程中，切忌用力拉伸或揪扯塑料板。

(7)粘贴层厚度应控制在 2 mm 左右为宜,可用钢皮刮板或塑料刮板进行涂刮。

(8)严禁使用不合标准或过期变质的胶粘剂。

(9)起泡的面层应沿板四周切开,然后予以更换。基层应做认真清理,用铲子铲平。新贴的塑料板的材质、厚薄、颜色等方面应与原来的塑料板一致。

(三)表面呈波浪形

1. 原因分析

(1)基层表面平整度差,已呈波浪形。

(2)涂刮胶粘剂的刮板,齿的间距过大或过深,使涂刮的胶粘剂具有明显的波浪形。

(3)粘贴塑料板时,因温度高,胶粘剂内的稀释剂已挥发,胶体流动性差,粘贴时不易压平,使面层呈波浪形。

(4)胶粘剂在低温下施工,未刮均匀,在铺贴薄塑料板后,也会出现明显的波浪形。

2. 防治措施

(1)严格控制粘贴基层表面的平整度,用 2 m 直尺检查时,其凹凸度误差应在 ±2 mm 以内。

(2)使用齿形恰当的刮板涂刮胶粘剂,使胶层的厚薄均匀,并控制在 1 mm 左右。涂刮时还应注意基层与塑料板粘贴面上的涂刮方向应纵横相交,以使面层铺贴时,粘贴面的胶层均匀。不得使用毛刷子涂刷胶粘剂。

(3)施工时温度不宜过高或过低。

(4)呈波浪形的面层应沿四周切开后予以更换,基层应做认真清理,铲平磨光。新贴的塑料板应用备留的同样材料铺贴。

(四)块与块之间错缝

1. 原因分析

(1)塑料板材尺寸不规格,误差较大,致使在密缝的铺贴过程中,缝格控制线失去作用,亦有可能是控制线误差造成的。

(2)铺板时手劲大小不均,产生累计误差,当累计误差的数值到一定程度时,便产生错缝。

(3)上述两个原因的综合,或铺贴时的操作误差亦会造成错缝。

2. 防治措施

(1)铺贴前严格挑选,发现误差较大的板应适当处理。

(2)在铺贴过程中,隔 5 ~6 块,在有控制线的位置,跳过一块或两块,向前铺贴一段后,回过头来,再补贴空下的位置,这样等于分段控制,可免除板缝的误差累计到最后变成明显的错缝。补贴时,可将板轻轻弯起,对好缝后,用力将板压平,拍打密实。分段控制是最简单的消除累计误差、克服错缝的有效方法。

(3)控制线弹线准确;操作方法统一,也是保证消除错缝的先决条件之一。

第二节　质量要求及检验方法

一、基本规定

(1)建筑地面工程、子分部工程、分项工程的划分,按表 15-1 执行。

表 15-1　建筑地面工程、子分部工程、分项工程的划分

<table>
<tr><th>分部工程</th><th colspan="2">子分部工程</th><th>分项工程</th></tr>
<tr><td rowspan="6">建筑装饰装修工程</td><td rowspan="6">地面</td><td rowspan="2">整体面层</td><td>基层:基土、灰土垫层、砂垫层和砂石垫层、碎石垫层和碎砖垫层、三合土垫层、炉渣垫层、水泥混凝土垫层、找平层、隔离层、填充层</td></tr>
<tr><td>面层:水泥混凝土面层、水泥砂浆面层、水磨石面层、防油渗面层、水泥钢(铁)屑面层、不发火(防爆的)面层</td></tr>
<tr><td rowspan="2">板块面层</td><td>基层:基土、灰土垫层、砂垫层和砂石垫层、碎石垫层和碎砖垫层、三合土垫层、炉渣垫层、水泥混凝土垫层、找平层、隔离层、填充层</td></tr>
<tr><td>面层:砖面层(陶瓷锦砖、缸砖、陶瓷地砖和水泥花砖面层)、大理石面层和花岗岩面层,预制板块面层(预制水泥混凝土、水磨石板块面层)、料石面层(条石、块石面层)、塑料板面层、活动地板面层、地毯面层</td></tr>
<tr><td rowspan="2">木、竹面层</td><td>基层:基土、灰土垫层、砂垫层和砂石垫层、碎石垫层和碎砖垫层、三合土垫层、炉渣垫层、水泥混凝土垫层、找平层、隔离层、填充层</td></tr>
<tr><td>面层:实木地板面层(条材、块材面层)、实木复合地板面层(条材、块材面层)、中密度(强化)复合地板面层(条材面层)、竹地板面层</td></tr>
</table>

(2)建筑施工企业在建筑地面工程施工时,应有质量管理体系和相应的施工工艺技术标准。

(3)建筑地面工程采用的材料应按设计要求和规范 GB 50209—2002 的规定选用,并应符合国家标准的规定;进场材料应有中文质量合格证明文件、规格、型号及性能检测报告,对重要材料应有复验报告。

(4)建筑地面采用的大理石、花岗石等天然石材必须符合国家现行行业标准《天然石材产品放射防护分类控制标准》(JC 518—93)中有关材料有害物质的限量规定。进场应具有检测报告。

(5)胶粘剂、沥青胶结料和涂料等材料应按设计要求选用,并应符合现行国家标准《民用建筑工程室内环境污染控制规范》(GB 50325—2001)的规定。

(6)厕浴间和有防滑要求的建筑地面的板块材料应符合设计要求。

(7)建筑地面下的沟槽、暗管等工程完工后,经检验合格并作隐蔽记录,方可进行建筑地面工程的施工。

(8)建筑地面工程基层(各构造层)和面层的铺设,均应待其下一层检验合格后方可施工上一层。建筑地面工程各层铺设前与相关专业的分部(子分部)工程、分项工程以及设备管道安装工程之间,应进行交接检验。

(9)建筑地面工程施工时,各层环境温度的控制应符合下列规定:

①采用掺有水泥、石灰的拌和料铺设以及用石油沥青胶结料铺贴时,不应低于 5 ℃;

②采用有机胶粘剂粘贴时,不应低于 10 ℃;

③采用砂、石材料铺设时,不应低于 0 ℃。

(10)设有坡度的地面应采用基土高差达到设计要求的坡度,铺设有坡度的楼面(或架空地面）应采用在钢筋混凝土板上变更填充层（或找平层）铺设的厚度或以结构起坡达到设计要求的坡度。

（11）散水、明沟、踏步、台阶和坡道等附属工程，其面层和基层（各构造层）均应符合设计要求。施工时应按规范基层铺设中基土和相应垫层以及面层的规定执行。

（12）水泥混凝土散水、明沟应设置伸缩缝，其延米间距不得大于 10 m；房屋转角处应做 45°缝。水泥混凝土散水、明沟和台阶等与建筑物连接处应设缝处理。上述缝宽为15～20 mm，缝内填嵌柔性密封材料。

（13）建筑地面的变形缝应按设计要求设置，并应符合下列规定：

①建筑地面的沉降缝、伸缩缝和防震缝，应与结构相应缝的位置一致，且应贯通建筑地面的各构造层；

②沉降缝和防震缝的宽度应符合设计要求，缝内清理干净，以柔性密封材料填嵌后用板封盖，并应与面层齐平。

（14）建筑地面镶边，当设计无要求时，应符合下列规定：

①有强烈机械作用下的水泥类整体面层与其他类型的面层邻接处，应设置金属镶边构件；

②采用水磨石整体面层时，应用同类材料以分格条设置镶边；

③条石面层和砖面层与其他面层邻接处，应用顶铺的同类材料镶边；

④采用木、竹面层和塑料板面层时，应用同类材料镶边；

⑤地面面层与管沟、孔洞、检查井等邻接处，均应设置镶边；

⑥管沟、变形缝等处的建筑地面面层的镶边构件，应在面层铺设前装设。

（15）厕浴间、厨房和有排水（或其他液体）要求的建筑地面面层与相连接各类面层的标高差应符合设计要求。

（16）检验水泥混凝土和水泥砂浆强度试块的组数，按每一层（或检验批）建筑地面工程不应小于 1 组。当每一层（或检验批）建筑地面工程面积大于 1 000 m^2 时，每增加 1 000 m^2 应增做 1 组试块；小于 1 000 m^2 按 1 000 m^2 计算。当改变配合比时，应相应地制作试块组数。

（17）各类面层的铺设宜在室内装饰工程基本完工后进行。木、竹面层以及活动地板、塑料板、地毯面层的铺设，应待抹灰工程或管道试压等施工完工后进行。

（18）建筑地面工程施工质量的检验，应符合下列规定：

①基层（各构造层）和各类面层的分项工程的施工质量验收应按每一层次或每层施工段（或变形缝）作为检验批，高层建筑的标准层可按每三层（不足三层按三层计）作为检验批。

②每检验批应以各子分部工程的基层（各构造层）和各类面层所划分的分项工程按自然间（或标准间）检验，抽查数量应随机检验不应少于 3 间；不足 3 间，应全数检查；其中走廊（过道）应以 10 延米为 1 间，工业厂房（按单跨计）、礼堂、门厅应以两个轴线为 1 间计算。

③有防水要求的建筑地面子分部工程的分项工程施工质量，每检验批抽查数量应按其房间总数随机检验不应少于 4 间，不足 4 间，应全数检查。

（19）建筑地面工程的分项工程施工质量检验的主控项目，必须达到规范规定的质量标准，认定为合格；一般项目80%以上的检查点（处）符合规范规定的质量要求，其他检查点（处）不得有明显影响使用，并以不得大于允许偏差值的50%为合格。凡达不到质量标准时，应按现行国家标准《建筑工程施工质量验收统一标准》（GB 50300—2001）的规定处理。

（20）建筑地面工程完工后，施工质量验收应在建筑施工企业自检合格的基础上，由监理单位组织有关单位对子分部工程、分项工程进行检验。

（21）检验方法应符合下列规定：

①检查允许偏差应采用钢尺、2 m靠尺、楔形塞尺、坡度尺和水准仪；

②检查空鼓应采用敲击的方法；

③检查有防水要求建筑地面的基层（各构造层）和面层，应采用泼水或蓄水方法，蓄水时间不得少于24 h；

④检查各类面层（含不需铺设部分或局部面层）表面的裂纹、脱皮、麻面和起砂等缺陷，应采用观感的方法。

（22）建筑地面工程完工后，应对面层采取保护措施。

二、整体面层铺设

（一）一般规定

（1）本部分内容适用于水泥混凝土（含细石混凝土）面层、水泥砂浆面层、水磨石面层、水泥钢（铁）屑面层、防油渗面层和不发火（防爆的）面层等面层分项工程的施工质量检验。

（2）铺设整体面层时，其水泥类基层的抗压强度不得小于1.2 MPa；表面应粗糙、洁净、湿润，并不得有积水。铺设前宜涂刷界面处理剂。

（3）铺设整体面层，应符合设计要求和规范GB 50209—2002的规定。

（4）整体面层施工后，养护时间不应少于7 d；抗压强度达到5 MPa后，方准上人行走；抗压强度达到设计要求后，方可正常使用。

（5）当采用掺有水泥拌和料做踢脚线时，不得用石灰砂浆打底。

（6）整体面层的抹平工作应在水泥初凝前完成，压光工作应在水泥终凝前完成。

（7）整体面层的允许偏差和检验方法应符合表15-2的规定。

表15-2　整体面层的允许偏差和检验方法　（单位：mm）

项次	项目	允许偏差						检验方法
		水泥混凝土面层	水泥砂浆面层	普通水磨石面层	高级水磨石面层	水泥钢（铁）屑面层	防油渗混凝土和不发火（防爆的）面层	
1	表面平整度	5	4	3	2	4	4	用2 m靠尺和楔形塞尺检查
2	踢脚线上口平直	4	4	3	3	4	4	拉5 m线和用钢尺检查
3	缝格平直	3	3	3	2	3	3	

(二)混凝土面层

水泥混凝土面层厚度应符合设计要求且铺设不得留施工缝。当施工间隙超过允许时间规定时,应对接搓处进行处理。

1. 主控项目

(1)水泥混凝土采用的粗骨料,其最大粒径不应大于面层厚度的2/3,细石混凝土面层采用的石子粒径不应大于15 mm。

检验方法:观察检查和检查材质合格证明文件及检测报告。

(2)面层的强度等级应符合设计要求,且水泥混凝土面层强度等级不应低于C20;水泥混凝土垫层兼面层强度等级不应低于C15。

检验方法:检查配合比通知单及检测报告。

(3)面层与下一层应结合牢固,无空鼓、裂纹。

检验方法:用小锤轻击检查。

注:空鼓面积不应大于400 cm^2,且每自然间(标准间)不多于2处可不计。

2. 一般项目

(1)面层表面不应有裂纹、脱皮、麻面、起砂等缺陷。

检验方法:观察检查。

(2)面层表面的坡度应符合设计要求,不得有倒泛水和积水现象。

检验方法:观察和采用泼水或用坡度尺检查。

(3)水泥砂浆踢脚线与墙面应紧密结合,高度一致,出墙厚度均匀。

检验方法:用小锤轻击、钢尺和观察检查。

注:局部空鼓长度不应大于300 mm,且每自然间(标准间)不多于2处可不计。

(4)楼梯踏步的宽度、高度应符合设计要求。楼层梯段相邻踏步高度差不应大于10 mm,每踏步两端宽度差不应大于10 mm;旋转楼梯梯段的每踏步两端宽度的允许偏差为5 mm。楼梯踏步的齿角应整齐,防滑条应顺直。

检验方法:观察和钢尺检查。

(5)水泥混凝土面层的允许偏差应符合表15-2的规定。

检验方法:应按表15-2中的检验方法检验。

(三)水泥砂浆面层

水泥砂浆面层的厚度应符合设计要求,且不应小于20 mm。

1. 主控项目

(1)水泥采用硅酸盐水泥、普通硅酸盐水泥,其强度等级不应低于32.5,不同品种、不同强度等级的水泥严禁混用;砂应为中粗砂,当采用石屑时,其粒径应为1~5 mm,且含泥量不应大于3%。

检验方法:观察检查和检查材质合格证明文件及检测报告。

(2)水泥砂浆面层的体积比(强度等级)必须符合设计要求,且体积比应为1∶2,强度等级不应小于M15。

检验方法:检查配合比通知单和检测报告。

(3)面层与下一层应结合牢固,无空鼓、裂纹。

检验方法:用小锤轻击检查。

注:空鼓面积不应大于400 cm^2,且每自然间(标准间)不多于2处可不计。

2. 一般项目

(1)面层表面的坡度应符合设计要求,不得有倒泛水和积水现象。

检验方法:观察和采用泼水或坡度尺检查。

(2)面层表面应洁净,无裂纹、脱皮、麻面、起砂等缺陷。

检验方法:观察检查。

(3)踢脚线与墙面应紧密结合,高度一致,出墙厚度均匀。

检验方法:用小锤轻击、钢尺和观察检查。

注:局部空鼓长度不应大于300 mm,且每自然间(标准间)不多于2处可不计。

(4)楼梯踏步的宽度、高度应符合设计要求。楼层梯段相邻踏步高度差不应大于10 mm,每踏步两端宽度差不应大于10 mm;旋转楼梯梯段的每踏步两端宽度的允许偏差为5 mm。楼梯踏步的齿角应整齐,防滑条应顺直。

检验方法:观察和钢尺检查。

(5)水泥砂浆面层的允许偏差应符合表15-2的规定。

检验方法:应按表15-2中的检验方法检验。

(四)水磨石面层

(1)水磨石面层应采用水泥与石粒的拌和料铺设。面层厚度除有特殊要求外,宜为12~18 mm,且按石粒粒径确定。水磨石面层的颜色和图案应符合设计要求。

(2)白色或浅色的水磨石面层,应采用白水泥;深色的水磨石面层,宜采用硅酸盐水泥、普通硅酸盐水泥或矿渣硅酸盐水泥;同颜色的面层应使用同一批水泥。同一彩色面层应使用同厂、同批的颜料;其掺入量宜为水泥质量的3%~6%或由试验确定。

(3)水磨石面层的结合层的水泥砂浆体积比宜为1:3,相应的强度等级不应小于M10,水泥砂浆稠度(以标准圆锥体沉入度计)宜为30~35 mm。

(4)普通水磨石面层磨光遍数不应少于3遍。高级水磨石面层的厚度和磨光遍数由设计确定。

(5)在水磨石面层磨光后,涂草酸和上蜡前,其表面不得污染。

1. 主控项目

(1)水磨石面层的石粒应采用坚硬可磨白云石、大理石等岩石加工而成,石粒应洁净无杂物,其粒径除特殊要求外应为6~15 mm;水泥强度等级不应低于32.5;颜料应采用耐光、耐碱的矿物原料,不得使用酸性颜料。

检验方法:观察检查和检查材质合格证明文件。

(2)水磨石面层拌和料的体积比应符合设计要求,且为1:1.5~1:2.5(水泥:石粒)。

检验方法:检查配合比通知单和检测报告。

(3)面层与下一层结合应牢固,无空鼓、裂纹。

检验方法:用小锤轻击检查。

注:空鼓面积不应大于400 cm^2,且每自然间(标准间)不多于2处可不计。

2. 一般项目

(1)面层表面应光滑;无明显裂纹、砂眼和磨纹;石粒密实,显露均匀;颜色图案一致,不混色;分格条牢固、顺直和清晰。

检验方法:观察检查。

(2)踢脚线与墙面应紧密结合,高度一致,出墙厚度均匀。

检验方法:用小锤轻击、钢尺和观察检查。

注:局部空鼓长度不大于300 mm,且每自然间(标准间)不多于2处可不计。

(3)楼梯踏步的宽度、高度应符合设计要求。楼层梯段相邻踏步高度差不应大于10 mm,每踏步两端宽度差不应大于10 mm,旋转楼梯梯段的每踏步两端宽度的允许偏差为5 mm。楼梯踏步的齿角应整齐,防滑条应顺直。

检验方法:观察和钢尺检查。

(4)水磨石面层的允许偏差应符合表15-2的规定。

检验方法:应按表15-2中的检验方法检验。

(五)水泥钢(铁)屑面层

(1)水泥钢(铁)屑面层应采用水泥与钢(铁)屑的拌和料铺设。

(2)水泥钢(铁)屑面层配合比应通过试验确定。当采用振动法使水泥钢(铁)屑拌和料密实时,其密度不应小于2 000 kg/m^3,其稠度不应大于10 mm。

(3)水泥钢(铁)屑面层铺设时应先铺一层厚20 mm的水泥砂浆结合层,面层的铺设应在结合层的水泥初凝前完成。

1. 主控项目

(1)水泥强度等级不应低于32.5,钢(铁)屑的粒径应为1~5 mm;钢(铁)屑中不应有其他杂质,使用前应去油除锈,冲洗干净并干燥。

检验方法:观察检查和检查材质合格证明文件及检测报告。

(2)面层和结合层的强度等级必须符合设计要求,且面层抗压强度不应小于40 MPa;结合层体积比为1∶2(相应的强度等级不应小于M15)。

检验方法:检查配合比通知单和检测报告。

(3)面层与下一层结合必须牢固,无空鼓。

检验方法:用小锤轻击检查。

2. 一般项目

(1)面层表面坡度应符合设计要求。

检验方法:用坡度尺检查。

(2)面层表面不应有裂纹、脱皮、麻面等缺陷。

检验方法:观察检查。

(3)踢脚线与墙面应结合牢固,高度一致,出墙厚度均匀。

检验方法:用小锤轻击、钢尺和观察检查。

(4)水泥钢(铁)屑面层的允许偏差应符合表15-2的规定。

检验方法:应按表15-2中的检验方法检验。

(六)防油渗面层

(1)防油渗面层应采用防油渗混凝土铺设或采用防油渗涂料涂刷。

(2)防油渗面层设置防油渗隔离层(包括与墙、柱连接处的构造)时,应符合设计要求。

(3)防油渗混凝土面层厚度应符合设计要求,防油渗混凝土的配合比应按设计要求的强度等级和抗渗性能通过试验确定。

(4)防油渗混凝土面层应按厂房柱网分区段浇筑,区段划分及分区段缝应符合设计要求。

(5)防油渗混凝土面层内不得敷设管线。凡露出面层的电线管、接线盒、预埋套管和地脚螺栓等的处理,以及与墙、柱、变形缝、孔洞等连接处泛水均应符合设计要求。

(6)防油渗面层采用防油渗涂料时,材料应按设计要求选用,涂层厚度宜为5~7 mm。

1. 主控项目

(1)防油渗混凝土所用的水泥应采用普通硅酸盐水泥,其强度等级应不低于32.5;碎石应采用花岗石或石英石,严禁使用松散多孔和吸水率大的石子,粒径为5~15 mm,其最大粒径不应大于20 mm,含泥量不应大于1%;砂应为中砂,洁净无杂物,其细度模数应为2.3~2.6;掺入的外加剂和防油渗剂应符合产品质量标准。防油渗涂料应具有耐油、耐磨、耐火和黏结性能。

检验方法:观察检查和检查材质合格证明文件及检测报告。

(2)防油渗混凝土的强度等级和抗渗性能必须符合设计要求,且强度等级不应低于C30;防油渗涂料抗拉黏结强度不应小于0.3 MPa。

检验方法:检查配合比通知单和检测报告。

(3)防油渗混凝土面层与下一层应结合牢固、无空鼓。

检验方法:用小锤轻击检查。

(4)防油渗涂料面层与基层应黏结牢固,严禁有起皮、开裂、漏涂等缺陷。

检验方法:观察检查。

2. 一般项目

(1)防油渗面层表面坡度应符合设计要求,不得有倒泛水和积水现象。

检验方法:观察和泼水或用坡度尺检查。

(2)防油渗混凝土面层表面不应有裂纹、脱皮、麻面和起砂现象。

检验方法:观察检查。

(3)踢脚线与墙面应紧密结合、高度一致,出墙厚度均匀。

检验方法:用小锤轻击、钢尺和观察检查。

(七)不发火(防爆的)面层

(1)不发火(防爆的)面层应采用水泥类的拌和料铺设,其厚度应符合设计要求。

(2)不发火(防爆的)各类面层的铺设,应符合本章相应面层的规定。

(3)不发火(防爆的)面层采用石料和硬化后的试件,应在金刚砂轮上做摩擦试验。

1. 主控项目

(1)不发火(防爆的)面层采用的碎石应选用大理石、白云石或其他石料加工而成,并以金属或石料撞击时不发生火花为合格:砂应质地坚硬、表面粗糙,其粒径宜为0.15~5 mm,含泥量不应大于3%,有机物含量不应大于0.5%;水泥应采用普通硅酸盐水泥,其强度等级不应低于32.5;面层分格的嵌条应采用不发生火花的材料配制。配制时随时检查,不得混入金属或其他易发生火花的杂质。

检验方法:观察检查和检查材质合格证明文件及检测报告。

(2)不发火(防爆的)面层的强度等级应符合设计要求。

检验方法:检查配合比通知单和检测报告。

(3)面层与下一层应结合牢固,无空鼓、无裂纹。

检验方法:用小锤轻击检查。

注:空鼓面积不应大于 400 cm^2,且每自然间(标准间)不多于 2 处可不计。

(4)不发火(防爆的)面层的试件,必须检验合格。

检验方法:检查检测报告。

2. 一般项目

(1)面层表面应密实,无裂缝、蜂窝、麻面等缺陷。

检验方法:观察检查。

(2)踢脚线与墙面应紧密结合、高度一致、出墙厚度均匀。

检验方法:用小锤轻击、钢尺和观察检查。

(3)不发火(防爆的)面层的允许偏差应符合表 15-2 的规定。

检验方法:应按表 15-2 中的检验方法检验。

三、板块面层铺设

(一)一般规定

本部分内容适用于砖面层、大理石面层和花岗石面层、预制板块面层、料石面层、塑料板面层、活动地板面层和地毯面层等面层分项工程的施工质量检验。

(1)铺设板块面层时,其水泥类基层的抗压强度不得小于 1.2 MPa。

(2)铺设板块面层的结合层和板块间的填缝采用水泥砂浆,应符合下列规定:

①配制水泥砂浆应采用硅酸盐水泥、普通硅酸盐水泥或矿渣硅酸盐水泥,其水泥强度等级不宜低于 32.5;

②配制水泥砂浆的砂应符合国家现行行业标准《普通混凝土用砂质量标准及检验方法》(JGJ 52—92)的规定;

③配制水泥砂浆的体积比(或强度等级)应符合设计要求。

(3)结合层和板块面层填缝的沥青胶结材料应符合国家现行有关产品标准和设计要求。

(4)板块的铺砌应符合设计要求,当设计无要求时,应避免出现板块小于 1/4 边长的边角料。

(5)铺设水泥混凝土板块、水磨石板块、水泥花砖、陶瓷锦砖、陶瓷地砖、缸砖、料石、大理石和花岗石面层等的结合层和填缝的水泥砂浆,在面层铺设后,表面应覆盖、湿润,其养护时间不应少于 7 d。当板块面层的水泥砂浆结合层的抗压强度达到设计要求后,方可正常使用。

(6)板块类踢脚线施工时,不得采用石灰砂浆打底。

(7)板块面层的允许偏差和检验方法应符合表 15-3 的规定。

(二)砖面层

(1)砖面层采用陶瓷锦砖、缸砖、陶瓷地砖和水泥花砖应在结合层上铺设。

(2)有防腐蚀要求的砖面层采用的耐酸瓷砖、浸渍沥青砖、缸砖的材质、铺设以及施工质量验收应符合现行国家标准《建筑防腐蚀工程施工及验收规范》(GB 50212—2002)的规定。

表 15-3 板块面层的允许偏差和检验方法 （单位:mm）

项次	项目	允许偏差											检验方法
		陶瓷锦砖、高级水磨石板、陶瓷地砖面层	缸砖面层	水泥花砖面层	水磨石板块面层	大理石面层和花岗石面层	塑料板面层	水泥混凝土板块面层	碎拼大理石、碎拼花岗岩面层	活动地板面层	条石面层	块石面层	
1	表面平整度	2.0	4.0	3.0	3.0	1.0	2.0	4.0	3.0	2.0	10	10	用 2 m 靠尺和楔形塞尺检查
2	缝格平直	3.0	3.0	3.0	3.0	2.0	3.0	3.0	—	2.5	8.0	8.0	拉 5 m 线和用钢尺检查
3	接缝高低差	0.5	1.5	0.5	1.0	0.5	0.5	1.5	—	0.4	2.0	—	用钢尺检查和楔形塞尺检查
4	踢脚线上口平直	3.0	4.0	—	4.0	1.0	2.0	4.0	1.0	—	—	—	拉 5 m 线和用钢尺检查
5	板块间隙宽度	2.0	2.0	2.0	2.0	1.0	—	6.0	—	0.3	5.0	—	用钢尺检查

（3）在水泥砂浆结合层上铺贴缸砖、陶瓷地砖和水泥花砖面层时，应符合下列规定：

①在铺贴前，应对砖的规格尺寸、外观质量、色泽等进行预选，浸水湿润晾干待用；

②勾缝和压缝应采用同品种、同强度等级、同颜色的水泥，并做养护和保护。

（4）在水泥砂浆结合层上铺贴陶瓷锦砖面层时，砖底面应洁净，每联陶瓷锦砖之间、与结合层之间以及在墙角、镶边和靠墙处，应紧密贴合。在靠墙处不得采用砂浆填补。

（5）在沥青胶结料结合层上铺贴缸砖面层时，缸砖应干净，铺贴时应在摊铺热沥青胶结料上进行，并应在胶结料凝结前完成。

（6）采用胶粘剂在结合层上粘贴砖面层时，胶粘剂选用应符合现行国家标准《民用建筑工程室内环境污染控制规范》（GB 50325—2001）的规定。

1. 主控项目

（1）面层所用的板块的品种、质量必须符合设计要求。

检验方法：观察检查和检查材质合格证明文件及检测报告。

（2）面层与下一层的结合（黏结）应牢固，无空鼓。

检验方法：用小锤轻击检查。

注：凡单块砖边角有局部空鼓，且每自然间（标准间）不超过总数的 5% 可不计。

2. 一般项目

（1）砖面层的表面应洁净、图案清晰，色泽一致，接缝平整，深浅一致，周边顺直。板块无裂纹、掉角和缺棱等缺陷。

检验方法:观察检查。

(2)面层邻接处的镶边用料及尺寸应符合设计要求,边角整齐、光滑。

检验方法:观察和用钢尺检查。

(3)踢脚线表面应洁净,高度一致,结合牢固,出墙厚度一致。

检验方法:观察和用小锤轻击及钢尺检查。

(4)楼梯踏步和台阶板块的缝隙宽度应一致、齿角整齐,楼层梯段相邻踏步高度差不应大于 10 mm,防滑条顺直。

检验方法:观察和用钢尺检查。

(5)面层表面的坡度应符合设计要求,不倒泛水、无积水;与地漏、管道结合处应严密牢固,无渗漏。

检验方法:观察、泼水或坡度尺及蓄水检查。

(6)砖面层的允许偏差应符合表 15-3 的规定。

检验方法:应按表 15-3 中的检验方法检验。

(三)大理石面层和花岗石面层

大理石、花岗石面层采用天然大理石、花岗石(或碎拼大理石、碎拼花岗石)板材应在结合层上铺设。

(1)天然大理石、花岗石的技术等级、光泽度、外观等质量要求应符合国家现行行业标准《天然大理石建筑板材》(GB/T 19766—2005)、《天然花岗石建筑板材》(GB/T 18601—2009)的规定。

(2)板材有裂缝、掉角、翘曲和表面有缺陷时应予剔除,品种不同的板材不得混杂使用;在铺设前,应根据石材的颜色、花纹、图案、纹理等按设计要求,试拼编号。

(3)铺设大理石、花岗石面层前,板材应浸湿、晾干;结合层与板材应分段同时铺设。

1. 主控项目

(1)大理石、花岗石面层所用板块的品种、质量应符合设计要求。

检验方法:观察检查和检查材质合格记录。

(2)面层与下一层应结合牢固,无空鼓。

检验方法:用小锤轻击检查。

注:凡单块板块边角有局部空鼓,且每自然间(标准间)不超过总数的 5% 可不计。

2. 一般项目

(1)大理石、花岗石面层的表面应洁净、平整、无磨痕,且应图案清晰、色泽一致、接缝均匀、周边顺直、镶嵌正确,板块无裂纹、掉角、缺棱等缺陷。

检验方法:观察检查。

(2)踢脚线表面应洁净,高度一致,结合牢固,出墙厚度一致。

检验方法:观察和用小锤轻击及钢尺检查。

(3)楼梯踏步和台阶板块的缝隙宽度应一致、齿角整齐,楼层梯段相邻踏步高度差不应大于 10 mm,防滑条应顺直、牢固。

检验方法:观察和用钢尺检查。

(4)面层表面的坡度应符合设计要求,不倒泛水、无积水;与地漏、管道结合处应严密牢固,无渗漏。

检验方法：观察、泼水或坡度尺及蓄水检查。

（5）大理石和花岗石面层（或碎拼大理石、碎拼花岗石）的允许偏差应符合表 15-3 的规定。

检验方法：应按表 15-3 中的检验方法检验。

（四）预制板块面层

（1）预制板块面层采用的水泥混凝土板块、水磨石板块应在结合层上铺设。

（2）在现场加工的预制板块应按规范 GB 50209—2002 的有关规定执行。

（3）水泥混凝土板块面层的缝隙，应采用水泥浆（或砂浆）填缝；彩色混凝土板块和水磨石板块应用同色水泥浆（或砂浆）擦缝。

1. 主控项目

（1）预制板块的强度等级、规格、质量应符合设计要求，水磨石板块还应符合国家现行行业标准《建筑水磨石制品》（JC 507—93）的规定。

检验方法：观察检查和检查材质合格证明文件及检测报告。

（2）面层与下一层应结合牢固、无空鼓。

检验方法：用小锤轻击检查。

注：凡单块板块料边角有局部空鼓，且每自然间（标准间）不超过总数的 5% 可不计。

2. 一般项目

（1）预制板块表面应无裂缝、掉角、翘曲等明显缺陷。

检验方法：观察检查。

（2）预制板块面层应平整洁净，图案清晰，色泽一致，接缝均匀，周边顺直，镶嵌正确。

检验方法：观察检查。

（3）面层邻接处的镶边用料尺寸应符合设计要求，边角整齐、光滑。

检验方法：观察和钢尺检查。

（4）踢脚线表面应洁净，高度一致，结合牢固，出墙厚度一致。

检验方法：观察和用小锤轻击及钢尺检查。

（5）楼梯踏步和台阶板块的缝隙宽度一致、齿角整齐，楼层梯段相邻踏步高度差不应大于 10 mm，防滑条顺直。

检验方法：观察和钢尺检查。

（6）水泥混凝土板块和水磨石板块面层的允许偏差应符合表 15-3 的规定。

检验方法：应按表 15-3 中的检验方法检验。

（五）料石面层

（1）料石面层采用天然条石和块石应在结合层上铺设。

（2）条石和块石面层所用石材的规格、技术等级和厚度应符合设计要求。条石的质量应均匀，形状为矩形六面体，厚度为 80 ~ 120 mm；块石形状为直棱柱体，顶面粗磨平整，底面面积不宜小于顶面面积的 60%，厚度为 100 ~ 150 mm。

（3）不导电的料石面层的石料应采用辉绿岩石加工制成。填缝材料亦采用辉绿岩石加工的砂嵌实。耐高温的料石面层的石料，应按设计要求选用。

（4）块石面层结合层铺设厚度：砂垫层不应小于 60 mm，基土层应为均匀密实的基土或夯实的基土。

1. 主控项目

(1)面层材质应符合设计要求;条石的强度等级应大于 MU60,块石的强度等级应大于 MU30。

检验方法:观察检查和检查材质合格证明文件及检测报告。

(2)面层与下一层应结合牢固、无松动。

检验方法:观察检查和用锤击检查。

2. 一般项目

(1)条石面层应组砌合理,无十字缝,铺砌方向和坡度应符合设计要求;块石面层石料缝隙应相互错开,通缝不超过两块石料。

检验方法:观察和用坡度尺检查。

(2)条石面层和块石面层的允许偏差应符合表 15-3 的规定。

检验方法:应按表 15-3 中的检验方法检验。

(六)塑料板面层

(1)塑料板面层应采用塑料板块材、塑料板焊接、塑料卷材以胶粘剂在水泥类基层上铺设。

(2)水泥类基层表面应平整、坚硬、干燥、密实、洁净、无油脂及其他杂质,不得有麻面、起砂、裂缝等缺陷。

(3)胶粘剂选用应符合现行国家标准《民用建筑工程室内环境污染控制规范》(GB 50325—2001)的规定。其产品应按基层材料和面层材料使用的相容性要求,通过试验确定。

1. 主控项目

(1)塑料板面层所用的塑料板块和卷材的品种、规格、颜色、等级应符合设计要求和现行国家标准的规定。

检验方法:观察检查和检查材质合格证明文件及检测报告。

(2)面层与下一层的黏结应牢固,不翘边、不脱胶、无溢胶。

检验方法:观察检查和用敲击及钢尺检查。

注:卷材局部脱胶处面积不应大于 20 cm^2,且相隔间距不小于 50 cm 可不计;凡单块板块料边角局部脱胶处且每自然间(标准间)不超过总数 5% 的可不计。

2. 一般项目

(1)塑料板面层应表面洁净,图案清晰,色泽一致,接缝严密、美观,拼缝处的图案、花纹吻合,无胶痕;与墙边交接严密,阴阳角收边方正。

检验方法:观察检查。

(2)板块的焊接,焊缝应平整、光洁,无焦化变色、斑点、焊瘤和起鳞等缺陷,其凹凸允许偏差为 ±0.6 mm,焊缝的抗拉强度不得小于塑料板强度的 75%。

检验方法:观察检查和检查检测报告。

(3)镶边用料应尺寸准确、边角整齐、拼缝严密、接缝顺直。

检验方法:用钢尺和观察检查。

(4)塑料板面层的允许偏差应符合表 15-3 的规定。

检验方法:应按表 15-3 中的检验方法检验。

(七)活动地板面层

(1)活动地板面层用于防尘和防静电要求的专业用房的建筑地面工程,采用特制的平压刨花板为基材,表面饰以装饰板和底层用镀锌板经黏结胶合组成的活动地板块,配以横梁、橡胶垫条和可供调节高度的金属支架组装成架空板铺设在水泥类面层(或基层)上。

(2)活动地板所有的支座柱和横梁应构成框架一体,并与基层连接牢固;支架找平后高度应符合设计要求。

(3)活动地板面层包括标准地板、异型地板和地板附件(即支架和横梁组件)。采用的活动地板块应平整、坚实,面层承载力不得小于7.5 MPa,其系统电阻:A级板为$1.0\times10^5 \sim 1.0\times10^8\ \Omega$,B级板为$1.0\times10^5 \sim 1.0\times10^{10}\ \Omega$。

(4)活动地板面层的金属支架应支承在现浇水泥混凝土基层(或面层)上,基层表面应平整、光洁、不起灰。

(5)活动板块与横梁接触搁置处应达到四角平整、严密。

(6)当活动地板不符合模数时,其不足部分在现场根据实际尺寸将板块切割后镶补,并配装相应的可调支撑和横梁。切割边不经处理不得镶补安装,并不得有局部膨胀变形情况。

(7)活动地板在门口处或预留洞口处应符合设置构造要求,四周侧边应用耐磨硬质板材封闭或用镀锌钢板包裹,胶条封边应符合耐磨要求。

1. 主控项目

(1)面层材质必须符合设计要求,且应具有耐磨、防潮、阻燃、耐污染、耐老化和导静电等特点。

检验方法:观察检查和检查材质合格证明文件及检测报告。

(2)活动地板面层应无裂纹、掉角和缺棱等缺陷。行走无声响、无摆动。

检验方法:观察和脚踩检查。

2. 一般项目

(1)活动地板面层应排列整齐、表面洁净、色泽一致、接缝均匀、周边顺直。

检验方法:观察检查。

(2)活动地板面层的允许偏差应符合表15-3的规定。

检验方法:应按表15-3中的检验方法检验。

(八)地毯面层

(1)地毯面层采用方块、卷材地毯在水泥类面层(或基层)上铺设。

(2)水泥类面层(或基层)表面应坚硬、平整、光洁、干燥,无凹坑、麻面、裂缝,并应清除油污、钉头和其他突出物。

(3)海绵衬垫应满铺平整,地毯拼缝处不露底衬。

(4)固定式地毯铺设应符合下列规定:

①固定式地毯用的金属卡条(倒刺板)、金属压条、专用双面胶带等必须符合设计要求;

②铺设的地毯张拉应适宜,四周卡条应固定牢,门口处应用金属压条等固定;

③地毯周边应塞入卡条和踢脚线之间的缝中;

④粘贴地毯应用胶粘剂与基层粘贴牢固。

(5)活动式地毯铺设应符合下列规定:

①地毯拼成整块后直接铺在洁净的地上,地毯周边应塞入踢脚线下;

②与不同类型的建筑地面连接处，应按设计要求收口；

③小方块地毯铺设，块与块之间应挤紧服帖。

(6)楼梯地毯铺设，每梯段顶级地毯应用压条固定于平台上，每级阴角处应用卡条固定牢。

1. 主控项目

(1)地毯的品种、规格、颜色、花色、胶料和辅料及其材质必须符合设计要求和国家现行地毯产品标准的规定。

检验方法：观察检查和检查材质合格记录。

(2)地毯表面应平服、拼缝处粘贴牢固、严密平整、图案吻合。

检验方法：观察检查。

2. 一般项目

(1)地毯表面不应起鼓、起皱、翘边、卷边、显拼缝、露线和无毛边，绒面毛顺光一致，毯面干净、无污染和损伤。

检验方法：观察检查。

(2)地毯同其他面层连接处、收口处和墙边、柱子周围应顺直、压紧。

检验方法：观察检查。

四、木、竹面层铺设

(一)一般规定

本部分内容适用于实木地板面层、实木复合地板面层、中密度(强化)复合地板面层、竹地板面层等(包括免刨免漆类)分项工程的施工质量检验。

(1)木、竹地板面层下的木搁栅、垫木、毛地板等采用木材的树种、选材标准和铺设时木材含水率以及防腐、防蛀处理等，均应符合现行国家标准《木结构工程施工质量验收规范》(GB 50206—2002)的有关规定。所选用的材料，进场时应对其断面尺寸、含水率等主要技术指标进行抽检，抽检数量应符合产品标准的规定。

(2)与厕浴间、厨房等潮湿场所相邻木、竹面层连接处应做防水(防潮)处理。

(3)木、竹面层铺设在水泥类基层上，其基层表面应坚硬、平整、洁净、干燥、不起砂。

(4)建筑地面工程的木、竹面层搁栅下架空结构层(或构造层)的质量检验，应符合相应国家现行标准的规定。

(5)木、竹面层的通风构造层包括室内通风沟、室外通风窗等，均应符合设计要求。

(6)木、竹面层的允许偏差和检验方法应符合表15-4的规定。

(二)实木地板面层

(1)实木地板面层采用条材和块材实木地板，或采用拼花实木地板，以空铺或实铺方式在基层上铺设。

(2)实木地板面层可采用双层面层和单层面层铺设，其厚度应符合设计要求。实木地板面层的条材和块材应采用具有商品检验合格证的产品，其产品类别、型号、适用树种、检验规则以及技术条件等均应符合现行国家标准《实木地板块》(GB/T 15036.1～6)的规定。

(3)铺设实木地板面层时，其木搁栅的截面尺寸、间距和稳固方法均应符合设计要求。木搁栅固定时，不得损坏基层和预埋管线。木搁栅应垫实钉牢，与墙之间应留出30 mm的缝隙，表面应平直。

表 15-4　木、竹面层的允许偏差和检验方法　（单位:mm）

项次	项目	允许偏差				检验方法
		实木地板面层			实木复合地板、中密度（强化）复合地板面层	
		松木地板	硬木地板	拼花地板		
1	板面缝隙宽度	1.0	0.5	0.2	0.5	用钢尺检查
2	表面平整度	3.0	2.0	2.0	2.0	用 2 m 靠尺和楔形塞尺检查
3	踢脚线上口平齐	3.0	3.0	3.0	3.0	拉 5 m 线、不足 5 m 拉通线和用钢尺检查
4	板面拼缝平直	3.0	3.0	3.0	3.0	
5	相邻板材高差	0.5	0.5	0.5	0.5	用钢尺检查和楔形塞尺检查
6	踢脚线上口平直	1.0				楔形塞尺检查

（4）毛地板铺设时，木材髓心应向上，其板间缝隙不应大于 3 mm，与墙之间应留 8 ~ 12 mm 空隙，表面应刨平。

（5）实木地板面层铺设时，面板与墙之间应留 8 ~ 12 mm 的缝隙。

（6）采用实木制作的踢脚线，背面应抽槽并作防腐处理。

1. 主控项目

（1）实木地板面层所采用的材质和铺设时的木材含水率必须符合设计要求。木搁栅、垫木和毛地板等必须做防腐、防蛀处理。

检验方法：观察检查和检查材质合格证明文件及检测报告。

（2）木搁栅安装应牢固、平直。

检验方法：观察、脚踩检查。

（3）面层铺设应牢固，黏结无空鼓。

检验方法：观察、脚踩或用小锤轻击检查。

2. 一般项目

（1）实木地板面层应刨平、磨光，无明显刨痕和毛刺等现象；图案清晰、颜色均匀一致。

检验方法：观察、手摸和脚踩检查。

（2）面层缝隙应严密，接头位置应错开、表面洁净。

检验方法：观察检查。

（3）拼花地板接缝应对齐，粘、钉严密；缝隙宽度均匀一致；表面洁净，胶粘无溢胶。

检验方法：观察检查。

（4）踢脚线表面应光滑，接缝严密，高度一致。

检验方法：观察和钢尺检查。

（5）实木地板面层的允许偏差应符合表 15-4 的规定。

检验方法：应按表 15-4 中的检验方法检验。

(三)实木复合地板面层

(1)实木复合地板面层采用条材和块材实木复合地板,或采用拼花实木复合地板,以空铺或实铺方式在基层上铺设。

(2)实木复合地板面层的条材和块材应采用具有商品检验合格证的产品,其技术等级及质量要求均应符合现行国家标准的规定。

(3)铺设实木复合地板面层时,其木搁栅的截面尺寸、间距和稳固方法等均应符合设计要求。木搁栅固定时,不得损坏基层和预埋管线。木搁栅应垫实钉牢,与墙之间应留出 30 mm 缝隙,表面应平直。

(4)毛地板铺设时,按规范 GB 50209—2002 规定执行。

(5)实木复合地板面层可采用整贴和点贴法施工。粘贴材料应采用具有耐老化、防水和防菌、无毒等性能的材料,或按设计要求选用。

(6)实木复合地板面层下衬垫的材质和厚度应符合设计要求。

(7)实木复合地板面层铺设时,相邻板材接头位置应错开不小于 300 mm 距离,与墙之间应留不小于 10 mm 空隙。

(8)大面积铺设实木复合地板面层时,应分段铺设,分段缝的处理应符合设计要求。

1. 主控项目

(1)实木复合地板面层所采用的条材和块材,其技术等级及质量要求应符合设计要求。木搁栅、垫木和毛地板等必须做防腐、防蛀处理。

检验方法:观察检查和检查材质合格证明文件及检测报告。

(2)木搁栅安装应牢固、平直。

检验方法:观察、脚踩检查。

(3)面层铺设应牢固,粘贴无空鼓。

检验方法:观察、脚踩或用小锤轻击检查。

2. 一般项目

(1)实木复合地板面层图案和颜色应符合设计要求,图案清晰,颜色一致,板面无翘曲。

检验方法:观察,用 2 m 靠尺和楔形塞尺检查。

(2)面层的接头应错开、缝隙严密、表面洁净。

检验方法:观察检查。

(3)踢脚线表面光滑,接缝严密,高度一致。

检验方法:观察和钢尺检查。

(4)实木复合地板面层的允许偏差应符合表 15-4 的规定。

检验方法:应按表 15-4 中的检验方法检验。

(四)中密度(强化)复合地板面层

(1)中密度(强化)复合地板面层的材料以及面层下的板或衬垫等材质应符合设计要求,并采用具有商品检验合格证的产品,其技术等级及质量要求均应符合现行国家标准的规定。

(2)中密度(强化)复合地板面层铺设时,相邻条板端头应错开不小于 300 mm 的距离;衬垫层及面层与墙之间应留不小于 10 mm 空隙。

1. 主控项目

(1)中密度(强化)复合地板面层所采用的材料,其技术等级及质量要求应符合设计要求。木搁栅、垫木和毛地板等应做防腐、防蛀处理。

检验方法:观察检查和检查材质合格证明文件及检测报告。

(2)木搁栅安装应牢固、平直。

检验方法:观察,脚踩检查。

(3)面层铺设应牢固。

检验方法:观察,脚踩检查。

2. 一般项目

(1)中密度(强化)复合地板面层图案和颜色应符合设计要求,图案清晰,颜色一致,板面无翘曲。

检验方法:观察,用2 m 靠尺和楔形塞尺检查。

(2)面层的接头应错开、缝隙严密、表面洁净。

检验方法:观察检查。

(3)踢脚线表面应光滑,接缝严密,高度一致。

检验方法:观察和钢尺检查。

(4)中密度(强化)复合木地板面层的允许偏差应符合规范的规定。

检验方法:应按规范的检验方法检验。

(五)竹地板面层

(1)竹地板面层的铺设应按规范 GB 50209—2002 的规定执行。

(2)竹子具有纤维硬、密度大、水分少、不易变形等优点。竹地板应经严格选材、硫化、防腐、防蛀处理,并采用具有商品检验合格证的产品,其技术等级及质量要求均应符合国家现行行业标准《竹地板》(LY/T 1573)的规定。

1. 主控项目

(1)竹地板面层所采用的材料,其技术等级和质量要求应符合设计要求。木搁栅、毛地板和垫木等应做防腐、防蛀处理。

检验方法:观察检查和检查材质合格证明文件及检测报告。

(2)木搁栅安装应牢固、平直。

检验方法:观察,脚踩检查。

(3)面层铺设应牢固,粘贴无空鼓。

检验方法:观察,脚踩或用小锤轻击检查。

2. 一般项目

(1)竹地板面层品种与规格应符合设计要求,板面无翘曲。

检验方法:观察,用2 m 靠尺和楔形塞尺检查。

(2)面层缝隙应均匀、接头位置错开,表面洁净。

检验方法:观察检查。

(3)踢脚线表面应光滑,接缝均匀,高度一致。

检验方法:观察和用钢尺检查。

(4)竹地板面层的允许偏差应符合表 15-4 的规定。

检验方法:应按表 15-4 中的检验方法检验。

五、分部(子分部)工程验收

(1)建筑地面工程施工质量中,各类面层子分部工程的面层铺设与其相应的基层铺设的分项工程施工质量检验应全部合格。

(2)建筑地面工程子分部工程质量验收应检查下列工程质量文件和记录:

①建筑地面工程设计图纸和变更文件等;

②原材料的出厂检验报告和质量合格保证文件、材料进场检(试)验报告(含抽样报告);

③各层的强度等级、密实度等试验报告和测定记录;

④各类建筑地面工程施工质量控制文件;

⑤各构造层的隐蔽验收及其他有关验收文件。

(3)建筑地面工程子分部工程质量验收应检查下列安全和功能项目:

①有防水要求的建筑地面子分部工程的分项工程施工质量的蓄水检验记录,并抽查复验认定;

②建筑地面板块面层铺设子分部工程和木、竹面层铺设子分部工程采用的天然石材、胶粘剂、沥青胶结料和涂料等材料证明资料。

(4)建筑地面工程子分部工程观感质量综合评价应检查下列项目:

①变形缝的位置和宽度以及填缝质量应符合规定;

②室内建筑地面工程按各子分部工程经抽查分别作出评价;

③楼梯、踏步等工程项目经抽查分别作出评价。

第三节　安全与环保措施

(1)在施工过程中防止噪声污染,在市场界噪声敏感区域宜选择使用低噪声的设备,也可以采取其他降低噪声的措施。

(2)胶粘剂等材料必须符合环保要求,无污染。

(3)禁止穿拖鞋、高跟鞋进入现场操作。

(4)进行铺贴操作时应防止砂浆进入眼内。

(5)电气装置应符合施工用电安全管理规定。使用砂轮等手持电动机具,必须装有漏电保护器,作业前应试机检查,作业时应戴绝缘手套。

(6)施工垃圾要集中堆放,严禁将垃圾随意堆放或抛撒。施工垃圾应由合格单位组织销毁,严禁随意销毁。

(7)大风天严禁筛制砂料、石灰等材料。

(8)在运输、堆放、施工过程中应注意避免扬尘、遗撒、沾带等现象,应采取遮盖、封闭、洒水、冲洗等必要措施。

(9)运输、施工所用车辆、机械的废气、噪声等应符合环保要求。

第四节 成品与半成品的保护

(1)地面嵌条运输时用绳子将其绑扎固定,勿使受压或受碰撞。储存时勿使受压变形或破损。

(2)板块运输时轻搬、轻装、轻卸。搬放时,大理石、花岗石背面先着地,以防碰撞。车运时,应用绳子将箱捆扎在车架上,使箱子不窜动受碰。运输纸皮陶瓷锦砖时,应盖防雨苫布防雨防潮。

(3)酸碱物质、化学药品、有色染材料等应与大理石板、花岗石板隔离。

(4)木材类地板、活动地板应在通风干燥、防水防潮处存放,应搁置平放,严防变形,且与酸碱物质隔离。

(5)混凝土整体地面、非木地板板块地面施工后应加强养护工作,养护 3 d 内禁止踩踏,5 d 内禁止走小车。

(6)禁止在地面上拖拉材料及其实物品,防止损坏表面。

(7)块材地面不准用锯末铺盖,防止产生颜色污染。块材地面采用薄膜、苫帘等进行覆盖,混凝土地面可采用锯末、砂、纸板等进行覆盖。

(8)注意烟蒂等遇水对地面产生污染,不允许随意向地面扔掷烟头等。

(9)防止油类等对块材地面板缝形成渗透污染。

(10)块材地面施工,操作人员应在木踏板上行走,不允许直接踩踏地面,不允许乱抛乱放使用的工具。

(11)块材地面施工,砖面水泥浆应在凝结前清除干净。

(12)无釉砖严禁扫浆灌缝,以免污染饰面。

(13)木地板烫蜡使用烘蜡器时,必须在室外烧旺后方可抬进室内,基底下不许漏灰,以免烧坏地板。烘蜡器或电烙铁放在防止烧烤地板的物体上,不可直接放在地板上。烘蜡器或电烙铁距地面 100 mm 左右,热度适宜,将蜡化透,不许烫坏地板。

(14)木地板起蜡时把蜡面起净,但不得把地板的颜色起掉。木地板擦好后,将门窗关闭,以防污染。

(15)湿装地面施工前应注意清理干净并充分润湿。水泥浆满刷前,地板砖要湿透,以避免出现空鼓或开裂。

(16)地面施工时应注意对临边以及管洞处的保护,避免对其成品造成损坏或污染。

第十六章 门窗工程

第一节 常见质量通病及防治措施

一、钢、木门窗玻璃工程

(一)玻璃不干净或有裂缝、气泡、波纹

玻璃表面有油灰手印、涂料滴点或灰尘等,影响玻璃的透明度和美观;或在边角处存有小裂纹,受振后容易破裂损坏。

1. 原因分析

(1)玻璃表面的污物未清理干净。

(2)玻璃选择不当,有缺陷未发现。

(3)安装的玻璃不平整或由于钉子方向不正确,钉身紧贴玻璃,锤击钉子时,将玻璃挤裂;或经受振动后,玻璃由钉子处炸裂。

(4)玻璃裁制尺寸偏大,与槽口顶得过紧,一旦温度升高或构件略有变形,都易使玻璃开裂损坏。

2. 防治措施

(1)选择合格的玻璃,裁制时,发现有裂纹、气泡、波纹(水印)时,不得使用。

(2)裁制玻璃的尺寸不得过大或过小。钢、木门窗框及扇玻璃按设计尺寸或实测尺寸,长宽各缩小一个裁口宽度的1/4裁割。

(3)钉钉数量,如槽口每边长不大于40 cm,可钉一颗,一般钉距为10 cm左右,且钉身贴玻璃不得过紧。

(4)玻璃安装完毕,应随时擦拭干净;清除污物,可用清洗剂;发现有裂纹的玻璃应随时更换。

(二)玻璃装完后松动或不平整

1. 原因分析

(1)裁口内的胶渍、灰砂颗粒、木渣等未清除干净。

(2)未铺垫底油灰,或底油灰厚薄不均、漏涂;或铺底油灰后,未及时安装玻璃,底油灰已结硬失去作用。

(3)玻璃裁制的尺寸偏小,影响钉子(或卡子)钉牢。

(4)钉子钉入数量不足或钉子没有贴紧玻璃,出现浮钉,不起作用。

2. 防治措施

(1)必须将裁口上的一切杂物事先清扫干净。

(2)裁口内铺垫的底油灰厚薄应均匀一致,不得漏铺。发现底油灰结硬或冻结必须清除,重新铺垫后,及时将玻璃安装好。为防止冬期施工底油灰冻结,可适当掺加一些防冻剂或酒精。

(3)玻璃尺寸按设计裁割，且保证玻璃每边镶入裁口应不少于裁口的3/4。禁止使用窄小玻璃安装。

(4)保证钉子数量每边不少于1颗；但边长若超过40 cm，至少钉两颗，间距不得大于20 cm。钉帽应贴紧玻璃表面，且垂直钉牢。

(5)当出现安装好的玻璃有不平整、不牢固，程度轻微时，可以挤入底油灰，达到不松动即可。严重松动、不平整的，应拆掉玻璃，重新安装。

(三)底油灰不饱满，缝隙不匀

1. 原因分析

(1)槽口内杂物未清除干净。如胶渍、灰砂颗粒、木渣等，或油灰中有杂物，都会造成底油灰不饱满、不密实，缝隙大小不均匀。

(2)底油灰调制较稀软或油性较大，铺抹时，容易产生底油灰过薄，被粗糙槽口吸去油汁而干燥，造成漏抹，不均匀。安装玻璃挤压时，无底油灰挤出。

(3)底油灰调制较稠或油性较小，在铺抹时，容易产生断条、不均匀，不但安装玻璃挤压费力，还影响玻璃的平整度。

(4)操作技术不熟练，底油灰铺抹较少又不均匀；安装玻璃时未将底油灰挤出；或在清除挤出多余的底油灰时，错误地将部分底油灰挖掉。

2. 防治措施

(1)铺抹底油灰前，必须将槽口内的胶渍、灰砂颗粒、木渣等杂物清除干净。

(2)调制的底油灰应无杂物，稀稠软硬适中，一般为稠粥状。

(3)铺垫的底油灰要饱满均匀，厚度不应小于1 mm，但最多不得超过3 mm，无间断、无堆集。安装玻璃时，要用双手将玻璃轻按实，四周的底油灰要挤出槽口，四周按实并保持端正。待挤出的底油灰初凝达到一定强度，才准许平行槽口将多余的底油灰刮匀、裁除平整，达到光滑无麻面。有断条不饱满之处，可补修底油灰，达到无缝隙。

(4)遇有玻璃未与槽口紧贴，或四周不一致有支翘时，应将玻璃起下来，并将槽口内的杂物清除干净，重铺抹底油灰后，再将玻璃重新装好。

(5)玻璃与槽口紧贴四周不一致，底油灰有断条、裂纹。断条处可将底油灰塞入凹缝内刮平。粗糙裂纹处可用较稀的底油灰刮抹一遍。

(四)外见裁口，里见油灰

1. 原因分析

(1)填抹油灰后，裁油灰时手不稳，出现油灰有宽有窄不均匀。

(2)宽的油灰太满，如果在油灰上再涂刷油漆，更加重了里见油灰的弊病，从内部能看见油灰。

(3)窄油灰未填饱满，即使在油灰上涂刷油漆也达不到要求，从外部仍能看见槽口。

2. 防治措施

(1)刮抹油灰要求具有熟练的操作技术，并认真按操作规程操作。

(2)如需涂刷油漆，刮的油灰要比槽口小1 mm；不涂刷油漆的油灰可不留余量。

(3)四角整齐，油灰紧贴玻璃和槽口，不能有空隙、残缺、翘起等弊病，达到外不见裁口、里不见油灰。

(4)出现里见油灰的弊病时,可将多余的油灰刮除,使它光滑整齐;出现外见裁口的弊病时,可增补油灰,然后裁刮平滑即可。

(五)油灰露钉子或露卡子

1. 原因分析

(1)选择的钉子规格不适当,尺寸过大,致使钢门窗安装玻璃的钉子的钉帽露出油灰表面,或木压条上的钉帽外露。

(2)卡子脚长未剪短,或未安平整,致使钢门窗上安装玻璃的卡子露出油灰表面,或钢压条的螺帽高出压条的平面。

(3)操作技术不熟练。

2. 防治措施

(1)木门窗一般以选用小铁钉为宜。钉钉子时,钉帽靠着玻璃,钉身不准靠玻璃,避免损伤玻璃。钉的钉子要以使玻璃固牢,又不显露在油灰外面为准。

(2)钢门窗卡卡子时,必须使卡子槽口卡入玻璃边固定牢,如卡子未能埋入油灰中,需将卡子长脚剪短再安装。

(3)当检查发现有凸出油灰表面的钉帽时,应将钉帽锤入油灰内;若露钢卡子,应起出重新安装,再将损坏的油灰修理平整光滑。

(六)油灰棱角不规矩,八字不见角

1. 原因分析

(1)油灰太软或太硬,不易成型或刮平,致使油灰刮理后,表面不光滑,边缘厚薄不均,交角处未形成八字角。

(2)操作技术欠佳,油灰刀刮放位置不符合要求。

2. 防治措施

(1)应根据施工环境温度不同,选择调配软硬适当、无杂质的油灰。一般冬天油灰要软些,夏天油灰可硬些。

(2)刮油灰时,油灰刀首先从一个角插入油灰中,贴紧槽口边用力均匀、速度平稳地向一个方向刮成斜坡形,向反方向理顺光滑,交接处如不准确,可用油灰刀反复多次修整成八字角为止。

(3)多余油灰应刮掉,不足处应补油灰并修至平整光滑。

(七)油灰流淌

1. 原因分析

(1)油灰材料中含油质过多或含有非干性油;粉质填料较细又太少,致使油灰长时间不干硬,逐渐下坠流淌。

(2)施工环境或门窗温度较高,油灰在未达到凝结前就已下坠。

(3)槽口内有较多的底油层未清除干净,又将油灰抹在上面,致使油灰长期不得干结。

2. 防治措施

(1)选用可塑性良好的油灰材料,自行配制油灰时,严禁使用非干性油材料。当油灰中油性较多时,可适当增加一些粉质填料,拌揉调匀,促进油灰干硬,结合牢固、坚实。

(2)抹刮油灰宜选择适当温度,当温度较高或刮油灰后有下坠迹象时,应立即停止操作,待温度下降冷却后再进行施工。

(3)抹刮油灰前,必须将槽口内遗留下来的底油灰清除干净。

(4)出现流淌的油灰,必须全部清除干净后,再重新抹刮合适的油灰。

(八)油灰表面皱皮、裂纹、脱落

1.原因分析

(1)油灰材料不良,含有杂质或石蜡;选用拌制油灰的油料未使用天然干性油,而是用矿物干性油或油漆下脚料等代用品。

(2)油灰油性较小,粉质填料过多。

(3)油灰调拌不均匀,刮抹前未揉搓,刮油灰技术不熟练。

2.防治措施

(1)宜选用熟桐油等天然干性油拌制油灰;用其他油料拌制油灰时,必须经试验合格。

(2)选用不含杂质和石蜡等质地优良的油灰,油性要适中。

(3)使用前必须揉搓调匀,将杂物清除干净。

(4)刮抹较硬的油灰时,应使油灰刀紧贴槽口刮,不得用力过猛,否则反而会使油灰脱离槽口或玻璃面。回顺抹光时,用力要轻,使表面光滑即可。

(5)当油灰已干,表面粗糙或有麻面时,可用较稀的油灰进行修补,达到表面平整光滑;如果油灰出现裂纹、断条、脱落,必须将油灰全部铲除干净,再重新刮抹合格的油灰。

(九)木压条不平整、有缝隙

1.原因分析

(1)木压条尺寸大小、宽窄不一致,拼装在同一块玻璃上时,易产生缝隙。

(2)木压条端部未锯成45°斜面,或尺寸长短不合适,造成角部对缝有空隙。

(3)钉木压条时,没有靠紧玻璃及槽口,使木压条倾斜而有缝隙,或木压条材质性脆,钉钉子时易劈裂造成缝隙。

(4)木压条粗糙,不光洁、不美观,与玻璃及槽口贴不紧密。

2.防治措施

(1)制作的木压条尺寸大小应符合要求,端部应锯成45°斜面。

(2)不要选用黄花松等木材制作木压条。

(3)安装玻璃前先将木压条卡入槽口内,待装玻璃时再起下来;并加强保管,不得乱扔,以防损伤。

(4)选择合适的钉子,将钉帽锤扁;待四边木条贴紧玻璃卡紧后,再用小锤把钉子钉牢;四角必须平整。

(5)当发现有缝隙、八字不见角、劈裂等弊病的木压条时,必须拆除,换上较好的木压条重新钉牢。

(十)平板玻璃表面发霉

安装好的玻璃出现擦不掉的虹彩白斑、不透明及粘片的现象。

1.原因分析

(1)玻璃表面的碱性组分与空气中的水蒸气、二氧化碳作用,形成碱性溶膜,依附在玻璃表面对玻璃产生腐蚀,亦称玻璃风化。

(2)保管不当,特别是成箱叠放时受潮发霉。

2. 防治措施

(1)裁割玻璃时,首先对玻璃外观进行检查和挑选,发霉的玻璃不裁割。

(2)玻璃包装箱应立放,以使玻璃表面产生的碱液及时流掉。

(3)妥善保管,保持干燥、通风。

二、玻璃幕墙工程

玻璃幕墙由骨架材料、玻璃材料、封缝材料(包括填充材料、密封材料及防水材料)三部分组成。玻璃幕墙由于结构构造不同,又可分为型钢骨架类(同时配铝合金框嵌装玻璃)、铝合金型材骨架类和不露骨架结构类及无骨架玻璃幕墙等。前面三类玻璃幕墙均属于骨架支托玻璃、固定玻璃的安装方法。无骨架的玻璃幕墙,则玻璃本身既是饰面材料,又是承受自身重量荷载及风荷载的承力构件。一般用于房屋首层,大的长度可达 12 m 以上,这类幕墙具有通透感强、视线宽阔、立面简洁等优点,是一种装饰效果极佳的透明墙体。

玻璃幕墙的骨架和玻璃的安装要求必须符合设计及有关规定。玻璃幕墙工程的质量通病主要是幕墙变形、渗漏水及变色等。

(一)玻璃幕墙变形

1. 原因分析

(1)幕墙框架结构刚度差。

(2)竖框架料接头处理不当。

(3)伸缩缝设置不适当或未按设计设置。

(4)伸缩缝内填塞料无弹性,不能伸缩。

(5)未采用遮阳玻璃,框架温度变化过大。

2. 防治措施

(1)跨在两层楼板之间承受风力的竖框料,它的上端悬挂在固定支座上,其下端与下层竖框架的上端应采用套接,接头应能活动。

(2)型钢框料与型钢框料、铝料与铝料、铝料与玻璃、铝料与墙体之间均需预留伸缩缝。

(3)伸缩缝内必须采用弹性好且耐老化及经久耐用的材料填塞,一般宜选用硅酮密封胶。

(4)幕墙玻璃应选用镜面反射玻璃或夹层玻璃遮阳,降低温度对框架变形的影响。

(二)幕墙渗漏水

1. 原因分析

(1)封缝材料质量不过关。

(2)施工时填缝不严密。

(3)幕墙变形。

2. 防治措施

(1)封缝材料必须柔软、弹性好,使用寿命长,耐老化,并经事先检验符合设计要求后方可使用。一般采用硅酮密封胶。

(2)施工时应先清理干净,精心操作,封缝填塞应严密均匀,并不得漏封。

(3)幕墙框架必须牢固可靠,特别是每个节点构造、竖框支点之间的变形等,应严格检查,实测数据必须满足设计要求和检验评定标准的有关规定。

(三)变色

1. 原因分析

局部受到腐蚀,或中空、夹层密封不严,受到破坏。

2. 防治措施

腐蚀严重应予更换;密封不严应重新封严,并不得选用有腐蚀性的密封材料;已变色影响美观的应予更换。

三、铝合金、塑料门窗玻璃工程

由于铝合金和塑料门窗具有自身轻、耐风压、密封好、易加工等优点,铝合金门窗还具有耐腐蚀、塑钢门窗隔热性好等许多特点,已广泛用于各类建筑工程;与之配套的玻璃主要是隔热玻璃和安全玻璃,如曲面玻璃、钢化玻璃、彩色玻璃、中空玻璃、夹层玻璃及夹丝玻璃等。这些玻璃有彩色的(多为茶色和蓝色),还有透明和半透明的等。这些玻璃的功能要求较多,安装上除有与一般平板玻璃安装的共性质量问题外,还常出现下列质量通病。

(一)玻璃放偏(不在槽口中)或放斜

1. 原因分析

铝合金和塑料门窗槽口宽度较宽;槽口内杂物未清除净,安装玻璃时一头靠里一头放斜,未认真操作。

2. 防治措施

(1)安放玻璃前,应清除槽口内灰浆等杂物,特别是排水孔,不得阻塞。

(2)安放玻璃时,认真对中、对正,首先保证一侧间隙不小于 2 mm。

(3)玻璃应随安随固定,以免校正后移位和不安全。

(4)加强技术培训和质量管理。

(二)垫块位置不准

1. 原因分析

未按规定位置安放定位垫块或放置后被撞动移位。

2. 防治措施

(1)安装玻璃前,应先检查垫块位置,发现位置不准应及时调整。

(2)垫块位置距玻璃垂直边缘的距离为玻璃宽度的 1/4,但不小于 150 mm。

(3)垫块厚度应大于 3 mm。

(4)玻璃就位时要平稳,不要撞动垫块。

(三)玻璃与金属面门窗框之间空隙不足

1. 原因分析

下料时尺寸偏大,或没有考虑不同品种玻璃的特性及厚度等因素。

2. 防治措施

安装玻璃时,应保证玻璃的下部落在厚度不小于 3 mm 的氯丁橡胶垫上。有的玻璃(如吸热玻璃)应保证与窗框之间的空隙不小于 4 mm。

(四)密封不实

1. 原因分析

橡胶条拧得不紧,或橡胶块上下位置不一致,注胶时速度不匀,未凝固时受振动。

2. 防治措施

用橡胶条或块将玻璃挤住，其位置应留有注胶位置，总注胶深度不应小于 5 mm，且24 d 内不受振动。用橡胶压条封缝时，必须靠严挤紧。

四、玻璃栏河工程

玻璃栏河的构造，主要由扶手、安全玻璃栏板及栏河底座三部分组成。玻璃栏河施工中，安全玻璃安装的质量通病与防治是：安全玻璃与其他材料相交部位贴得过紧；两块玻璃之间未留间隙，影响注入密封胶和玻璃收缩变形，一般应留有 5 ~ 8 mm 的间隙。与金属接触部分的密封胶，应选用非醋酸型硅酮密封胶，以免腐蚀金属。密封胶的色彩应与安全玻璃色彩一致。总之，玻璃栏河工程的质量问题，只要精心施工，不难解决，以达到安全、牢固、美观的目的。

第二节　质量要求及检验方法

一、一般规定

本节适用于木门窗制作安装、金属安装、塑料门窗安装、特种门安装、门窗玻璃安装等分项工程的质量验收。

(1)门窗工程验收时应检查下列文件和记录：

①门窗工程的施工图、设计说明及其他设计文件；

②材料的产品合格证书、性能检测报告、进场验收记录和复验报告；

③特种门及其附件的生产许可文件；

④隐蔽工程验收记录，施工记录。

(2)门窗工程应对下列材料及其性能指标进行复验：

①人造木板的甲醛含量；

②建筑外墙金属窗、塑料窗的抗风性能、空气渗透性能和雨水渗漏性能。

(3)门窗工程应对下列隐蔽工程项目进行验收：

①预埋件和锚固件；

②隐蔽部位的防腐、填嵌处理。

(4)各分项工程的检验批应按下列规定划分：

①同一品种、类型和规格的木门窗、金属门窗、塑料门窗及门窗玻璃每 100 樘应划分为一个检验批，不足 100 樘也应划分为一个检验批；

②同一品种、类型和规格的特种门每 50 樘应划分为一个检验批，不足 50 樘也应划分为一个检验批。

(5)检查数量应符合下列规定：

①木门窗、金属门窗、塑料门窗及门窗玻璃，每个检验批应至少抽查 5%，并不得少于 3 樘，不足 3 樘时应全数检查；高层建筑的外窗，每个检验批应至少抽查 10%，并不得少于 6 樘，不足 6 樘时应全数检查。

②特种门每个检验批应至少抽查 50%，并不得少于 10 樘，不足 10 樘时应全数检查。

(6)门窗安装前,应对门窗洞口尺寸进行检验。

(7)金属门窗和塑料门窗安装应采用预留洞口的方法施工,不得采用边安装边砌口或先安装后砌口的方法施工。

(8)木门窗与砖石砌体、混凝土或抹灰层接触处应进行防腐处理并应设置防潮层,埋入砌体或混凝土中的木砖应进行防腐处理。

(9)当金属窗或塑料窗组合时,其拼樘料的尺寸、规格、壁厚应符合设计要求。

(10)建筑外门窗的安装必须牢固。在砌体上安装门窗严禁用射钉固定。

(11)特种门安装除应符合设计要求和规定外,还应符合有关专业标准和主管部门的规定。

二、木门窗制作与安装工程

本部分内容适用于木门窗制作与安装工程的质量验收。

(一)主控项目

(1)木门窗的木材品种、材质等级、规格、尺寸、框扇的线型及人造木板的甲醛含量应符合设计要求。

检验方法:观察,检查材料进场验收记录和复验报告。

(2)木门窗应采用烘干的木材,含水率应符合《建筑木门、木窗》(JG/T 122—2000)的规定。

检验方法:检查材料进场验收记录。

(3)木门窗的防火、防腐、防虫处理应符合设计要求。

检验方法:观察,检查材料进场验收记录。

(4)木门窗的结合处和安装配件处不得有木节或已填补的木节。木门窗如有允许限值以内的死节及直径较大的虫眼,应用同一材质的木塞加胶填补。对于清漆制品,木塞的木纹和色泽应与制品一致。

检验方法:观察。

(5)门窗框和厚度大于50 mm的门窗扇应用双榫连接。榫槽应采用胶料严密嵌合,并应用胶楔加紧。

检验方法:观察,手扳检查。

(6)胶合板门、纤维板门和模压门不得脱胶。胶合板不得刨透表层单板,不得有戗槎。制作胶合板门、纤维板门时,边框和横棱应在同一平面上,面层、边框及横棱应加压胶结。横棱和上、下冒头应各钻两个以上的透气孔,透气孔应通畅。

检验方法:观察。

(7)木门窗的品种、类型、规格、开启方向、安装位置及连接方式应符合设计要求。

检验方法:观察,尺量检查,检查成品门的产品合格证书。

(8)木门窗框的安装必须牢固。预埋木砖的防腐处理,木门窗框固定点的数量、位置及固定方法应符合设计要求。

检验方法:观察,手扳检查,检查隐蔽工程验收记录和施工记录。

(9)木门窗扇必须安装牢固,并应开关灵活,关闭严密,无倒翘。

检验方法:观察,开启和关闭检查,手扳检查。

(10)木门窗配件的型号、规格、数量应符合设计要求,安装应牢固,位置应正确,功能应满足使用要求。

检验方法:观察,开启和关闭检查,手扳检查。

(二)一般项目

(1)木门窗表面应洁净,不得有刨痕、锤印。

检验方法:观察。

(2)木门窗的割角、拼缝应严密平整。门窗框、扇裁口应顺直,刨面应平整。

检验方法:观察。

(3)木门窗上的槽、孔应边缘整齐,无毛刺。

检验方法:观察。

(4)木门窗与墙体间缝隙的填嵌材料应符合设计要求,填嵌应饱满。寒冷地区外门窗(或门窗框)与砌体间的空隙应填充保温材料。

检验方法:轻敲门窗框检查,检查隐蔽工程验收记录和施工记录。

(5)木门窗批水、盖口条、压缝条、密封条安装应顺直,与门窗结合应牢固、严密。

检验方法:观察,手扳检查。

(6)木门窗制作的允许偏差和检验方法应符合表16-1的规定。

表16-1　木门窗制作的允许偏差和检验方法　(单位:mm)

项次	项目	构件名称	允许偏差		检验方法
			普通	高级	
1	翘曲	框	3	2	将框、扇平放在检查平台上,用塞尺检查
		扇	2	2	
2	对角线长度差	框、扇	3	2	用钢尺检查,框量裁口里角,扇量外角
3	表面平整度	扇	2	2	用1 m靠尺和塞尺检查
4	高度、宽度	框	0、-2	0、-1	用钢尺检查,框量裁口里角,扇量外角
		扇	+2、0	+1、0	
5	裁口、线条结合处高低差	框、扇	1	0.5	用钢直尺和塞尺检查
6	相邻棂子两端间距	扇	2	1	用钢直尺检查

注:表16-1中允许偏差栏中所列数值,凡注明正负号的,表示规范对此偏差的不同方向有不同要求,应严格遵守。凡没有注明正负号的,即使其偏差可能具有方向性,但规范并未对这类偏差的方向性作出规定,故检查时对这些偏差可以不考虑方向性要求。本条说明也适用规范GB 50210—2001其他表格中的类似情况。

(7)木门窗安装的留缝限值、允许偏差和检验方法应符合表16-2的规定。

三、金属门窗安装工程

本部分内容适用于钢门窗、铝合金门窗、涂色镀锌钢板门窗等金属门窗安装工程质量的验收。

表 16-2　木门窗安装的留缝限值、允许偏差和检验方法　　（单位:mm）

项次	项目		留缝限值		允许偏差		检验方法
			普通	高级	普通	高级	
1	门窗槽口对角线长度差		—	—	3	2	用钢尺检查
2	门窗框的下、侧面垂直度		—	—	2	1	用 1 m 垂直检测尺检查
3	框与扇、扇与扇接缝高低差		—	—	2	1	用钢直尺和塞尺检查
4	门窗扇对口缝		1 ~ 2.5	1.5 ~ 2	—	—	用塞尺检查
5	工业厂房双扇大门对口缝		2 ~ 5	—	—	—	
6	门窗扇与上框间留缝		1 ~ 2	1 ~ 1.5	—	—	
7	门窗扇与侧框间留缝		1 ~ 2.5	1 ~ 1.5	—	—	
8	窗扇与下框间留缝		2 ~ 3	2 ~ 2.5	—	—	
9	门扇与下框间留缝		3 ~ 5	3 ~ 4	—	—	
10	双层门窗内外框间距		—	—	4	3	用钢尺检查
11	无下框时门扇与地面间留缝	外门	4 ~ 7	5 ~ 6	—	—	用塞尺检查
		内门	5 ~ 8	6 ~ 7	—	—	
		卫生间门	8 ~ 12	8 ~ 10	—	—	
		厂房大门	10 ~ 20	—	—	—	

(一)主控项目

(1)金属门窗的品种、类型、规格、尺寸、性能、开启方向、安装位置、连接方式及铝合金门窗的型材壁厚应符合设计要求。金属门窗的防腐处理及填嵌、密封处理应符合设计要求。

检验方法:观察,尺量检查,检查产品合格证书、性能检测报告、进场验收记录和复验报告,检查隐蔽工程验收记录。

(2)金属门窗框和副框的安装必须牢固。预埋件的数量、位置、埋设方式、与框的连接方式必须符合设计要求。

检验方法:手扳检查,检查隐蔽工程验收记录。

(3)金属门窗扇必须安装牢固,并应开关灵活、关闭严密,无倒翘。推拉门窗必须有防脱落措施。

检验方法:观察,开启和关闭检查,手扳检查。

(4)推拉门窗扇意外脱落容易造成安全方面的伤害,对高层建筑情况更为严重,故规定推拉门窗扇必须有防脱落措施。

(5)金属门窗配件的型号、规格、数量应符合设计要求,安装应牢固,位置应正确,功能应满足使用要求。

检验方法:观察,开启和关闭检查,手扳检查。

(二)一般项目

(1)金属门窗表面应洁净、平整、光滑、色泽一致,无锈蚀。大面应无划痕、碰伤,漆膜或保护层应连续。

检验方法:观察。

(2)铝合金门窗推拉门窗扇开关力应不大于100 N。

检验方法:用弹簧秤检查。

(3)金属门窗框与墙体之间的缝隙应填嵌饱满,并采用密封胶密封。密封胶表面应光滑、顺直,无裂纹。

检验方法:观察,轻敲门窗框检查,检查隐蔽工程验收记录。

(4)金属门窗扇的橡胶密封条或毛毡密封条应安装完好,不得脱槽。

检验方法:观察,开启和关闭检查。

(5)有排水孔的金属门窗,排水孔应畅通,位置和数量应符合设计要求。

检验方法:观察。

(6)钢门窗安装的留缝限值、允许偏差和检验方法应符合表16-3的规定。

表16-3 钢门窗安装的留缝限值、允许偏差和检验方法 (单位:mm)

项次	项目		留缝限值	允许偏差	检验方法
1	门窗槽口宽度、高度	≤1 500	—	2.5	用钢尺检查
		>1 500	—	3.5	
2	门窗槽口对角线长度差	≤2 000	—	5	用钢尺检查
		>2 000	—	6	
3	门窗框的正、侧面垂直度		—	3	用1 m垂直检测尺检查
4	门窗横框的水平度		—	3	用1 m水平尺和塞尺检查
5	门窗横框标高		—	5	用钢尺检查
6	门窗竖向偏离中心		—	4	用钢尺检查
7	双层门窗内外框间距		—	5	用钢尺检查
8	门窗框、扇配合间隙		≤2	—	用塞尺检查
9	无下框时门扇与地面间留缝		4~8	—	用塞尺检查

(7)铝合金门窗安装的允许偏差和检验方法应符合表16-4的规定。

表16-4 铝合金门窗安装的允许偏差和检验方法 (单位:mm)

项次	项目		允许偏差	检验方法
1	门窗槽口宽度、高度	≤1 500	1.5	用钢尺检查
		>1 500	2	
2	门窗槽口对角线长度差	≤2 000	3	用钢尺检查
		>2 000	4	
3	门窗框的正、侧面垂直度		2.5	用垂直检测尺检查
4	门窗横框的水平度		2	用1 m水平尺和塞尺检查

续表 16-4

项次	项目	允许偏差	检验方法
5	门窗横框标高	5	用钢尺检查
6	门窗竖向偏离中心	5	用钢尺检查
7	双层门窗内外框间距	4	用钢尺检查
8	推拉门窗扇与框搭接量	1.5	用钢直尺检查

(8)涂色镀锌钢板门窗安装的允许偏差和检验方法应符合表 16-5 的规定。

表 16-5　涂色镀锌钢板门窗安装的允许偏差和检验方法　　(单位:mm)

项次	项目		允许偏差	检验方法
1	门窗槽口宽度、高度	≤1 500	2	用钢尺检查
		>1 500	3	
2	门窗槽口对角线长度差	≤2 000	4	用钢尺检查
		>2 000	5	
3	门窗框的正、侧面垂直度		3	用垂直检测尺检查
4	门窗横框的水平度		3	用 1 m 水平尺和塞尺检查
5	门窗横框标高		5	用钢尺检查
6	门窗竖向偏离中心		5	用钢尺检查
7	双层门窗内外框间距		4	用钢尺检查
8	推拉门窗扇与框搭接量		2	用钢直尺检查

四、塑料门窗安装工程

本部分内容适用于塑料门窗安装工程的质量验收。

(一)主控项目

(1)塑料门窗的品种、类型、规格、尺寸、开启方向、安装位置、连接方式及填嵌密封处理应符合设计要求,内衬增强型钢的壁厚及设置应符合国家现行产品标准的质量要求。

检验方法:观察,尺量检查,检查产品合格证书、性能检测报告、进场验收记录和复验报告,检查隐蔽工程验收记录。

(2)塑料门窗框、副框和扇的安装必须牢固。固定片或膨胀螺栓的数量与位置应正确,连接方式应符合设计要求。固定点应距窗角、中横框、中竖框 150 ~ 200 mm,固定点间距应不大于 600 mm。

检验方法:观察,手扳检查,检查隐蔽工程验收记录。

(3)塑料门窗拼樘料内衬增加型钢的规格、壁厚必须符合设计要求,型钢应与型材内腔紧密吻合,其两端必须与洞口固定牢固。窗框必须与拼樘料连接紧密,固定点间距应不大于 600 mm。

检验方法:观察,手扳检查,尺量检查,检查进场验收记录。

(4)塑料门窗扇应开关灵活、关闭严密,无倒翘。推拉门窗扇必须有防脱落措施。

检验方法:观察,开启和关闭检查,手扳检查。

(5)塑料门窗配件的型号、规格、数量应符合设计要求,安装应牢固,位置应正确,功能应满足使用要求。

检验方法:观察,手扳检查,尺量检查。

(6)塑料门窗框与墙体间缝隙应采用闭孔弹性材料填嵌饱满,表面应采用密封胶密封。密封胶应黏结牢固,表面应光滑、顺直、无裂纹。

检验方法:观察,检查隐蔽工程验收记录。

(二)一般项目

(1)塑料门窗表面应洁净、平整、光滑,大面应无划痕、碰伤。

检验方法:观察。

(2)塑料门窗扇的密封条不得脱槽。旋转窗间隙应基本均匀。

(3)塑料门窗扇的开关力应符合下列规定:

①平开门窗扇平铰链的开关力应不大于 80 N,滑撑铰链的开关力应不大于 80 N 并不小于 30 N;

②推拉门窗扇的开关力应不大于 100 N。

检验方法:观察,用弹簧秤检查。

(4)玻璃密封条与玻璃槽口的接缝应平整,不得卷边、脱槽。

检验方法:观察。

(5)排水孔应畅通,位置和数量应符合设计要求。

检验方法:观察。

(6)塑料门窗安装的允许偏差和检验方法应符合表 16-6 的规定。

表 16-6 塑料门窗安装的允许偏差和检验方法 (单位:mm)

项次	项目		允许偏差	检验方法
1	门窗槽口宽度、高度	≤1 500	2	用钢尺检查
		>1 500	3	
2	门窗槽口对角线长度差	≤2 000	3	用钢尺检查
		>2 000	5	
3	门窗框的正、侧面垂直度		3	用 1 m 垂直检测尺检查
4	门窗横框的水平度		3	用 1 m 水平尺和塞尺检查
5	门窗横框标高		5	用钢尺检查
6	门窗竖向偏离中心		5	用钢直尺检查
7	双层门窗内外框间距		4	用钢尺检查
8	同樘平开门窗相邻扇高度差		2	用钢尺检查
9	平开门窗铰链部位配合间隙		+2,-1	用塞尺检查
10	推拉门窗扇与框搭接量		+1.5,-2.5	用钢尺检查
11	推拉门窗扇与竖框平等度		2	用 1 m 水平尺和塞尺检查

五、特种门安装工程

本部分内容适用于防火门、防盗门、自动门、全玻门、旋转门、金属卷帘门等特种门安装工程的质量验收。

(一)主控项目

(1)特种门的质量和各项性能应符合设计要求。

检验方法:检查生产许可证、产品合格证书和性能检测报告。

(2)特种门的品种、类型、规格、尺寸、开启方向、安装位置及防腐处理应符合设计要求。

检验方法:观察,尺量检查,检查进场验收记录和隐蔽工程验收记录。

(3)带有机械装置、自动装置或智能化装置的特种门,其机械装置、自动装置或智能化装置的功能应符合设计要求和有关标准的规定。

检验方法:启动机械装置、自动装置或智能化装置,观察。

(4)特种门的安装必须牢固。预埋件的数量、位置、埋设方式、与框的连接方式必须符合设计要求。

检验方法:观察,手扳检查,检查隐蔽工程验收记录。

(5)特种门的配件应齐全,位置应正确,安装应牢固,功能应满足使用要求和特种门的各项性能要求。

检验方法:观察,手扳检查,检查产品合格证书、性能检测报告和进场验收记录。

(二)一般项目

(1)特种门的表面装饰应符合设计要求。

检验方法:观察。

(2)特种门的表面应洁净,无划痕、碰伤。

检验方法:观察。

(3)推拉自动门安装的留缝限值、允许偏差和检验方法应符合表16-7的规定。

表16-7 推拉自动门安装的留缝限值、允许偏差和检验方法 (单位:mm)

项次	项目		留缝限值	允许偏差	检验方法
1	门槽口宽度、高度	≤1 500	—	1.5	用钢尺检查
		>1 500	—	2	
2	门槽口对角线长度差	≤2 000	—	2	用钢尺检查
		>2 000	—	2.5	
3	门框的正、侧面垂直度		—	1	用1 m垂直检测尺检查
4	门构件装配间隙		—	0.3	用塞尺检查
5	门梁导轨水平度		—	1	用1 m水平尺和塞尺检查
6	下导轨与门梁导轨平行度		—	1.5	用钢尺检查
7	门扇与侧框间留缝		1.2~1.8	—	用塞尺检查
8	门扇对口缝		1.2~1.8	—	用塞尺检查

(4)推拉自动门的感应时间限值和检验方法应符合表16-8的规定。

表16-8　推拉自动门的感应时间限值和检验方法　（单位:s）

项次	项目	感应时间限值	检验方法
1	开门响应时间	≤0.5	用秒表检查
2	堵门保护延时	16~20	用秒表检查
3	门扇全开启后保持时间	13~17	用秒表检查

(5)旋转门安装的允许偏差和检验方法应符合表16-9的规定。

表16-9　旋转门安装的允许偏差和检验方法　（单位:mm）

项次	项目	允许偏差		检验方法
		金属框架玻璃旋转门	木质旋转门	
1	门扇正、侧面垂直度	1.5	1.5	用1 m垂直检测尺检查
2	门扇对角线长度差	1.5	1.5	用钢尺检查
3	相邻扇高度差	1	1	用钢尺检查
4	扇与圆弧边留缝	1.5	2	用塞尺检查
5	扇与上顶间留缝	2	2.5	用塞尺检查
6	扇与地面间留缝	2	2.5	用塞尺检查

六、门窗玻璃安装工程

本部分内容适用于平板、吸热、反射、中空、夹层、夹丝、磨砂、钢化、压花玻璃等玻璃安装工程的质量验收。

(一)主控项目

(1)玻璃的品种、规格、尺寸、色彩、图案和涂膜朝向应符合设计要求。单块玻璃大于1.5 m^2时应使用安全玻璃。

检验方法:观察,检查产品合格证书、性能检测报告和进场验收记录。

(2)门窗玻璃裁割尺寸应正确。安装后的玻璃应牢固,不得有裂纹、损伤和松动。

检验方法:观察,轻敲检查。

(3)玻璃的安装方法应符合设计要求。固定玻璃的钉子或钢丝卡的数量、规格应保证玻璃安装牢固。

检验方法:观察,检查施工记录。

(4)镶钉木压条接触玻璃处,应与裁口边缘平齐。木压条应互相紧密连接,并与裁口边缘紧贴,割角应整齐。

检验方法:观察。

(5)密封条与玻璃、玻璃槽口的接触应紧密、平整。密封胶与玻璃、玻璃槽口的边缘应黏结牢固、接缝平齐。

检验方法:观察。

(6)带密封条的玻璃压条,其密封条必须与玻璃全部贴紧,压条与型材之间应无明显缝隙,压条接缝应不大于0.5 mm。

检验方法:观察,尺量检查。

(二)一般项目

(1)玻璃表面应洁净,不得有腻子、密封胶、涂料等污渍。中空玻璃内外表面均应洁净,玻璃中空层内不得有灰尘和水蒸气。

检验方法:观察。

(2)门窗玻璃不应直接接触型材。单面镀膜玻璃的镀膜层及磨砂玻璃的磨砂面应朝向室内。中空玻璃的单面镀膜玻璃应在最外层,镀膜层应朝向室内。

检验方法:观察。

(3)腻子应填抹饱满、黏结牢固;腻子边缘与裁口应平齐。固定玻璃的卡子不应在腻子表面显露。

检验方法:观察。

第三节 安全与环保措施

(1)进入现场必须遵守安全生产六大纪律。

(2)经常检查所用工具是否牢固,防止脱柄伤人。

(3)安装上层窗扇,不要向下乱扔东西,工作时注意脚要踩稳,不要向下看。

(4)搬运钢门窗时应轻放,不得使用木料穿入框内吊运至操作位置。

(5)钢门窗不得平放,应该竖立,其竖立坡度不大于20°,并不准人字形堆放。

(6)不准脚踩窗芯子,或在窗芯子放置脚手板和悬吊重物。

(7)使用木工机械,禁止戴手套,操作时必须集中思想,认真操作,不得与他人谈笑,锯刨推进速度不能太快,木节应放在推进方向的前面,不能刨过短木料及过薄小条子等材料。

(8)木工机械的基座必须稳固,部件必须齐全,机械的转动和危险部位必须按规定安装防护装置,不准任意换粗保险丝,特别是对机械的刀盘部分要严格检查,刀盘螺丝必须旋紧,以防刀片飞出伤人。

(9)木工机械必须有专人负责,操作人员必须熟悉该机械性能,熟悉操作技术,严禁机械无人负责或随便动用,用完时应切断电源并将开关箱关门上锁。

(10)木工车间、木库、木料堆场严禁吸烟或随便动用明火,废料应及时清理归堆,做好落手清,以免发生意外。

第四节 成品与半成品的保护

(1)门窗应在室内竖直排放,并用枕木垫平。严禁与酸碱等物品一起存放,室内应清洁、干燥、通风。

(2)塑料门窗应存放在设有靠架的室内并与热源隔开,以免受热变形。

(3)门窗露天存放时,应采取措施避免日晒雨淋。

(4)铝合金、涂色镀锌钢板和塑料门窗运输时,应竖立排放并固定牢靠。樘与樘间应用非金属软质材料隔开,防止相互磨损及压坏玻璃和五金件。

(5)门窗框扇安装过程中,不得在门窗框扇上安放脚手架、悬挂重物或在框扇内穿物起吊,以防门窗变形和损坏。

(6)门窗框扇吊运时,表面应用非金属软质材料衬垫,选择牢靠平稳的着力点,以免门窗表面擦伤。

(7)安装门窗必须采用预留洞口的方法,严禁采用边安装边砌口或先安装后砌口的方法。

(8)门窗安装过程中应及时清理门窗表面的水泥砂浆、密封膏等,以保护表面质量。

(9)门窗安装应贴好保护纸,防止污染。不允许随意撕毁及划破保护纸,以免造成门窗包框表面的损坏。

(10)门窗安装后,不得站在窗框上施工或在其上搭设架子,未经允许不得从窗口搬运东西。

(11)门窗应勤开勤关,挂好风钩。防止重力撞击门扇。

(12)有防潮防水要求的门窗,注意做好防潮防水处理,并注意尽量减少外部不利因素引起门窗的霉化、锈蚀、腐烂。有防水要求的门必须与水接触时,应对门采取防水保护措施。

(13)门窗五金件要“包”、“盖”或采取相应保护措施以防污染。

(14)门窗框安装要牢固,避免造成意外的移动或垂直度达不到要求。

(15)门窗框的砂浆填实必须严密,防止空鼓。窗台的泛水坡度、排水坡度必须正确。密封胶条及玻璃胶要严密,以避免门窗渗水。

(16)排栅拆除过程应防止对门窗及玻璃的损坏。

(17)平开窗窗边饰面砖的预留位置要保证平开窗开启灵活。

(18)外墙清洗时应防止污染门窗框,避免框变色。

第十七章　细部工程

第一节　常见质量通病及防治措施

一、窗帘盒、金属窗帘杆安装

(1)窗帘盒安装不平、不正:主要是找位、划尺寸线不认真,预埋件安装不准,调整处理不当。安装前做到画线正确,安装量尺必须使标高一致、中心线准确。

(2)窗帘盒两端伸出的长度不一致:主要是窗中心与窗帘盒中心相对不准,操作不认真所致。安装时应核对尺寸使两端长度相同。

(3)窗帘轨道脱落:多数由于盖板太薄或螺丝松动造成。一般盖板厚度不宜小于 15 mm,薄于 15 mm 的盖板应用机螺丝固定窗帘轨。

(4)窗帘盒迎面板扭曲:加工时木材干燥不好,入场后存放受潮,安装时应及时刷油漆一遍。

二、壁柜、吊柜及固定家具安装

(1)抹灰面与框不平,造成贴脸板、压缝条不平:主要原因是框不垂直,面层平度不一致或抹灰面不垂直。

(2)柜框安装不牢:预埋木砖安装时碰松动,固定点少,用钉固定时,数量要够,木砖埋牢固。

(3)合页不平,螺丝松动,螺帽不平正,缺螺丝:主要原因是合页槽深浅不一,安装时螺丝钉打入太长。操作时螺丝打入长度的 1/3,拧入深度应为长度的 2/3,不得倾斜。

(4)柜框与洞口尺寸误差过大,造成边框与侧墙、顶与上框间缝隙过大,注意结构施工留洞尺寸,严格检查确保洞口尺寸。

三、开关、插座安装

(1)开关、插座的面板不平整,与建筑物表面之间有缝隙,应调整面板后再拧紧固定螺丝,使其紧贴建筑物表面。

(2)开关未断相线,插座的相线、零线及地线压接混乱,应按要求进行改正。

(3)多灯房间开关与控制灯具顺序不对应。在接线时应仔细分清各路灯具的导线,依次压接,并保证开关方向一致。

(4)固定面板的螺丝不统一(有一字和十字螺丝)。为了美观,应选用统一的螺丝。

(5)同一房间的开关、插座的安装高度之差超出允许偏差范围,应及时更正。

(6)铁管进盒护口脱落或遗漏。安装开关、插座接线时,应注意把护口带好。

(7)开关、插座面板已经上好,但盒子过深(大于 2.5 cm),未加套盒处理,应及时补上。

(8)开关、插销箱内拱头接线,应改为鸡爪接导线总头,再分支导线接各开关或插座端头;或者采用 LC 安全型压线帽压接总头后,再分支进行导线连接。

四、卫生洁具安装

(1)蹲便器不平,左右倾斜。原因:稳装时,正面和两侧垫砖不牢,焦渣填充后,没有检查,抹灰后不好修理,造成高水箱与便器不对中。

(2)高、低水箱的拉、扳把不灵活。原因:高、低水箱内部配件安装时,三个主要部件在水箱内的位置不合理。高水箱进水、拉把应放在水箱同侧,以免使用时互相干扰。

(3)零件镀铬表面被破坏。原因:安装时使用管钳。应采用平面扳手或自制扳手。

(4)坐便器与背水箱中心没对正,弯管歪扭。原因:划线不对中,便器稳装不正或先稳背箱,后稳便器。

(5)坐便器周围离开地面。原因:下水管口预留过高,稳装前没修理。

(6)立式小便器距墙缝隙太大。原因:甩口尺寸不准确。

(7)洁具溢水失灵。原因:下水口无溢水眼。

(8)通水之前,将器具内污物清理干净,不得借通水之便将污物冲入下水管内,以免管道堵塞。

五、花饰工程

(一)石膏制品花饰

石膏制品花饰工程安装质量,除安装外,与制品质量有着密切关系,制品质量又与模具质量及制作工艺有关。因此,要防治安装质量的通病,首先要从制作质量做起。

1. 模具尺寸不准或花饰残缺不清晰

1)原因分析

(1)用垛花或泥塑实样时,对材料干缩掌握不准。

(2)用明胶液浇注阴模时,使用温度和浇注速度掌握不当。

(3)阳模制作粗糙。

2)防治措施

(1)用纸筋灰垛花轮廓时,应考虑它的干缩率,一般应比实样大 2% 左右。

(2)加强对阳模的保护,阳模干燥后,表面应刷凡立水(或油脂)3 ~5 遍。

(3)用明胶浇注阴模时,注意温度不超过 70 ℃;其配合比为:明胶∶水∶工业甘油 = 1∶1∶0.125;浇注速度视花饰大小、深浅而定,一般以约每 1 m^2 用 15 min 为宜。如阴模大而花饰简单,可浇得稍快些;反之,如阴模小而花饰复杂,要浇得慢些。

(4)用硬模制作的阴模,浇注后 3 ~5 d 倒出实样,并将阴模花纹修整清楚,并刷一遍漆片保护。

2. 石膏花饰被污染、细部不清晰或出现孔眼

1)原因分析

(1)用钢筋做加固筋,位置不准而外露锈蚀或选用隔离剂不适当而污染。

(2)涂刷隔离剂不匀或在低凹处聚积,造成细部花饰不清晰或扎眼。

(3)脱模时间过早或过迟以及脱模方法不当,造成缺陷。

2）防治措施

（1）宜选用麻丝、板条、竹片为加固筋。浇注石膏浆分两次，先浇2/3，放好加固筋后，再浇满模具。

（2）隔离剂涂刷均匀，不得漏刷或积存。

（3）掌握好脱模时间，一般经10～15 min即可脱模，可以以手摸略有热度时为准。

（4）脱模后的花饰制品，应平放并及时修理不齐之处和孔眼。对突出不平的，用多式凿子雕刻清晰、平整。

3. 制品毛糙、缺损

1）原因分析

手工操作技术不熟练；模具使用过久，表面发毛，以及产品保护不好，装卸搬运造成缺损。

2）防治措施

（1）定期进行模具检验。

（2）加强技术培训，严格操作规程。

（3）改进包装，加强装卸运输过程管理。

4. 安装时花饰间接缝不平，缝隙不匀，整体饰面不平

1）原因分析

（1）花饰制品本身厚薄不一或有翘曲变形，事先未认真挑选。

（2）用螺丝或螺栓固定时没有认真找平。

（3）砂浆未凝固前碰动。

2）防治措施

（1）安装前，应对制品外形进行挑选，并选择误差相近的进行组合；翘曲变形过大不能相应调整的不得使用。

（2）紧固螺丝、螺栓前，要认真检查纵模平整度，合格后再紧固。

（3）注意成品保护。

5. 石膏腻子黏结力不强

1）原因分析

（1）配合比不正确，或没有计量设备和计量不准确。

（2）腻子配好后，停放时间过长。

2）防治措施

（1）选用正确的配合比，半水石膏∶107胶∶2%援甲基纤维素为100∶35∶35（质量比）；石膏的初凝时间为11 min，终凝时间16 min。设置符合标准的计量设备，并准确计量。

（2）配料不宜过多，宜随用随配，必须在规定时间内用完。

6. 饰面污染

1）原因分析

（1）施工时操作不精心。

（2）不重视成品保护，未制定严格的施工管理制度。

2）防治措施

（1）施工过程中，及时清理饰面上的污物。

(2)制定严格的制度,并加强成品保护意识的教育。

7. 图案不规则

1)原因分析

(1)施工安装前,没有预拼装。

(2)没有事先测设施工安装控制线。

2)防治措施

(1)应事先进行预拼装,并编号备用。

(2)测绘出一定精度的施工控制线,并编号。

8. 空鼓

1)原因分析

(1)基层表面清理不干净,或润水不够。

(2)石膏浆结合层涂刷不均匀,或时间过久。

(3)花饰制品背面污染或浮灰未清除,安装前润水不足。

(4)石膏浆填塞不密实,一次填得过多、过快。

2)防治措施

(1)认真清理基层,并保持粘贴前干净。

(2)按配合比,均匀涂刷石膏浆结合层。

(3)认真清理花饰背面,并事先充分润湿。

(4)按量分次灌填石膏浆,不得一次灌满。

(二)水泥花饰

水泥花饰包括水泥砂浆花饰、水刷石花饰及剁斧石花饰等几种。其制作、安装工艺基本相同,质量通病也一样,故归为一种叙述。

制作水泥花饰,同样要塑实样(阳模),制模(阴模)。塑实样,一般用纸筋灰或石膏,用纸筋灰时应考虑材料收缩,适当放大;用石膏时,配合比为纸筋灰或石膏∶纸浆为100∶6。过大花饰应分块,一般在 50 cm 左右;花饰尺寸大于 30 cm 时,应在花饰内配加筋或 8 号镀锌铁丝。花纹的模子不应有倒插模(即小于 90°),因倒插模,花饰倒不出来,故应为顺插模(即大于 90°)。

水泥花饰制品应花纹清晰、没有裂纹、石子密实、不走型。凡水刷石的花饰,花纹不得有存水处。

水泥花饰制品安装质量的通病及防治措施如下所述。

1. 空鼓

1)原因分析

(1)基层清理不干净,或洒水不够。

(2)水泥砂浆结合层涂刷不均匀,或漏刷、涂刷时间过久。

(3)花饰制品背面浮灰未刷干净,润水不足。

(4)砂浆充填不密实,一次灌得过多、过快。

2)防治措施

(1)认真清理基层,并洒水润湿。

(2)按配合比拌制砂浆,并均匀涂刷结合层,不得漏涂。

(3)认真清扫花饰制品背面,事先充分润湿。

(4)按量填塞砂浆,分层灌浆,不得漏灌。

2. 花饰间接缝不平,缝隙不匀,整体饰面不平整

1)原因分析

(1)花饰制品厚薄不一,有翘曲变形,事先未认真挑选。

(2)用螺丝、螺栓固定时未认真找平。

(3)成品保护不好,砂浆未凝固前碰动。

2)防治措施

(1)事先应认真分类挑选,选择误差相近的组合在一起,组合不合要求的,应予调整。

(2)认真检查纵横平整度后,才能固紧螺丝、螺栓。

(3)注意保护好成品。

3. 砂浆配合比不准,稠度控制不严

1)原因分析

(1)没有计量设备,或计量设备不合格。

(2)没有积累出安装花饰用砂浆稠度的经验。

2)防治措施

(1)配备合格的计量设备。

(2)积累资料,改进配合比,保证砂浆稠度。

(3)在水泥砂浆中掺减水剂等,增加砂浆保水性、和易性等。

4. 接点松动,不牢固

1)原因分析

(1)拌浆不认真,黏结力差。

(2)预埋件松动或漏埋。

(3)焊缝不合理或焊接不符合要求。

2)防治措施

(1)水泥砂浆一定要填实,必要时应采取养护措施。

(2)事先检查预埋件情况,位置不准或漏埋的应采取补救措施。

(3)按焊接规程施工。

5. 饰面污染

1)原因分析

施工过程中不小心造成污染或对成品保护不认真。

2)防治措施

操作人员要及时清理被污染的饰面;平时加强对操作人员保护成品的意识教育,养成自觉保护成品的习惯。

6. 图案不规则

1)原因分析

没有进行预拼装就安装固定,没有在现场测设实际控制线。

2)防治措施

(1)必须进行预拼装,并编号,再对号拼装。

(2)事先测设、绘制有一定精度要求的各类控制线。

(三)混凝土制品花饰

混凝土制品花饰,如栏杆、隔板、条板及较大的花饰制品等,在建筑外露部分使用,具有经久耐用,不用维修(少维修),美观大方,还可涂刷各种颜色,用途较广的特点。但制作安装必须做到“精”、“细”二字,施工中的质量通病主要有下列几种情况。

1.几何尺寸不准确

1)原因分析

(1)模板、零部件磨损或变形,组装固定不牢。

(2)浇筑混凝土料,下料、振捣等操作不当,造成模板变形、移动或上浮。

2)防治措施

(1)加强模具保养维护,保持配件齐全完整,支撑固定牢靠。

(2)浇筑、振捣不得撞碰模板,以免损伤模板,如有问题,应立即检修或更换。

2.外观粗糙,局部有缺浆、麻面、气泡及棱角不饱满

1)原因分析

(1)模板清理不干净。

(2)混凝土配合比不好,和易性差。

(3)下料方法不当,振捣时间短或漏振,缺浆或气泡。

(4)模板组装不严,或振捣时间过长,造成跑浆、漏浆,形成麻面。

2)防治措施

(1)组装模板前,模板面应清理干净。

(2)组装的模板应严密牢固,缝隙不大于2 mm。

(3)根据工艺条件,选择合适的混凝土配合比,严格控制坍落度。

(4)正确操作,严格执行操作规程。

3.花格、板条四个角不在同一个平面上的扭翘

1)原因分析

(1)底模变形。

(2)组装的模板不牢固。

2)防治措施

(1)底模(或台座)必须平整,侧模与底模间隙不大于2 mm。

(2)立模要紧固无间隙。

4.飞边、翘边

1)原因分析

(1)抹面高于模板上口,有飞边。

(2)抹面低于模板,产生翘边。

2)防治措施

抹面要拍实抹平,使混凝土与模板上口一致,并把模板上口灰浆刮净。

5.局部边角有劈裂、脱落

1)原因分析

(1)模板凹角隔离剂失效,使边角粘连或隔离剂积存占去凹角。

(2)拆模、起运、堆码时操作不当。

2)防治措施

(1)选用合适的隔离剂,不要漏刷或积存。

(2)拆模、起运、码堆时不得猛撬构件,不要碰撞。

6. 裂纹

1)原因分析

(1)木模板浇水不透。

(2)构件成型过程中或拆模时,受到较大振动。

(3)运输、堆放不当,悬挑太长或受到剧烈振动。

(4)起吊位置不正确。

(5)刚度较差的构件,起吊或安装时缺少临时加固措施。

2)防治措施

(1)木模板要浇透水。

(2)成型后不可敲打、碰撞。

(3)堆放时,应按受力状态垫放牢固;构件达到强度等级的70%时,方可吊装。

(4)按规定设吊点,吊装时防止晃动、碰撞。

(5)必要时临时加固的构件,吊装时,设牵引绳,防止摆动。

(6)可用环氧胶泥或环氧胶液进行修补。

(四)花格花饰

花格花饰可用不同材料或两种材料组合而成,如木花格、金属花格、玻璃花格(骨架用木制成)等。常用的木花格较多,其质量通病如下所述。

1. 外框变形

1)原因分析

(1)木材含水率不合规定。

(2)选用材质不适当。

(3)构造设计不合理。

(4)堆放不平,露天堆放未遮盖。

2)防治措施

(1)选用符合规定含水率的木材。

(2)选用不易变形的优质木材加工花格。

(3)事先进行构造设计,保证花格刚度和连接牢固。

(4)堆放时,底面应支承在一个平面内,并采取防晒、防雨及防潮等措施。

(5)安装前检查,变形严重者应予以矫正或更换。

2. 木材表面有明显刨痕,手感粗糙不光滑

1)原因分析

木材加工参数(如进给速度、转速、刀轴半径等)选用不当。

2)防治措施

调整加工参数,必要时可改用手工工具重新精加工。

3. 外框对角线相差过多

1) 原因分析

(1) 榫头加工不方正。

(2) 拼装时未校正垂直或不牢固。

(3) 搬运过程中碰撞变形。

2) 防治措施

(1) 划线准确,加工打眼要方正。

(2) 拼装时应校正垂直,各榫节点松紧应一致。

(3) 搬运时不能甩碰。

4. 花格中的垂直立梃变形弯曲

1) 原因分析

(1) 选用木材材质不佳,含水率不合格。

(2) 保管不当,受日晒雨淋。

(3) 用料断面过小。

(4) 安装时立梃不垂直。

2) 防治措施

(1) 选用优质木材,含水率不得超过规范规定。

(2) 妥善保管,不受日晒雨淋,保持通风干燥。

(3) 用料断面应经设计,确保刚度。

(4) 安装时应在两个垂直方向同时进行校正。

5. 横向杆件安装位置偏差大

1) 原因分析

(1) 加工安装粗糙,位置不准。

(2) 原有框架尺寸不准或整体外框变形。

2) 防治措施

(1) 精心加工,划线尺寸准确。

(2) 花格外框尺寸不能过大,以免硬装,造成变形。

(3) 花格尺寸小于洞口尺寸过多,应事先修复。

6. 花格尺寸与建筑物洞口缝隙过大或过小

1) 原因分析

洞口尺寸过大,正误差;花格尺寸过小,负误差,安装时未调整。

2) 防治措施

(1) 安装前,先检验在洞口尺寸和花格外框尺寸,予以调整。

(2) 减少误差积累,不要将误差叠加集中于一处。

(3) 误差过大,不能保证框边梃外露或框边梃四周缝很宽时,应先进行修理后,方可安装。

(五) 塑料、纸质、竹质、草质花饰

随着人们生活水平的提高,要求返回自然的愿望更为强烈,许多自然的东西被搬进室内装饰。塑料或纸质制成花饰或藤蔓植物,如葡萄架、紫罗兰、竹篱笆、稻草屋等都成为装饰品，这些东西，随意性大，不便制定统一标准，只能对其质量提些一般性要求。

1. 花饰不对，不垂直

1）原因分析

对装饰区内需要对称的部位没有事先考虑，对墙、柱阴阳角垂直偏差未予了解。

2）防治措施

（1）事先观察装饰区，再看花饰有无对称要求。

（2）等一行吊垂线操作后，检查阴阳角偏差，加以调整。

2. 边缘脱胶翘边

1）原因分析

（1）基层处理得不干净，且凹凸不平。

（2）基层含水率过大，超过规定标准。

（3）橡胶有漏刷。

2）防治措施

（1）基层应清理干净，凹凸不平处应先刮腻子找平。

（2）控制基层含水率小于8%。

3. 空鼓，黏结不牢

1）原因分析

（1）粘胶剂不合适或不合格。

（2）粘贴操作方法不对。

2）防治措施

（1）根据不同材料选用相应的胶粘剂，并进行样品试贴。

（2）待基层符合要求后，方可粘贴，顺序为自上而下，由里向外用力压实。

（3）涂胶要均匀，不能过厚，不得漏刷。

4. 竹花饰干裂变形

1）原因分析

北方室内空气干燥，造成竹制品开裂。

2）防治措施

（1）对竹材进行防潮加工处理。

（2）对制品涂刷保护涂料。

第二节　质量要求及检验方法

一、一般规定

（1）本节适用于下列各项工程的质量验收：①橱柜制作与安装；②窗帘盒、窗台板、散热器罩制作与安装；③门窗套制作与安装；④护栏和扶手制作与安装；⑤花饰制作与安装。

（2）细部工程验收时应检查下列文件和记录：①施工图、设计说明及其他设计文件；②材料的产品合格证书、性能检测报告、进场验收记录和复验报告；③隐蔽工程验收记录；④施工记录。

(3)细部工程应对人造木板的甲醛含量进行复验。

(4)细部工程应对下列部位进行隐蔽工程验收:①预埋件(或后置埋件);②护栏与预埋件的连接节点。

(5)各分项工程的检验批应按下列规定划分:①同类制品每50间(处)应划分为一个检验批,不足50间(处)也应划分为一个检验批;②每部楼梯应划分为一个检验批。

二、橱柜制作与安装工程

(1)本部分内容适用于位置固定的壁柜、吊柜等橱柜制作与安装工程的质量验收。

(2)检查数量应符合下列规定:每个检验批至少抽查3间(处),不足3间(处)时应全数检查。

(一)主控项目

(1)橱柜制作与安装所用材料的材质和规格、木材的燃烧性能等级和含水率、花岗石的放射性及人造木板的甲醛含量应符合设计要求及国家现行标准的有关规定。

检验方法:观察,检查产品合格证书、进场验收记录、性能检测报告和复验报告。

(2)橱柜安装预埋件或后置埋件的数量、规格、位置应符合设计要求。

检验方法:检查隐蔽工程验收记录和施工记录。

(3)橱柜的造型、尺寸、安装位置、制作和固定方法应符合设计要求。橱柜安装必须牢固。

检验方法:观察,尺量检查,手扳检查。

(4)橱柜配件的品种、规格应符合设计要求。配件应齐全,安装应牢固。

检验方法:观察,手扳检查,检查进场验收记录。

(5)橱柜的抽屉和柜门应开关灵活、回位正确。

检验方法:观察,开启和关闭检查。

(二)一般项目

(1)橱柜表面应平整、洁净、色泽一致,不得有裂缝、翘曲及损坏。

检验方法:观察。

(2)橱柜裁口应顺直,拼缝应严密。

检验方法:观察。

(3)橱柜安装的允许偏差和检验方法应符合表17-1的规定。

表17-1 橱柜安装的允许偏差和检验方法 (单位:mm)

项次	项目	允许偏差	检验方法
1	外形尺寸	3	用钢尺检查
2	立面垂直度	2	用1 m垂直检测尺检查
3	门与框架的平等度	2	用钢尺检查

三、窗帘盒、窗台板和散热器罩制作与安装工程

本部分内容适用于窗帘盒、窗台板和散热器罩制作与安装工程的质量验收。

检查数量应符合下列规定:每个检验批应至少抽查3间(处),不足3间(处)时应全数检查。

(一)主控项目

(1)窗帘盒、窗台板和散热器罩制作与安装所使用材料的材质和规格,木材的燃烧性能等级和含水率,花岗石的放射性及人造木板的甲醛含量应符合设计要求及国家现行标准的有关规定。

检验方法:观察,检查产品合格证书、进场验收记录、性能检测报告和复验报告。

(2)窗帘盒、窗台板和散热器罩的造型、规格、尺寸、安装位置和固定方法必须符合设计要求。窗帘盒、窗台板和散热器罩的安装必须牢固。

检验方法:观察,尺量检查,手扳检查。

(3)窗帘盒配件的品种、规格应符合设计要求,安装应牢固。

检验方法:手扳检查,检查进场验收记录。

(二)一般项目

(1)窗帘盒、窗台板和散热器罩表面应平整、洁净、线条顺直、接缝严密、色泽一致,不得有裂缝、翘曲及损坏。

检验方法:观察。

(2)窗帘盒、窗台板和散热器罩与墙、窗框的衔接应严密,密封胶缝应顺直、光滑。

检验方法:观察。

(3)窗帘盒、窗台板和散热器罩安装的允许偏差和检验方法应符合表17-2的规定。

表17-2 窗帘盒、窗台板和散热器罩安装的允许偏差和检验方法 (单位:mm)

项次	项目	允许偏差	检验方法
1	水平度	2	用1 m水平尺和塞尺检查
2	上口、下口直线度	3	拉5 m线,不足5 m拉通线,用钢直尺检查
3	两端距窗洞口长度差	2	用钢直尺检查
4	两端出墙厚度差	3	用钢直尺检查

四、门窗套制作与安装工程

本部分内容适用于门窗套制作与安装工程的质量验收。

检查数量应符合下列规定:每个检验批应至少抽查3间(处),不足3间(处)时应全数检查。

(一)主控项目

(1)门窗套制作与安装所使用材料的材质、规格、花纹和颜色,木材的燃烧性能等级和含水率,花岗石的放射性及人造木板的甲醛含量应符合设计要求及国家现行标准的有关规定。

检验方法:观察,检查产品合格证书、进场验收记录、性能检测报告和复验报告。

(2)门窗套的造型、尺寸和固定方法应符合设计要求,安装应牢固。

检验方法:观察,尺量检查,手扳检查。

(二)一般项目

(1)门窗套表面应平整、洁净、线条顺直、接缝严密、色泽一致,不得有裂缝、翘曲及损坏。

检验方法:观察。

(2)门窗套安装的允许偏差和检验方法应符合表 17-3 的规定。

表 17-3　门窗套安装的允许偏差和检验方法　(单位:mm)

项次	项目	允许偏差	检验方法
1	正、侧面垂直度	3	用 1 m 垂直检测尺检查
2	门窗套上口水平度	1	用 1 m 水平检测尺和塞尺检查
3	门窗套上口直线度	3	拉 5 m 线,不足 5 m 拉通线,用钢直尺检查

五、护栏和扶手制作与安装工程

本部分内容适用于护栏和扶手制作与安装工程的质量验收。

检查数量应符合下列规定:每个检验批的护栏和扶手应全部检查。

(一)主控项目

(1)护栏和扶手制作与安装所使用材料的材质、规格、数量和木材及塑料的燃烧性能等级应符合设计要求。

检验方法:观察,检查产品合格证书、进场验收记录和性能检测报告。

(2)护栏和扶手的造型、尺寸及安装位置应符合设计要求。

检验方法:观察,尺量检查,检查进场验收记录。

(3)护栏和扶手安装预埋件的数量、规格、位置以及护栏与预埋件的连接节点应符合设计要求。

检验方法:检查隐蔽工程验收记录和施工记录。

(4)护栏高度、栏杆间距、安装位置必须符合设计要求。护栏安装必须牢固。

检验方法:观察,尺量检查,手扳检查。

(5)护栏玻璃应使用公称厚度不小于 12 mm 的钢化玻璃或钢化夹层玻璃。当护栏一侧距楼地面高度为 5 m 及以上时,应使用钢化夹层玻璃。

检验方法:观察,尺量检查,检查产品合格证书和进场验收记录。

(二)一般项目

(1)护栏和扶手转角弧度应符合设计要求,接缝应严密,表面应光滑,色泽应一致,不得有裂缝、翘曲及损坏。

检验方法:观察,手摸检查。

(2)护栏和扶手安装的允许偏差和检验方法应符合表 17-4 的规定。

六、花饰制作与安装工程

本部分内容适用于混凝土、石材、木材、塑料、金属、玻璃、石膏等花饰制作与安装工程的质量验收。

表 17-4　护栏和扶手安装的允许偏差和检验方法　（单位:mm）

项次	项目	允许偏差	检验方法
1	护栏垂直度	3	用 1 m 垂直检测尺检查
2	栏杆间距	3	用钢尺检查
3	扶手直线度	4	拉通线,用钢直尺检查
4	扶手高度	3	用钢尺检查

检查数量应符合下列规定:

(1)室外每个检验批全部检查。

(2)室内每个检验批应至少抽查 3 间(处),不足 3 间(处)时应全部检查。

(一)主控项目

(1)花饰制作与安装所使用材料的材质、规格应符合设计要求。

检验方法:观察,检查产品合格证书和进场验收记录。

(2)花饰的造型、尺寸应符合设计要求。

检验方法:观察,尺量检查。

(3)花饰的安装位置和固定方法必须符合设计要求,安装必须牢固。

检验方法:观察,尺量检查,手扳检查。

(二)一般项目

(1)花饰表面应洁净,接缝应严密吻合,不得有歪斜、裂缝、翘曲及损坏。

检验方法:观察。

(2)花饰安装的允许偏差和检验方法应符合表 17-5 的规定。

表 17-5　花饰安装的允许偏差和检验方法　（单位:mm）

项次	项目		允许偏差		检验方法
			室内	室外	
1	条型花饰的水平度或垂直度	每米	1	3	拉线和用 1 m 垂直检测尺检查
		全长	3	6	
2	单独花饰中心位置偏移		10	15	拉线和用钢直尺检查

第三节　安全与环保措施

(1)卫生器具、灯具、水箱、水嘴不应损坏,应教育工人提高成品保护意识。

(2)地漏、卫生器具、通气孔提前做好临时堵塞防护,以免掉入杂物。严防混凝土、水泥砂浆等进入存水弯。临时堵塞时,用短钢筋吊住自制尼龙包堵头,在其上做好水泥砂浆顶盖,制作顶盖时用报纸隔离防止污染或采用成品保护盖。交出工作面时,水电、土建双方就封闭后情况做好检查,办理书面交接手续。

(3)垃圾道不准乱倒建筑垃圾,不准从窗口倒垃圾。

(4)漏水点及时进行修补。

(5)对楼梯踏步齿角,用胶粘盖木条进行保护。

(6)楼梯栏杆、扶手做好包裹保护措施,并禁止用硬物敲打栏杆扶手造成破坏。

(7)禁止从楼梯间拖拉东西,禁止铁锹等工具在地面上划过。

(8)做好有关构件的防腐施工。做好基层处理,及时做好补涂。

(9)水电管线预埋后,土建施工过程中严禁对预埋管线造成破坏,以防混凝土浇筑时,混凝土挤入管道内引起堵塞。

第四节　成品与半成品的保护

一、窗帘盒、金属窗帘杆安装

(1)安装时不得踩踏暖气片及窗台板,严禁在窗台板上敲击撞碰,以防损坏。

(2)窗帘盒安装后及时刷一道底油漆,防止抹灰、喷浆等湿作业时受潮变形或污染。

(3)窗帘杆或铅丝应防止刻痕,加工品应妥善保管,防止受潮造成变形。

二、壁柜、吊柜及固定家具安装

(1)木制品进场及时刷底油一道,靠墙面应刷防腐剂;钢制品应刷防锈漆,入库存放。

(2)安装壁柜、吊柜时,严禁碰撞抹灰及其他装饰面的口角,防止损坏成品面层。

(3)安装好的壁柜隔板,不得拆动,保护产品完整。

三、开关、插座安装

(1)安装开关、插座时不得碰坏墙面,要保持墙面的清洁。

(2)开关、插座安装完毕后,不得再次进行喷浆,以保持面板的清洁。

(3)其他工种在施工时,不要碰坏和碰歪开关、插座。

四、卫生洁具安装

(1)卫生洁具在搬运和安装时要防止磕碰。稳装后洁具排水口应用防护用品堵好,镀铬零件用纸包好,以免堵塞或损坏。

(2)在釉面砖、水磨石墙面剔孔洞时,宜用电钻或先用小錾子轻剔掉釉面,待剔至砖底灰处方可用力,但不得过猛,以免将面层剔碎或振成空鼓现象。

(3)洁具稳装后,为防止配件丢失或损坏,如拉链、堵链等材料配件应在竣工前统一安装。安装完的洁具应加以保护,防止洁具瓷面受损和整个洁具损坏。

(4)通水试验前应检查地漏是否畅通,分户阀门是否关好,然后按层段分房间逐一进行通水试验,以免漏水使装修工程受损。

(5)在冬季室内不通暖时,各种洁具必须将水放净。存水弯应无积水,以免将洁具和存水弯冻裂。

第三篇　建筑装饰施工组织与项目管理

本篇主要介绍建筑装饰施工组织与项目管理，包括建筑装饰施工组织和建筑装饰装修工程项目管理等两方面内容。

第十八章　建筑装饰施工组织

第一节　流水施工基本知识

本节重点讲解流水施工的组织方式，要求掌握流水施工的基本概念、原理，熟悉流水施工的主要参数，在此基础上，能够对一些简单的单位工程合理地组织流水施工。

一、组织施工的三种方式

任何建筑装饰装修工程的施工，都可以分解为许多施工过程，每一个施工过程又可以由一个或多个专业或混合的施工班组负责进行施工。

考虑到工程项目的施工特点、工艺流程、资源利用、平面或空间布置要求，组织施工可以采用依次施工、平行施工、流水施工三种方式。现以三幢同类型房屋的装饰工程为例，对三种方式的施工特点和效果进行比较。

现有三幢同类型房屋进行同样的装饰装修，按一幢为一个施工段。已知每幢房屋装饰装修都大致分为顶棚、墙面、地面、踢脚线等四个部分，各部分所花时间分别为 4 周、1 周、3 周、2 周。顶棚施工班组的人数为 10 人，墙面施工班组的人数为 15 人，地面施工班组的人数为 10 人，踢脚线施工班组的人数为 5 人。

要求分别采用依次施工、平行施工、流水施工的方式对其组织施工，分析各种施工方式的特点。

（一）依次施工

依次施工也叫顺序施工，是按施工段或施工过程的顺序，各施工段或各施工过程依次开工、依次完工的一种施工组织方式。具体说，依次施工可以分为两大类。

1. 按施工过程依次施工

按施工过程依次施工指同一施工过程的若干个施工段全部施工完毕后，再依次开始第二个施工过程的施工组织方式。按施工过程依次施工的进度安排如图 18-1 所示。

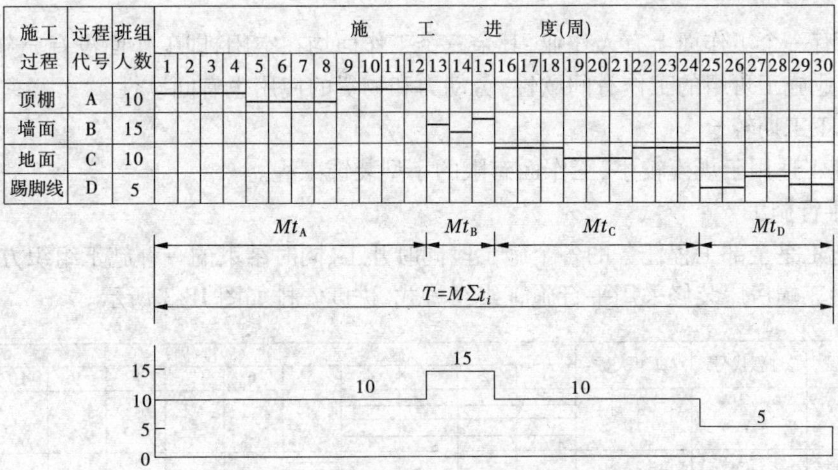

图 18-1 按施工过程依次施工的进度安排

2. 按施工段(或幢号)依次施工

按施工段(或幢号)依次施工指从事同一施工段的施工过程按施工顺序完成后，再依次在其他施工段内各施工过程的施工组织方式。按施工段依次施工的进度安排如图 18-2 所示。

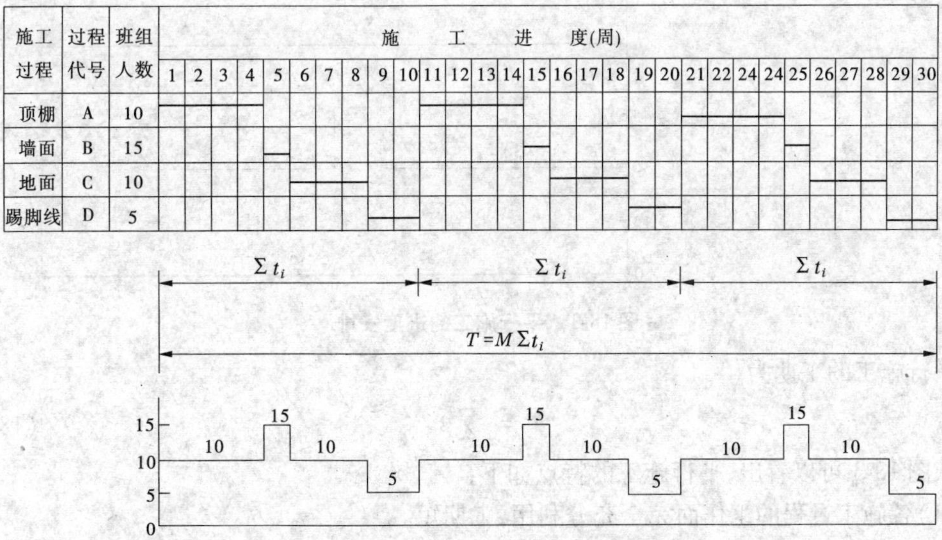

图 18-2 按施工段依次施工的进度安排

依次施工的工期为

$$T = M\sum t_i \tag{18-1}$$

式中 M——施工段数或房屋幢数；

t_i——各施工过程在一个施工段上完成施工任务所需的时间；

T——完成该工程所需的总工期。

从图 18-1 和图 18-2 可以看出依次施工的特点如下：

(1)单位时间内投入的劳动力和各项物资较少，施工现场管理与组织及资源的供应均较简单。

(2)仅有一个工作面上有人作业，其余三个工作面均在空闲，即工作面没有充分利用。

(3)专业施工班组的工作有间歇性，劳动力和物资的使用也有间歇性。

(4)施工工期较长。

依次施工适用于规模较小、工作面有限的小型装饰工程。

(二)平行施工

平行施工是全部工程任务的各个施工段同时开工、同时结束的一种施工组织方式。

将上述三幢房屋装修采用平行施工组织方式，进度安排如图 18-3 所示。

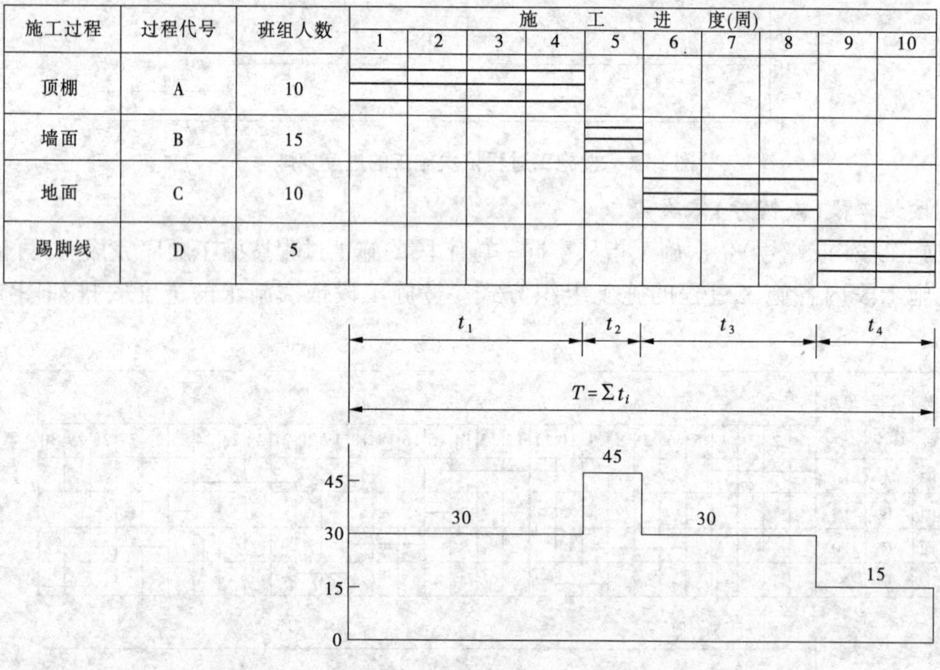

图 18-3 平行施工的进度安排

平行施工的工期为

$$T = \sum t_i \tag{18-2}$$

从图 18-3 可以看出，平行施工的特点如下：

(1)各施工过程的工作面完全充分利用，工期短。

(2)投入的施工班组成倍增加，机具设备也相应增加，材料供应集中，临时设施设备也需增加，不利于资源的组织供应工作。

(3)施工现场的组织管理比较复杂。

平行施工方式一般适用于工期要求紧，大规模同类型的建筑群的装修工程或分批分期工程。

(三)流水施工

流水施工来源于“流水线作业”，是流水作业原理在建筑工程施工组织中的具体应用。实践证明它是组织产品生产的一种理想方法。建筑工程中的流水施工与工业生产中的流水线生产极为相似，不同的是，工业生产中各个工件（工业产品）在流水线上，从前一工序向后一工序流动，生产者是固定的，而在建筑施工中的各个施工对象（建筑产品）都是固定不动的，专业施工队伍则由前一施工段向后一施工段流动，即生产者是移动的。

流水施工是指所有的施工过程均按一定的时间间隔依次投入施工，各个施工过程陆续开工、陆续竣工，使同一施工过程的施工班组保持连续、均衡施工，不同施工过程尽可能平行搭接施工的组织方式。如果按照流水施工组织，则进度计划如图 18-4（a）所示。

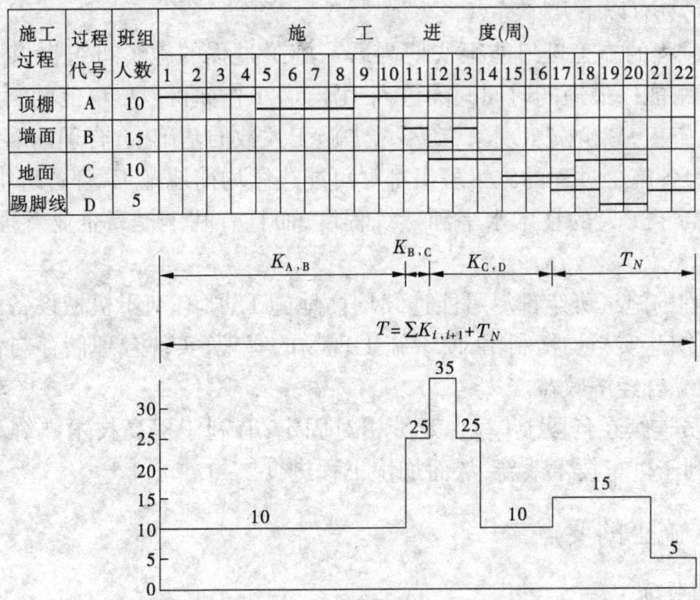

(a)班组全部连续

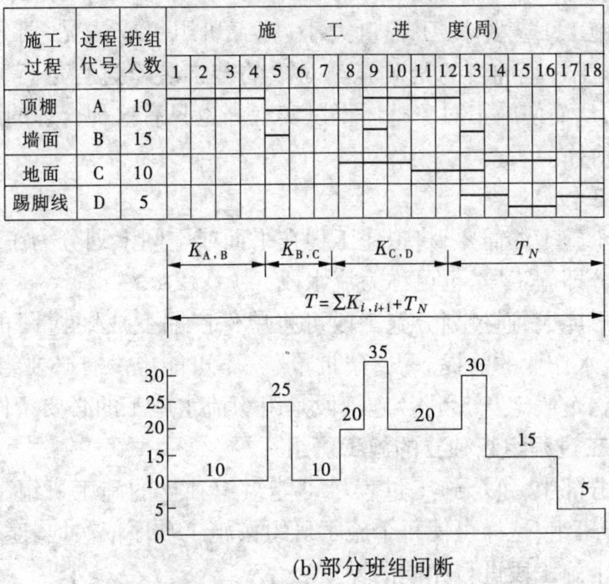

(b)部分班组间断

图 18-4　流水施工进度计划

从图 18-4(a)可知,流水施工的工期计算公式可以表示为

$$T = \sum K_{i,i+1} + T_N \tag{18-3}$$

式中 $K_{i,i+1}$——相邻两个施工过程的施工班组开始投入施工的时间间隔;

T_N——最后一个施工过程的施工班组完成全部施工任务所花的时间;

$\sum K_{i,i+1}$——所有相邻施工过程开始投入施工的时间间隔之和。

流水施工是综合平行施工和依次施工的优点而产生的一种目前在施工现场广泛采用的组织施工的方式,它具有以下几个特点:

(1)前一施工过程的施工班组能很快地为后一施工过程的施工班组提供工作面,相邻施工过程的施工班组能以最短的时间间隔进入工作面,工作面得以尽可能的利用,且施工班组能够连续均衡地施工,减少窝工现象,在不增加施工人数的基础上,合理地缩短工期。

在流水施工中,各施工过程的施工班组都尽可能连续均衡地施工,且各班组专业化程度较高,因此不仅提高了工人的技术水平和熟练程度,而且有利于提高企业管理水平和经济效益。

(2)各施工过程的施工班组都尽可能连续均衡地施工,既有利于机械设备的充分利用,又有利于资源的组织落实与均衡利用,便于施工现场的管理,实现合理储存与供应,有利于提高项目经理部的综合经济效益。

(3)各班组人员连续在各段上作业,人员相对固定,有利于提高技术熟练程度,提高劳动生产效率,也有利于进行技术改新,从而加快工程进度。

二、组织流水施工的要点

(一)划分分部分项工程

把拟完成的装饰装修工程项目根据工程特点及施工要求,划分为若干个分部工程,每个分部工程又根据施工工艺要求、工程量大小、施工班组组成情况,划分为若干分项过程(施工过程)。划分施工过程的目的是对施工对象的装饰装修过程进行分解,以便于逐一实现局部对象的施工,从而使施工对象整体得以实现。也只有这种合理的解剖,才能组织专业化施工和实现有效协作。

(二)划分施工段

根据组织流水施工的需要,将拟建工程在平面或空间上划分为工程量(或劳动量)大致相等的若干个部分即施工段,也可称为流水段。

建筑产品体形庞大,通过划分施工段可将单件产品变成"批量"的多件产品,以便成批生产,从而形成流水作业的前提。没有"批量"就不可能也没有必要组织任何流水作业。每一个施工段就是一个假定"产品"。施工段是组织流水施工的必要条件。

(三)每个施工过程组织独立的施工班组

在一个流水分部中,每个施工过程尽可能组织独立的施工班组,其形式可以是专一班组,也可以是混合班组,这样可使每个施工班组按施工顺序依次地、连续地、均衡地从一个施工段转移到另一个施工段进行相同的操作。

(四)主要施工过程必须连续、均衡地施工

主要施工过程是指工程量较大、施工作业时间较长的施工过程。对于主要施工过程必须组织连续、均衡施工;对于其他次要施工过程,可考虑与相邻的施工过程合并。如不能合

并，为缩短工期，可安排间断施工。

（五）不同施工过程尽可能组织平行搭接施工

不同施工过程之间的关系，关键是工作时间上有搭接和工作空间上有搭接。按施工的先后顺序要求，在有工作面的条件下，除必要的技术和组织间歇时间外，应尽可能组织平行搭接施工。

三、流水施工的表达形式

流水施工常见的图形表达形式有横道图（水平指示图表）、垂直图（垂直指示图表）和网络图三种。

（一）横道图

横坐标表示流水施工的持续时间，纵坐标表示开展流水施工的施工过程以及专业工作队的名称、编号和数目，呈梯形分布的水平线段表示流水施工的开展情况。其表达方式如图 18-5（a）所示。

其优点是绘制简单，施工过程及先后顺序清楚，时间和空间状况形象直观，使用方便。

（二）垂直图

横坐标表示流水施工的持续时间，纵坐标表示开展流水施工所划分的施工段编号，n 条斜线段表示各专业工作队或施工过程开展流水施工的情况。其表达方式如图 18-5（b）所示。

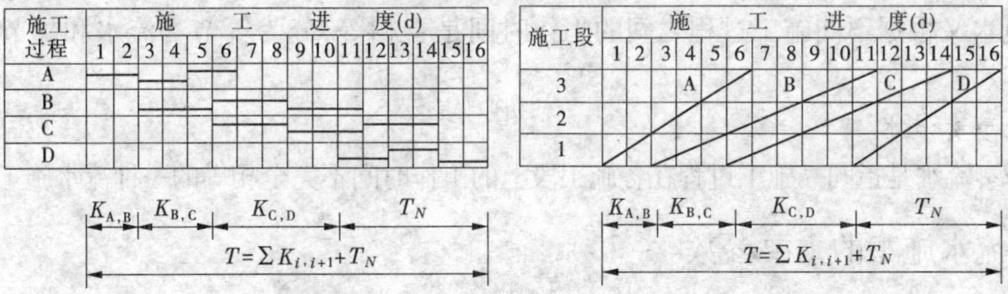

(a)横道图　　(b)垂直图

图 18-5　流水施工的表达方式

（三）网络图

网络图由箭线和节点组成，用来表示各项工作的开展顺序及彼此间的逻辑关系的网状图形，它有双代号网络图和单代号网络图之分。

四、流水施工的分类

流水施工的分类是组织流水施工的基础，它有多种分类方法。

（一）按流水施工的组织范围分类

根据建筑装饰工程研究对象及范围大小，流水施工可以划分为细部流水、专业流水、项目流水和大流水。

1. 细部流水（分项工程流水）

细部流水是在一个专业工种内部组织起来的流水施工，指组织一个施工过程的流水施工。在项目施工进度计划表上，它是一条标有施工段或工作队编号的水平进度指示线段或斜向进度指示线段。例如，安装塑钢窗户的具体组织情况。细部流水是组织流水施工中范围最小的流水施工。

2. 专业流水（分部工程流水）

专业流水的编制对象是一个分部工程，它是在一个分部工程内部的各分项工程之间组织起来的流水施工，在项目施工进度计划表上，它由一组标有施工段或工作队编号的水平进度指示线段或斜向进度指示线段来表示。

3. 项目流水（单位工程流水）

项目流水又称综合流水施工。它是在一个单位工程内部的各分部工程之间组织起来的流水施工，在项目施工进度计划表上，它有若干组标有分部工程的进度指示线段，并由此构成一张单位工程施工进度计划。

4. 大流水（建筑群的流水）

大流水是指组织多幢房屋或构筑物等若干单位工程之间组织起来的流水施工，反映在项目施工进度计划上，是一张项目施工总进度计划，是一个控制性的流水施工的组织方式。它是在宏观上对建筑群的装饰施工，是进行宏观控制和调配的一种组织流水的方式。

（二）按流水施工的节奏特征分类

根据流水施工的节奏（节拍）特征，流水施工可以划分为有节奏流水和无节奏流水。

1. 有节奏流水

有节奏流水是指同一施工过程在各施工段上的工作时间都相等的一种流水施工方式。有节奏流水又根据不同施工过程之间的工作时间是否相等，分为等节奏流水和异节奏流水两大类型。

2. 无节奏流水

无节奏流水是指同一施工过程在各施工段上的工作时间不完全相等的一种流水施工方式。

五、流水施工的主要参数

流水施工的主要参数是指组织流水施工时，为了表示流水施工在工艺程序、空间布置和时间排列等方面的相互依存关系，引入的一些描述施工进度计划特征和各种数量关系的参数，按其性质不同分为工艺参数、空间参数和时间参数。

（一）工艺参数

工艺参数是指用以表达流水施工在施工工艺上开展顺序（表示施工过程数）及其特征的参数，指参与一组流水的施工过程的数目，通常以 N 表示。在组织工程流水施工时，首先应将施工对象划分成若干个施工过程。施工过程划分的数目多少和粗细程度，一般与下列因素有关。

1. 施工计划的性质和作用

对于长期计划的建筑群体以及规模大、工期长的跨年度工程，编制控制性施工进度计划时，其施工过程划分可以粗一些、综合性大一些，通常只列出分部工程名称、楼地面工程、墙柱面工程、门窗工程、天棚工程、外装修工程等。对于中小型单位工程及工期不长的工程，则可以编制实施性进度计划，其施工过程划分可以细一些、具体一些，一般可划分至分项工程。对于月度作业性计划，有些施工过程还可以分解为工序，如刮腻子、油漆等。

2. 施工方案

不同的施工方案，其施工顺序和方法也不同。对于一些相同的施工工艺，应根据施工方案的要求，可以将它们合并为一个施工过程，也可以根据施工的先后分为两个施工过程。例如，油漆木门窗可以作为一个施工过程，但是，如果施工方案中有说明，则可以作为两个施工过程。

3. 工程量的大小与劳动组织

施工过程的划分与施工班组及施工习惯有一定的关系。例如，安装玻璃、油漆的施工，可以将它们合并为一个施工过程——玻璃油漆施工过程，它的施工班组就作为一个混合班组；也可以将它们分为两个施工过程——玻璃安装施工过程和油漆施工过程，这时它们的施工班组为单一工种的专业施工班组。

施工过程的划分还与工程量的大小有关。对于工程量小的施工过程，当组织流水施工有困难时，可以与其他施工过程相合并。例如地面工程，如果垫层的工程量较小，可以与混凝土面层相结合，合并为一个施工过程，这样就可以使各个施工过程的工程量大致相等，便于组织流水施工。

4. 施工过程的内容和工作范围

施工过程的划分与其工作内容和范围有关。一般直接在施工现场和工程对象上进行的施工过程可以划入流水施工过程，而场外的施工内容（如材料的运输、构件的加工）可以不划入流水施工过程。

（二）空间参数

空间参数是指参与拟建工程流水施工并用以表达拟建工程在平面和空间上所处状态的施工段数和施工层数，用 M 和 m 表示。

划分施工段的目的是组织流水施工，保证不同的施工班组能在不同的施工段上同时进行施工，从而使各施工班组按照一定的时间间隔从一个施工段转到另一个施工段进行连续施工，这样既消除等待、停歇现象，又互不干扰，同时又缩短了工期。

划分施工段的基本要求如下：

(1)施工段的数目要适宜。施工段数过多势必减少工作面上的施工人数，工作面不能充分利用，拖长工期；施工段数过少则会引起劳动力、机械和材料供应的过分集中，有时还会造成“断流”的现象，不利于组织流水施工。因此，划分施工段时要综合考虑拟建工程的特点、施工方案、流水施工要求和总工期等因素，合理确定施工段的数目，以利于降低成本，缩短工期。

(2)以主导施工过程为依据。划分施工段时，以主导施工过程的需要来划分。主导施工过程是指对总工期起控制作用的施工过程，指工程量大、施工技术难度大、施工工期长的施工过程。

(3)施工段的分界与施工对象的结构界限（温度缝、沉降缝或单元尺寸）或幢号一致，以便保证施工质量。

(4)各施工段的劳动量尽可能大致相等，以保证各施工班组连续、均衡地施工。

(5)要有足够的工作面，以保证施工人员和机械有足够的操作和回转余地。所谓工作面，是指某专业工种的工人或施工机械在从事建筑产品施工生产过程中，所必须具备的活动空间。工作面确定的合理与否，直接影响到专业工种工人的劳动生产效率。常用工程的工作面有混凝土地坪及面层每个技工的工作面为 40 m^2，外墙抹灰为 16 m^2，内墙抹灰为 18.5 m^2 等。

（三）时间参数

时间参数是指在组织流水施工时，用以表达流水施工过程的工作时间在时间排列上的相互关系和所处状态的参数，主要有流水节拍、流水步距和流水工期。

1. 流水节拍

流水节拍是指从事某过程的施工班组在一个施工段上完成施工任务所需的时间，用符号 t_i（$i=1,2,3\cdots$）表示。

1）流水节拍的计算

流水节拍的大小直接关系到所需投入的劳动力、机械台数以及材料用量的多少，决定着流水施工方式、施工速度、节奏。因此，确定流水节拍对于组织流水施工具有重要的意义。

通常，流水节拍的确定方法有以下三种。

第一种是定额公式计算法。根据该施工段上的工程量以及投入的劳动力、机械台数和材料供应量（即能够投入的各种资源），应用施工定额来确定，但应注意各工作施工时应满足最小工作面的要求。流水节拍的计算公式为

$$t_i = \frac{Q_i}{S_i R_i Z_i} = \frac{P_i}{R_i Z_i} \quad \text{或} \quad t_i = \frac{Q_i H_i}{R_i Z_i} = \frac{P_i}{R_i Z_i} \tag{18-4}$$

式中　t_i——某施工过程的流水节拍；

Q_i——某施工过程在某施工段上的工程量；

P_i——某施工过程在某施工段上的劳动量；

S_i——某施工过程每一工日或台班的产量定额；

H_i——某施工过程的时间定额；

R_i——某施工过程的施工班组人数；

Z_i——某施工过程每天的工作班制。

在根据工期要求来确定流水节拍，即倒排计划时，可以用式（18-4）算出所需要的人数或机械台班数。在这种情况下，必须检查劳动力和机械供应的可能性、材料物资供应能否相适应以及工作面是否足够等。

第二种是倒排计划法。根据工期的要求来确定，利用工期与流水节拍之间的关系公式，由工期倒推流水节拍的方法。

第三种是经验估算法。对于新技术、新工艺的施工过程，可采用估算的方法来计算。估计完成任务所用的最乐观（最短）的时间为 A，最悲观的时间为 C，最可能的时间为 B，则其流水节拍为

$$t_i = (A + 4B + C)/6 \tag{18-5}$$

2）确定流水节拍应考虑的因素

（1）施工班组人数要适宜，既要满足最小劳动组合人数的要求，又要满足最小工作面的要求。最小劳动组合，就是指某一施工过程进行正常施工所必需的最低限度的班组人数及其合理组合。最小工作面是指施工班组为保证安全生产和有效地操作所必需的工作面，它决定了最高限度可安排多少工人。不能为了缩短工期而无限地增加人数，否则将造成工作面的不足而产生窝工。

(2)工作班制要恰当。工作班制的确定要视工期要求而定。当工期不紧迫,工艺上又无连续施工要求时,可采用一班制;当组织流水施工时为了给第二天连续施工创造条件,某些施工过程可考虑在夜班进行,即采用两班制;当工期较紧或工艺上要求连续施工,或为了提高施工机械的使用率时,某些项目可考虑三班制施工。

(3)机械的台班效率或机械台班产量大小。

(4)节拍值一般取整数,必要时可保留0.5 d(台班)的小数值。

2. 流水步距($K_{i,i+1}$)

流水步距是指两个相邻的施工过程的施工班组先后开始投入施工的时间间隔,用符号$K_{i,i+1}$表示(i表示前一施工过程,$i+1$表示后一施工过程)。

流水步距的大小反映流水作业的紧促程度,对工期有很大的影响。在流水段不变的条件下,流水步距越大,工期越长;流水步距越小,则工期越短。

流水步距的数目取决于参加流水施工的专业工作队(或施工班组)数减1,即$N-1$(N为参加流水施工的施工过程数)。

流水步距的基本计算公式为

$$K_{i,i+1} = \begin{cases} t_i + t_j - t_d & (t_i \leqslant t_{i+1}) \\ Mt_i - (M-1)t_{i+1} + t_j - t_d & (t_i > t_{i+1}) \end{cases} \tag{18-6}$$

式中 t_i, t_{i+1}——两个相邻施工过程的流水节拍;

t_j——两个相邻施工过程的技术间歇时间或组织间歇时间;

t_d——两个相邻施工过程间的平行搭接时间。

技术间歇时间或组织间歇时间t_j是指在组织流水施工时,有些施工过程完成后,后续施工过程不能立即投入施工,必须有一定的间歇时间。由施工工艺或材料性质决定的间歇时间称为技术间歇时间,由施工组织原因造成的间歇时间称为组织间歇时间。

平行搭接时间t_d是指在组织流水施工时,有时为缩短工期,在工作面允许的情况下,如果前一个施工班组完成部分施工任务后,为了能够缩短工期,使后一个施工过程的施工班组提前进入该施工段,两个相邻施工过程的施工班组同时在一个施工段上施工的时间,称为平行搭接时间。

式(18-6)适用于所有的有节奏流水施工,并且流水施工均为一般流水施工。式(18-6)不适用于概念引申后的流水施工,即存在次要工序间断流水的情况。

3. 流水工期

流水工期是指完成一项工程任务或一个流水组施工所需的时间。其计算公式一般为

$$T = \sum K_{i,i+1} + T_N$$

六、流水施工的组织方式

根据流水施工节拍特征的不同,流水施工的组织方式可分为有节奏流水和无节奏流水两类。

(一)有节奏流水

有节奏流水是指同一施工过程在各施工段上的流水节拍都相等的一种流水施工方式。有节奏流水又根据不同施工过程之间的流水节拍是否相等,分为等节奏流水和异节奏流水

两大类型。

1. 等节奏流水

等节奏流水也叫全等节拍流水，是指同一施工过程在各施工段上的流水节拍都相等，并且不同施工过程之间的流水节拍也相等的一种流水施工方式。等节奏流水根据相邻施工过程之间是否存在间歇时间或搭接时间（也可以表述为相邻过程之间的流水步距是否相等），可分为等节拍等步距流水和等节拍不等步距流水两种。

1）等节拍等步距流水

同一施工过程流水节拍都相等，不同施工过程流水节拍也都相等，并且各过程之间不存在间歇时间（t_j）或搭接时间（t_d）的流水施工方式，即 $t_d = t_j = 0$。该流水施工方式情况下的各过程节拍、过程之间的步距、工期的特点为：

（1）节拍特征——t = 常数。

（2）步距特征——$K_{i,i+1}$ = 流水节拍（t）= 常数。

（3）工期公式——$T = \sum K_{i,i+1} + T_N = (N-1)t + Mt = (N+M-1)t$。

【例 18-1】 某分部工程可以划分为 A、B、C、D、E 五个施工过程，每个施工过程划分为六个施工段组织流水作业，各施工过程之间既无间歇时间也无搭接时间，流水节拍均为 4 d，试组织全等节拍流水，并绘制横道图。

解 （1）计算工期。

根据公式 $T = \sum K_{i,i+1} + T_N = (N-1)t + Mt = (N+M-1)t = (5+6-1) \times 4 = 40(\mathrm{d})$

（2）绘制横道图，如图 18-6 所示。

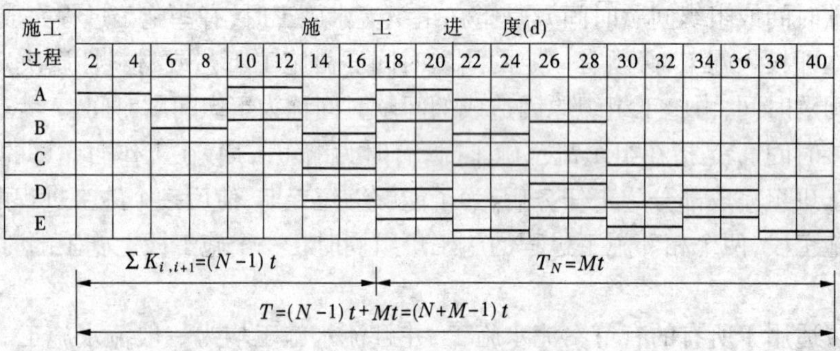

图 18-6　施工进度计划

2）等节拍不等步距流水

所有施工过程的流水节拍都相等，但是各过程之间的间歇时间 t_j 或搭接时间 t_d 不等于零的流水施工方式，即 $t_j \neq 0$ 或 $t_d \neq 0$。该流水施工方式情况下的各过程节拍、过程之间的步距、工期的特点为：

（1）节拍特征——t = 常数。

（2）步距特征——$K_{i,i+1} = t_i + t_j - t_d$。式中，$t_j$ 为第 i 个过程和第 $i+1$ 个过程之间的技术间歇时间或组织间歇时间；t_d 为第 i 个过程和第 $i+1$ 个过程之间的搭接时间。

工期公式为

$$\sum K_{i,i+1} = (N-1)t + \sum t_j - \sum t_d, T_N = Mt \tag{18-7}$$

$$T = (N-1)t + \sum t_j - \sum t_d + Mt$$
$$= (N+M-1)t + \sum t_j - \sum t_d$$

式中　$\sum t_j$——所有施工过程之间的间歇时间累计之和；

$\sum t_d$——所有相邻过程之间搭接时间之和。

【例 18-2】　某分部工程划分为 A、B、C、D 四个施工过程，每个施工过程划分为 5 个施工段，其流水节拍均为 3 d，其中施工过程 A 与 B 之间有 2 d 的搭接时间，施工过程 C 与 D 之间有 1 d 的间歇时间。试组织全等节拍流水，计算流水施工间工期，绘制进度计划表。

解　根据已知条件计算工期。

$$T = (N+M-1)t + \sum t_j - \sum t_d = (4+5-1) \times 3 + 1 - 2 = 23(\text{d})$$

绘制横道图，如图 18-7 所示。

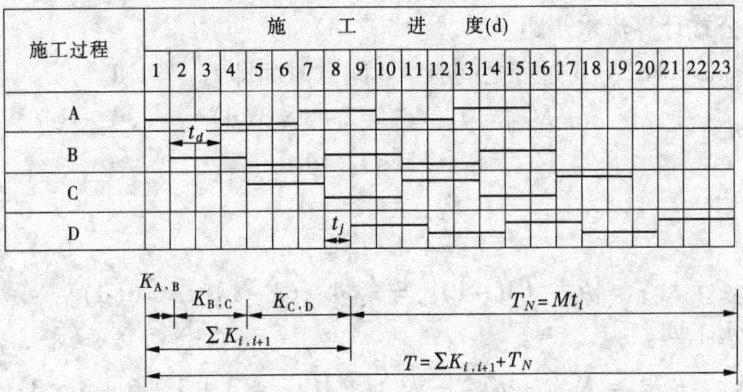

图 18-7　某分部工程等节拍不等步距流水施工进度计划

等节奏流水虽然是一种比较理想的流水施工方式，即它能保证各专业施工班组连续均衡地施工，能保证工作面充分利用。但是，在实际工程中，要使某分部工程的各个施工过程都采用相同的流水节拍，组织时困难较大。因此，全等节拍流水的组织方式仅适用于工程规模较小、施工过程数目不多的某些分部工程的流水，不适用于单位工程，特别不适用于大型的建筑群。

全等节拍流水的组织方法是：首先，划分施工过程，将工程量较小的施工过程合并到相邻的施工过程中去，目的是使各过程的流水节拍相等；其次，根据主要施工过程的工程量以及工程进度要求，确定该施工过程的施工班组的人数，从而确定流水节拍；再次，根据已确定的流水节拍，确定其他施工过程的施工班组人数；最后，检查按此流水施工方式确定的流水施工是否符合该工程工期以及资源等的要求，如果符合，则按此计划实施，如果不符合，则通过调整主导施工过程的班组人数使流水节拍发生改变，从而调整了工期以及资源消耗情况，使计划符合要求。

2. 异节奏流水

异节奏流水是指同一施工过程在各施工段上的流水节拍都相等，不同施工过程之间的流水节拍不一定相等的一种流水施工方式。该种施工方式根据各施工过程的流水节拍是否为整数倍（或公约数）关系可以分为不等节拍流水和成倍节拍流水两种。

1)不等节拍流水

不等节拍流水是指同一施工过程在各个施工段的流水节拍相等,不同施工过程之间的流水节拍既不相等也不成倍的流水施工方式。该流水施工方式情况下的各过程节拍、过程之间的步距、工期的特点为:

(1)节拍特征——同一施工过程流水节拍相等,不同施工过程流水节拍不一定相等。

(2)步距特征——各相邻施工过程的流水步距确定方法为基本步距计算公式,即

$$K_{i,i+1} = \begin{cases} t_i + t_j - t_d & (t_i \leqslant t_{i+1}) \\ Mt_i - (M-1)t_{i+1} + t_j - t_d & (t_i > t_{i+1}) \end{cases}$$

(3)工期特征——$T = \sum K_{i,i+1} + Mt$。

【例 18-3】 已知某工程可以划分为四个施工过程($N=4$),三个施工段($M=3$),各过程的流水节拍分别为 $t_A=2$ d,$t_B=3$ d,$t_C=4$ d,$t_D=3$ d,且 A 过程结束后、B 过程开始之前,工作面有 1 d 技术间歇时间,试组织不等节拍流水,并绘制流水施工进度计划表。

解 (1)由公式计算流水步距。

因 $t_A=2$ d $<t_B=3$ d,A、B 过程之间有 1 d 间歇时间即 $t_{A,Bj}=1$ d。

则 $$K_{A,B} = t_{A} + t_{A,Bj} = 2+1 = 3(\text{d})$$

因为 $$t_B = 3\text{ d} < t_C = 4\text{ d}$$

则 $$K_{B,C} = t_B = 3\text{ d}$$

因为 $$t_C = 4\text{ d} < t_D = 3\text{ d}$$

则 $$K_{C,D} = Mt_C - (M-1)t_D = 3\times4 - (3-1)\times3 = 6(\text{d})$$

(2)计算流水工期。

$$T = \sum K_{i,i+1} + T_N = K_{A,B} + K_{B,C} + K_{C,D} + M\,t_D = 3+3+6+3\times3 = 21(\text{d})$$

根据流水施工参数绘制流水施工进度计划表,如图 18-8 所示。

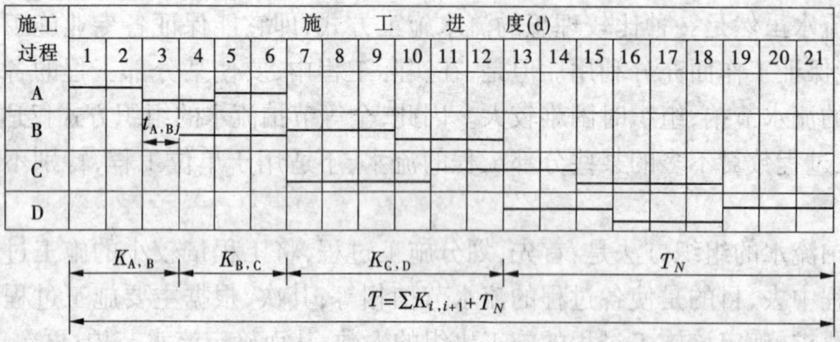

图 18-8 不等节拍流水施工进度计划

不等节拍流水的组织方法为:先根据工程对象和施工要求,将工程划分为若干个施工过程;再根据各施工过程预算出的工程量,计算每个过程的劳动量,然后根据各过程施工班组人数确定出各自的流水节拍;组织同一施工班组连续均衡地施工,相邻施工过程尽可能平行搭接施工;在工期要求紧张的情况下,为了缩短工期,可以间断某些次要工序的施工,但主导工序必须连续均衡地施工,且决不允许发生工艺顺序颠倒的现象。

不等节拍流水施工方式允许不同施工过程采用不同的流水节拍,在进度安排上比全等

节拍流水灵活,实际应用范围较为广泛,适用于各种分部工程和单位工程流水。

2)成倍节拍流水

成倍节拍流水是指同一施工过程在各施工段上的流水节拍都相等,不同施工过程之间的流水节拍不完全相等,但各施工过程的流水节拍均为最小流水节拍的整数倍(或节拍之间存在公约数)关系的流水施工方式。各过程节拍、过程之间的步距、工期的特点为:

(1)节拍特征——各节拍为最小流水节拍的整数倍或节拍值之间存在公约数关系。

(2)流水步距——等于其中最小的流水节拍。

(3)施工班组——各过程的施工班组数不一定是一个班组,而是根据该过程流水节拍为各流水节拍值之间的最大公约数(最大公约数一般情况下等于节拍值中间的最小流水节拍 $t_{\min}$ 的整数倍)相应调整班组数,即

$$b_i = \frac{t_i}{\text{最大公约数}} = \frac{t_i}{t_{\min}} \tag{18-8}$$

式中 b_i——各施工过程所需的班组数;

t_i——各施工过程的流水节拍;

$t_{\min}$——最小流水节拍。

应注意的是:第一,各施工过程的各个施工段如果要求有间歇时间或搭接时间,流水步距应相应减去或加上;第二,流水步距是指任意两个相邻施工班组开始投入施工的时间间隔,这里的“相邻施工班组”并不一定是指从事不同施工过程的施工班组。因此,步距的数目并不是根据施工过程数目来确定的,而是根据班组数之和来确定的。假设班组数之和用 N' 表示,则流水步距数目为 $N'-1$ 个。

工期计算公式——成倍节拍流水实质上是一种不等节拍等步距的流水,它的工期计算公式与等节拍流水工期表达式相近,可以表示为

$$T = (N' + M - 1)t_{\min} + \sum t_j - \sum t_d \tag{18-9}$$

式中 N'——施工班组数之和,且 $N' = \sum_{i=1}^{n} b_i$。

【例 18-4】 已知某工程可以划分为 A、B、C、D 四个施工过程($N=4$),六个施工段($M=6$),各过程的流水节拍分别为 $t_A=2$ d,$t_B=6$ d,$t_C=4$ d,$t_D=2$ d,试组织成倍节拍流水,并绘制成倍节拍流水和不等节拍流水施工进度计划表。

解 因为最大公约数 $=2$ d $= t_{\min}$,根据 $b_i = \frac{t_i}{t_{\min}}$ 有

$$b_A = \frac{t_A}{t_{\min}} = \frac{2}{2} = 1(\text{个})$$

$$b_B = \frac{t_B}{t_{\min}} = \frac{6}{2} = 3(\text{个})$$

$$b_C = \frac{t_C}{t_{\min}} = \frac{4}{2} = 2(\text{个})$$

$$b_D = \frac{t_D}{t_{\min}} = \frac{2}{2} = 1(\text{个})$$

施工班组总数为

$$N' = \sum b_i = b_A + b_B + b_C + b_D = 1 + 3 + 2 + 1 = 7(个)$$

该工程流水步距为

$$K_{A,B} = K_{B,C} = K_{C,D} = 最大公约数 = t_{min} = 2\ d$$

该工程工期为

$$T = (N' + M - 1)t_{min} = (7 + 6 - 1) \times 2 = 24(d)$$

成倍节拍流水施工进度计划如图 18-9 所示,不等节拍流水施工进度计划如图 18-10 所示(计算过程略)。

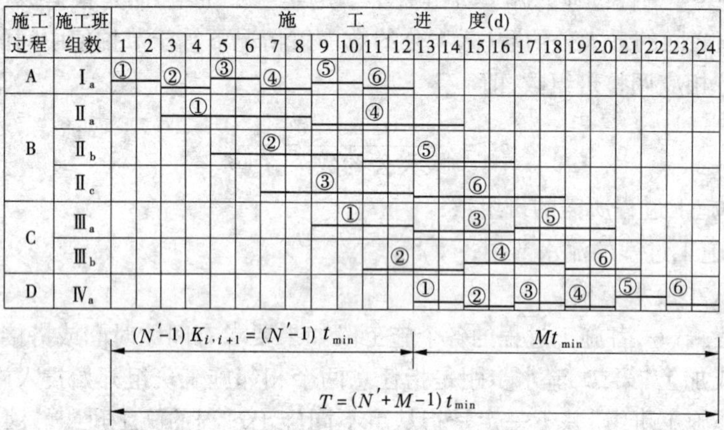

图 18-9　成倍节拍流水施工进度计划

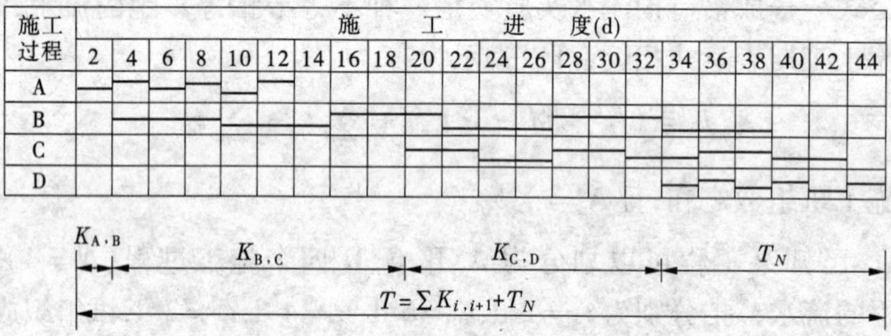

图 18-10　不等节拍流水施工进度计划

成倍节拍流水的组织方法为:首先,根据工程对象和施工要求,将工程划分为若干个施工过程;其次,根据预算出的工程量,计算每个过程的劳动量,再根据最小劳动量的施工过程班组人数确定出最小流水节拍;最后,确定其他各过程的流水节拍,通过调整班组人数,使各过程的流水节拍均为最小流水节拍的整数倍。为了充分利用工作面,加快施工进度,各过程应根据其节拍为最小节拍的整数倍关系相应调整施工班组数。检查按此流水施工方式确定的流水施工是否符合该工程工期以及资源等的要求。如果符合,则按此计划实施;如果不符合,则通过调整使计划符合要求。

成倍节拍流水施工方式在管道、线性工程中使用较多,在建筑装饰工程中,也可根据实际情况选用此方式。

应注意的是:如果施工中无法按照成倍节拍流水特征相应增加班组数,每个施工过程都只有一个施工班组，即使具备成倍节拍流水特征的工程，也只能按照不等节拍流水组织施工。比如以上例题，如果不增加班组数，则按不等节拍流水组织施工，进度计划如图18-10所示。

通过图18-9和图18-10可以看出，同样一个工程，如果组织成倍节拍流水，则工作面充分利用，工期较短；如果组织一般流水，则工作面没有充分利用，工期长。因此，在实际工程中，应视具体情况分别选用。

（二）无节奏流水

无节奏流水是指在流水施工中，同一施工过程的流水节拍均不完全相等，不同施工过程在相同施工段上的流水节拍也不全相等且不成倍数的组织方式。其特征如下：

（1）节拍特征——同一施工过程的流水节拍均不完全相等，不同施工过程在相同施工段上的流水节拍也不全相等且不成倍数。

（2）流水步距——各个施工过程之间的流水步距不完全相等且差异较大。流水步距的计算采用“累加斜减取大差法”，即“逐段累加，错位相减，差值取大”的方法。其步骤如下：第一步，将每个施工过程的流水节拍逐段累加；第二步，将相邻施工过程累加结果错位相减，即从前一个施工班组由加入流水起到完成该段工作止的持续时间之和减去后一个施工班组由加入流水起到前一个施工段工作止的持续时间之和（即相邻斜减），得到一组差值；第三步，取差数的最大值作为相邻过程的流水步距。

（3）流水工期——$T=\sum K_{i,i+1}+T_N$。

当各施工段的工程量不等，各施工班组生产效率各有差异，并且不可能组织全等节拍流水或成倍节拍流水时，就可以组织无节奏流水。无节奏流水是实际工程中常见的一种组织流水的方式，它不像有节奏流水那样有一定的时间规律约束，在进度安排上比较灵活、自由，因此该方法在实际中应用较为广泛。

组织无节奏流水的基本要求：保证各施工过程的工艺顺序合理和各施工班组尽可能依次在各施工段上连续流水作业，且工作班组之间在一个施工段内互不干扰，或前后工作班组之间工作紧密衔接。

无节奏流水适用于各种不同性质、不同用途、不同规模的建筑装饰工程的单位工程流水或分部工程流水，是实际流水施工中应用较为广泛的一种方式。

上述流水施工方式，具体应采用哪一种方式，除分析流水节拍的特点外，还要考虑工期要求和各项资源的供应情况。

【例18-5】 某工程可以分为四个施工过程，四个施工段，各施工过程在各施工段上的流水节拍如表18-1所示，试计算流水步距和工期，绘制流水施工进度表。

表18-1　各施工过程在各施工段上的流水节拍

施工过程	施工段			
	Ⅰ	Ⅱ	Ⅳ	Ⅴ
A	5	4	2	3
B	4	1	3	2
C	3	5	2	3
D	1	2	2	3

解 (1)计算流水步距。

因每一施工过程在各施工段的流水节拍不相等,没有任何规律,因此用"逐段累加,错位相减,差值取大"的方法进行计算,无数据的地方补0计算,计算过程及结果如下:

①$K_{A,B}$

$$\begin{array}{rrrrr} 5 & 9 & 11 & 14 & 0 \\ 0 & 4 & 5 & 8 & 10 \\ \hline 5 & 5 & 6 & 6 & -10 \end{array}$$

则 $K_{A,B}=6$ d。

②$K_{B,C}$

$$\begin{array}{rrrrr} 4 & 5 & 8 & 10 & 0 \\ 0 & 3 & 8 & 10 & 13 \\ \hline 4 & 2 & 0 & 0 & -13 \end{array}$$

则 $K_{B,C}=4$ d。

③$K_{C,D}$

$$\begin{array}{rrrrr} 3 & 8 & 10 & 13 & 0 \\ 0 & 1 & 3 & 5 & 8 \\ \hline 3 & 7 & 7 & 8 & -8 \end{array}$$

则 $K_{C,D}=8$ d。

(2)计算工期。

$T=\sum K_{i,i+1}+T_N=K_{A,B}+K_{B,C}+K_{C,D}+1+2+2+3=6+4+8+1+2+2+3=26$(d)

(3)绘制流水施工进度表,如图18-11所示。

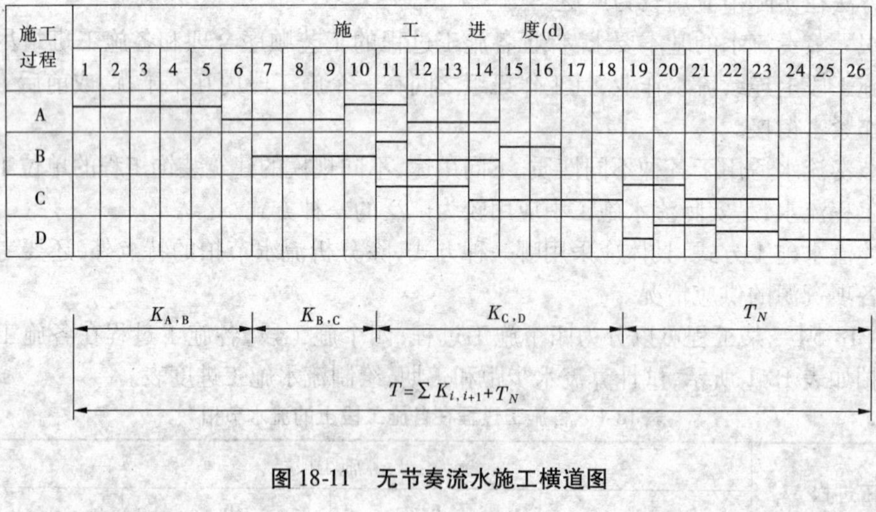

图18-11 无节奏流水施工横道图

七、流水施工的具体应用

在建筑装饰施工中,流水施工是一种行之有效的科学组织施工的方法。编制施工进度计划时,应根据工程实际情况,分别选择适当的流水施工方式组织施工,以保证施工有较为鲜明的节奏性、均衡性和连续性。

（一）选择流水施工方式的基本要求

前文已经详细阐述了有节奏流水和无节奏流水两大类流水施工的基本方式。如何正确选用上述流水施工方式，须根据工程实际情况而定。通常做法是：将单位工程流水首先分解为分部工程流水，然后根据分部工程的各施工过程的劳动量的大小、班组人数来选择流水施工方式。若分部工程的施工过程数目不多（3～5个），可以通过调整班组人数使各施工过程流水节拍相等，组织等节奏流水；若分部工程的施工过程数目较多，各过程流水节拍很难相等，此时可考虑流水节拍的规律，从而组织成倍节拍流水或不等节拍流水或无节奏流水。具体来说，选择流水施工方式的基本要求有以下几点：

（1）凡有条件组织等节奏流水施工时，一定要组织等节奏流水施工，以取得良好的经济效果。

（2）如果组织等节奏流水条件不足，应该考虑组织成倍节拍流水施工，以求取得与等节奏流水相同的效果。应注意的是，应相应增加施工班组数和施工段数，使各专业施工班组都有工作面。小工程不可以组织成倍节拍流水施工。

（3）各个分部工程都可以组织等节奏流水施工或成倍节拍流水施工。但是，对于单位工程或建设项目，就必须组织无节奏流水施工。

（4）标准化或类型相同的住宅小区，可以组织等节奏流水和异节奏流水，但对于工业群体工程只能组织分别流水。

（二）流水施工的具体应用

流水施工原理在实际工程中具有广泛的应用价值。以下面常见工程为例来阐述流水施工的应用。

【例18-6】 某建筑装饰工程地面抹灰可以分为三个施工段，三个施工过程分别为基层、中层、面层。各有关数据如表18-2所示，试编制施工进度计划。要求：

（1）填写表18-2中的内容。

（2）按不等节拍组织流水施工，绘制进度计划及劳动力动态曲线。

（3）按成倍节拍组织流水施工，绘制进度计划及劳动力动态曲线。

表18-2　基本数据

过程名称	M_i	$Q_{总}(m^2)$	$Q_i(m^2)$	H_i 或 S_i	P_i	R_i	t_i
①	②	③	④	⑤	⑥	⑦	⑧
基层		108		0.98 m^2/工日		9人	
中层		1 050		0.084 9 工日/m^2		5人	
面层		1 050		0.062 7 工日/m^2		11人	

解　（1）填写表18-2中的内容，填写结果见表18-3。

对于②列，各过程划分的施工段数，根据已知条件，划分三个施工段。

对于④列，求一个施工段上的工程量。由 $Q_i = Q_{总}/M_i$ 得

表 18-3　完成基本数据

过程名称	M_i	$Q_总(m^2)$	$Q_i(m^2)$	H_i 或 S_i	P_i	R_i	t_i
①	②	③	④	⑤	⑥	⑦	⑧
基层	3	108	36	0.98 m^2/工日	36.73	9 人	4
中层	3	1 050	350	0.084 9 工日/m^2	29.72	5 人	6
面层	3	1 050	350	0.062 7 工日/m^2	21.95	11 人	2

基层一个段上的工程量为 108/3 = 36(m^2)。
中层一个段上的工程量为 1 050/3 = 350(m^2)。
面层一个段上的工程量为 1 050/3 = 350(m^2)。

对于⑥列，求一个施工段上的劳动量，由 $P_i = \frac{Q_i}{S_i} = Q_i H_i$ 得

基层一个段上的劳动量为 36/0.98 = 36.73(工日)。
中层一个段上的劳动量为 350 × 0.084 9 = 29.72(工日)。
面层一个段上的劳动量为 350 × 0.062 7 = 21.95(工日)。

对于⑧列，求每个施工过程的流水节拍，$t_i = \frac{P_i}{R_i b_i}$，这里，工作班制在题目中没有提到，因此工作班制按一班制对待。

基层一个段上的流水节拍为 36.73/9 ≈ 4(d)。
中层一个段上的流水节拍为 29.72/5 ≈ 6(d)。
面层一个段上的流水节拍为 21.95/11 ≈ 2(d)。

(2)按不等节拍流水施工。

第一步：求各过程之间的流水步距。

因为 $$t_{基层} = 4\ \text{d} < t_{中层} = 6\ \text{d}$$

则 $$K_{基,中} = t_{基层} = 4\ \text{d}$$

又因 $$t_{中层} = 6\ \text{d} > t_{面层} = 2\ \text{d}$$

则 $$K_{中,面} = M\, t_{中层} - (M-1)\, t_{面层} = 3 \times 6 - (3-1) \times 2 = 18 - 4 = 14(\text{d})$$

第二步：计算工期。

$$T = \sum K_{i,i+1} + T_N = 4 + 14 + 3 \times 2 = 24(\text{d})$$

第三步：绘制进度计划表，如图 18-12 所示。

(3)按成倍节拍组织流水施工。

第一步：确定流水节拍之间的最大公约数及过程班组数。

因为最大公约数 = 2 d = $t_{\min}$，根据 $b_i = \frac{t_i}{t_{\min}}$ 有

$$b_{基层} = \frac{t_{基层}}{t_{\min}} = \frac{4}{2} = 2(个)$$

$$b_{中层} = \frac{t_{中层}}{t_{\min}} = \frac{6}{2} = 3(个)$$

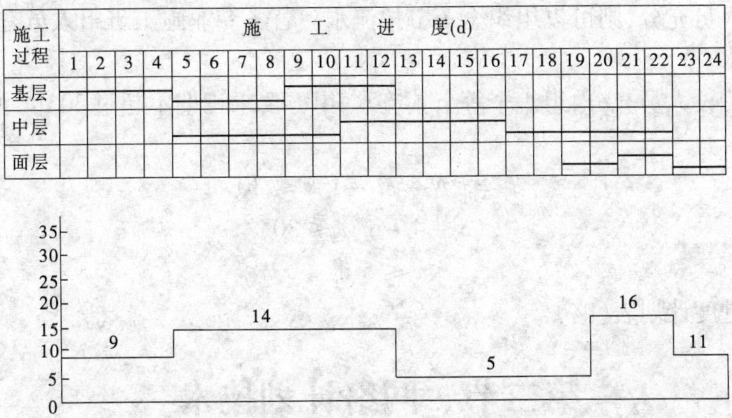

图 18-12 按不等节拍组织流水绘制进度计划及劳动力动态曲线

$$b_{面层} = \frac{t_{面层}}{t_{\min}} = \frac{2}{2} = 1(个)$$

施工班组总数为

$$N' = \sum b_i = b_{基层} + b_{中层} + b_{面层} = 2 + 3 + 1 = 6(个)$$

第二步:确定计算工期。

$$T = (N' + M - 1)t_{\min} = (6 + 3 - 1) \times 2 = 16(\mathrm{d})$$

第三步:绘制成倍节拍流水施工进度计划图,如图 18-13 所示。

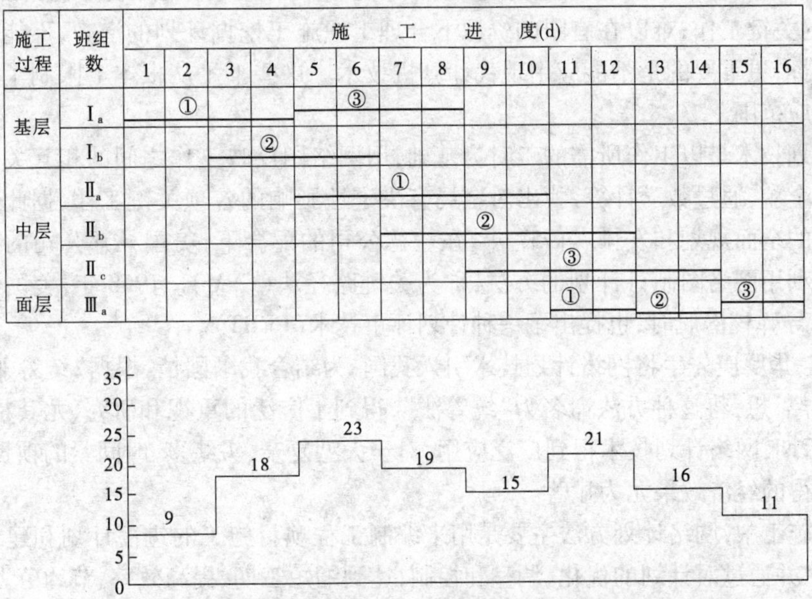

图 18-13 按成倍节拍组织流水绘制进度计划及劳动力动态曲线

【例 18-7】 某四层教学楼,建筑面积为 1 600 m^2。现对其进行墙面装饰装修。做法为:外墙为白色墙砖贴面,内墙先刮白,之后涂 106 涂料。根据工程量及有关定额,计算出各过程所需劳动量为:墙砖贴面 450 工日,内墙刮白 100 工日,106 涂料 46 工日。试组织流水施工。

分析:装饰装修由于过程只有三个,可以考虑组织全等节拍流水,也可以组织不等节拍流水。若施工人员充分,则可以组织全等节拍流水。若各专业施工班组人员有限,则可以组织不等节拍流水。

解　该题假设人员充分,组织全等节拍流水,甲方要求工期不超过30 d。按一层为一个施工段

$$T = (N + M - 1)t \leqslant 30$$

$$(3 + 4 - 1)t \leqslant 30$$

$$t \leqslant 5\ \text{d}$$

绘制施工进度计划表(略)。

第二节　网络计划技术

一、网络计划的概念

(一)基本概念

建筑工程施工进度计划是通过施工进度图表来表达建筑产品的施工过程、工艺顺序和相互间搭接逻辑关系。我国长期以来一直是应用流水施工基本原理,采用横道图表的形式来编制工程项目施工进度计划。这种表达方式简单明了,直观易懂,容易掌握,便于检查和计算资源需求状况。但它在表现内容上有许多不足,例如:不能全面而准确地反映出各项工作之间相互制约、相互依赖、相互影响的关系;不能反映出整个计划(或工程)中的主次部分,即其中的关键工作;难以在有限的资源下合理组织施工挖掘计划的潜力,不能准确评价计划经济指标;更重要的是不能应用现代计算机技术。这些不足从根本上限制了横道图进度计划的适应范围。

网络计划技术是以工作所需的工时为基础,用网络图反映工作之间的相互关系和整个工程任务的全貌,通过数学计算,找出对全局有决定性影响的各项关键工作,据此对任务做出切实可行的全面规划和安排。1957 年,在兰德公司的配合下,美国杜邦公司的有关人员首先提出了利用网络图制订计划的方法,称为关键路径法(CPM)。1958 年,美国海军在研制"北极星"导弹核潜艇时,也提出了一种计划评审技术(PERT)。

1965 年,华罗庚先生将网络计划技术引入我国,为结合我国国情,根据"统筹兼顾,全面安排"的指导思想,将这种方法命名为"统筹法",得到了广泛的重视和研究,尤其是在 20 世纪 70 年代后期,网络计划技术得到广泛应用,对于大型复杂、头绪多、时间紧的项目,运用这一技术所取得的经济效果尤为显著。

在建筑施工中,网络计划方法主要是用来编制工程项目施工的进度计划和建筑施工业的生产计划,并通过对计划的优化、调整和控制,达到缩短工期、提高效率、节约劳力、降低消耗的项目施工目标。

(二)网络计划的基本原理及表达方法

网络计划方法的基本原理是:首先应用网络图形来表达一项计划(或工程)中各项工作的开展顺序及其相互间的关系,然后通过计算找出计划中的关键工作及关键线路,继而通过不断改进网络计划,寻求最优方案,并付诸实施,最后在执行过程中进行有效的控制和监督。

网络计划的表达形式是网络图。所谓网络图,是指由箭线和节点组成的,用来表示工作流程的有向、有序的网状图形。网络图中,按节点和箭线所代表的含义不同,可分为双代号网络图和单代号网络图两大类。

1. 双代号网络图

以箭线及其两端节点的编号表示工作的网络图称为双代号网络图。即用两个节点一根箭线代表一项工作,工作名称写在箭线上面,持续时间写在箭线下面,在箭线前后的衔接处画上节点编上号码,并以节点编号 i 和 j 代表一项工作名称,如图 18-14 所示。

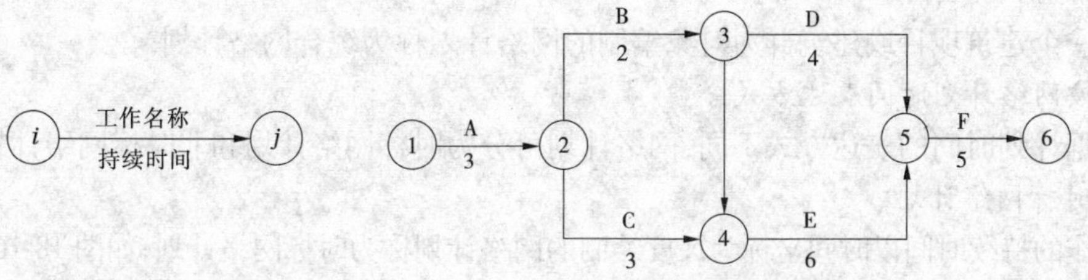

(a)工作的表示方法　　(b)工程的表示方法

图 18-14　双代号网络图

2. 单代号网络图

以节点及其编号表示工作,以箭线表示工作之间的逻辑关系的网络图称为单代号网络图。即每一个节点表示一项工作,节点所表示的工作名称、持续时间和工作代号等标注在节点内,如图 18-15 所示。

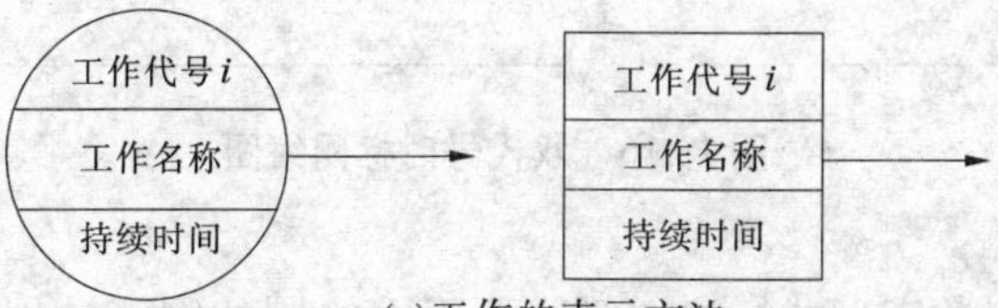

(a)工作的表示方法

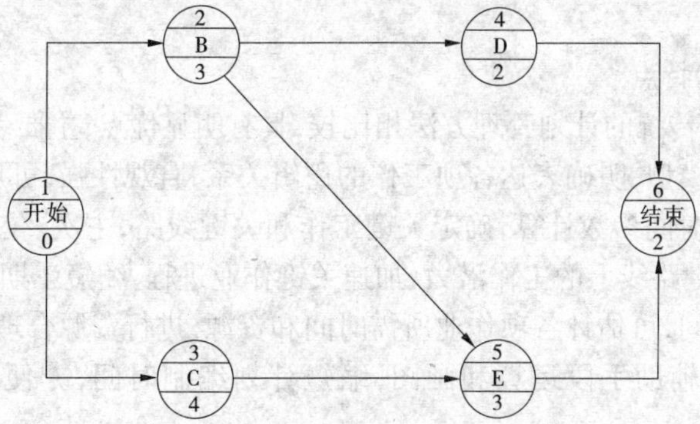

(b)工程的表示方法

图 18-15　单代号网络图

(三)网络计划的分类

用网络图表示任务构成、工作顺序并加注工作时间参数的进度计划称为网络计划。网络计划的种类很多,可以从不同的角度进行分类,常用的分类方法如下。

1. 按网络计划层次分类

根据计划的工程对象不同和使用范围大小，网络计划可分为局部网络计划、单位工程网络计划和综合网络计划。

1）局部网络计划

以一个分部工程或施工段为对象编制的网络计划称为局部网络计划。

2）单位工程网络计划

以一个单位工程为对象编制的网络计划称为单位工程网络计划。

3）综合网络计划

以一个建筑项目或建筑群为对象编制的网络计划称为综合网络计划。

2. 按网络计划时间表达方式分类

根据计划时间的表达方式不同，网络计划可分为时标网络计划和非时标网络计划。

1）时标网络计划

工作的持续时间以时间坐标为尺度绘制的网络计划称为时标网络计划，如图 18-16 所示。

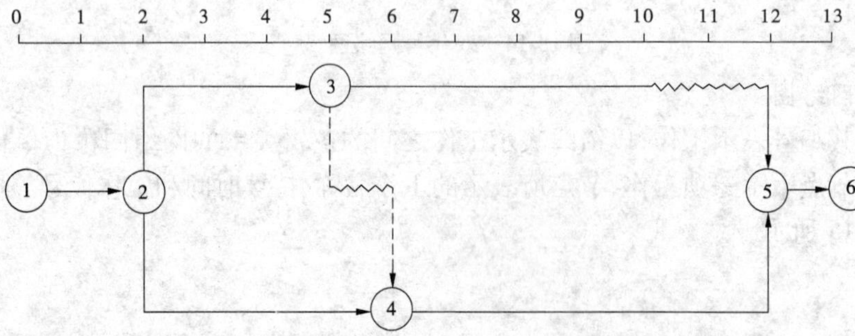

图 18-16　双代号时标网络图

2）非时标网络计划

工作的持续时间以数字形式标注在箭线下面而绘制的网络计划称为非时标网络计划，如图 18-14(b)所示。

（四）网络计划的特点

网络计划技术与传统的计划管理方法相比较，具有明显优点，主要表现为：

(1)利用网络图模型，明确表达各项工作的逻辑关系，直观性强，可形象反映工程全貌。

(2)通过网络图时间参数计算，确定关键工作和关键线路，主次、缓急清楚，便于抓住主要矛盾；可利用非关键路线上的工作潜力，加速关键作业进程，缩短工期，降低工程成本。

(3)掌握机动时间，可估计各项作业所需时间和资源，进行资源合理分配。

(4)运用计算机辅助手段运算和画图，缩短计划编制时间，方便网络计划的调整与控制。

二、双代号网络计划

用一根箭线表示一个施工过程，过程的名称标注在箭线的上方，持续时间标注在箭线的下方，箭尾表示施工过程的开始，箭头表示施工过程的结束。在箭线两端分别画一个圆圈作为节点，并在节点内编号，用箭尾节点和箭头节点编号做这个施工过程的代号，由于施工过程均用两个代号标识,因此该表示方法通常称为双代号表示方法,如图 18-17 所示。用这种表示方法将计划中的全部工作根据它们的先后顺序和相互关系,从左到右绘制而成的网状图形就叫做双代号网络图,如图 18-14 所示。用这种网络图表示的计划叫做双代号网络计划。

图 18-17　双代号表示方法

(一)组成双代号网络图的基本要素

双代号网络图的基本要素是箭线、节点及节点编号。其含义和特性如下所述。

1. 箭线

网络图中一端带箭头的实线即为箭线。在双代号网络图中,它与其两端的节点表示一项工作。箭线表达的内容有以下几个方面:

(1)一根箭线表示一项工作或一个施工过程。根据网络计划的性质和作用的不同,工作既可以是一个简单的施工过程,如挖土、垫层等分项工程或者基础工程、主体工程等分部工程,也可以是一项复杂的工程任务,如教学楼土建工程等单位工程或者教学楼工程等单项工程。如何确定一项工作的范围取决于所绘制的网络计划的作用(控制性或指导性)。

(2)一根箭线表示一项工作所消耗的时间和资源,分别用数字标注在箭线的下方和上方。一般而言,每项工作的完成都要消耗一定的时间和资源,如砌砖墙、浇混凝土等;也存在只消耗时间而不消耗资源的工作,如混凝土养护、砂浆找平层干燥等技术间歇,若单独考虑,也应作为一项工作对待。

(3)在无时间坐标的网络图中,箭线的长度不代表时间的长短,画图时原则上是任意的,但必须满足网络图的绘制规则。在有时间坐标的网络图中,其箭线的长度必须根据完成该项工作所需时间的长短按比例绘制。

(4)箭线的方向表示工作进行的方向和前进的路线,箭尾表示工作的开始,箭头表示工作的结束。

(5)箭线可以画成直线、折线和斜线。必要时,箭线也可以画成曲线,但应以水平直线为主,一般不宜画成垂直线。

2. 节点

网络图中箭线端部的圆圈或其他形状的封闭图形就是节点。在双代号网络图中,它表示工作之间的逻辑关系,节点表达的内容有以下几个方面:

(1)节点表示前面工作结束和后面工作开始的瞬间,所以节点不需要消耗时间和资源。

(2)箭线的箭尾节点表示该工作的开始,箭线的箭头节点表示该工作的结束。

(3)根据节点在网络图中的位置不同可以分为起点节点、终点节点和中间节点。起点节点是网络图的第一个节点,表示一项任务的开始。终点节点是网络图的最后一个节点,表示一项任务的完成。除起点节点和终点节点外的节点称为中间节点,中间节点有双重的含义,既是前面工作的箭头节点,也是后面工作的箭尾节点,如图 18-18 所示。

3. 节点编号

网络图中的每个节点都有自己的编号,以便赋予每项工作以代号,便于计算网络图的时

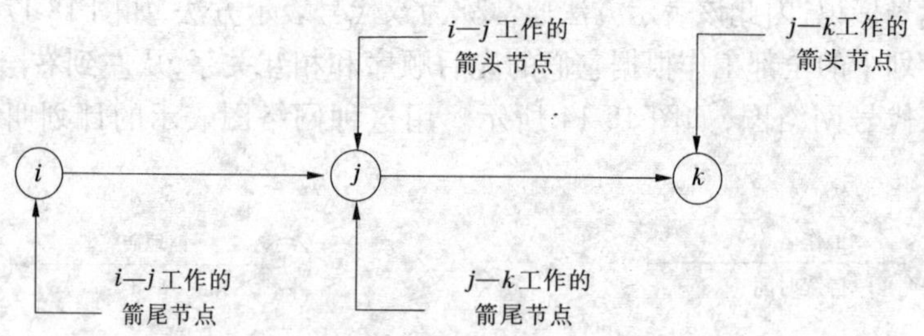

图 18-18　节点示意

间参数和检查网络图是否正确。

(1)节点编号必须满足三条基本规则:其一,箭头节点编号大于箭尾节点编号;其二,在一个网络图中,所有节点不能出现重复编号;其三,编号的号码可以按自然数顺序进行,也可以非连续编号,以便适应网络计划调整中增加工作的需要,编号要留有余地。

(2)节点编号顺序是:箭尾节点编号在前,箭头节点编号在后,凡是箭尾节点没编号,箭头节点不能编号。

4. 线路

网络图中从起点节点开始,沿箭头方向顺序通过一系列箭线与节点,最后达到终点节点的通路称为线路。在一个网络图中,从起点节点到终点节点,一般都存在许多条线路,如图 18-19所示中有四条线路,每条线路都包含若干项工作,这些工作的持续时间之和就是该线路的时间长度,即线路上总的工作持续时间。

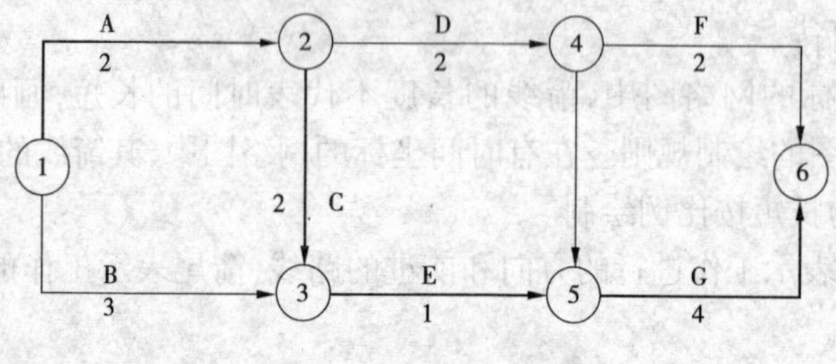

图 18-19　双代号网络图

线路上总的工作持续时间最长的线路称为关键线路。如图 18-19 所示,线路 1—2—3—5—6 总的工作持续时间最长,即为关键线路。其余线路称为非关键线路。位于关键线路上的工作称为关键工作。关键工作完成的快慢直接影响整个计划工期的实现。

一般来说,一个网络图中至少有一条关键线路。关键线路也不是一成不变的,在一定的条件下,关键线路和非关键线路会相互转化。例如,当采取技术组织措施,缩短关键工作的持续时间,或者非关键工作持续时间延长时,就有可能使关键线路发生转移。在网络计划中,关键工作的比重往往不易过大,网络计划越复杂工作节点就越多,则关键工作的比重应该越小,这样有利于抓住主要矛盾。

非关键线路都有若干机动时间(即时差),它意味着工作完成日期容许适当挪动而不影响工期。时差的意义就在于可以使非关键工作在时差允许范围内放慢施工进度,将部分人、财、物转移到关键工作上去,以加快关键工作的进程;或者在时差允许范围内改变工作开始时间和结束时间,以达到均衡施工的目的。

关键线路宜用粗箭线、双箭线或彩色箭线标注,以突出其在网络计划中的重要位置。

(二)绘制双代号网络图的基本规则

正确绘制工程的网络图是网络计划应用的关键。因此,绘图时必须做到以下两点:首先,绘制的网络图必须正确表达过程之间的逻辑关系;其次,必须遵守双代号网络图的绘制规则。

1. 网络图的逻辑关系

工作之间相互制约或依赖的关系称为逻辑关系。工作之间的逻辑关系包括工艺关系和组织关系。

1)工艺关系

工艺关系是指生产工艺上客观存在的先后顺序关系,或者是非生产性工作之间由工作程序决定的先后顺序关系。例如,建筑工程施工时,先做基础,后做主体;先做结构,后做装修。

工艺关系是不能随意改变的。如图 18-20 所示,槽 1→垫 1→基 1→填 1 为工艺关系。

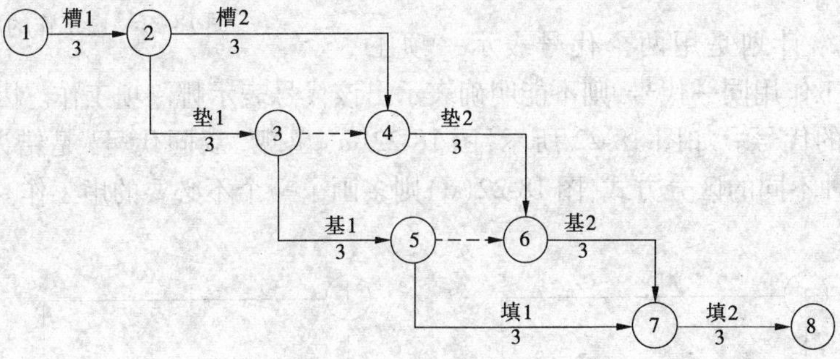

图 18-20　逻辑关系

2)组织关系

组织关系是指在不违反工艺关系的前提下,人为安排的工作的先后顺序关系。例如,建筑群中各个建筑物的开工顺序的先后,施工对象的分段流水作业等。组织顺序可以根据具体情况,按安全、经济、高效的原则统筹安排。如图 18-20 所示,槽 1→槽 2、垫 1→垫 2 等为组织关系。

2. 紧前工作、紧后工作、平行工作

1)紧前工作

紧排在本工作之前的工作称为本工作的紧前工作。本工作和紧前工作之间可能有虚工作。如图 18-20 所示,槽 1 是槽 2 组织关系上的紧前工作;垫 1 和垫 2 之间虽有虚工作,但垫 1 仍然是垫 2 组织关系上的紧前工作。槽 1 则是垫 1 工艺关系上的紧前工作。

2)紧后工作

紧排在本工作之后的工作称为本工作的紧后工作。本工作和紧后工作之间可能有虚工作。如图 18-20 所示,垫 2 是垫 1 组织关系上的紧后工作。垫 1 是槽 1 工艺关系上的紧后工作。

3)平行工作

可与本工作同时进行的工作称为本工作的平行工作。如图 18-20 所示,槽 2 是垫 1 的平行工作。

4)虚工作及其应用

双代号网络计划中,只表示前、后相邻工作之间的逻辑关系,既不占用时间,也不耗用资源的虚拟的工作称为虚工作。虚工作用虚箭线表示,其表达形式可垂直方向向上或向下,也可水平方向向右。虚工作起联系、区分和断路三个作用。

a. 联系作用

虚工作不仅能表达工作间的逻辑联接关系,而且能表达不同幢号的房间之间的相互联系。

例如,工作 A 、B 、C 、D 之间的逻辑关系为:工作 A 完成后可同时进行 B 、D 两项工作,工作 C 完成后进行工作 D。不难看出,工作 A 完成后其紧后工作为 B;工作 C 完成后其紧后工作为 D,很容易表达,但工作 D 又是工作 A 的紧后工作,为把工作 A 和工作 D 联系起来,必须引入虚工作 2—5,逻辑关系才能正确表达,如图 18-21 所示。

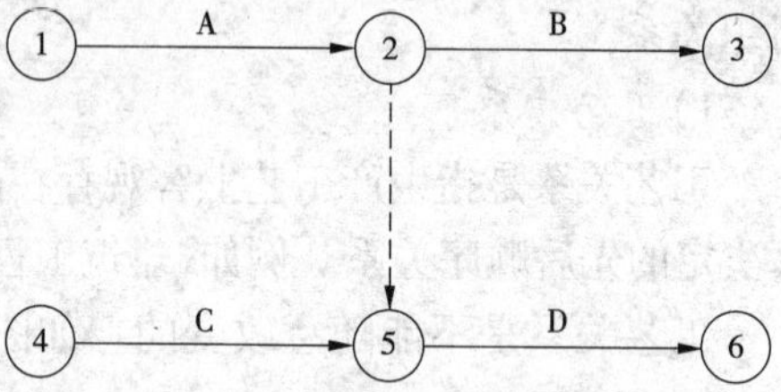

图 18-21 虚工作的应用

b. 区分作用

双代号网络计划是用两个代号表示一项工作。如果两项工作用同一代号,则不能明确表示出该代号表示哪一项工作。因此,不同的工作必须用不同的代号。如图 18-22 所示,图 18-22(a)出现“双同代号”是错误的,图 18-22(b)、(c)是两种不同的区分方式,图 18-22(d)则多画了一个不必要的虚工作。

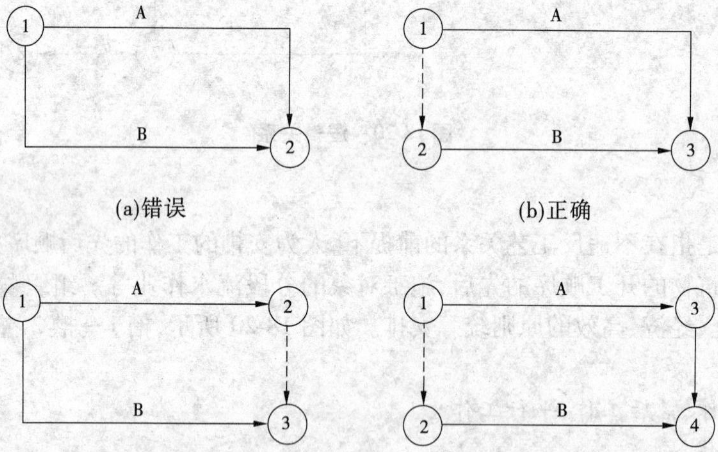

图 18-22 虚工作的区分作用

c. 断路作用

如图 18-23 所示为某基础工程挖基槽(A)、垫层(B)、基础(C)、回填土(D)四项工作的流水施工网络图。该网络图中出现了 A_2 与 C_1,B_2 与 D_1,A_3 与 C_2、D_1,B_3 与 D_2 等四处把并无联系的工作联系上了,即出现了多余联系的错误。

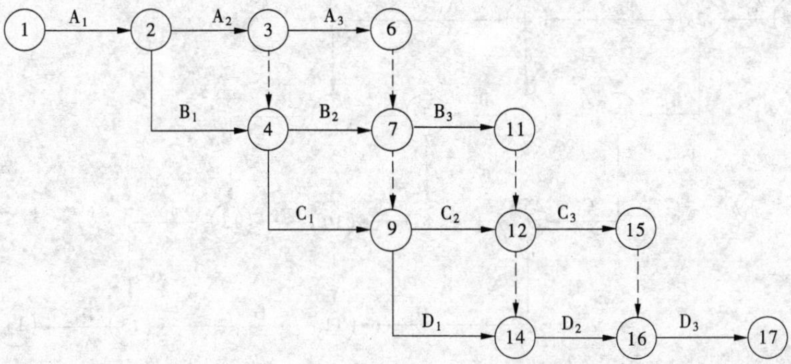

图 18-23 逻辑关系错误的网络图

为了正确表达工作间的逻辑关系，在出现逻辑错误的圆圈（节点）之间增设新节点（即虚工作），切断毫无关系的工作之间的联系，这种方法称为断路法。如图 18-24 中，增设节点 5，虚工作 4—5 切断了 A_2 与 C_1 之间的联系；同理，增设节点 8、节点 10、节点 13，虚工作 8—7、10—9、13—12 等也都起到了相同的断路作用。然后，去掉多余的虚工作，经调整后的正确网络图，如图 18-25 所示。

由此可见，网络图中虚工作是非常重要的，但在应用时要恰如其分，不能滥用，以必不可少为限。另外，增加虚工作后要进行全面检查，不要顾此失彼。

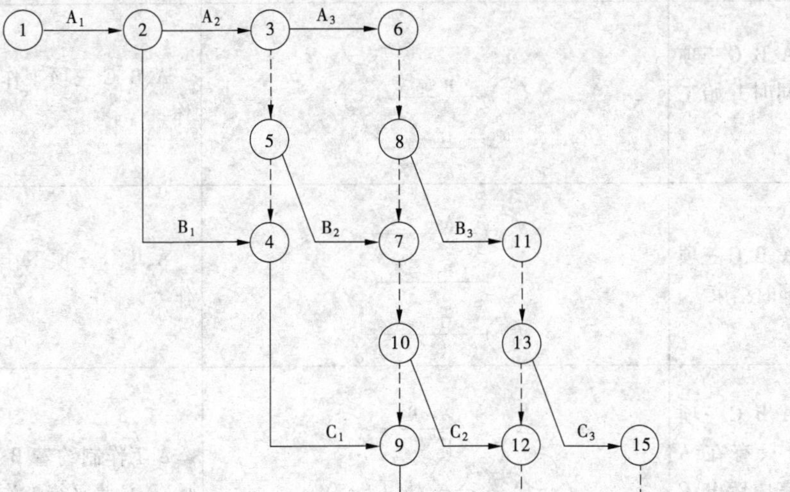

图 18-24 断路法切断多余联系

3. 绘制双代号网络图的基本规则

双代号网络图在绘制过程中，除正确表达逻辑关系外，还必须遵守以下绘图规则：

（1）双代号网络图必须正确表达过程的逻辑关系。

双代号网络图常用的逻辑关系及其相应的表示方法见表 18-4。

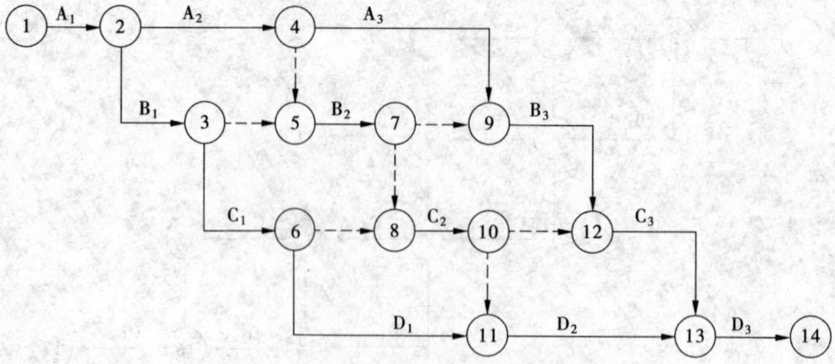

图 18-25　正确的网络计划

表 18-4　双代号网络图常用的逻辑关系及其相应的表示方法

序号	工作之间的逻辑关系	网络图中表示方法	说明
1	有 A、B 两项工作按照依次施工方式进行	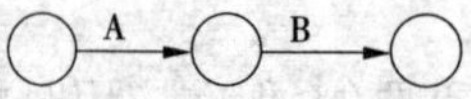	B 工作依赖着 A 工作，A 工作制约着 B 工作的开始
2	有 A、B、C 三项工作同时开始工作	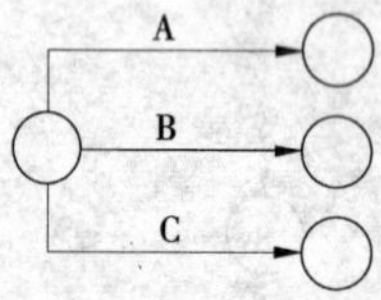	A、B、C 三项工作称为平行工作
3	有 A、B、C 三项工作同时结束	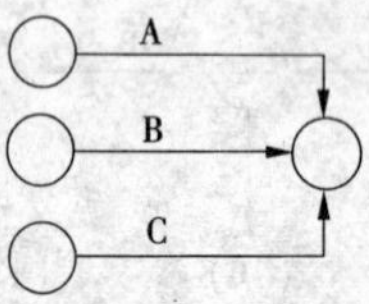	A、B、C 三项工作称为平行工作
4	有 A、B、C 三项工作，只有在 A 工作完成后 B、C 工作才能开始	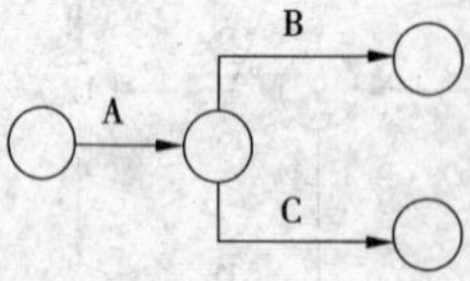	A 工作制约着 B、C 工作的开始，B、C 为平行工作
5	有 A、B、C 三项工作，C 工作只有在 A、B 工作完成后才能开始	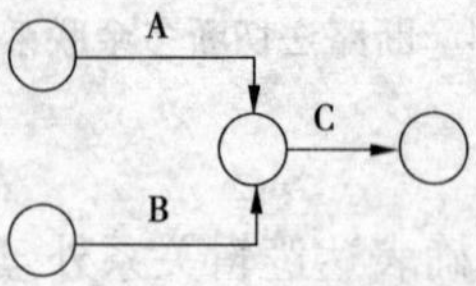	C 工作依赖着 A、B 工作，A、B 为平行工作

续表 18-4

序号	工作之间的逻辑关系	网络图中表示方法	说明
6	有 A、B、C、D 四项工作，只有 A、B 工作完成后，C、D 工作才能开始	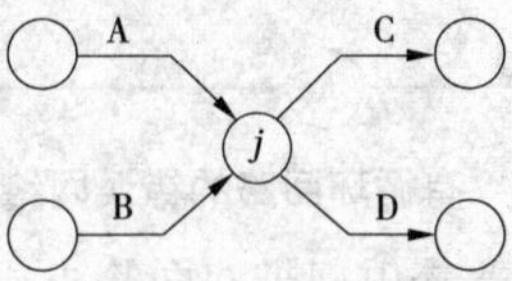	通过中间事件 j 正确地表达了 A、B、C、D 之间的关系
7	有 A、B、C、D 四项工作，只有 A 工作完成后，C 工作才能开始，A、B 工作完成后 D 工作才能开始	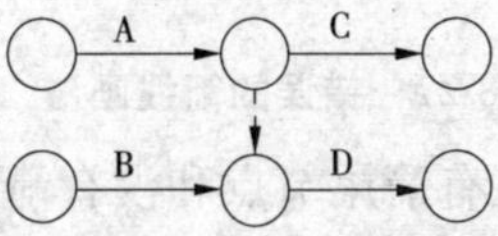	D 与 A 之间引入了逻辑连接（虚工作），只有这样才能正确表达它们之间的制约关系
8	有 A、B、C、D、E 五项工作，只有 A、B 工作完成后，C 工作才能开始，B、D 工作完成后 E 工作才能开始	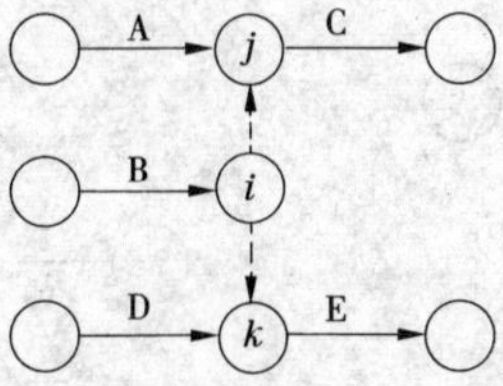	虚工作 i—j 反映出 C 工作受到 B 工作的制约，虚工作 i—k 反映出 E 工作受到 B 工作的制约
9	有 A、B、C、D、E 五项工作，只有 A、B、C 工作完成后，D 工作才能开始，B、C 工作完成后 E 工作才能开始	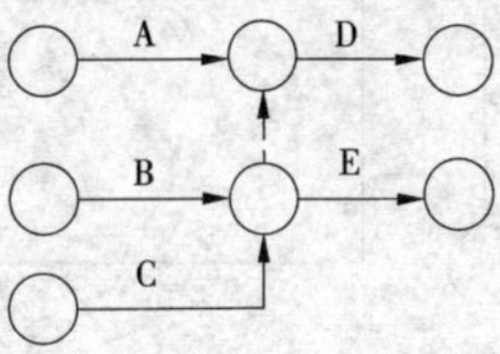	这是前面序号 1、5 情况通过虚工作连接起来，虚工作表示 D 工作受到 B、C 工作的制约
10	A、B、C 三项工作分三个施工段，流水施工	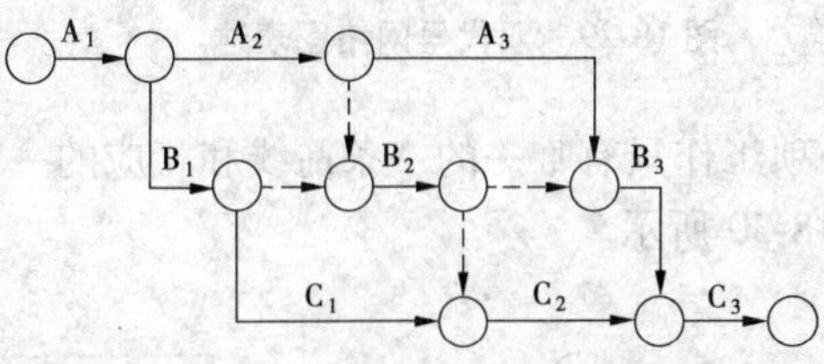	每个工种工程建立专业工作队，在每个施工段上进行流水作业，不同工种之间逻辑搭接关系表示

(2)双代号网络图中，严禁出现循环回路。所谓循环回路，是指从一个节点出发，顺箭线方向又回到原出发点的循环线路。如图 18-26 所示，就出现了不允许出现的循环回路 2—3—4—5—6—7—2。

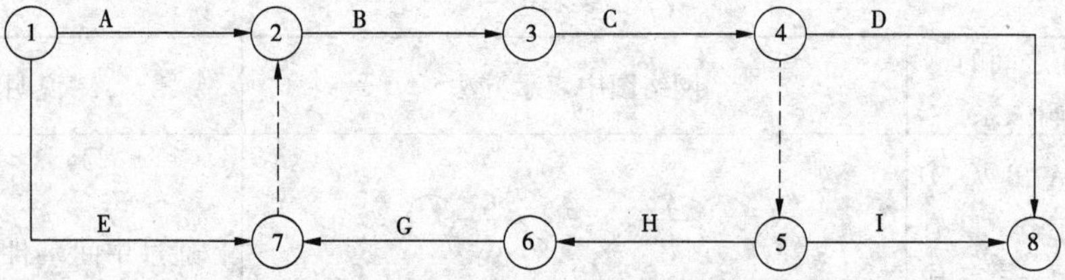

图 18-26　有循环回路的错误网络图

(3)双代号网络图中,在节点之间严禁出现带双向箭头或无箭头的连线,如图 18-27 所示。

(a)双向箭头的连线　　(b)无箭头的连线

图 18-27　错误的箭线画法

(4)双代号网络图中,严禁出现没有箭尾节点和没有箭头节点的箭线,如图 18-28 所示。

(5)双代号网络图中的箭线(包括虚箭线)宜保持自左向右的方向,不宜出现箭头指向左方的水平箭线和箭头偏向左方的斜向箭线,如图 18-29 所示。若遵循这一原则绘制网络图,就不会有循环回路出现。

(a)没有箭尾节点的箭线　　(b)没有箭头节点的箭线

图 18-28　没有箭尾节点和箭头节点的箭线

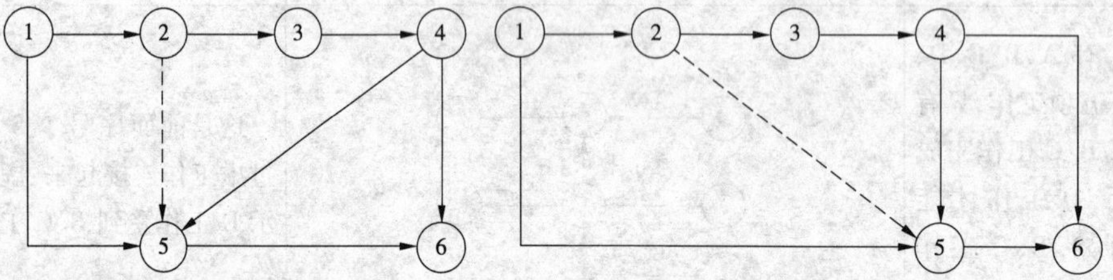

(a)较差　　(b)较好

图 18-29　双代号网络图表达

(6)双代号网络图中,一项工作只有唯一的一条箭线和相应的一对节点编号。严禁在箭线上引入或引出箭线,如图 18-30 所示。

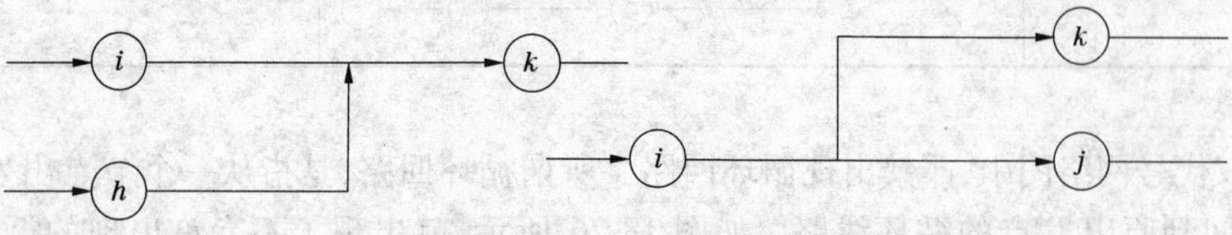

图 18-30　在箭线上引入和引出箭线的错误画法

(7)当网络图的某些节点有多条外向箭线或内向箭线时,可用母线法绘制。当箭线线型不同时,可从母线上引出的支线上标出。如图 18-31 所示,使多条箭线经一条共用的竖向母线段从起点节点引出,或使多条箭线经一条共用的竖向母线段引入终点节点,特殊线型的箭线(粗箭线、双箭线、虚箭线、彩色箭线等)单独自起点节点绘出或单独引入终点节点。

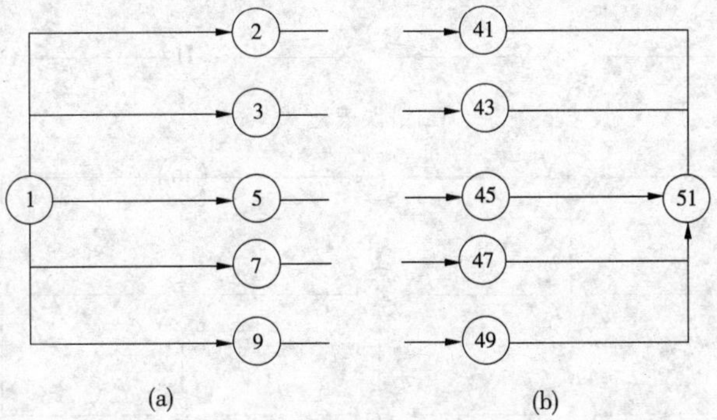

图 18-31　母线画法

(8)绘制网络图时,尽可能在构图时避免交叉。当交叉不可避免且交叉少时,采用过桥法,当箭线交叉过多时使用指向法,如图 18-32 所示。采用指向法时应注意节点编号指向的大小关系,保持箭尾节点的编号小于箭头节点的编号。为了避免出现箭尾节点的编号大于箭头节点的编号的情况,指向法一般只在网络图已编号后才用。

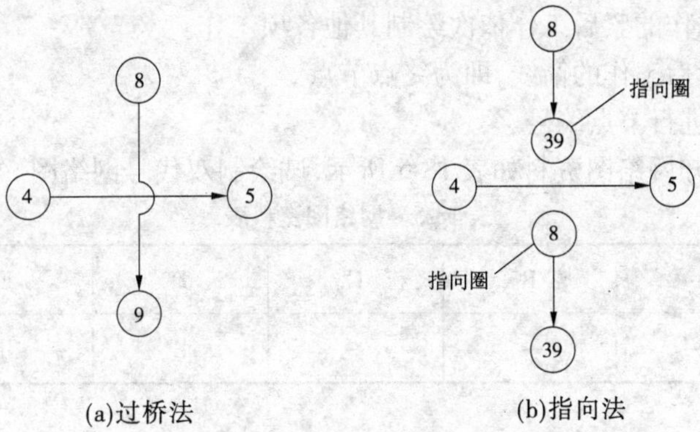

图 18-32　箭线交叉的表示方法

(9)双代号网络图中只允许有一个起点节点(该节点编号最小且没有内向箭线);不是分期完成任务的网络图中,只允许有一个终点节点(该节点编号最大且没有外向工作);而其他所有节点均是中间节点(既有内向箭线又有外向箭线)。如图 18-33(a)所示,网络图中有两个起点节点 1 和 2,有两个终点节点 12 和 13,还有没有内向箭线的节点 5 和没有外向箭线的节点 9,画法错误。应将节点 1、节点 2、节点 5 合并成一个起点节点,将节点 12、节点 13、节点 9 合并成一个终点节点,如图 18-33(b)所示。

4. 双代号网络图的绘制步骤及要求

1)绘制步骤

先根据网络图的逻辑关系,绘制出网络图草图,再结合绘图规则进行调整布局,最后形成正式的网络图。当已知每一项工作的紧前工作时,可按下述步骤绘制双代号网络图:

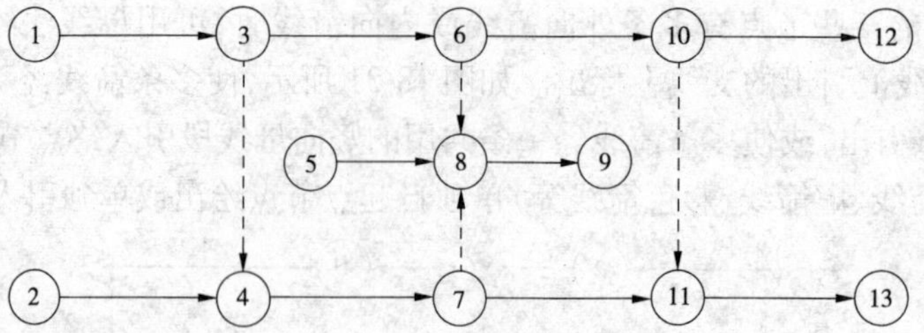

(a)错误表达

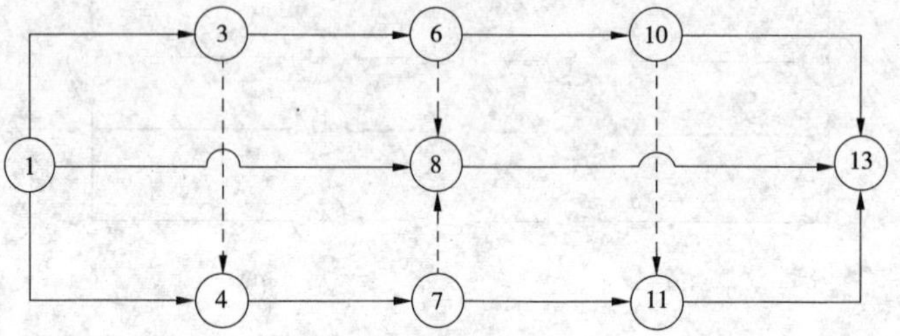

(b)正确表达

图 18-33 起点节点和终点节点表达

(1)根据已有的紧前工作找出每项工作的紧后工作。

(2)首先绘制没有紧前工作的工作,这些工作与起点节点相连。

(3)根据各项工作的紧后工作依次绘制其他各项工作。

(4)合并没有紧后工作的箭线,即为终点节点。

(5)确认无误,进行节点编号。

【例 18-8】 已知网络图资料如表 18-5 所示,试绘制双代号网络图。

表 18-5 网络图资料表

工作	A	B	C	D	E	G
紧前工作	—	—	—	B	B	C、D

解 绘制结果如图 18-34 所示。

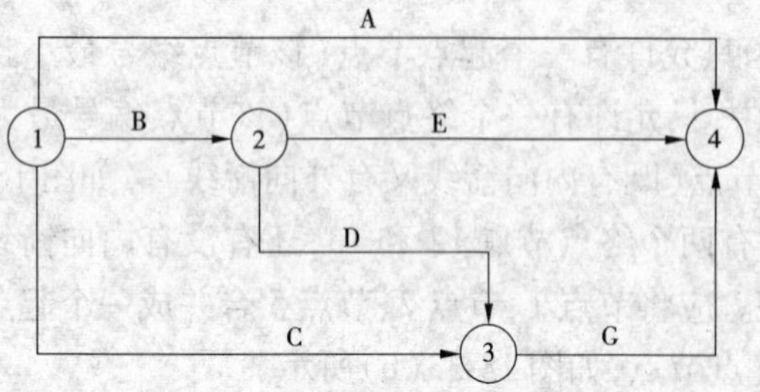

图 18-34 网络图

2)注意事项

(1)网络图布局要条理清楚,重点突出。虽然网络图主要用以表达各工作之间的逻辑关系，但为了使用方便，布局应条理清楚，层次分明，行列有序，同时还应突出重点，尽量把关键工作和关键线路布置在中心位置。

(2)网络图的箭线应以水平线为主，竖线和斜线为辅，不应画成曲线。箭线应保持自左向右的方向，尽量避免反向箭线。

(3)正确应用虚箭线进行网络图的断路。应用虚箭线进行网络图的断路，是正确表达工作之间逻辑关系的关键。双代号网络图出现多余联系可采用以下两种方法进行断路：一种是在横向用虚箭线切断无逻辑关系的工作之间联系，称为横向断路法，这种方法主要用于无时间坐标的网络图中；另一种是在纵向用虚箭线切断无逻辑关系的工作之间的联系，称为纵向断路法，这种方法主要用于有时间坐标的网络图中。在网络图中应正确应用虚箭线，力求减少不必要的虚箭线。

(4)力求减少不必要的箭线和节点。双代号网络图中，应在满足绘图规则和两个节点一根箭线代表一项工作的原则基础上，力求减少不必要的箭线和节点，使网络图图面简洁，减少时间参数的计算量。如图18-35(a)所示，该图在施工顺序、流水关系及逻辑关系上均是合理的，但它过于烦琐。如果将不必要的节点和箭线去掉，网络图则更加明快、简单，同时并不改变原有的逻辑关系，如图18-35(b)所示。

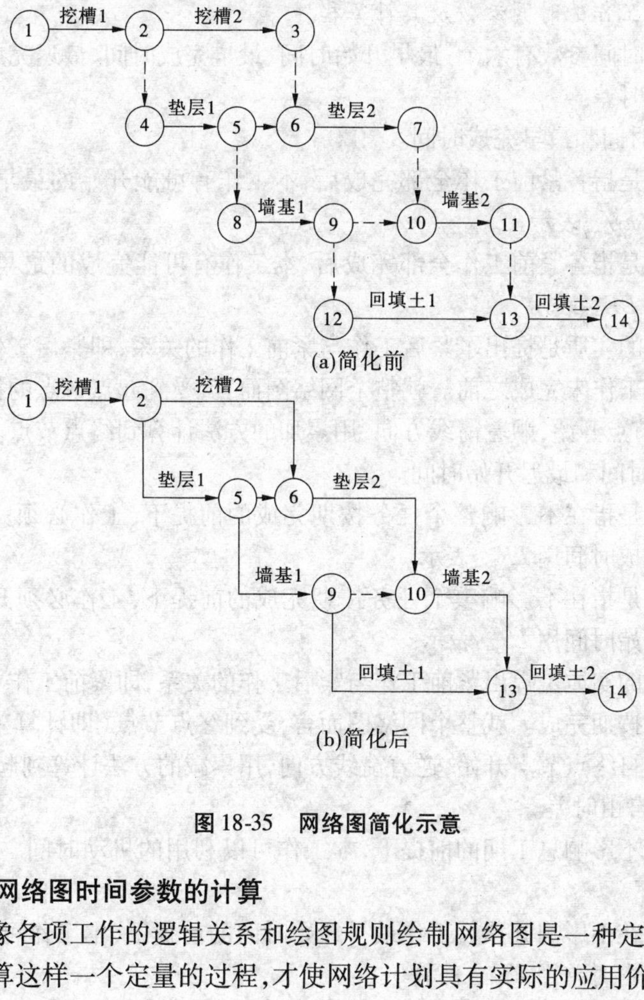

图18-35　网络图简化示意

(三)双代号网络图时间参数的计算

根据工程对象各项工作的逻辑关系和绘图规则绘制网络图是一种定性的过程，只有进行时间参数的计算这样一个定量的过程，才使网络计划具有实际的应用价值。

计算网络计划时间参数的目的主要有三个:第一,确定关键线路和关键工作,便于施工中抓住重点,向关键线路要时间;第二,明确非关键工作及其在施工中时间上有多大的机动性,便于挖掘潜力,统筹全局,部署资源;第三,确定总工期,做到工程进度心中有数。

时间参数的计算方法可分为工作计算法和节点计算法两种。每一种又可分为分析计算法(也叫公式法)、图上计算法、表上计算法、矩阵法和电算法等,其中分析计算法是其他方法的基础,必须熟练掌握。

1. 时间参数的概念及其符号

1)工作持续时间

工作持续时间是指一项工作从开始到完成的时间,用 D_{i-j} 表示。

2)工期

工期是指完成一项任务所需要的时间,一般有以下三种工期。

(1)计算工期:指根据时间参数计算所得到的工期,用 T_c 表示。

(2)要求工期:指任务委托人提出的指令性工期,用 T_r 表示。

(3)计划工期:指根据要求工期和计算工期所确定的作为实施目标的工期,用 T_p 表示。

当规定了要求工期时:$T_p \leqslant T_r$;当未规定要求工期时:$T_p = T_c$。

3)网络计划中工作的时间参数及其计算程序

网络计划中的时间参数有六个:最早开始时间、最早完成时间、最迟完成时间、最迟开始时间、总时差、自由时差。

(1)最早开始时间和最早完成时间。

最早开始时间是指各紧前工作全部完成后,本工作有可能开始的最早时刻。工作 i—j 的最早开始时间用 ES_{i-j} 表示。

最早完成时间是指各紧前工作全部完成后,本工作有可能完成的最早时刻。工作 i—j 的最早完成时间用 EF_{i-j} 表示。

这类时间参数的实质是提出了紧后工作与紧前工作的关系,即紧后工作若提前开始,也不能提前到其紧前工作未完成之前。就整个网络图而言,受到起点节点的控制。因此,其计算程序为:自起点节点开始,顺着箭线方向,用累加的方法计算到终点节点。

(2)最迟完成时间和最迟开始时间。

最迟完成时间是指在不影响整个任务按期完成的前提下,工作必须完成的最迟时刻。工作 i—j 的最迟完成时间用 LF_{i-j} 表示。

最迟开始时间是指在不影响整个任务按期完成的前提下,工作必须开始的最迟时刻。工作 i—j 的最迟开始时间用 LS_{i-j} 表示。

这类时间参数的实质是提出紧前工作与紧后工作的关系,即紧前工作要推迟开始,不能影响其紧后工作的按期完成。就整个网络图而言,受到终点节点(即计算工期)的控制。因此,其计算程序为:自终点节点开始,逆着箭线方向,用累减的方法计算到起点节点。

(3)总时差和自由时差。

总时差是指在不影响总工期的前提下,本工作可以利用的机动时间。工作 i—j 的总时差用 TF_{i-j} 表示。

自由时差是指在不影响其紧后工作最早开始时间的前提下,本工作可以利用的机动时间。工作 i—j 的自由时差用 FF_{i-j} 表示。

4）网络计划中节点的时间参数及其计算程序

（1）节点最早时间。

双代号网络计划中，以该节点为开始节点的各项工作的最早开始时间，称为节点最早时间。节点 i 的最早时间用 ET_i 表示。

计算程序为：自起点节点开始，顺着箭线方向，用累加的方法计算到终点节点。

（2）节点最迟时间。

双代号网络计划中，以该节点为完成节点的各项工作的最迟完成时间，称为节点的最迟时间，节点 i 的最迟时间用 LT_i 表示。

计算程序为：自终点节点开始，逆着箭线方向，用累减的方法计算到起点节点。

5）常用符号

设有线路 $h—i—j—k$，则：

D_{i-j}（Day）——工作 $i—j$ 的持续时间；

D_{h-i}——工作 $i—j$ 的紧前工作 $h—i$ 的持续时间；

D_{j-k}——工作 $i—j$ 的紧后工作 $j—k$ 的持续时间；

ES_{i-j}（Earliest Starting Time）——工作 $i—j$ 的最早可能开始时间；

EF_{i-j}（Earliest Finishing Time）——工作 $i—j$ 的最早可能完成时间；

LF_{i-j}（Latest Finishing Time）——在总工期已经确定的情况下，工作 $i—j$ 的最迟必须完成时间；

LS_{i-j}（Latest Starting Time）——在总工期已经确定的情况下，工作 $i—j$ 的最迟必须开始时间；

ET_i——节点 i 的最早时间；

LT_i——节点 i 的最迟时间；

TF_{i-j}（Totale Floate Time）——工作 $i—j$ 的总时差；

FF_{i-j}（Free Floate Time）——工作 $i—j$ 的自由时差。

2. 按节点法计算时间参数（参数表示在图上）

按节点计算法计算时间参数，其计算结果应标注在节点之上，如图 18-36 所示。

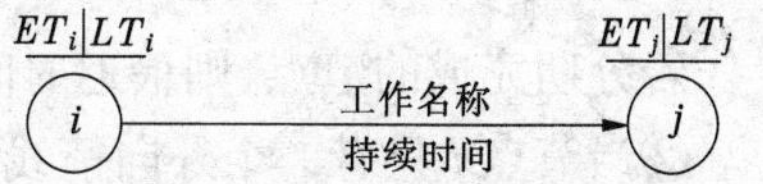

图 18-36　按节点计算法的标注内容

下面以图 18-37 为例，说明其计算步骤。

（1）计算各节点最早时间。

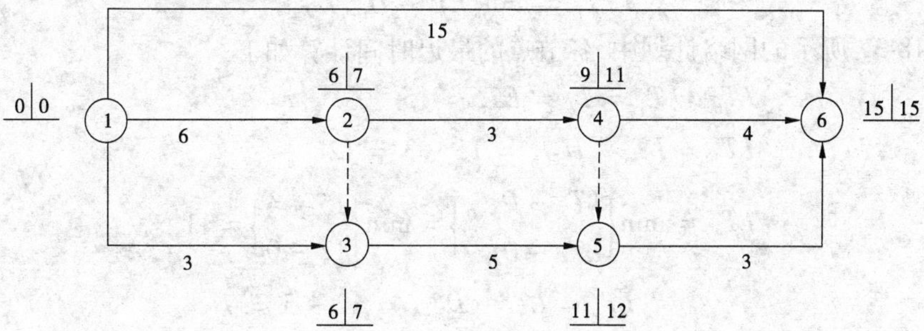

图 18-37　网络计划计算

节点的最早时间是以该节点为开始节点的工作的最早开始时间，其计算有三种情况。

①起点节点 i 如未规定最早时间，其值应等于零，即

$$ET_i = 0 \quad (i = 1) \tag{18-10}$$

②当节点 j 只有一条内向箭线时，最早时间应为

$$ET_j = ET_i + D_{i-j} \tag{18-11}$$

③当节点 j 有多条内向箭线时，其最早时间应为

$$ET_j = \max\{ET_i + D_{i-j}\} \tag{18-12}$$

终点节点 n 的最早时间即为网络计划的计算工期，即

$$T_c = ET_n \tag{18-13}$$

如图 18-37 所示的网络计划中，各节点最早时间计算如下

$$ET_1 = 0$$

$$ET_2 = ET_1 + D_{1-2} = 0 + 6 = 6$$

$$ET_3 = \max\begin{Bmatrix} ET_2 + D_{2-3} \\ ET_1 + D_{1-3} \end{Bmatrix} = \max\begin{Bmatrix} 6 + 0 \\ 0 + 3 \end{Bmatrix} = 6$$

$$ET_4 = ET_2 + D_{2-4} = 6 + 3 = 9$$

$$ET_5 = \max\begin{Bmatrix} ET_4 + D_{4-5} \\ ET_3 + D_{3-5} \end{Bmatrix} = \max\begin{Bmatrix} 9 + 0 \\ 6 + 5 \end{Bmatrix} = 11$$

$$ET_6 = \max\begin{Bmatrix} ET_1 + D_{1-6} \\ ET_4 + D_{4-6} \\ ET_5 + D_{5-6} \end{Bmatrix} = \max\begin{Bmatrix} 0 + 15 \\ 9 + 4 \\ 11 + 3 \end{Bmatrix} = 15$$

(2)计算各节点最迟时间。

节点最迟时间是以该节点为完成节点的工作的最迟完成时间，其计算有三种情况。

①终点节点的最迟时间应等于网络计划的计划工期，即

$$LT_n = T_p \tag{18-14}$$

若分期完成的节点，则最迟时间等于该节点规定的分期完成的时间。

②当节点 i 只有一个外向箭线时，最迟时间为

$$LT_i = LT_j - D_{i-j} \tag{18-15}$$

③当节点 i 有多条外向箭线时，其最迟时间为

$$LT_i = \min\{LT_j - D_{i-j}\} \tag{18-16}$$

如图 18-37 所示的网络计划中，各节点的最迟时间计算如下

$$LT_6 = T_p = T_c = ET_6 = 15$$

$$LT_5 = LT_6 - D_{5-6} = 15 - 3 = 12$$

$$LT_4 = \min\begin{Bmatrix} LT_6 - D_{4-6} \\ LT_5 - D_{4-5} \end{Bmatrix} = \min\begin{Bmatrix} 15 - 4 \\ 12 - 0 \end{Bmatrix} = 11$$

$$LT_3 = LT_5 - D_{3-5} = 12 - 5 = 7$$

$$LT_2 = \min\begin{Bmatrix} LT_4 - D_{2-4} \\ LT_3 - D_{2-3} \end{Bmatrix} = \min\begin{Bmatrix} 11 - 3 \\ 7 - 0 \end{Bmatrix} = 7$$

$$LT_1 = \min\begin{Bmatrix} LT_6 - D_{1-6} \\ LT_2 - D_{1-2} \\ LT_3 - D_{1-3} \end{Bmatrix} = \min\begin{Bmatrix} 15 - 15 \\ 7 - 6 \\ 7 - 3 \end{Bmatrix} = 0$$

(3)根据节点时间参数计算工作时间参数。

①工作最早开始时间等于该工作的开始节点的最早时间,即

$$ES_{i-j} = ET_i \tag{18-17}$$

②工作最早完成时间等于该工作的开始节点的最早时间加持续时间,即

$$EF_{i-j} = ET_i + D_{i-j} \tag{18-18}$$

③工作最迟完成时间等于该工作的完成节点的最迟时间,即

$$LF_{i-j} = LT_j \tag{18-19}$$

④工作最迟开始时间等于该工作的完成节点的最迟时间减持续时间,即

$$LS_{i-j} = LT_j - D_{i-j} \tag{18-20}$$

⑤工作总时差等于该工作的完成节点最迟时间减该工作开始节点的最早时间再减持续时间,即

$$TF_{i-j} = LT_j - ET_i - D_{i-j} \tag{18-21}$$

⑥工作自由时差等于该工作的完成节点最早时间减该工作开始节点的最早时间再减持续时间,即

$$FF_{i-j} = ET_j - ET_i - D_{i-j} \tag{18-22}$$

如图 18-37 所示的网络计划中,根据节点时间参数计算工作的六个时间参数如下:

工作最早开始时间为

$$ES_{1-6} = ES_{1-2} = ES_{1-3} = ET_1 = 0$$
$$ES_{2-4} = ET_2 = 6$$
$$ES_{3-5} = ET_3 = 6$$
$$ES_{4-6} = ET_4 = 9$$
$$ES_{5-6} = ET_5 = 11$$

工作最早完成时间为

$$EF_{1-6} = ET_1 + D_{1-6} = 0 + 15 = 15$$
$$EF_{1-2} = ET_1 + D_{1-2} = 0 + 6 = 6$$
$$EF_{1-3} = ET_1 + D_{1-3} = 0 + 3 = 3$$
$$EF_{2-4} = ET_2 + D_{2-4} = 6 + 3 = 9$$
$$EF_{3-5} = ET_3 + D_{3-5} = 6 + 5 = 11$$
$$EF_{4-6} = ET_4 + D_{4-6} = 9 + 4 = 13$$
$$EF_{5-6} = ET_5 + D_{5-6} = 11 + 3 = 14$$

工作最迟完成时间为

$$LF_{1-6} = LT_6 = 15$$
$$LF_{1-2} = LT_2 = 7$$
$$LF_{1-3} = LT_3 = 7$$

$$LF_{2-4} = LT_4 = 11$$
$$LF_{3-5} = LT_5 = 12$$
$$LF_{4-6} = LT_6 = 15$$
$$LF_{5-6} = LT_6 = 15$$

工作最迟开始时间为

$$LS_{1-6} = LT_6 - D_{1-6} = 15 - 15 = 0$$
$$LS_{1-2} = LT_2 - D_{1-2} = 7 - 6 = 1$$
$$LS_{1-3} = LT_3 - D_{1-3} = 7 - 3 = 4$$
$$LS_{2-4} = LT_4 - D_{2-4} = 11 - 3 = 8$$
$$LS_{3-5} = LT_5 - D_{3-5} = 12 - 5 = 7$$
$$LS_{4-6} = LT_6 - D_{4-6} = 15 - 4 = 11$$
$$LS_{5-6} = LT_6 - D_{5-6} = 15 - 3 = 12$$

总时差为

$$TF_{1-6} = LT_6 - ET_1 - D_{1-6} = 15 - 0 - 15 = 0$$
$$TF_{1-2} = LT_2 - ET_1 - D_{1-2} = 7 - 0 - 6 = 1$$
$$TF_{1-3} = LT_3 - ET_1 - D_{1-3} = 7 - 0 - 3 = 4$$
$$TF_{2-4} = LT_4 - ET_2 - D_{2-4} = 11 - 6 - 3 = 2$$
$$TF_{3-5} = LT_5 - ET_3 - D_{3-5} = 12 - 6 - 5 = 1$$
$$TF_{4-6} = LT_6 - ET_4 - D_{4-6} = 15 - 9 - 4 = 2$$
$$TF_{5-6} = LT_6 - ET_5 - D_{5-6} = 15 - 11 - 3 = 1$$

自由时差为

$$FF_{1-6} = ET_6 - ET_1 - D_{1-6} = 15 - 0 - 15 = 0$$
$$FF_{1-2} = ET_2 - ET_1 - D_{1-2} = 6 - 0 - 6 = 0$$
$$FF_{1-3} = ET_3 - ET_1 - D_{1-3} = 6 - 0 - 3 = 3$$
$$FF_{2-4} = ET_4 - ET_2 - D_{2-4} = 9 - 6 - 3 = 0$$
$$FF_{3-5} = ET_5 - ET_3 - D_{3-5} = 11 - 6 - 5 = 0$$
$$FF_{4-6} = ET_6 - ET_4 - D_{4-6} = 15 - 9 - 4 = 2$$
$$FF_{5-6} = ET_6 - ET_5 - D_{5-6} = 15 - 11 - 3 = 1$$

3. 关键工作和关键线路的确定

1)关键工作的确定

网络计划中机动时间最少的工作称为关键工作,因此网络计划中工作总时差最小的工作也就是关键工作。在计划工期等于计算工期时,总时差为零的工作就是关键工作。当计划工期小于计算工期时,关键工作的总时差为负值,说明应采取更多措施以缩短计算工期。当计划工期大于计算工期时,关键工作的总时差为正值,说明计划已留有余地,进度控制就比较主动。

2)关键线路的确定方法

(1)利用关键工作判断。网络计划中,自始至终全部由关键工作(必要时经过一些虚工作)组成或线路上总的工作持续时间最长的线路应为关键线路。

(2)利用标号法判断。标号法是一种快速寻求网络计划计算工期和关键线路的方法。它利用节点计算法的基本原理,对网络计划中的每个节点进行标号,然后利用标号值确定网络计划的计算工期和关键线路。

以图18-38所示网络计划为例,说明用标号法确定计算工期和关键线路的步骤。

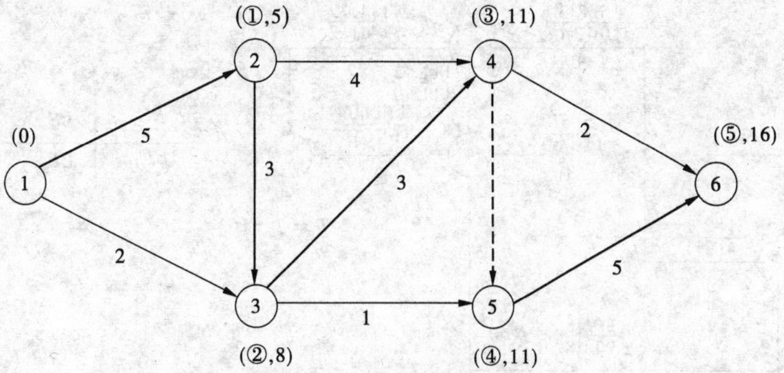

图18-38　标号法确定关键线路

(1)确定节点标号值(ⓐ,b_j)。

①网络计划起点节点的标号值为零。本例中,节点1的标号值为零,即$b_1=0$。

②其他节点的标号值等于以该节点为完成节点的各项工作的开始节点标号值加其持续时间所得之和的最大值,即

$$b_j = \max\{b_i + D_{i-j}\} \tag{18-23}$$

式中　b_j——工作i—j的完成节点j的标号值;

b_i——工作i—j的开始节点i的标号值;

D_{i-j}——工作i—j的持续时间。

节点的标号宜用双标号法,即用源节点(得出标号值的节点)ⓐ作为第一标号,用标号值作为第二标号b_j。

本例中各节点标号值如图18-38所示。

(2)确定计算工期。

网络计划的计算工期就是终点节点的标号值。本例中,其计算工期为终点节点6的标号值16。

(3)确定关键线路。自终点节点开始,逆着箭线跟踪源节点即可确定。本例中,从终点节点6开始跟踪源节点分别为5、4、3、2、1,即得关键线路1—2—3—4—5—6。

4.按工作计算法计算时间参数

按工作计算法计算时间参数应在确定了各项工作的持续时间之后进行。虚工作也必须视同工作进行计算,其持续时间为零。时间参数的计算结果应标注在箭线之上,如图18-39所示。

下面以某双代号网络计划(见图18-40)为例,说明其计算步骤。

(1)计算各工作的最早开始时间和最早完成时间。

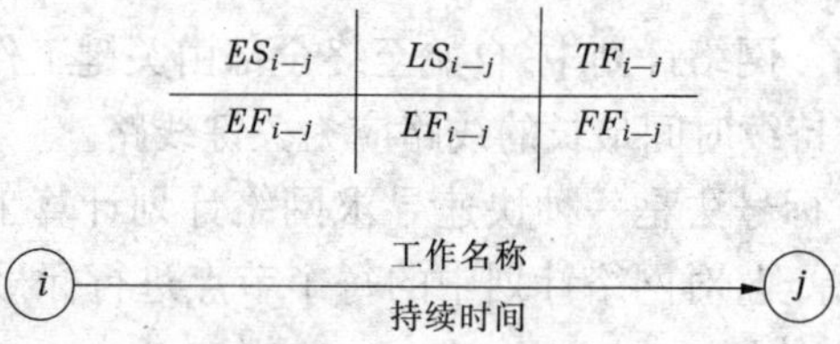

图 18-39 按工作计算法的标注内容

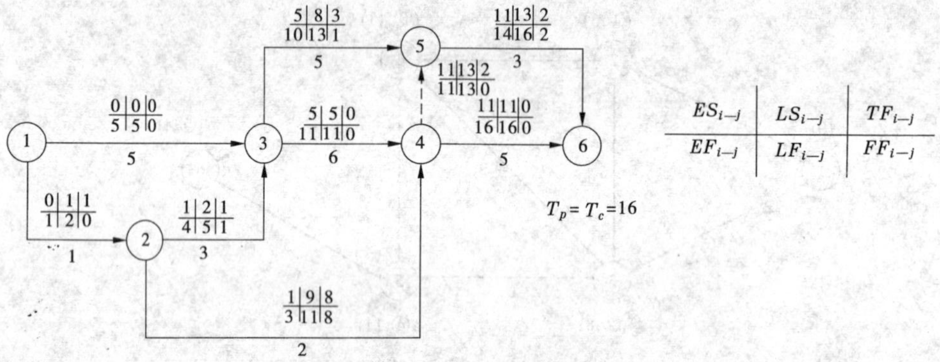

图 18-40 某双代号网络图的计算

工作的最早可能开始时间表示该工作所有紧前工作都完成后，该工作最早可能开工的时间。根据每一项工作紧前工作情况不同，其计算公式也不相同。

计算工作最早时间参数时，一般有以下三种情况。

①当工作以起点节点为开始节点时，其最早开始时间为零(或规定时间)，即

$$ES_{i-j} = 0 \tag{18-24}$$

②当工作只有一项紧前工作时，该工作的最早开始时间应为其紧前工作的最早完成时间，即

$$ES_{i-j} = EF_{h-i} = ES_{h-i} + D_{h-i} \tag{18-25}$$

③当工作有多个紧前工作时，该工作的最早开始时间应为其所有紧前工作最早完成时间的最大值，即

$$ES_{i-j} = \max\{EF_{h-i}\} = \{ES_{h-i} + D_{h-i}\} \tag{18-26}$$

因此，计算工作最早开始时间时，应从最左边的第一项无紧前工序的工作开始，依次进行累加，直到最后一个工序，可简单归纳为："从左到右，沿线累加，逢圈取大"。

工作的最早可能结束时间(EF_{i-j})，表示该工作从最早可能开始时间算起的最早可以完成的时刻。因此，它的计算公式可以表示为

$$EF_{i-j} = ES_{i-j} + D_{i-j} \tag{18-27}$$

可见，工作最早结束时间不是独立存在的，它是依附于最早可能开始时间而存在的。

如图 18-40 所示的网络计划中，各工作的最早开始时间和最早完成时间计算如下：

工作的最早开始时间为

$$ES_{1-2} = ES_{1-3} = 0$$

$$ES_{2-3} = ES_{1-2} + D_{1-2} = 0 + 1 = 1$$

$$ES_{2-4} = ES_{2-3} = 1$$

$$ES_{3-4} = \max\begin{Bmatrix} ES_{1-3} + D_{1-3} \\ ES_{2-3} + D_{2-3} \end{Bmatrix} = \max\begin{Bmatrix} 0 + 5 \\ 1 + 1 \end{Bmatrix} = 5$$

$$ES_{3-5} = ES_{3-4} = 5$$

$$ES_{4-5} = \max\begin{Bmatrix} ES_{3-4} + D_{3-4} \\ ES_{2-4} + D_{2-4} \end{Bmatrix} = \max\begin{Bmatrix} 5 + 6 \\ 1 + 2 \end{Bmatrix} = 11$$

$$ES_{4-6} = ES_{4-5} = 11$$

$$ES_{5-6} = \max\begin{Bmatrix} ES_{3-5} + D_{3-5} \\ ES_{4-5} + D_{4-5} \end{Bmatrix} = \max\begin{Bmatrix} 5 + 5 \\ 11 + 0 \end{Bmatrix} = 11$$

工作的最早完成时间为

$$EF_{1-2} = ES_{1-2} + D_{1-2} = 0 + 1 = 1$$
$$EF_{1-3} = ES_{1-3} + D_{1-3} = 0 + 5 = 5$$
$$EF_{2-3} = ES_{2-3} + D_{2-3} = 1 + 3 = 4$$
$$EF_{2-4} = ES_{2-4} + D_{2-4} = 1 + 2 = 3$$
$$EF_{3-4} = ES_{3-4} + D_{3-4} = 5 + 6 = 11$$
$$EF_{3-5} = ES_{3-5} + D_{3-5} = 5 + 5 = 10$$
$$EF_{4-5} = ES_{4-5} + D_{4-5} = 11 + 0 = 11$$
$$EF_{4-6} = ES_{4-6} + D_{4-6} = 11 + 5 = 16$$
$$EF_{5-6} = ES_{5-6} + D_{5-6} = 11 + 3 = 14$$

从上述计算可以看出，工作的最早时间计算时应特别注意以下三点：一是计算程序，即从起点节点开始顺着箭线方向，按节点次序逐项工作计算；二是要弄清该工作的紧前工作是哪几项，以便准确计算；三是同一节点的所有外向工作最早开始时间相同。

(2)确定网络计划工期。

当网络计划规定了要求工期时，网络计划的计划工期应小于或等于要求工期，即

$$T_p \leqslant T_r \tag{18-28}$$

当网络计划未规定要求工期时，网络计划的计划工期应等于计算工期，即以网络计划的终点节点为完成节点的各个工作的最早完成时间的最大值，如网络计划的终点节点的编号为 n，则计算工期 T_c 为

$$T_p = T_c = \max\{EF_{i-n}\} \tag{18-29}$$

如图 18-40 所示，网络计划的计算工期为

$$T_c = \max\begin{Bmatrix} ES_{4-6} + D_{4-6} \\ ES_{5-6} + D_{5-6} \end{Bmatrix} = \max\begin{Bmatrix} 11 + 5 \\ 11 + 3 \end{Bmatrix} = 16$$

(3)计算各工作的最迟完成时间和最迟开始时间。

工作最迟完成时间是指在不影响计划工期的前提下，该工作最迟必须完成的时刻。

计算工作最迟完成时间参数时，一般有以下三种情况：

①当工作的终点节点为完成节点时，其最迟完成时间为网络计划的计划工期，即

$$LF_{i-n} = T_p \tag{18-30}$$

②当工作只有一项紧后工作时,该工作的最迟完成时间应为其紧后工作的最迟开始时间,即

$$LF_{i-j} = LS_{j-k} = LF_{j-k} - D_{j-k} \tag{18-31}$$

③当工作有多项紧后工作时,该工作的最迟完成时间应为其多项紧后工作最迟开始时间的最小值,即

$$LF_{i-j} = \min\{LS_{j-k}\} = \min\{LF_{j-k} - D_{j-k}\} \tag{18-32}$$

因此,计算工作最迟完成时间时,应从结束于终点节点的无紧后工序的工作开始,可归纳为:“从右到左,逆线相减,逢圈取小”。这里“逢圈取小”指的是有多个紧后工序的工作,它的最迟完成时间应取多个紧后工序最迟开始时间的最小值。

工作最迟开始时间(LS_{i-j}),表示在不影响该工作最迟必须结束的情况下,该工作最迟必须开始时刻。因此,已知工作最迟完成时间,减去该工作的持续时间即可算出它的最迟开始时间。计算公式为

$$LS_{i-j} = LF_{i-j} - D_{i-j} \tag{18-33}$$

图18-40所示的网络计划中,各工作的最迟完成时间和最迟开始时间计算如下:

工作的最迟完成时间为

$$LF_{4-6} = T_c = 16$$

$$LF_{5-6} = LF_{4-6} = 16$$

$$LF_{3-5} = LF_{5-6} - D_{5-6} = 16 - 3 = 13$$

$$LF_{4-5} = LF_{3-5} = 13$$

$$LF_{2-4} = \min\begin{Bmatrix} LF_{4-5} - D_{4-5} \\ LF_{4-6} - D_{4-6} \end{Bmatrix} = \min\begin{Bmatrix} 13 - 0 \\ 16 - 5 \end{Bmatrix} = 11$$

$$LF_{3-4} = LF_{2-4} = 11$$

$$LF_{1-3} = \min\begin{Bmatrix} LF_{3-4} - D_{3-4} \\ LF_{3-5} - D_{3-5} \end{Bmatrix} = \min\begin{Bmatrix} 11 - 6 \\ 13 - 5 \end{Bmatrix} = 5$$

$$LF_{2-3} = LF_{1-3} = 5$$

$$LF_{1-2} = \min\begin{Bmatrix} LF_{2-3} - D_{2-3} \\ LF_{2-4} - D_{2-4} \end{Bmatrix} = \min\begin{Bmatrix} 5 - 3 \\ 11 - 2 \end{Bmatrix} = 2$$

工作的最迟开始时间为

$$LS_{4-6} = LF_{4-6} - D_{4-6} = 16 - 5 = 11$$

$$LS_{5-6} = LF_{5-6} - D_{5-6} = 16 - 3 = 13$$

$$LS_{3-5} = LF_{3-5} - D_{3-5} = 13 - 5 = 8$$

$$LS_{4-5} = LF_{4-5} - D_{4-5} = 13 - 0 = 13$$

$$LS_{2-4} = LF_{2-4} - D_{2-4} = 11 - 2 = 9$$

$$LS_{3-4} = LF_{3-4} - D_{3-4} = 11 - 6 = 5$$

$$LS_{1-3} = LF_{1-3} - D_{1-3} = 5 - 5 = 0$$

$$LS_{2-3} = LF_{2-3} - D_{2-3} = 5 - 3 = 2$$

$$LS_{1-2} = LF_{1-2} - D_{1-2} = 2 - 1 = 1$$

从上述计算可以看出,工作的最迟时间计算时应特别注意以下三点:一是计算程序,即

从终点开始逆着箭线方向,按节点次序逐项工作计算;二是要弄清该工作紧后工作有哪几项,以便正确计算;三是同一节点的所有内向工作最迟完成时间相同。

(4)计算各工作的总时差。

工作总时差是指在不影响总工期即不影响紧后工作的最迟必须开始或结束的前提下,该工作存在的机动时间(富余时间)。一项工作可以利用的时间范围是从该工作最早开始时间到最迟完成时间,即工作从最早开始时间或最迟开始时间开始,均不会影响总工期。而工作实际需要的持续时间是 D_{i-j},扣去 D_{i-j} 后,余下的一段时间就是工作可以利用的机动时间,即为总时差。所以,总时差等于最迟开始时间减去最早开始时间,或最迟完成时间减去最早完成时间,即

$$TF_{i-j} = LS_{i-j} - ES_{i-j} \tag{18-34}$$

或

$$TF_{i-j} = LF_{i-j} - EF_{i-j} \tag{18-35}$$

如图 18-40 所示的网络图中,各工作的总时差计算如下

$$TF_{1-2} = LS_{1-2} - ES_{1-2} = 1 - 0 = 1$$

$$TF_{1-3} = LS_{1-3} - ES_{1-3} = 0 - 0 = 0$$

$$TF_{2-3} = LS_{2-3} - ES_{2-3} = 2 - 1 = 1$$

$$TF_{2-4} = LS_{2-4} - ES_{2-4} = 9 - 1 = 8$$

$$TF_{3-4} = LS_{3-4} - ES_{3-4} = 5 - 5 = 0$$

$$TF_{3-5} = LS_{3-5} - ES_{3-5} = 8 - 5 = 3$$

$$TF_{4-5} = LS_{4-5} - ES_{4-5} = 13 - 11 = 2$$

$$TF_{4-6} = LS_{4-6} - ES_{4-6} = 11 - 11 = 0$$

$$TF_{5-6} = LS_{5-6} - ES_{5-6} = 13 - 11 = 2$$

通过计算不难看出总时差有如下特性:

①凡是总时差为最小的工作就是关键工作,由关键工作连接构成的线路为关键线路,关键线路上各工作时间之和即为总工期。

②当网络计划的计划工期等于计算工期时,凡总时差大于零的工作为非关键工作,凡是具有非关键工作的线路即为非关键线路。非关键线路与关键线路相交时的相关节点把非关键线路划分成若干个非关键线路段,各段有各段的总时差,相互没有关系。

③总时差的使用具有双重性,它既可以被该工作使用,但又属于某非关键线路所共有。当某项工作使用了全部或部分总时差时,则将引起通过该工作的线路上所有工作总时差重新分配。

(5)计算各工作的自由时差。

如图 18-41 所示, 在不影响其紧后工作最早开始时间的前提下,一项工作可以利用的时间范围是从该工作最早开始时间至其紧后工作最早开始时间。而工作实际需要的持续时间是 D_{i-j},那么扣去 D_{i-j} 后,尚有的一段时间就是自由时差。其计算如下所述。

当工作有紧后工作时,该工作的自由时差等于紧后工作的最早开始时间减本工作最早完成时间,即

$$FF_{i-j} = ES_{j-k} - EF_{i-j} \tag{18-36}$$

或

$$FF_{i-j} = ES_{j-k} - ES_{i-j} - D_{i-j} \tag{18-37}$$

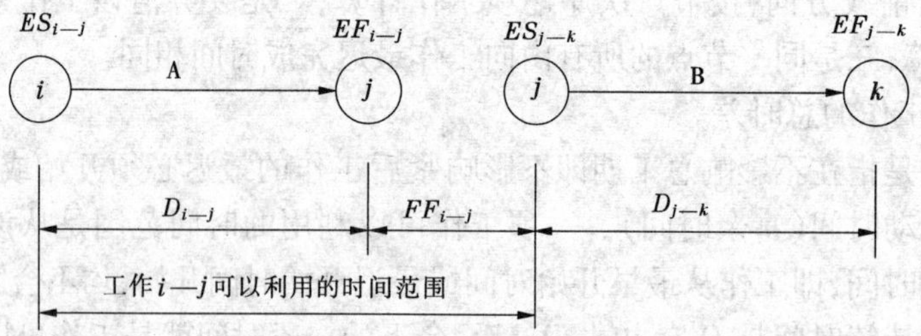

图 18-41　自由时差的计算简图

当以终点节点($j=n$)为箭头节点的工作时,其自由时差应按网络计划的计划工期 T_p 确定,即

$$FF_{i-n} = T_p - EF_{i-n} \tag{18-38}$$

或

$$FF_{i-n} = T_p - ES_{i-n} - D_{i-n} \tag{18-39}$$

如图 18-40 所示的网络图中,各工作的自由时差计算如下

$$FF_{1-2} = ES_{2-3} - ES_{1-2} - D_{1-2} = 1 - 0 - 1 = 0$$
$$FF_{1-3} = ES_{3-4} - ES_{1-3} - D_{1-3} = 5 - 0 - 5 = 0$$
$$FF_{2-3} = ES_{3-4} - ES_{2-3} - D_{2-3} = 5 - 1 - 3 = 1$$
$$FF_{2-4} = ES_{4-5} - ES_{2-4} - D_{2-4} = 11 - 1 - 2 = 8$$
$$FF_{3-4} = ES_{4-5} - ES_{3-4} - D_{3-4} = 11 - 5 - 6 = 0$$
$$FF_{3-5} = ES_{5-6} - ES_{3-5} - D_{3-5} = 11 - 5 - 5 = 1$$
$$FF_{4-5} = ES_{5-6} - ES_{4-5} - D_{4-5} = 11 - 11 - 0 = 0$$
$$FF_{4-6} = T_p - ES_{4-6} - D_{4-6} = 16 - 11 - 5 = 0$$
$$FF_{5-6} = T_p - ES_{5-6} - D_{5-6} = 16 - 11 - 3 = 2$$

通过计算不难看出自由时差有如下特性:

①自由时差为某非关键工作独立使用的机动时间,利用自由时差,不会影响其紧后工作的最早开始时间;

②非关键工作的自由时差必小于或等于其总时差。

(四)双代号时标网络图

1. 双代号时标网络图的特点及应用

双代号时标网络计划是带有时间坐标的网络计划,它综合应用横道图的时间坐标和网络计划的原理,是在横道图的基础上引入网络计划中各工作之间逻辑关系的表达方法。时间坐标的网络计划简称时标网络计划。如图 18-42 所示的双代号网络计划,若改画为时标网络计划,则如图 18-43 所示。采用时标网络计划,既解决了横道计划中各项工作不明确,时间指标无法计算的缺点,又解决了双代号网络计划时间不直观,不能明确看出各工作开始时间和完成时间等问题。

时标网络计划的特点如下:

(1)时标网络计划中,箭线的长短与时间有关。

(2)可直接显示各工作的时间参数和关键线路,而不必计算。

(3)由于受到时间坐标的限制,时标网络计划不会产生闭合回路。

(4)可以直接在时标网络图的下方绘出资源动态曲线,便于分析,平衡调度。

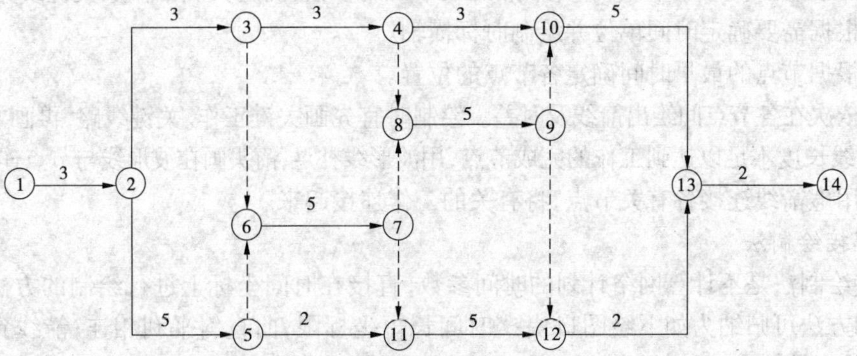

图 18-42 双代号网络计划

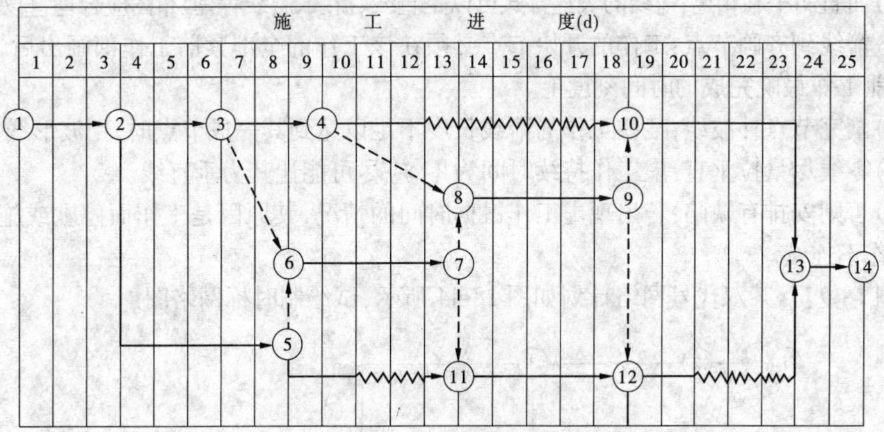

图 18-43 时标网络计划

(5)由于箭线的长度和位置受时间坐标的限制,因而调整和修改不太方便。

时标网络计划的一般规定如下:

(1)双代号时标网络计划必须以水平时间坐标为尺度表示工作时间。时标的时间单位应根据需要在编制网络计划之前确定,可为时、天、周、月或季。

(2)时标网络计划应以实箭线表示工作,以虚箭线表示虚工作,以波形线表示工作的自由时差。

(3)时标网络计划中所有符号在时间坐标上的水平投影位置,都必须与其时间参数相对应。节点中心必须对准相应的时标位置。虚工作必须以垂直方向的虚箭线表示,由自由时差加波形线表示。

2. 双代号时标网络图的绘制

由于从时标网络图中可以明确地看出关键线路、关键工序以及工序的时差,并能直接看出各工序的起讫时间,给施工管理带来极大的方便,因此双代号网络计划通常被绘制成时标网络图。时标网络计划一般按工作的最早开始时间绘制。其绘制方法有间接绘制法和直接绘制法。

1)间接绘制法

间接绘制法是先计算网络计划的时间参数,再根据时间参数在时间坐标上进行绘制的方法。其绘制步骤和方法如下:

(1)先绘制双代号网络图,计算节点的最早时间参数,确定关键工作及关键线路。

(2)根据需要确定时间单位并绘制时标横轴。

(3)根据节点的最早时间确定各节点的位置。

(4)依次在各节点间绘出箭线及时差。绘制时宜先画关键工作、关键线路,再画非关键工作。如箭线长度不足以达到工作的完成节点,用波形线补足,箭头画在波形线与节点连接处。

(5)用虚箭线连接各有关节点,将有关的工作连接起来。

2)直接绘制法

直接绘制法是不计算网络计划的时间参数,直接在时间坐标上进行绘制的方法。其绘制步骤和方法可归纳为如下绘图口诀:"时间长短坐标限,曲直斜平利相连;箭线到齐画节点,画完节点补波线;零线尽量拉垂直,否则安排有缺陷。"

(1)时间长短坐标限:箭线的长度代表着具体的施工时间,受到时间坐标的制约。

(2)曲直斜平利相连:箭线的表达方式可以是直线、折线、斜线等,但布图应合理,直观、清晰。

(3)箭线到齐画节点:工作的开始节点必须在该工作的全部紧前工作都画出后,定位在这些紧前工作最晚完成的时间刻度上。

(4)画完节点补波线:某些工作的箭线长度不足以达到其完成节点时,用波形线补足。

(5)零线尽量拉垂直:虚工作持续时间为零,应尽可能让其为垂直线。

(6)否则安排有缺陷:若出现虚工作占据时间的情况,其原因是工作面停歇或施工作业队组工作不连续。

【例 18-9】 某双代号网络计划如图 18-44 所示,试绘制时标网络图。

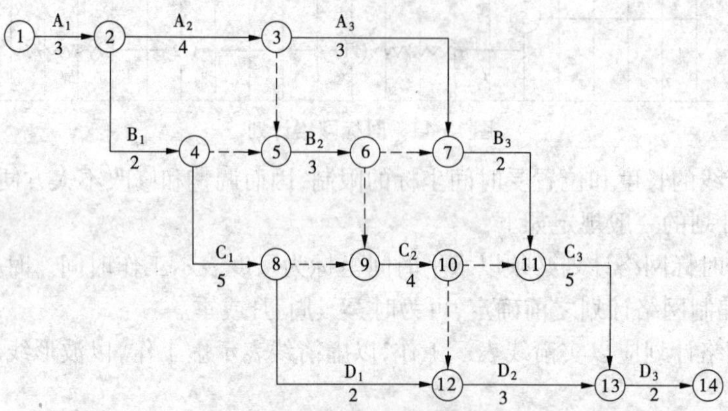

图 18-44　双代号网络图

解　按直接绘制的方法,绘制出时标网络计划,如图 18-45 所示。

3. 双代号时标网络图时间参数的确定

1)关键线路的确定

自终点节点逆箭线方向朝起点节点观察,自始至终不出现波形线的线路为关键线路。如图 18-45 所示的双箭线所组成的线路 1—2—3—5—6—9—10—11—13—14 和 1—2—4—8—9—10—11—13—14 为关键线路。

2)工期的确定

时标网络计划的计算工期应是其终点节点与起点节点所在位置的时标值之差。

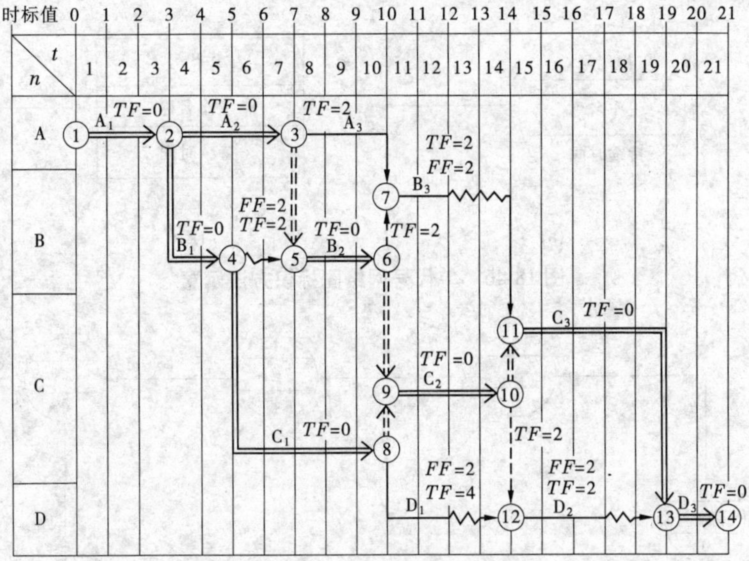

注：双箭线表示关键工作。

图 18-45　时标网络计划

3）时间参数的判读

a. 最早时间参数

（1）最早开始时间。箭尾节点所对应的时标值。

（2）最早完成时间。若实箭线抵达箭头节点，则最早完成时间就是箭头节点时标值；若实箭线未抵达箭头节点，则最早完成时间为实箭线末端所对应的时标值。

b. 自由时差

波形线的水平投影长度即为该工作的自由时差。

c. 总时差

自右向左进行，其值等于诸紧后工作的总时差的最小值与本工作的自由时差之和，即

$$TF_{i-j} = \min\{TF_{j-k}\} + FF_{i-j} \quad (18\text{-}40)$$

d. 最迟时间参数

最迟开始时间和最迟完成时间应按下式计算

$$LS_{i-j} = ES_{i-j} + TF_{i-j} \quad (18\text{-}41)$$

$$LF_{i-j} = EF_{i-j} + TF_{i-j} \quad (18\text{-}42)$$

如图 18-45 所示的关键线路及各时间参数的判读结果见图中标注。

三、单代号网络计划

单代号网络图是网络计划的另外一种表示方法，也是由节点、箭线和线路组成的。但是，构成单代号网络图的基本符号的含义与双代号网络图不尽相同，同时用一个圆圈或方框代表一项工作，将工作代号、工作名称和持续时间写在圆圈或方框之内，箭线仅用来表示工作之间的逻辑关系和先后顺序，这种表示方法通常称为单代号的表示方法，如图 18-46 所示。用这种表示方法把一项计划中的工作按先后顺序和逻辑关系从左到右绘制而成的图形，就叫单代号网络图，如图 18-47 所示。用单代号网络图表示的计划叫单代号网络计划。

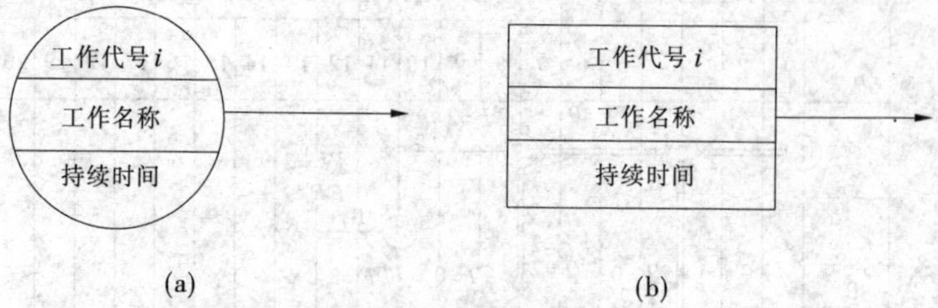

图 18-46　单代号网络图标识方法示意

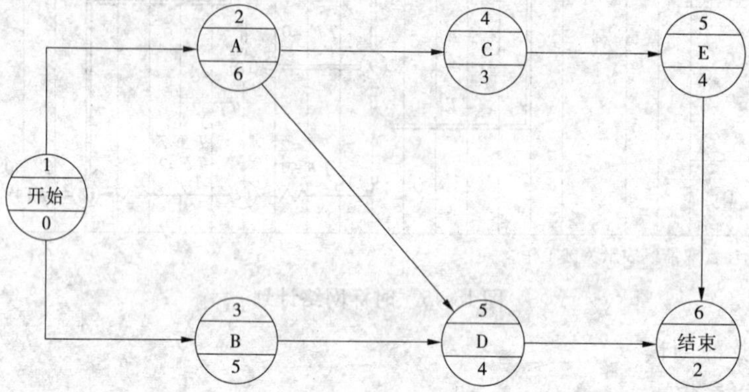

图 18-47　单代号网络图

(一)组成单代号网络图的基本要素

单代号网络图的基本要素是箭线、节点及线路。

1. 箭线

在单代号网络图中,箭线表示紧邻工作之间的逻辑关系,既不消耗时间,也不消耗资源,与双代号网络计划中虚箭线的含义相同。箭线应画成水平直线、折线或斜线。箭线水平投影的方向应自左向右表达工作的前进方向。

2. 节点

单代号网络图中每一个节点表示一项工作。节点所表示的工作名称、持续时间和工作代号等应标注在节点内。

3. 线路

单代号网络图的线路与双代号网络图的线路的含义是相同的,即从网络计划的起始点到结束点之间的若干通道。从网络计划的起始点到结束点之间持续时间最长的线路为关键线路。

(二)单代号网络图与双代号网络图的比较

(1)单代号网络图绘制方便,不必增加虚工作。在此点上,单代号网络图弥补了双代号网络图的不足。所以,近年来在国外,特别是欧洲新发展起来的几种形式的网络计划,如决策网络计划(DCPM)、图示评审技术(GERT)等,都是采用单代号表示法表示的。

(2)单代号网络图具有便于说明、容易被非专业人员所理解和易于修改的优点。这对于推广应用统筹法编制工程进度计划,进行全面科学管理是有益的。

(3)双代号网络图表示工程进度比用单代号网络图更为形象，特别是在应用带时间坐标的网络图中。

(4)双代号网络图在应用计算机进行计算和优化的过程更为简便，这是因为双代号网络图中用两个代号代表一项工作，可直接反映其紧前工作或紧后工作的关系。而单代号网络图就必须按工作逐个列出其紧前工作或紧后工作的关系，这在计算机中需占用更多的存储单元。

由于单代号网络图和双代号网络图有各自的优缺点，故两种表示法在不同情况下，其表现的繁简程度是不同的。在有些情况下，应用单代号网络图表示法较为简单；在有些情况下，使用双代号网络图表示法则更为清楚。因此，单代号网络图和双代号网络图是两种互为补充、各具特色的表示方法。

(三)绘制单代号网络图的基本规则

1. *正确表达各种逻辑关系*

单代号网络图在绘制过程中，首先要正确表达逻辑关系。

根据工程计划中各种工作在工艺上、组织上的先后顺序和逻辑关系，用单代号表达方式正确表达出来，常见单代号网络图逻辑关系表达方法如表 18-6 所示。

表 18-6　单代号网络图逻辑关系示例

序号	工作间的逻辑关系	单代号的表示方法
1	A、B 两项工作，依次进行施工	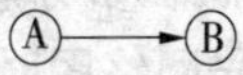
2	A、B、C 三项工作，同时开始施工	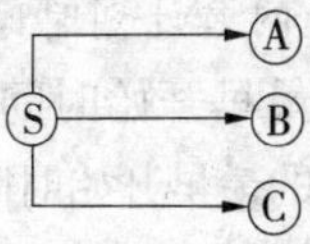
3	A、B、C 三项工作，同时结束施工	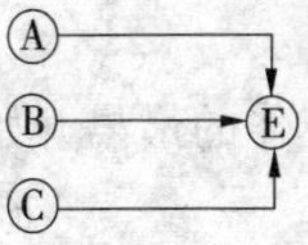
4	A、B、C 三项工作，A 工作完成之后，B、C 工作才能开始	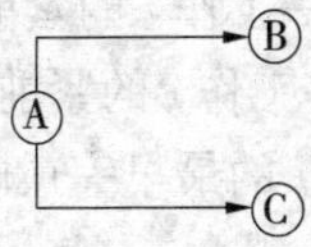
5	A、B、C 三项工作，C 工作在 A、B 工作完成之后才能开始	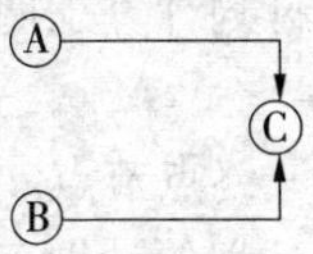
6	A、B、C、D 四项工作，当 A、B 工作完成之后，C、D 工作才能开始	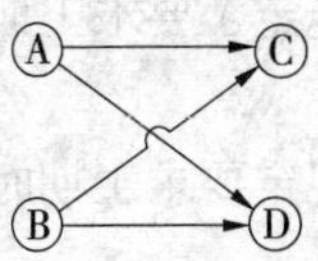

2. 绘制单代号网络图的基本规则

同双代号网络图的绘制一样，绘制单代号网络图也必须遵循一定的逻辑规则。当违背了这些规则时，就可能出现逻辑关系混乱、无法判别各工作之间的直接后继关系，无法进行网络图的时间参数计算。这些基本规则主要是：

(1)在网络图的开始和结束增加虚拟的起点节点和终点节点，这是为了保证单代号网络计划有一个起点和一个终点，也是单代号网络图所特有的。

(2)网络图中不允许出现循环回路。

(3)网络图中不允许出现有重复编号的工作，一个编号只能代表一项工作。

(4)在网络图中除起点节点和终点节点外，不允许出现其他没有内向箭线的工作节点和没有外向箭线的工作节点。

(5)为了计算方便，网络图的编号应是后继节点编号大于前导节点编号。

3. 单代号网络图的绘制

单代号网络图的绘制步骤与双代号网络图的绘制步骤基本相同，主要包括以下两部分：

(1)列出工作一览表及各工作的直接前导工作、后继工作名称，根据工程计划中各工作在工艺上、组织上的逻辑关系来确定其直接前导工作、后继工作名称。

(2)根据上述关系绘制网络图。先绘制草图，然后对一些不必要的交叉进行整理，给出简化网络图。在绘制之前，要先给出一个虚设的起点节点，网络图绘制最后要有一个虚设的终点节点。当然，在十分熟练的情况下，可以一次绘成。

(四)单代号网络图时间参数的计算

1. 单代号网络计划时间参数计算的公式与规定

(1)工作最早开始时间的计算应符合下列规定：

①工作 i 的最早开始时间 ES_i 应从网络图的起点节点开始，顺着箭线方向依次逐个计算。

②起点节点的最早开始时间 ES_1 如无规定，其值等于零，即

$$ES_1 = 0 \quad (1\text{ 为起始节点}) \tag{18-43}$$

③其他工作的最早开始时间 ES_i 应为

$$ES_i = \max\{ES_h + D_h\} \quad (i\text{ 为中间节点}) \tag{18-44}$$

式中 ES_h——工作 i 的紧前工作 h 的最早开始时间；

D_h——工作 i 的紧前工作 h 的持续时间。

(2)工作 i 的最早完成时间 EF_i 应按下式计算

$$EF_i = ES_i + D_i \tag{18-45}$$

(3)网络计划计算工期 T_c 应按下式计算

$$T_c = EF_n \tag{18-46}$$

式中 EF_n——终点节点 n 的最早完成时间。

(4)网络计划的计划工期 T_p 应按下列情况分别确定。

①当已规定了要求工期 T_r 时，有

$$T_p \leqslant T_r \tag{18-47}$$

②当未规定要求工期时，有

$$T_p = T_c \tag{18-48}$$

(5)相邻两项工作 i 和 j 之间的时间间隔 $LAG_{i,j}$ 的计算如下

$$LAG_{i,j} = ES_j - EF_i \tag{18-49}$$

式中　ES_j——工作 j 的最早开始时间。

(6)工作总时差的计算应符合下列规定。

①工作 i 的总时差 TF_i 应从网络图的终点节点开始，逆着箭线方向依次逐项计算。当部分工作分期完成时，有关工作的总时差必须从分期完成的节点开始逆向逐项计算。

②终点节点所代表的工作 n 的总时差 TF_n 值为零，即

$$TF_n = 0 \tag{18-50}$$

分期完成的工作的总时差值为零。

③其他工作的总时差 TF_i 应按下式计算

$$TF_i = \min\{LAG_{i,j} + TF_j\} \tag{18-51}$$

式中　TF_j——工作 i 的紧后工作 j 的总时差。

当已知各项工作的最迟完成时间 LF_i 或最迟开始时间 LS_i 时，工作的总时差 TF_i 计算如下

$$TF_i = LS_i - ES_i \tag{18-52}$$

或

$$TF_i = LF_i - EF_i \tag{18-53}$$

(7)工作 i 的自由时差 FF_i 的计算式如下

$$FF_i = \min\{LAG_{i,j}\} \tag{18-54}$$

$$FF_i = \min\{ES_j - EF_i\} \tag{18-55}$$

或符合下式规定

$$FF_i = \min\{ES_j - ES_i - D_i\} \tag{18-56}$$

(8)工作最迟完成时间的计算应符合下列规定。

①工作 i 的最迟完成时间 LF_i 应从网络图的终点节点开始，逆着箭线方向依次逐项计算。当部分工作分期完成时，有关工作的最迟完成时间应从分期完成的节点开始逆向逐项计算。

②终点节点所代表的工作 n 的最迟完成时间 LF_n 应按网络计划的计划工期 T_p 确定，即

$$LF_n = T_p \tag{18-57}$$

分期完成工作的最迟完成时间应等于分期完成的时刻。

③其他工作 i 的最迟完成时间 LF_i 应为

$$LF_i = \min\{LF_j - D_j\} \tag{18-58}$$

式中　LF_j——工作 i 的紧后工作 j 的最迟完成时间；

　　　D_j——工作 i 的紧后工作 j 的持续时间。

(9)工作 i 的最迟开始时间 LS_i 的计算式如下

$$LS_i = LF_i - D_i \tag{18-59}$$

2. 单代号网络计划时间参数计算示例

【例 18-10】　试计算如图 18-48 所示单代号网络计划的时间参数。

解　计算结果如图 18-49 所示。现对其计算方法说明如下。

(1)工作最早开始时间的计算。

工作最早开始时间从网络图的起点节点开始，顺着箭线方向自左至右，依次逐个计算。因起点节点的最早开始时间未作规定，故

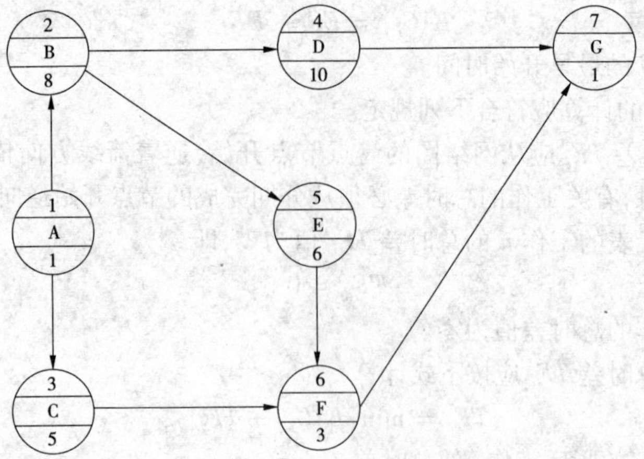

图 18-48　单代号网络计划

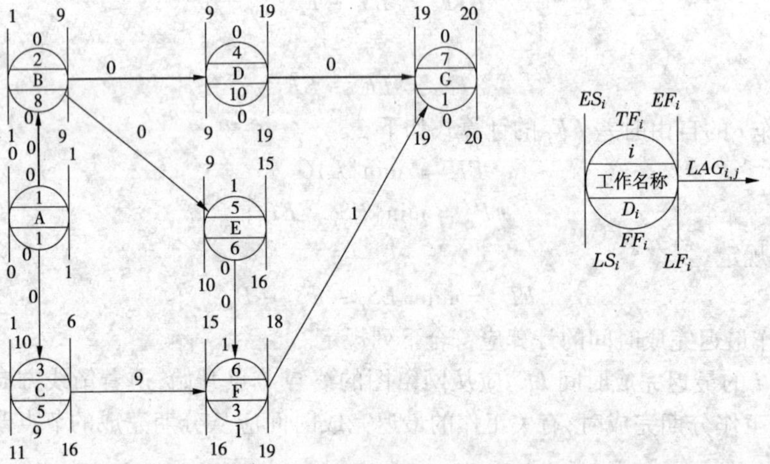

图 18-49　单代号网络计划的时间参数计算结果

$$ES_1 = 0$$

其后续工作的最早开始时间是其各紧前工作的最早开始时间与其持续时间之和，并取其最大值，其计算公式为

$$ES_i = \max\{ES_h + D_h\}$$

由此得到

$$ES_2 = ES_1 + D_1 = 0 + 1 = 1$$

$$ES_3 = ES_1 + D_1 = 0 + 1 = 1$$

$$ES_4 = ES_2 + D_2 = 1 + 8 = 9$$

$$ES_5 = ES_2 + D_2 = 1 + 8 = 9$$

$$ES_6 = \max\{ES_3 + D_3, ES_5 + D_5\} = \max\{1 + 5, 9 + 6\} = 15$$

$$ES_7 = \max\{ES_4 + D_4, ES_6 + D_6\} = \max\{9 + 10, 15 + 3\} = 19$$

(2)工作最早完成时间的计算。

每项工作的最早完成时间是该工作的最早开始时间与其持续时间之和。

由式(18-45)计算得

$$EF_1 = ES_1 + D_1 = 0 + 1 = 1$$

$$EF_2 = ES_2 + D_2 = 1 + 8 = 9$$

$$EF_3 = ES_3 + D_3 = 1 + 5 = 6$$

$$EF_4 = ES_4 + D_4 = 9 + 10 = 19$$

$$EF_5 = ES_5 + D_5 = 9 + 6 = 15$$

$$EF_6 = ES_6 + D_6 = 15 + 3 = 18$$

$$EF_7 = ES_7 + D_7 = 19 + 1 = 20$$

(3)网络计划的计算工期。

网络计划的计算工期 T_c 按公式 $T_c = EF_n$ 计算。

由此得到

$$T_c = EF_7 = 20$$

(4)网络计划计划工期的确定。

由于本计划没有要求工期,故 $T_p = T_c = 20$。

(5)相邻两项工作之间时间间隔的计算。

相邻两项工作的时间间隔,是后项工作的最早开始时间与前项工作的最早完成时间的差值,它表示相邻两项工作之间有一段时间间歇,相邻两项工作 i 与 j 之间的时间间隔 $LAG_{i,j}$ 按公式 $LAG_{i,j} = ES_j - EF_i$ 计算。

因此,可得到

$$LAG_{1,2} = ES_2 - EF_1 = 1 - 1 = 0$$

$$LAG_{1,3} = ES_3 - EF_1 = 1 - 1 = 0$$

$$LAG_{2,4} = ES_4 - EF_2 = 9 - 9 = 0$$

$$LAG_{2,5} = ES_5 - EF_2 = 9 - 9 = 0$$

$$LAG_{3,6} = ES_6 - EF_3 = 15 - 6 = 9$$

$$LAG_{5,6} = ES_6 - EF_5 = 15 - 15 = 0$$

$$LAG_{4,7} = ES_7 - EF_4 = 19 - 19 = 0$$

$$LAG_{6,7} = ES_7 - EF_6 = 19 - 18 = 1$$

(6)工作总时差的计算。

每项工作的总时差,是该项工作在不影响计划工期前提下所具有的机动时间。它的计算应从网络图的终点节点开始,逆着箭线方向依次计算。终点节点所代表的工作的总时差 TF_n 值,由于本例没有给出规定工期,故应为零,即 $TF_n = 0$, $TF_7 = 0$。

其他工作的总时差 TF_i 可按公式计算。

当已知各项工作的最迟完成时间 LF_i 或最迟开始时间 LS_i 时,工作的总时差 TF_i 也可按公式(18-52)或公式(18-53)计算。

按式(18-51)计算的结果是

$$TF_6 = LAG_{6,7} + TF_7 = 1 + 0 = 1$$

$$TF_5 = LAG_{5,6} + TF_6 = 0 + 1 = 1$$

$$TF_4 = LAG_{4,7} + TF_7 = 0 + 0 = 0$$

$$TF_3 = LAG_{3,6} + TF_6 = 9 + 1 = 10$$

$$TF_2 = \min\{LAG_{2,4} + TF_4, LAG_{2,5} + TF_5\} = \min\{0 + 0, 0 + 1\} = 0$$

$$TF_1 = \min\{LAG_{1,2} + TF_2, LAG_{1,3} + TF_3\} = \min\{0 + 0, 0 + 10\} = 0$$

(7)工作自由时差的计算。

工作 i 的自由时差 FF_i 由式(18-54)可算得

$$FF_7 = 0$$

$$FF_6 = LAG_{6,7} = 1$$

$$FF_5 = LAG_{5,6} = 0$$

$$FF_4 = LAG_{4,7} = 0$$

$$FF_3 = LAG_{3,6} = 9$$

$$FF_2 = \min\{LAG_{2,4}, LAG_{2,5}\} = \min\{0,0\} = 0$$

$$FF_1 = \min\{LAG_{1,2}, LAG_{1,3}\} = \min\{0,0\} = 0$$

(8)工作最迟完成时间的计算。

工作 i 的最迟完成时间 LF_i 应从网络图的终点节点开始，逆着箭线方向依次逐项计算。终点节点 n 所代表的工作的最迟完成时间 LF_n，应按式(18-57)计算

$$LF_7 = T_p = 20$$

其他工作 i 的最迟完成时间 LF_i 按式(18-58)计算得到

$$LF_6 = LF_7 - D_7 = 20 - 1 = 19$$

$$LF_5 = LF_6 - D_6 = 19 - 3 = 16$$

$$LF_4 = LF_7 - D_7 = 20 - 1 = 19$$

$$LF_3 = LF_6 - D_6 = 19 - 3 = 16$$

$$LF_2 = \min\{LF_4 - D_4, LF_5 - D_5\} = \min\{19 - 10, 16 - 6\} = 9$$

$$LF_1 = \min\{LF_2 - D_2, LF_3 - D_3\} = \min\{9 - 8, 16 - 5\} = 1$$

(9)工作最迟开始时间的计算。

工作 i 的最迟开始时间 LS_i 按式(18-59)进行计算可得

$$LS_7 = LF_7 - D_7 = 20 - 1 = 19$$

$$LS_6 = LF_6 - D_6 = 19 - 3 = 16$$

$$LS_5 = LF_5 - D_5 = 16 - 6 = 10$$

$$LS_4 = LF_4 - D_4 = 19 - 10 = 9$$

$$LS_3 = LF_3 - D_3 = 16 - 5 = 11$$

$$LS_2 = LF_2 - D_2 = 9 - 8 = 1$$

$$LS_1 = LF_1 - D_1 = 1 - 1 = 0$$

3. 关键工作和关键线路的确定

1)关键工作的确定

网络计划中机动时间最少的工作称为关键工作，因此网络计划中工作总时差最小的工作也就是关键工作。在计划工期等于计算工期时，总时差为零的工作就是关键工作。当计划工期小于计算工期时，关键工作的总时差为负值，说明应采取更多措施以缩短计算工期。当计划

工期大于计算工期时，关键工作的总时差为正值，说明计划已留有余地，进度控制就比较主动。

2)关键线路的确定

网络计划中自始至终全由关键工作组成的线路称为关键线路。在肯定型网络计划中是指线路上工作总持续时间最长的线路。关键线路在网络图中宜用粗线、双线或彩色线标注。

单代号网络计划中将相邻两项关键工作之间的间隔时间为0的关键工作连接起来而形成的自起点节点至终点节点的通路就是关键线路。因此，例18-10中的关键线路是1—2—4—7。

(五)单代号搭接网络图

1. 概念

单代号搭接网络计划是综合单代号网络与搭接施工的原理，使二者有机结合起来应用的一种网络计划表示方法。在前面所述的网络计划技术中，组成网络计划的各项工作之间的连接关系是任何一项工作在它的紧前工作全部结束后才能开始。但是，在实际工作中，并不都是如此。在建筑工程施工中，为了缩短工期，许多工作采用平行搭接的方式进行。例如，钢筋混凝土预制桩有三道施工过程，支模板、绑扎钢筋和浇混凝土。当分三个施工段施工时，各施工段之间的工作搭接，若用普通网络来表示，必须使用虚箭线才能严格表示它们的逻辑关系，如图18-50所示。

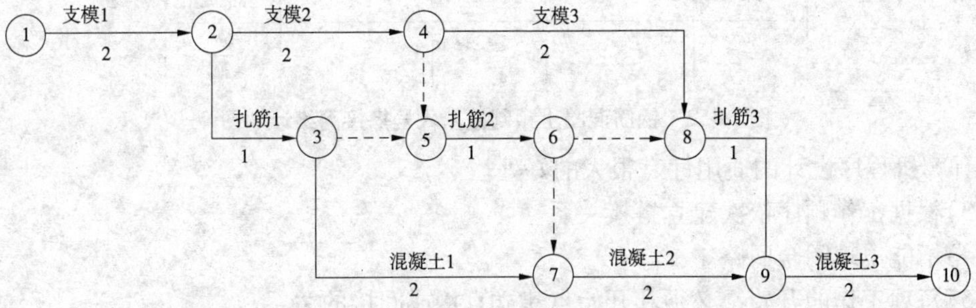

图18-50　钢筋混凝土预制桩网络计划

当施工段和施工过程较多时，虚箭线也相应多了，这不仅增加了绘图和计算工作量，还会使画面复杂，不易被人们理解和掌握。近十多年来，国外陆续出现了一些能够反映各种搭接关系的网络计划技术，它能更好地表达建筑施工组织的特点。以上面的钢筋混凝土预制桩为例，其横道图和单代号搭接网络图如图18-51和图18-52所示。

图18-52表示该钢筋混凝土预制桩工程分为三个施工段施工，支模开始2 d后可以进行第一段的钢筋绑扎，但它比支模晚1 d结束；当钢筋绑扎1 d后就可以开始浇捣第一段的混凝土，浇捣混凝土要比绑扎晚2 d结束。由于绑扎钢筋的时间只需3 d，比支模的施工时间短，因此绑扎钢筋工序可以根据实际情况，做连续安排或间断安排。

2. 表达方式

单代号搭接网络图属工作节点网络图，它的绘图要点和逻辑规则可概括为：

(1)一个节点代表一项工作，箭线表示工作先后顺序和相互搭接关系。节点可以用不同的形式，但基本内容必须包括工作编号、工作名称、持续时间以及6个时间参数。

(2)一般情况下要设开始点和结束点。开始点的作用是使最先可同时开始的若干工作有一个共同的起点，结束点的作用是使最后可同时结束的若干工作有一个共同的终点。这

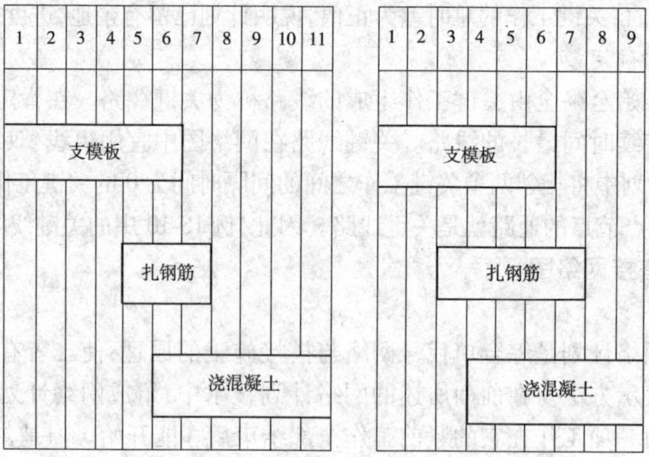

(a)工作连续　　　　(b)工作间断

图 18-51　钢筋混凝土预制桩工程网络计划

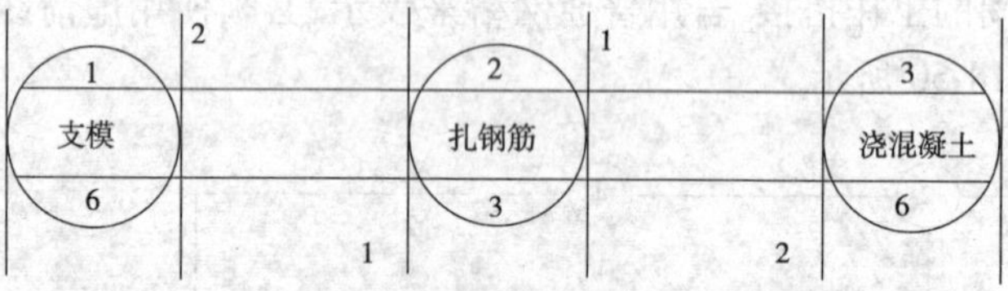

图 18-52　钢筋混凝土预制桩单代号搭接网络计划图

样,对计算机程序设计的通用性有很大的好处。

(3)根据工作顺序依次建立搭接关系。

(4)不能出现闭合回路。

(5)每项工作的开始都必须和开始点建立直接或间接的关系。

(6)每项工作的结束都必须和结束点建立直接或间接的关系。

单代号搭接网络基本的搭接关系有以下五种。

(1)结束到开始的关系(*FTS*):两项工作之间的关系通过前项工作结束到后项工作开始之间的时距(*LT*)来表达。当时距为零时,表示两项工作之间没有间歇。这就是普通网络图中的逻辑关系。

(2)开始到开始的关系(*STS*):前后两项工作关系用其相继开始的时距 LT_i 来表达。就是说,前项工作 i 开始后,要经过 LT_i 时间后,后面工作 j 才能进行。

(3)结束到结束的关系(*FTF*):两项工作之间的关系用前后工作相继结束的时距 LT_j 来表示。就是说,前项工作 i 结束后,经过 LT_j 时间,后项工作 j 才能结束。

(4)开始到结束的关系(*STF*):两项工作之间的关系用前项工作开始到后项工作结束之间的时距 LT_i 和 LT_j 来表示。就是说,后项工作 j 的最后一部分,它的延续时间 LT_j 要在前项工作 i 开始进行到 LT_i 时间后,才能接着进行。

(5)混合搭接关系:当两项工作之间同时存在上述四种基本关系中的两种时,这种具有双重约束的关系,叫做"混合搭接关系"。除常见的 *STS* 和 *FTF* 外,还有 *STS* 和 *STF* 以及 *FTF* 和 *FTS* 两种混合搭接关系。

五种基本搭接关系的表达方法如表 18-7 所示。

表 18-7　单代号搭接网络图基本搭接表达方法

搭接关系	横道图	时距参数	单代号搭接网络图	实例
FTS	i；j；LT	LT	i —LT— j	混凝土捣完后7 d砌墙 混凝土梁 —7→ 砌墙
STS	i；j；LT_i	LT_i	i (LT_i) — j	地坪混凝土浇捣开始3 d后，抹面地坪开始 混凝土 (3) → 抹面
FTF	LT_j；i；j	LT_j	i — (LT_j) j	女儿墙砌完后7 d，屋面防水层完工 女儿墙 — (7) 防水
STF	j；j；LT_i；LT_j	LT_i,LT_j	i (LT_i) — (LT_j) j	扎钢筋2 d后，输电线管再进行3 d天完工 扎钢筋 (2) — (3) 线管
混合(以*STS*和*FTF*为例)	LT_j；i；j；LT_i	LT_i ,LT_j	i (LT_i) — (LT_j) j	基础挖土3 d后，开始浇混凝土垫层，挖土结束后2 d，混凝土垫层结束 挖土 (3) — (2) 混凝土

【例 18-11】　某工程有 A、B、C、D、E、F、G 七项工作，其逻辑及搭接关系见表 18-8，绘制单代号搭接网络计划图。结果如图 18-53 所示。

表 18-8　逻辑关系及搭接关系

工作名称	紧前工作	搭接关系	作业时间
A	开始	一般搭接	6
B	A	$STS=2$	7
C	A	$STS=7$	10
D	A	一般搭接	10
	B	$FTS=3$	
E	B	$FTF=10$	15
F	C	$FTF=15$	20
G	D	$FTF=2$、$STS=3$	10
	E	一般搭接	
	F	$STS=2$	

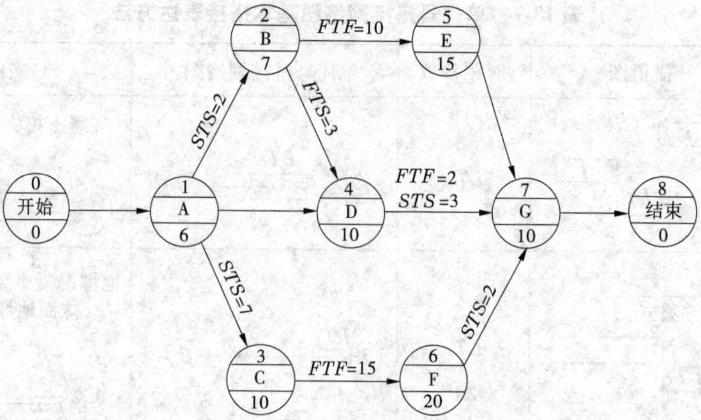

图 18-53　某分部工程单代号搭接网络计划图

四、网络计划的编制和应用

(一)网络计划的编制步骤

大型工程在施工前一定要做好施工组织设计,根据组织施工的原则和实际条件,从整个建筑物施工全局出发,选择最有效的施工方案和方法,这是大家所熟知的。

网络计划是用网络图代替横道图在施工方案已确定的基础上来安排施工进度计划的。用网络图编制施工进度计划与用横道图相比,有相同之处,也有其特殊性。

(1)熟悉图纸、调查研究、分析情况。与制定横道图的计划一样,计划编制前需全面熟悉和审查图纸,与设计单位和建设单位联系,了解设计意图和主要构造;摸清与工程有关的自然、技术、经济条件;充分估计劳动力、材料及机械设备使用和供应的情况;了解上级单位的指示及协作单位的情况;做好资料的收集工作。

(2)确定施工方案。网络图是表达计划安排的一种方法,是由施工方法所决定的。因此,只有某项工程在一定的自然条件、物资条件、技术条件下用什么方法施工确定以后,才可着手编制网络计划。

确定施工方案包括:根据工程对象的特点和施工条件,决定合理的施工程序,确定主要施工过程的切实可行的施工方法,选择主要的机械设备。

(3)确定工作项目。网络图中工作项目划分的粗细程度,是根据网络图的用途而定的。一般来说,供领导掌握使用的网络图,工作项目可划分得粗些,图面简单,便于抓住关键。而在工地上供基层管理人员及工人班组使用的网络图,项目要划分得细些,便于施工。也可以做分步、分项的网络图,按分部工程或施工阶段编制网络计划。

(4)确定施工顺序。确定施工顺序对编制进度计划来说是关键。根据施工方案和多年的施工经验及各项工作之间在工艺上、组织上的制约关系,确定工程各施工项目的先后顺序。

(5)计算各项工作的持续时间。首先,要根据图纸计算出每项工作的工作量,如果分层分段施工,则工程量也分层分段来算。其次,根据定额查出某项工作所需的工时数,再根据劳动力安排情况,确定工作天数,即该工作的持续时间。

(6)制定工作项目一览表。以上项目可以汇总成表,以便于画图,如表 18-9 所示。表中工作项目一项，一定要按施工先后顺序填写。第四栏可以是紧前工作，也可以是紧后工作，根据施工顺序来填写，目的是确定网络计划中工作之间的制约关系。表中的工作编号，可以在绘制网络图以后按照编号的要求，统一编注和填写。

表 18-9　工作项目一览表

工作编号		工作项目	紧前工作	工程量		产量定额	劳动量		劳动安排		作业班数	机械需要量		工作持续时间
箭尾编号	箭头编号			单位	数量		工日	台班	专业名称	每班工人数		名称	数量	
1	2	3	4	5	6	7	8	9	10	11	12	13	14	15

(7)绘制网络计划的初始方案。具备上述条件以后，就可以着手绘制网络图，一般先绘制草图，重点应放在工作之间的逻辑关系上，并要全面正确地反映各项工作之间的顺序关系。然后再绘制正式的初始方案，要求网络布局整齐、清晰、美观。最后在图上填入节点编号、工作名称及持续时间。

(8)计算网络计划时间参数。

(9)调整与优化网络计划。

(10)绘制正式网络计划。

(二)施工网络图的排列方法

为了使网络计划更条理化和形象化，在绘制网络图时应根据不同的工程情况，不同的施工组织方法及使用要求等，灵活选用排列方法，以便简化层次，使各项工作之间在工艺上及组织上的逻辑关系准确清晰，便于施工组织者和施工人员掌握，也便于计算和调整。

1. 混合排列

这种排列方法可以使网络图形看起来对称美观，但在同一水平方向既有不同工种的作业，也有不同施工段的作业，如图 18-54 所示，一般用于画较简单的网络图。

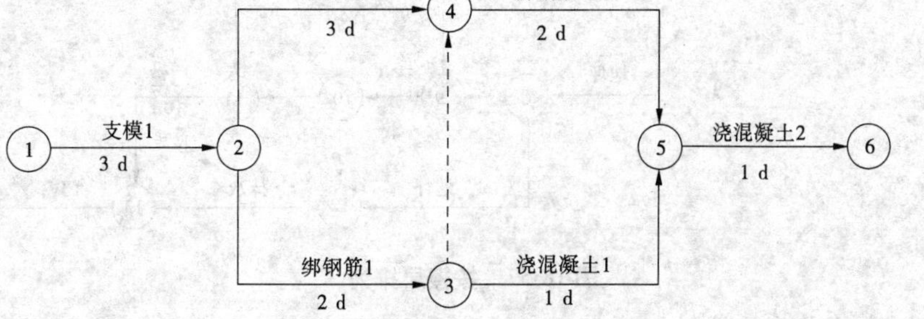

图 18-54　混合排列

2. 按流水段排列

这种排列方法是把同一施工段的作业排在同一水平线上，能够反映出建筑工程分段施工的特点，突出表示工作面的利用情况，如图 18-55 所示。这是建筑工地习惯使用的一种表达方式。

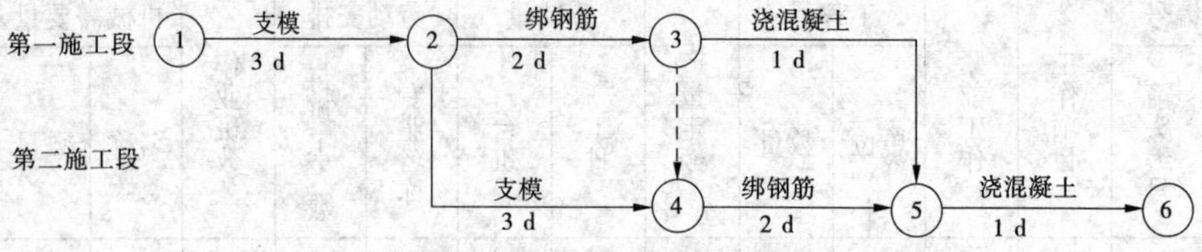

图 18-55　按流水段排列

3. 按工种排列

这种排列方法是把相同工种的工作排在同一条水平线上，能够突出不同工种的工作情况，如图 18-56 所示，这是建筑工地上常用的一种表达方式。

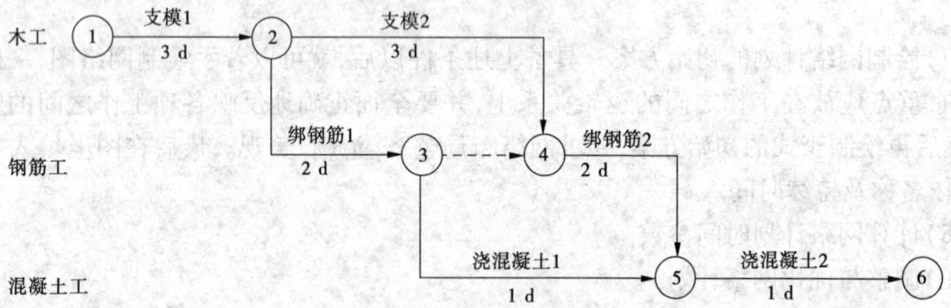

图 18-56　按工种排列

4. 按楼层排列

图 18-57 是一个一般内装修工程的三项工作按楼层由上到下进行的施工网络计划。在分段施工中，当若干项工作沿着建筑物的楼层展开时，其网络计划一般都可以按楼层排列。

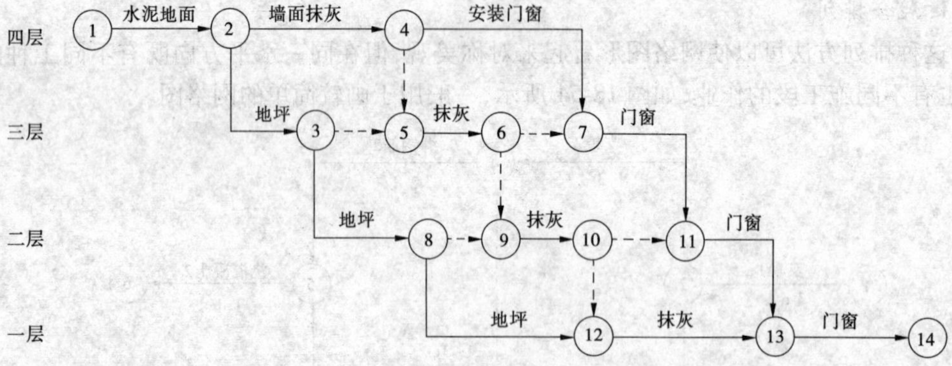

图 18-57　按楼层排列

5. 按施工专业或单位排列

有许多施工单位参加完成一项单位工程的施工任务时，为便于各施工单位对自己负责的部分有更直观的了解，而将网络计划按施工单位排列，如图 18-58 所示。

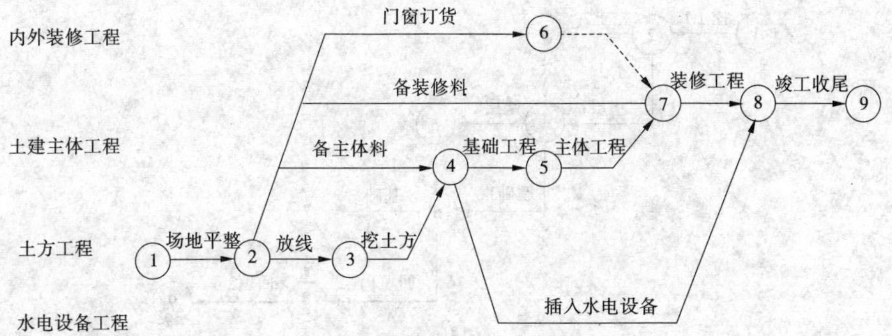

图 18-58　按施工专业排列

（三）网络计划应用实例

网络计划的应用根据工程对象不同分为分部工程网络计划、单位工程网络计划、群体工程网络计划；根据综合应用原理不同可分为时间坐标网络计划、单代号搭接网络计划、流水网络计划。

1. 网络计划在不同工程对象中的应用

无论是分部工程和单位工程以及群体工程网络计划，其编制步骤一般是：

（1）确定施工方案或施工方法；

（2）排列施工过程或单项工程；

（3）计算各施工过程或单项工程的劳动量、持续时间、机械台班；

（4）绘制网络计划图并调整；

（5）计算时间参数及优化。

2. 分部工程网络计划

在编制分部工程网络计划时，既要考虑各施工过程之间的工艺关系，又要考虑组织施工中它们之间的组织关系。只有考虑这些逻辑关系，才能正确构成施工网络计划。如图 18-59 所示为某工程的基础、装修分部工程的施工网络计划。

3. 单位工程网络计划

编制单位工程网络计划时，首先熟悉图纸，对工程对象进行分析，了解建设要求和现场施工条件。选择施工方案，确定合理的施工顺序和主要施工方法，根据各施工过程之间的逻辑关系，绘制网络图。其次，分析各施工过程在网络图中的地位，通过计算时间参数，确定关键施工过程、关键线路、非关键工作的机动时间。最后，统筹考虑，调整计划，制订出最优计划方案。

【例 18-12】　某五层教学楼，框架结构，建筑面积 2 500 m^2，平面形状一字形，钢筋混凝土条形基础。主体为现浇框架结构。围护墙为空心砖砌筑。室内底层地面为瓷砖，标准层地面为水泥砂浆地面，内墙、天棚为中级抹灰，面层为涂料，外墙镶贴面砖。屋面用柔性防水。

本工程的基础、主体均分为三段施工，屋面不分段，内装修每层为一段，外装修自上而下一次完成。其劳动量见表 18-10，该工程的网络计划如图 18-60 所示。

4. 群体工程网络计划

对于建筑群体工程，采用网络编制计划时，其步骤同单位工程的网络计划一样，但须把每一幢视为一个施工段。

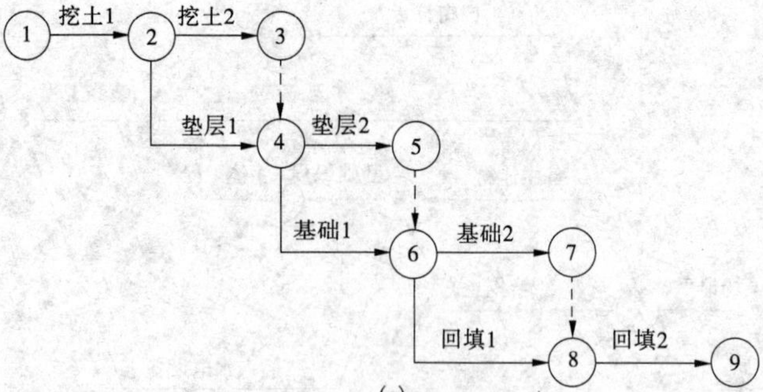

(a)

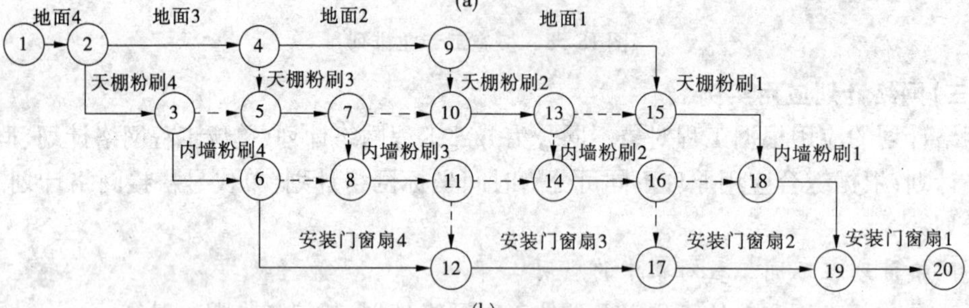

(b)

图 18-59　施工段按水平方向排列

表 18-10　劳动量一览表

项次	分部分项名称	劳动量		工作持续天数	每天工作班数	每班工人数
		单位	数量			
一	基础工程					
1	基础挖土	工日	300	15	1	20
2	基础垫层	工日	45	3	1	15
3	基础现浇混凝土	工日	540	18	1	30
4	基础墙(素混凝土)	工日	90	6	1	15
5	基础及地坪回填土	工日	120	6	1	20
二	主体工程					
1	柱筋	工日	36	4. 5	1	8
2	柱、梁、板模板(含梯)	工日	420	21	1	20
3	柱混凝土	工日	180	3	3	20
4	梁板筋(含梯)	工日	90	7. 5	1	12
5	梁板混凝土(含梯)	工日	180	3	3	20
6	砌墙	工日	637. 5	25. 5	1	25
7	拆模	工日	210	10. 5		20
8	搭架子	工日	360			6

续表 18-10

项次	分部分项名称	劳动量		工作持续天数	每天工作班数	每班工人数
		单位	数量			
三	屋面工程					
1	屋面防水	工日	112.5	7.5	1	15
2	屋面隔热	工日	240	12	1	20
四	装饰工程					
1	外墙粉刷	工日	450	15	1	30
2	安装门窗扇	工日	60	5	1	12
3	天棚粉刷	工日	300	10	1	30
4	内墙粉刷	工日	600	20	1	30
5	楼地面、楼梯、扶手粉刷	工日	450	15	1	30
6	106 涂料	工日	50	5	1	10
7	油漆、玻璃	工日	75	7.5	1	10
8	水电安装	工日	30	3	1	10
9	拆脚手架、拆井架	工日	12	2	1	6
10	扫尾	工日			1	

【例 18-13】 某小区有三幢相同的住宅楼，每幢的基础的工艺流程为：挖土（5 d）→垫层（3 d）→养护（5 d）→钢筋混凝土基础（6 d）→养护（1 d）→素混凝土墙基（2 d）→回填土（1 d）。

三幢住宅楼的基础网络计划如图 18-61 所示。

五、网络计划的优化

网络计划经绘制和计算后，可得出最初方案。网络计划的最初方案只是一种可行方案，不一定是合乎规定要求的方案或最优的方案。为此，还必须进行网络计划优化。

网络计划的优化，是在满足既定约束的条件下，按某一目标，通过不断改进网络计划寻求满意方案。网络计划的优化目标应按计划任务的需要和条件选定，优化的内容包括：

（1）工期优化。

（2）费用优化：工期合理，成本最低。

（3）资源优化：工期固定，资源均衡；资源有限，工期最短。

（一）工期优化

工期优化是指在一定的约束条件下，以合同工期为目标，在计算工期的基础上，通过延长或缩短计算工期，从而达到合同工期的要求。工期优化的目的是使网络计划满足要求工期，保证按期完成工程任务。工期优化是通过调整关键线路上的关键工作的持续时间来满足工期要求的。

1. 计算工期小于或等于要求工期

（1）如果小得不多或相等，一般不调整。

（2）如果小得比较多，则宜调整。其方法为：延长关键工作中资源占用量或直接费用高

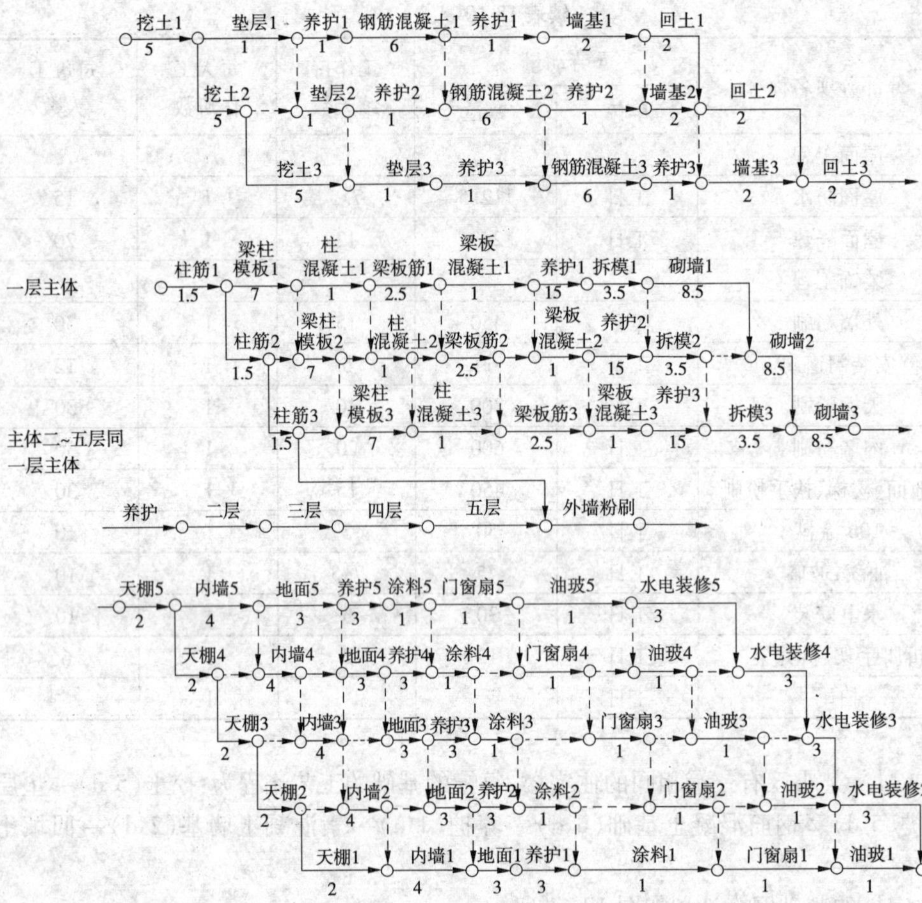

图 18-60 单位工程施工网络计划

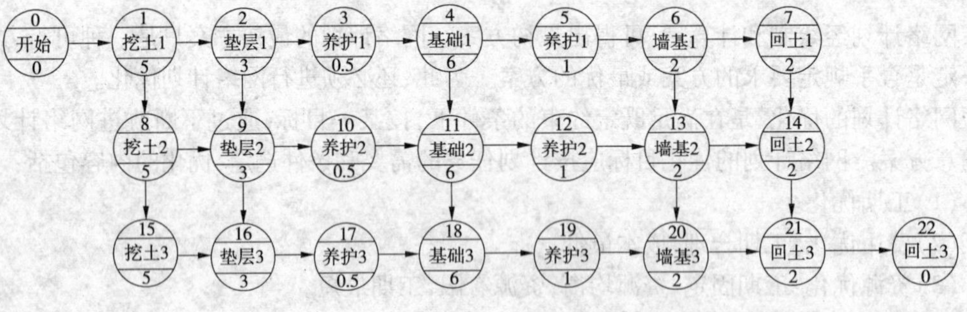

图 18-61 某群体工程基础网络计划

的工作持续时间。反复多次，直到满足要求。

2. 计算工期大于要求工期

当计算工期大于要求工期时，必须进行调整。

(1)改进施工方案，调整工作安排：通过对施工顺序的调整和组织分段流水施工，使总工期缩短。

(2)调整方法：①增加资源，加快速度；②采用高效率的工艺和技术措施；③增加工作班制。

注意:不仅要缩短工作持续时间,同时还要考虑其效果和实际可能性。

(3)调整工作的影响因素:①对质量和安全影响不大的工作;②有充足备用资源的工作;③所增费用最少的工作。

(4)工期优化步骤:①按正常工期确定关键线路和计算工期 T_c;②按要求工期(T_r)计算应缩短的时间 ΔT,$\Delta T = T_c - T_r$;③按关键工作压缩次序(优选系数之和最小)压缩关键工作的持续时间,并用标号法找出关键线路和确定计算工期;④若计算工期仍超过要求工期,则重复以上步骤,直到满足要求工期(若仍不满足,则对工期重新审定或调整)。

【例 18-14】 已知网络计划如图 18-62 所示,图中箭线下方括号外为正常持续时间,括号内为最短持续时间,箭线上方括号内为工作的压缩优选系数,假定要求工期 $T_r = 100$ d,试对其进行工期优化。

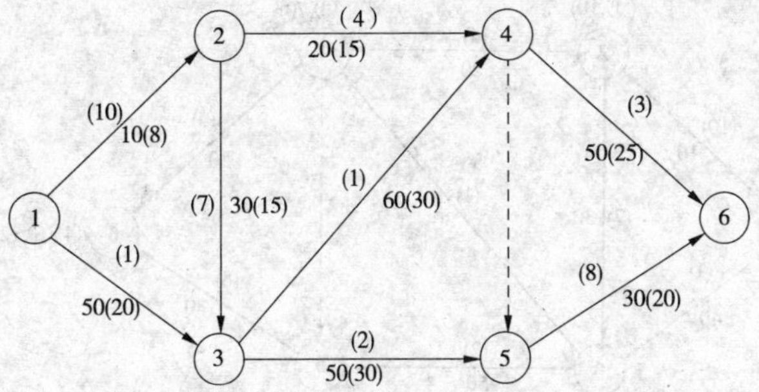

图 18-62 某网络计划

解 (1)用标号法求出在正常持续时间下的关键线路及计算工期,如图 18-63 所示。

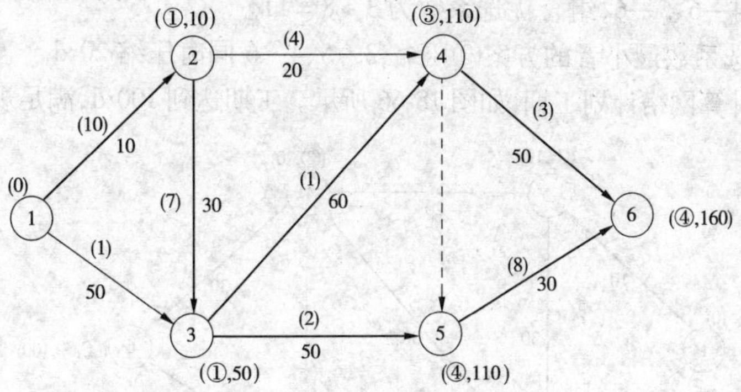

图 18-63 初始网络计划

(2)应缩短的时间:$\Delta T = T_c - T_r = 160 - 100 = 60$(d)。

(3)应优先压缩关键线路工作中优选系数最小的工作 1—3 和工作 3—4,并将其压缩至最短持续时间。找出关键线路,如图 18-64 所示。此时,工作 1—3 压缩至非关键工作,故需将其松弛使之成为关键工作,如图 18-65 所示。

(4)由于计算工期仍大于要求工期,故需继续压缩。如图 18-65 所示,有四个压缩方案:

①压缩工作 1—2、1—3,组合优选系数为 10 + 1 = 11;

②压缩工作 2—3、1—3,组合优选系数为 7 + 1 = 8;

③压缩工作 3—5、4—6,组合优选系数为 2 + 3 = 5;

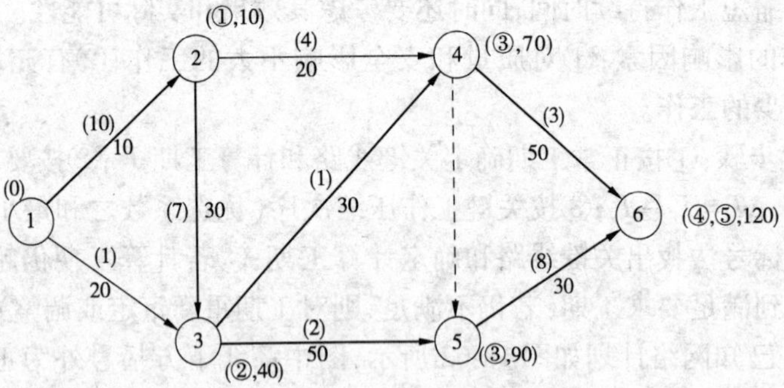

图 18-64　1—3、3—4 压缩到极限

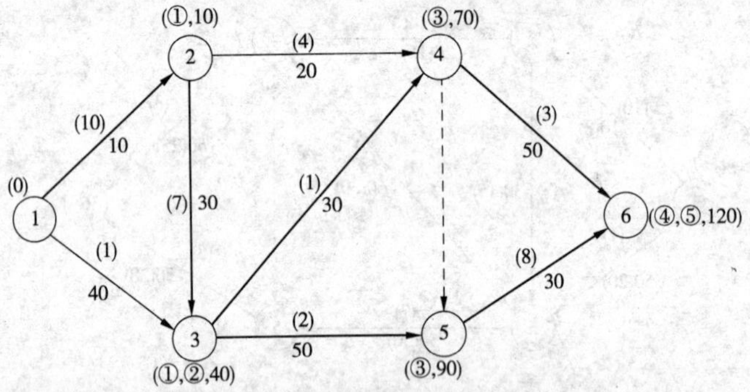

图 18-65　第一次压缩后网络

④压缩工作 4—6、5—6，组合优选系数为 3 + 8 = 11。

选择组合优选系数最小者的方案③压缩，3—5、4—6 同时压缩 20 d。

优化后重新计算网络计划工期，如图 18-66 所示。工期达到 100 d，满足规定工期的要求。

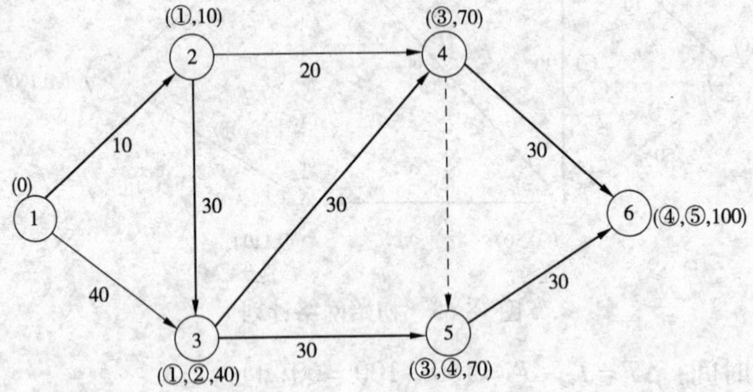

图 18-66　优化后网络图

(二) 费用优化

费用优化又称为时间成本优化，是寻求最低成本时的最短工期安排，或按要求工期寻求最低成本的计划安排过程。在网络计划中，工期与费用的均衡是一个重要的问题，如何使计划以较短的工期和最少的费用完成，就必须研究时间和费用的关系，以寻求与最低费用相对应的最优工期方案或者按要求工期寻求最低费用的优化压缩方案。

1. 工期与费用的关系

工程项目的总费用由直接费和间接费组成。缩短工期会引起直接费的增加和间接费的减少,延长工期会引起直接费的减少和间接费的增加。工期与费用的关系如图 18-67 所示。费用优化寻求的目标是直接费和间接费总和(工程总费用)最小时的工期,即最优工期。

1) 间接费曲线

间接费与时间成正比,其斜率表示间接费在单位时间内的增加(或减少)值。间接费与施工单位的管理水平、施工条件、施工组织等有关。

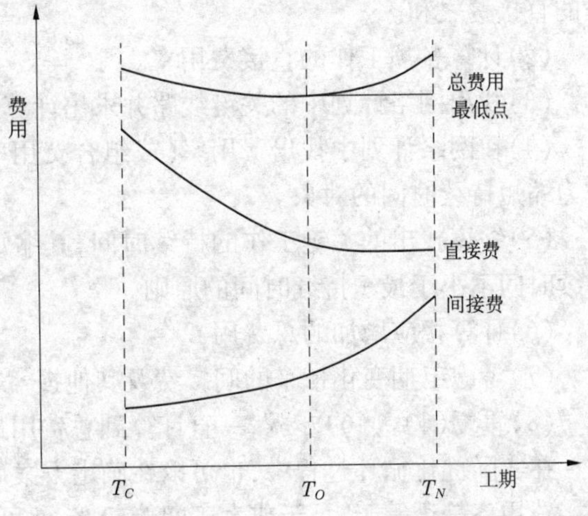

T_C—极限工期;T_N—正常工期;T_O—最优工期

图 18-67 工期—费用曲线

2) 直接费曲线

直接费在一定范围内与时间成反比,如图 18-67 所示。缩短时间,即加快施工速度,通常要增加工人、机械设备和一些高价材料等,要采取加班加点和多班作业,直接费也跟着增加。然而工作时间缩短至某一极限,则无论增加多少直接费,也不能再缩短工期,此极限称为临界点,此时的时间为最短持续时间,此时的费用为最短时间直接费。反之,若延长时间,则可减少直接费。然而时间延长至某一极限,则无论将工期延至多长,也不能再减少直接费,此极限称为正常点,此时的时间称为正常持续时间,此时的费用称为正常时间直接费。

连接正常点与临界点的曲线,称为费用曲线。为计算方便,可近似地将它假定为一直线,如图 18-68 所示。我们把因缩短工作持续时间(赶工)每一单位时间所需增加的直接费,简称为直接费用率。工作 i—j 的直接费用率按如下公式计算

$$\Delta C_{i-j} = \frac{C_{i-j}^{C} - C_{i-j}^{N}}{D_{i-j}^{N} - D_{i-j}^{C}} \qquad (18\text{-}60)$$

式中 ΔC_{i-j}——工作 i—j 的直接费用率;

C_{i-j}^{C}——将工作持续时间缩短为最短持续时间后,完成该工作所需的直接费;

C_{i-j}^{N}——在正常条件下完成工作所需的直接费;

D_{i-j}^{N}——工作的正常持续时间;

D_{i-j}^{C}——工作的最短持续时间。

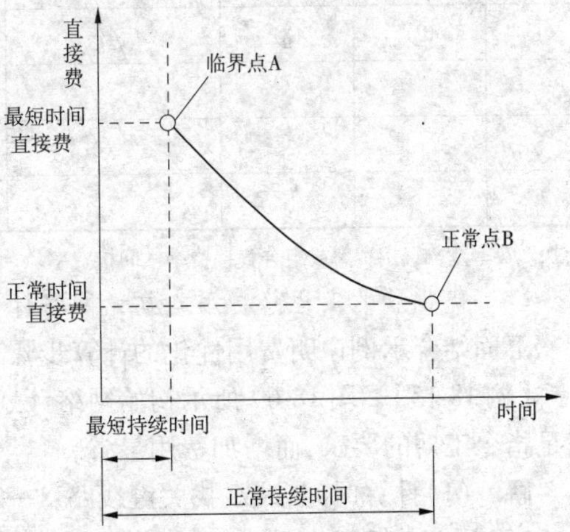

图 18-68 直接费与时间关系

2. 费用优化的方法和步骤

费用优化的基本方法是不断地找出能使工期缩短且直接费增加最少的工作,缩短其持

续时间，同时考虑间接费增加，便可求出费用最低相应的最优工期和工期规定时相应的最低费用。

费用优化可按下列步骤进行：

(1)按工作的正常持续时间计算工程总直接费。工程总直接费等于组成该工程全部工作的直接费之和。

(2)计算各项工作的直接费用率。

(3)找出网络计划中的关键线路并求出计算工期。

(4)在网络计划中找出费用率(或组合费用率)最低的一项关键工作或一组关键工作，作为缩短持续时间的对象。

(5)缩短找出的关键工作的持续时间，其缩短值必须符合不能压缩成非关键工作和其持续时间不小于最短持续时间的原则。

(6)计算相应增加的总费用 C_i。

(7)考虑工期变化带来的间接费及其他损益，在此基础上计算总费用。

(8)重复(4)~(6)步骤，一直计算到总费用最低。

在实际优化循环过程中，也可以在确定方案后，检查被压缩的工作的直接费用率或组合直接费用率是否等于、小于或大于间接费率，就可得到优化方案；若小于间接费率，则需继续按上述方法进行压缩；若大于间接费率，则在此前一次的小于间接费率的方案即为优化方案，并列出优化表，计算出优化后的总费用。优化表如表18-11所示。

表18-11 优化表

压缩次数	被缩工作代号	被缩工作名称	直接费率或组合直接费率	*费率差（正或负）	缩短时间	费用变化（正或负）	工期	优化点
①	②	③	④	⑤	⑥	⑦=⑤×⑥	⑧	⑨

注：*费率差=直接费率或组合直接费率－间接费率。

优化后的工程总费用=初始网络计划的总费用－费用变化合计的绝对值

下面结合示例说明费用优化的计算步骤。

【例18-15】 图18-69所示初始网络计划的工期比要求工期长6 d，请进行合理压缩，使满足指令工期的要求，而增加费用最省。

解 (1)计算时间参数，找关键线路：1—2—3—5—6。

(2)压缩关键工作5—6，$\Delta C=200/\text{d}$。

压缩时间 $\Delta T_1=15-11=4(\text{d})$

增加费用 $\Delta S_1=200\times4=800$

(3)此时关键线路有两条：1—2—3—5—6和1—2—4—6。

压费用率最小的工作组，即1—2，$\Delta C=350/\text{d}$。

压缩时间 $\Delta T_2=16-14=2(\text{d})$

增加费用 $\Delta S_2=350\times2=700$

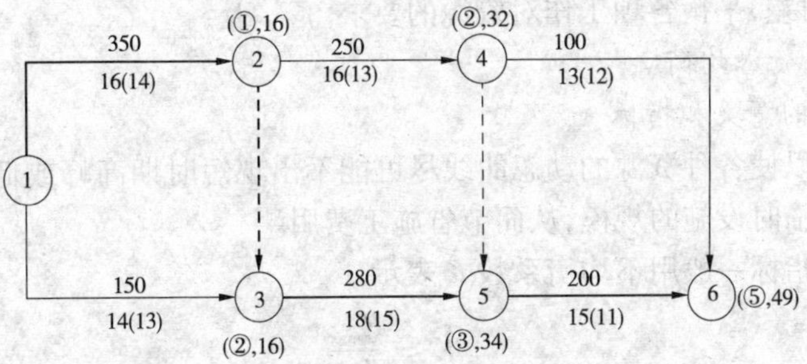

图 18-69　初始网络图

此时,工期压缩 6 d 已完成,共增加费用

$$S = \Delta S_1 + \Delta S_2 = 800 + 700 = 1\ 500$$

调整后的网络图见图 18-70。

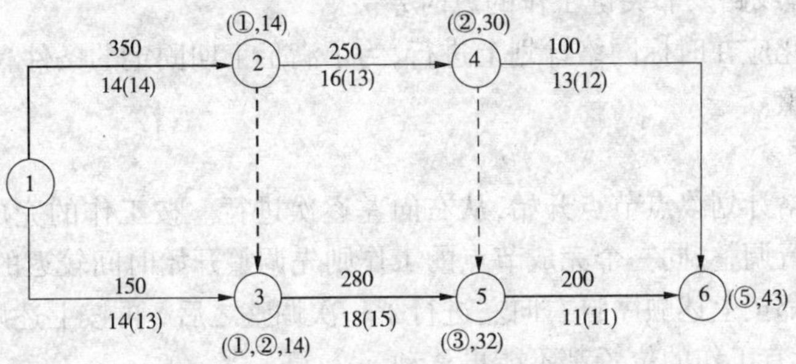

图 18-70　调整后的网络图

(三)资源优化

资源是指为完成任务所需的人力、材料、机械设备和资金等的通称。一项工程任务的完成,所需资源量基本是不变的,不可能通过资源优化将其减少。但在许多情况下,由于受多种因素的制约,在一定时间内供应过分集中而造成现场拥挤,使管理变得复杂,而且还会增加二次搬运费和暂时工程量,造成工程的直接费和间接费的增加等不必要的经济损失。因此,就需要根据工期要求和资源的供需情况对网络计划进行调整,通过改变某些工作的开始和完成时间,使资源按时间的分布符合优化目标。

通常,资源优化有两种不同目标:一种是在工期不变的情况下,力求资源消耗均衡,称为"工期固定,资源均衡"优化;另一种是在资源供应有限制的条件下,寻求工期最短的计划方案,称为"资源有限,工期最短"优化。

资源优化中常用术语如下所述。

(1)资源强度。一项工作在单位时间内所需的某种资源数量。工作 i—j 的资源强度用 r_{i-j} 表示。

(2)资源需用量。网络计划中各项工作在某一单位时间内所需某种资源数量之和,第 t 天资源需用量用 R_t 表示。

(3)资源限量。单位时间内可供使用的某种资源的最大数量,用 R_a 表示。

工期—资源优化是指在资源有限制的条件下如何使工期最短;在工期规定的条件下,如何使资源均衡。

方法：利用时差，平衡各项工作对资源的要求。

1. 工期固定，资源均衡

1）均衡施工的意义和指标

均衡施工可以使各种资源的动态曲线尽可能不出现短时期高峰或低谷，因而可大大减少施工现场各种临时设施的规模，从而节省施工费用。

均衡施工的指标一般用不均衡系数 K 表示

$$K = \frac{R_{max}}{R_m} \tag{18-61}$$

式中 R_{max}——最大的资源需用量；

R_m——资源需用量的平均值。

K 值愈小，资源均衡性愈好（$K<1.5$ 最好）。

2）优化步骤

（1）确定关键线路及非关键工作的总时差。

资源均衡优化应在时标网络计划上进行，为了满足工期固定的条件，在优化过程中不考虑关键工作的调整。

（2）调整顺序。

调整宜自网络计划终点节点开始，从右向左逐次进行。按工作的完成节点的编号值从大到小的顺序进行调整，同一个完成节点的工作则先调整开始时间较迟的工作。

在所有工作都按上述顺序自右向左进行了一次调整之后，再按上述顺序自右向左进行多次调整，直至所有工作的位置都不能再移动。

（3）调整移动的方法。

设被移动工作 k—l，i、j 分别表示工作未移动前开始和完成的那一天。若该工作 k—l 右移 1 d，则第 i 天的资源需用量将减少 r_{k-l}；而第 $j+1$ 天的资源需用量增加 r_{k-l}，则 W 值的变化量为（移动前的差值）

$$\Delta W = [(R_i - r_{k-l})^2 + (R_{j+1} + r_{k-l})^2] - (R_i^2 + R_{j+1}^2) = 2r_{k-l}(R_{j+1} - R_i + r_{k-l})$$

式中 r_{k-l}——工作 k—l 的资源数；

R_i——工作 k—l 开始时间时网络图资源数；

R_{j+1}——工作 k—l 完成时间时网络图资源数。

设 $\Delta W' = R_{j+1} - (R_i - r_{k-l}) < 0$，可将工作 k—l 后移 1 d，多次重复至不能移动（即 $\Delta W' > 0$）。

如果 $\Delta W' > 0$，则

$$R_{j+1} + r_{k-l} \leqslant R_i \tag{18-62}$$

此时，还要考虑右移多天（在总时差允许范围内），计算该天（k）至以后各天的 $\Delta W'$ 的累计值

$$\sum \Delta W' = \Delta W'_k + \Delta W'_{k+1} + \cdots \tag{18-63}$$

如果 $\sum \Delta W' \leqslant 0$，将工作右移至该天。

工作 k—l 右移后，再继续右移其他工作。

【例 18-16】 已知网络计划如图 18-71 所示，图中箭线上方为资源强度，箭线下方为持续时间，网络计划下方为资源需用量。试对其进行工期固定、资源均衡的优化。

解 初始网络计划的不均衡系数为

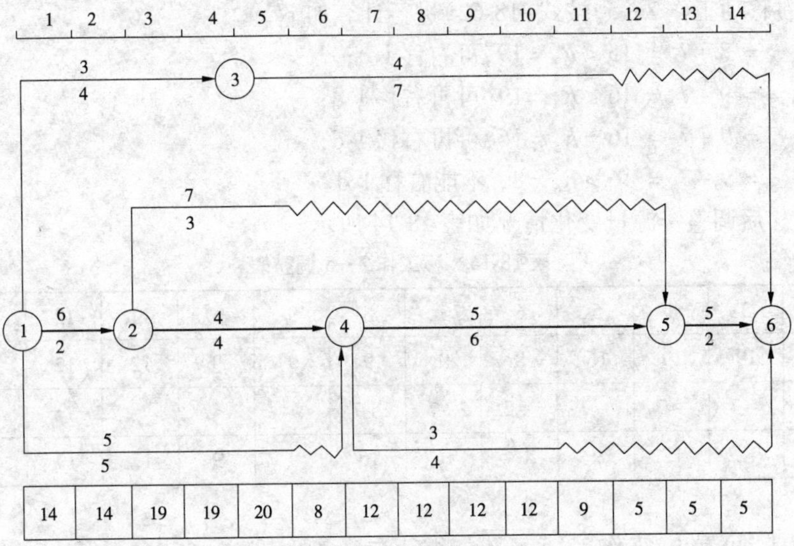

图 18-71　初始网络计划

$$K = \frac{R_{max}}{R_m} = \frac{20}{11.86} = 1.69$$

(1)向右移工作4—6,进行优化调整,按式(18-62)计算如下

$R_{11} + r_{4-6} = 9 + 3 = R_7 = 12$, 可右移1 d;

$R_{12} + r_{4-6} = 5 + 3 = 8 < R_8 = 12$, 可再右移1 d;

$R_{13} + r_{4-6} = 5 + 3 = 8 < R_9 = 12$, 可再右移1 d;

$R_{14} + r_{4-6} = 5 + 3 = 8 < R_{10} = 12$, 可再右移1 d。

至此已移到网络计划最后一天,移动后网络计划资源需用量变化如表18-12所示。

表18-12　移工作4—6调整表

1	2	3	4	5	6	7	8	9	10	11	12	13	14
14	14	19	19	20	8	12	12	12	12	9	5	5	5
						−3	−3	−3	−3	+3	+3	+3	+3
14	14	19	19	20	8	9	9	9	9	12	8	8	8

(2)向右移动工作3—6,按式(18-62)进行计算如下

$R_{12} + r_{3-6} = 8 + 4 = 12 < R_5 = 20$,可右移1 d;

$R_{13} + r_{3-6} = 8 + 4 = 12 > R_6 = 8$,不能右移1 d。

由图18-71可明显看出,工作3—6已不能再向右移动多天,移后资源需用量变化如表18-13所示。

表18-13　移工作3—6调整表

1	2	3	4	5	6	7	8	9	10	11	12	13	14
14	14	19	19	20	8	9	9	9	9	12	8	8	8
				−4							+4		
14	14	19	19	16	8	9	9	9	9	12	12	8	8

(3)向右移动工作 2—5,按式(18-62)进行计算如下

$R_6 + r_{2-5} = 8+7 = 15 < R_3 = 19$,可右移 1 d;

$R_7 + r_{2-5} = 9+7 = 16 < R_4 = 19$,可再右移 1 d;

$R_8 + r_{2-5} = 9+7 = 16 = R_5 = 16$,可再右移 1 d;

$R_9 + r_{2-5} = 9+7 = 16 > R_6 = 8$,不能右移 1 d。

列出右移后调整资源量变化情况如表 18-14 所示。

表 18-14 移工作 2—5 调整表

1	2	3	4	5	6	7	8	9	10	11	12	13	14
14	14	19	19	16	8	9	9	9	9	12	12	8	8
		−7	−7	−7	+7	+7	+7						
14	14	12	12	9	15	16	16	9	9	12	12	8	8

从表 18-14 可看出,工作 2—5 已不能继续右移多天。

绘出上阶段右移工作 4—6、3—6、2—5 后的网络计划如图 18-72 所示。

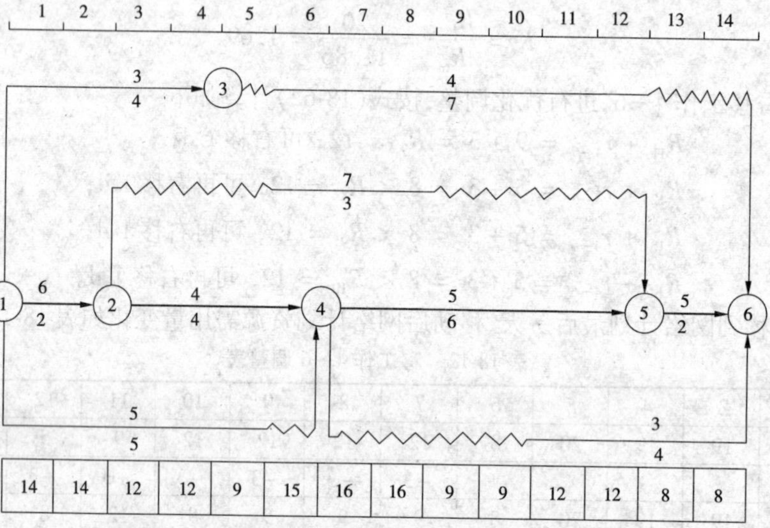

图 18-72 右移工作 4—6、3—6、2—5 后的网络计划

(4)向右移动工作 1—3,按式(18-62)进行计算如下

$R_5 + r_{1-3} = 9+3 = 12 < R_1 = 14$,可右移 1 d;

已无自由时差,故不能再向右移。

(5)向右移动工作 1—4,按式(18-62)进行计算如下

$R_6 + r_{1-4} = 15+5 = 20 > R_1 = 14$,不可右移 1 d;

向右移动一遍后的网络计划如图 18-73 所示。

(6)第二次向右移动工作 3—6,按式(18-62)进行计算如下

$R_{13} + r_{3-6} = 8+4 = 12 < R_6 = 15$,可右移 1 d;

$R_{14} + r_{3-6} = 8+4 = 12 < R_7 = 16$,可再右移 1 d。

至此已移至网络计划最后一天。

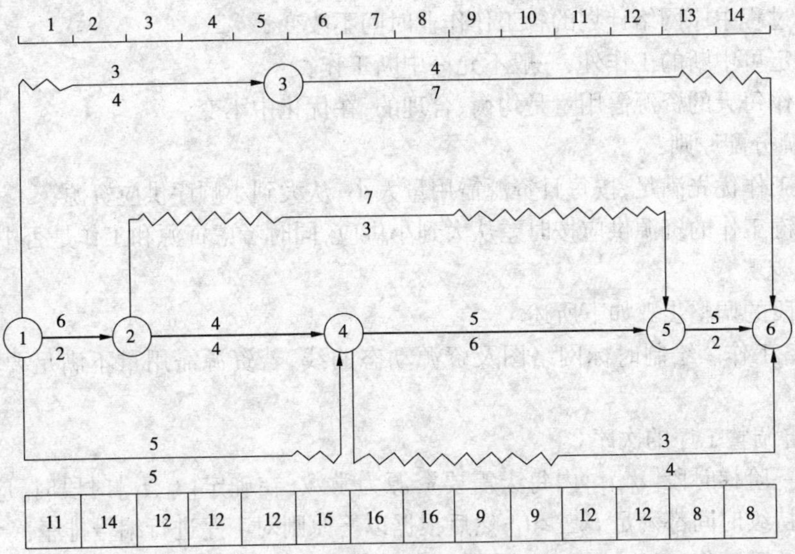

图 18-73 向右移动一遍后的网络计划

其他工作向右移都不能满足要求。至此已得出优化网络计划如图 18-74 所示。

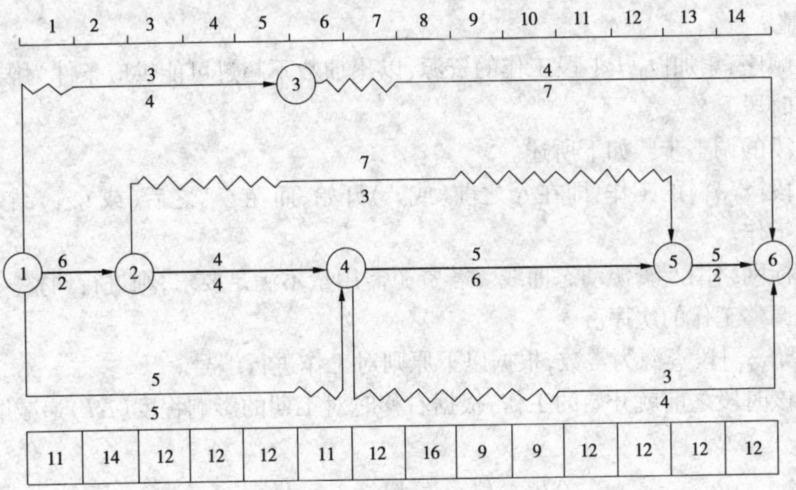

图 18-74 优化的网络计划

优化调整后的不均衡系数为

$$K = \frac{R_{max}}{R_m} = \frac{16}{11.86} = 1.35$$

其不均衡性降低

$$\frac{1.69 - 1.35}{1.69} \times 100\% = 20.12\%$$

2. 资源有限,工期最短

1) 基本原理

(1) 优化的前提:

①优化过程中原网络计划的逻辑关系不改变;

②优化过程中原网络计划的各工作作业时间不改变；

③除规定可中断的工作外，一般不允许中断工作；

④各工作每天的资源需用量是均衡、合理的，在优化中不变。

(2)资源分配原则：

①关键工作优先满足，按每日资源需用量大小，从大到小顺序供应资源；

②非关键工作的资源供应按时差从大到小供应，同时考虑资源和工作是否中断。

2)优化步骤

第一时段的调整步骤如下所述。

(1)准备工作。绘制时标网络图及资源动态曲线，若资源需用量不满足要求，则进行调整。

(2)确定调整工序的次序。

假定第一阶梯时段$[t_0,t_1]$内每天需要资源为常数，在确定$[t_0,t_1]$时段时，应使该时段内各项工作持续时间都满足$D_{i-j}\geqslant t_1$，然后根据以下原则对工序进行编号排序：

①先编关键工作$(1,2,\cdots,k_1)$；

②接着对非关键工作按总时差递增编号$(k_1+1,\ k_1+2,\ k_1+3,\cdots)$；

③对总时差相等的非关键工作，按资源递减编号。

(3)调整。

按编号顺序，累加$[t_0,t_1]$段工作的资源，以累加数不超过可能供应条件为限，余下的工作右移下一时段。

一般时段的调整步骤如下所述。

研究时段$[t_0,t_1]$的工作：即在t_k之前(或t_k)开始，而在t_{k+1}之后(或t_{k+1})结束的工作。

①准备工作。

绘制时标网络图及资源动态曲线。若资源需用量不满足要求，则进行调整。

②确定调整工作的次序。

假定$[t_k,t_{k+1}]$段资源为常数，根据以下原则对工作进行编号。

③先编该时段之前就开始的工作，根据右移时对工期的影响程度(ΔT)递减顺序编号。

其中：

$$\Delta T=(t_{k+1}-ES_{i-j})-TF_{i-j} \tag{18-64}$$

若ΔT相等，则按资源递减编号。

④对该时段余下的工作，按第一时段编号原则编号。

对于在t_k之前开始的工作，把其t_k前的部分作为一独立的工作处理，t_k之后部分按第一时段原则编号。

3)调整

按编号顺序，累加$[t_k,t_{k+1}]$段工作的资源，以累加数不超过可能供应条件为限，余下的工作右移下一时段。在之前开始且内部不允许中断的工作若需右移，则整个地右移下一段。

六、网络计划实施中的调整与控制

利用网络计划对工程进度进行控制是网络计划技术的主要功能之一。任何一项计划在实施过程中都会遇到各种各样客观因素的影响，比如，工程变更或施工机械及材料未及时进场等都可能影响进度。为了对计划进行有效的控制,就必须在计划执行过程中进行定期检查和调整,这是使计划实现预期目标的基本保证。

(一)网络计划的检查

1. 检查的方法

检查的方法是对比法。检查计划时,首先必须收集网络计划的实际执行情况,并作记录。

当采用时标网络计划时,可采用实际进度前锋线(简称前锋线)记录计划执行情况。绘制实际进度前锋线的方法是从检查时刻出发,用点画线自上而下用直线段依次连接各项工作的实际进度前锋线。根据各工作实际进度前锋点位置,可以判别实际进度与计划进度的偏差。若进度前锋点在计划左侧,说明实际进度比计划拖延;若进度前锋点在计划右侧,说明实际进度比计划提前;若实际进度前锋点与检查时刻的时间坐标相同,说明实际进度与计划进度一致 。如图 18-75 所示,2—3 工作拖延 1 d,2—5 工作提前 1 d。前锋线可用彩色标画,相邻的前锋线可采用不同颜色。

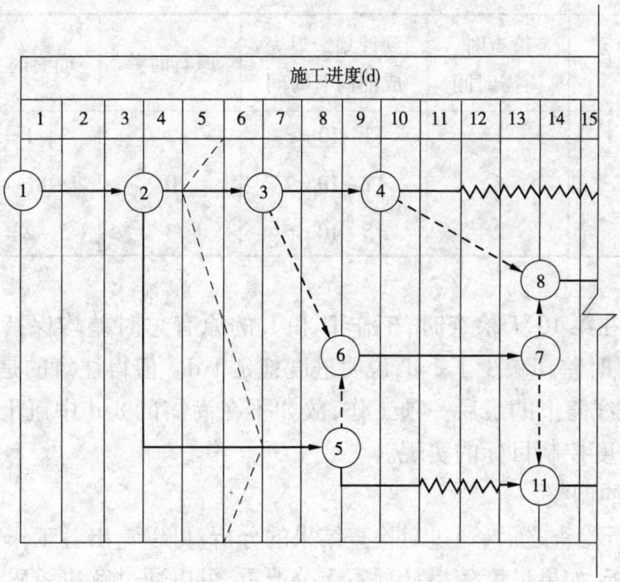

图 18-75　某带有实际进度前锋线的早时标网络计划

注:图中的点画线为实际进度前锋线。

当采用无时标网络计划时,可采用直接在图上用文字或适当符号记录,或用列表记录等方式记录。通过计算工序的时间参数,再与实际执行情况作一比较,直接在图上进行标注。

2. 网络计划的检查时间及内容

网络计划检查应定期进行。检查周期的长短应视计划工期的长短和管理的需要决定,一般可以天、周、月、季度等为周期。在计划执行过程中,突遇意外情况,可进行应急检查,必要时可做特别检查。

网络计划的检查必须包括以下内容:工作的开始时间、完成时间、持续时间、逻辑关系、实物工程量和工作量、关键线路和总工期、时差利用等。

3. 检查结果的分析判断

现以图 18-76 的记录为例进行检查分析，具体见表 18-15。

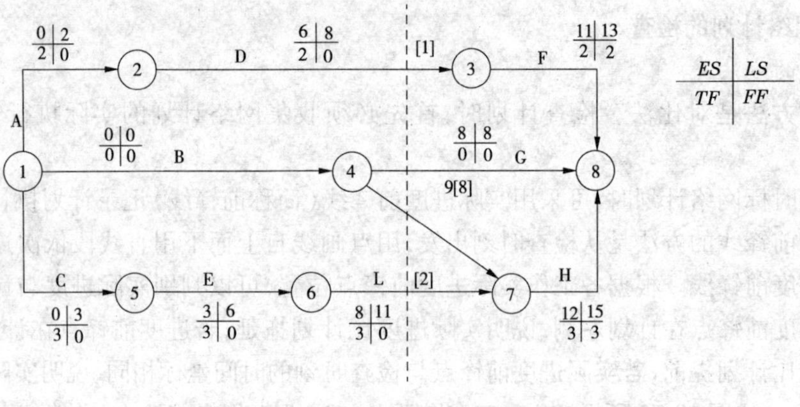

图 18-76　网络计划示例

表 18-15　对图 18-76 的检查分析　（单位:d）

工作编号	工作代号	检查时尚需时间	到计划最迟完成前尚有时间	原有时差	尚有时差	情况判断
2—3	D	1	13－10＝3	2	3－1＝2	正常
4—8	G	8	17－10＝7	0	7－8＝－1	拖延 1 d
6—7	L	2	15－10＝5	3	5－2＝3	正常

表 18-15 说明，在第 10 天检查时，工作 D 和 L 的原有总时差均保持不变，说明进度正常；然而工作 G 的总时差却减少了 1 d，说明进度拖延 1 d。值得注意的是，工作 G 处在关键线路上，尤其它是该线路上的最后一项工作，故如不在尚需的 8 d 中赶上来，很有可能使整个计划拖延，影响进度控制目标的实现。

（二）网络计划的调整

对网络计划进行检查之后，通过对检查结果的分析，可以看出各工作对进度计划工期的影响。通过检查分析，如果进度偏离计划不十分严重，可以通过解决矛盾，排除障碍，继续执行原计划顺序和时间安排。在经过努力，确定不能按原计划实现时，再考虑对网络计划进行必要的调整，即适当延长工期或改变施工速度。网络计划的调整一般是不可避免的，但应慎重，尽量减少变更计划性的调整。

1. 网络计划的调整依据

对网络计划执行情况检查的结果应进行如下分析判断，为计划的调整提供依据：

（1）对时标网络计划宜利用已画出的实际进度前锋线，分析计划的执行情况及其发展趋势，对未来的进度情况做出预测判断，找出偏离计划目标的原因及可供挖掘的潜力所在。

（2）对无时标网络计划宜根据记录的情况对计划中的未完工作进行分析判断。

2. 网络计划的调整方法

网络计划调整时间一般应与网络计划检查时间相一致，或定期调整，或做应急调整，一般以定期调整为主。

网络计划的调整是一种动态调整,即计划在实施过程中,要根据情况的不断变化进行及时调整。调整的内容主要有:关键线路长度的调整,非关键工作时差的调整,增、减工作项目,调整逻辑关系,重新估计某些工作的持续时间,对资源的投入做局部调整等。

1)关键线路长度的调整

(1)当关键线路的实际进度比计划进度提前时,首先要确定是否对原计划工期予以缩短。如果不拟缩短,则可利用这个机会降低资源强度或费用。具体方法是选择后续关键工作中资源占用量大的或直接费用高的予以适当延长,延长的时间不应超过已完成的关键工作提前的时间量;如果要使提前完成的关键线路的效果变成整个计划工期的提前完成,则应将计划的未完成部分作为一个新计划,重新进行计算与调整,按新的计划执行,并保证新的关键工作按新计算的时间完成。

(2)当关键线路的实际进度比计划进度落后时,计划调整的任务是采取措施把落后的时间抢回来,于是应在未完成的关键线路中选择资源强度小的缩短,重新计算未完成部分的时间参数,按新参数执行。这样做有利于减少赶工费用。

(3)当拖延时间发生在非关键线路上,但拖延时间超过总时差时,原来的非关键线路就变成了关键线路,此时按照关键线路的调整法进行即可。

2)非关键工作的时差调整

为了更充分地利用资源,更有效地降低成本,每次对计划进行调整之后,都应重新计算时间参数,绘制资源消耗量曲线,研究调整对计划全局的影响。之后,要对非关键工作在时差范围内进行调整,以便在不影响工期的情况下,使计划更完善。调整内容有:

(1)将工作在其最早开始时间与最迟完成时间范围内移动,以均衡资源使用。

(2)在自由时差或总时差范围内,适当延长某些工作的持续时间,以降低资源强度或直接费用。

(3)缩短某些工作的持续时间,以消除对后续工作的影响,满足后续工作的限制条件。

当网络计划在实施过程中,需增加某些工作项目时,应符合下列要求:

(1)尽量不打乱原网络计划中的逻辑关系,只对局部逻辑关系进行调整。

(2)重新计算时间参数,分析新增项目对网络计划的影响,必要时采取措施,以保证计划工期不变。当发现某些工作的原计划持续时间有误,或实现条件不充分时,应重新确定其持续时间,并重新计算时间参数;当资源供应发生异常时,应采用资源优化方法对计划进行调整或采取应急措施,使其对工期的影响最小。

最后需要强调的是,网络计划控制是一种动态控制,它是主动控制和被动控制相结合的控制。所谓主动控制,也叫事前控制,就是预先分析影响计划目标实现的各种不利因素,提前拟定和采取各项预防措施,以使计划目标得以实现。所谓被动控制,也叫事后控制,就是在网络计划实施过程中,随时检查进度,分析偏差,进行调整,然后按调整后网络计划指导施工。两种控制(即主动控制和被动控制)对计划管理人员来说,缺一不可,它们都是使计划按期完工所必须采用的控制方式。

第十九章 建筑装饰装修工程项目管理

第一节 建筑装饰装修工程施工项目现场管理

现场施工管理是建筑装饰装修施工企业为完成建筑装饰装修产品的施工任务，从接受施工任务开始到工程验收交工为止的全过程中，围绕施工现场和施工对象而进行的生产事务的组织管理工作。其目的是在施工现场充分利用施工条件，发挥各施工要素的作用，保持各方面工作的协调，使施工能正常进行，并按时、按质提供建筑装饰装修产品。

一、建筑装饰装修工程施工项目现场管理的重要性

由于建筑装饰装修产品施工是一项非常复杂的生产活动，它有不同于其他产品管理的特点，即流动性、周期长，属于现场型作业，物资供应、工艺操作、技术、质量、劳动力组织均围绕施工现场进行。因此，搞好施工现场的各项管理工作，对正确处理现场施工过程中的劳动力、劳动对象和劳动手段在空间布置和时间排列上的矛盾，保证和协调施工的正常进行，做到人尽其才、物尽其用，多、快、好、省地完成任务，为国家和社会提供更多、更好的建筑产品有着十分重要的意义。

二、建筑装饰装修工程施工项目现场管理的内容

(1)进行开工前的现场施工条件的准备，促成工程开工。

(2)进行施工中的经常性准备工作。

(3)编制施工作业计划，按计划组织综合施工，进行施工过程的全面控制和全面协调。

(4)加强对施工现场的平面管理，合理利用空间，做到文明施工。

(5)利用施工任务书进行基层队组的施工管理。

(6)组织工程的交工验收。

三、建筑装饰装修工程施工作业计划

建筑装饰装修工程施工作业计划是计划管理中的最基本环节，是实现年、季度计划的具体行动计划，是指导现场施工活动的重要依据。

(一)施工作业计划编制的原则

(1)坚持实事求是、切合实际的原则。

(2)坚持以完成最终建筑产品为目标的原则。

(3)坚持合理、均衡、协调和连续的原则。

(4)坚持经济效益的原则。

(二)编制现场施工作业计划的依据

(1)企业年、季度施工进度计划。

(2)企业承揽与中标的工程任务及合同要求。

(3)各种施工图纸和有关技术资料、单位工程施工组织设计。

(4)各种材料及设备的供应渠道、供应方式和进度。

(5)工程承包组的技术水平、生产能力、组织条件及历年达到的各项技术经济指标水平。

(6)施工工程资金供应情况。

(三)施工作业计划编制的内容

施工作业计划一般是月度施工作业计划,其主要内容有编制说明和月度施工作业计划表。

(1)编制说明的主要内容有编制依据、施工队组的施工条件、工程对象条件、材料及物资供应情况、有何具体困难或需要解决的问题等。

(2)月度施工作业计划表。月度施工作业计划表名称及参考表格形式如下:主要计划指标汇总表(见表19-1),施工项目计划表(见表19-2),主要实物工程量汇总表(见表19-3),施工进度表(见表19-4),劳动力需用量及平衡表(见表19-5),主要材料需用量表(见表19-6),大型施工机械设备需用计划表(见表19-7),预制构配件需用计划表(见表19-8),技术组织措施、降低成本计划表(见表19-9)。

表19-1　主要计划指标汇总表

________年____月

指标名称	单位	合计			按单位分列						
		上月实际完成	本月实际完成	本月比上月提高(%)	××工程处	××工程处	××加工厂	机运处	水电队	机关	…

表19-2　施工项目计划表

________年____月

建设单位及单位工程	结构	层次	开工日期	竣工日期	面积		上月末进度	本月末形象进度	工作量(万元)	
					施工(m^2)	竣工(m^2)			总计	自行

表 19-3　主要实物工程量汇总表

______年____月

名称	分项						
	吊顶棚（m^2）	墙柱面（m^2）	楼地面（m^2）	门窗安装（m^2）	油漆粉刷（m^2）	装饰灯具（个）	其他零星项目
合计							
一队							
二队							

表 19-4　施工进度表

______年____月

序号	分部分项工程名称	单位	拟完成工程量	单价	已完成工程量	工程内容及形象进度

表 19-5　劳动力需用量及平衡表

______年____月

工种	计划工日数	计划工作天	出勤率	计划人数	现有人数	余缺人数（+）（-）	说明

表 19-6　主要材料需用量表

______年____月

建设单位及单位工程	材料名称	型号规格	单位	数量	计划需要日期	平衡供应日期	说明

表 19-7　大型施工机械设备需用计划表

______年____月

机械名称	能力规格	分部分项工程名称	数量	计划台班数量	需要机械数量	计划起止日期	平衡供应		说明
							数量	起止日期	

表 19-8　预制构配件需用计划表

______年____月

建设单位及单位工程	构配件名称	型号规格	单位	数量	计划需要日期	平衡供应日期	说明

表 19-9　技术组织措施、降低成本计划表

______年____月

<table>
<tr><th rowspan="3">措施项目名称</th><th rowspan="3">措施涉及的项目名称及工程量</th><th rowspan="3">措施执行单位及负责人</th><th colspan="9">措施的经济效果</th><th rowspan="3">降低成本合计</th><th rowspan="3">说明</th></tr>
<tr><th colspan="6">降低材料费</th><th colspan="2">降低人工费</th><th rowspan="2">降低管理费</th></tr>
<tr><th>水泥</th><th>木材</th><th>石材</th><th>涂料</th><th>…</th><th>小计</th><th>减少工日</th><th>金额</th></tr>
<tr><td></td><td></td><td></td><td></td><td></td><td></td><td></td><td></td><td></td><td></td><td></td><td></td><td></td><td></td></tr>
<tr><td></td><td></td><td></td><td></td><td></td><td></td><td></td><td></td><td></td><td></td><td></td><td></td><td></td><td></td></tr>
<tr><td></td><td></td><td></td><td></td><td></td><td></td><td></td><td></td><td></td><td></td><td></td><td></td><td></td><td></td></tr>
</table>

由于各施工企业所处的地区不同，管理方式各有差别，以上各表格形式也不尽一致，内容也不一定相同，各企业可根据具体情况进行取舍。

(四)施工作业计划的编制方法

1. 定额控制法

这种方法是利用工期定额、材料消耗定额、机械台班定额和劳动力定额等测算各项计划指标的完成情况，编制各种计划表。

2. 经验估算法

这种方法是根据上年计划完成的情况及施工经验估算当期各项指标计划。

3. 重要指标控制法

重要指标控制法即编制计划时,先确定施工中的几项重点指标计划,然后相应地编制其他计划指标。

编制施工作业计划还有其他多种方法,各施工企业应根据自身的实际情况选用。

(五)施工作业计划的贯彻与调整

1. 施工作业计划的贯彻执行

为了确保现场施工作业计划安排的实施和计划指标的完成,必须抓住施工作业计划的贯彻执行这一关键环节。施工作业计划贯彻执行的方式大体有两种:下达施工任务书法和承包合同法。

施工任务书是实施月度作业计划,指导队、组作业的计划技术文件。施工任务书可由计划员或工长签发,签发内容以月度作业计划和施工定额为依据。施工任务书执行中要认真记录用工、用料、完成任务情况。任务完成后回收,由施工队作为验收、结算、计发工资奖金、进行施工统计的依据。

承包合同法是运用经济的方法调动广大施工人员全面完成计划,实行层层承包合同制。

签订承包合同也是下达计划、落实任务、全面进行交底和明确奖罚的过程。

2. 施工作业计划的调整方法

现场施工作业计划虽然属于短期计划,但由于施工队组在计划执行的过程中不可避免地受到各种影响因素的制约,使计划与实际完成情况有一定的出入,工期的超前和拖后是常有的事。为了使作业计划切合实际情况,充分利用人力、物力和财力,应根据施工条件和变化的情况,经常进行计划调整,使之及时准确地指导现场施工生产。施工作业计划的调整方法有协调平衡法和短期滚动计划法。

协调平衡法一般是根据各单位制订的计划调整检查制度而定期进行的,必要时可以根据计划执行情况,临时召集有关单位开会研究,进行统一调整。

短期滚动计划法是把施工作业计划分阶段进行编制,近期细,远期粗,然后分段定期进行调整,使之切合施工生产实际。

四、建筑装饰装修工程施工准备工作

(一)组织准备

组织准备是建立项目施工的经营和指挥机构以及职能部门,并配备一定的专业管理人员的工作。大中型工程应成立专门的施工准备工作班子,具体开展施工准备工作。对于不需要单独组织项目经营指挥机构和职能部门的小型工程,则应明确规定各职能部门有关人员在施工准备工作中的职责,形成相应非独立的施工准备工作班子。有了组织机构和人员分工,繁重的施工准备工作才能在组织上得到保证。

(二)技术准备

技术准备工作的具体内容有:

(1)向建设单位和设计单位调查了解项目的基本情况,索取有关技术资料。

(2)对施工区域自然条件进行调查。

(3)对施工区域技术经济条件进行调查。

(4)对施工区域社会条件进行调查。

(5)编制施工组织设计和工程预算。

(三)物资准备

物资准备的目的是为施工全过程创造必要的物质条件。主要有如下具体内容:

(1)施工前,应及早办理物资计划申请和订购手续,组织预制构件、配件和铁件的生产或订购,调配机械设备等。

(2)施工开始后,应抓好进场材料及配件和机械的核对、检查和验收,进行场内材料运输调度以及材料的合理堆放,抓好材料的修旧利废等工作。

(四)队伍准备

施工队伍的准备工作主要有:

(1)按计划分期分批组织施工队伍进场。

(2)办理临时工、合同工的招收手续。

(3)按计划培训施工中所需的稀缺工种、特殊工种的工人。

(五)现场场地准备

(1)搞好"三通一平",即路通、电通、水通,平整、清理施工场地。

(2)做好现场施工测量。对拟装修工程进行抄平、定位放线等。

(六)提出开工报告

以上各项工作准备就绪后,由施工承包单位提出开工报告,等批准后工程才能开工。开工报告可参照建筑工程开工申请报告会的表格样式填写。开工报告一式四份,送公司审批后,施工处存一份,退回三份,其中:公司档案一份,填报单位一份,建设单位一份。

五、建筑装饰装修工程施工现场检查、调度及交工验收

(一)施工现场的检查与督促

施工现场的检查与督促的主要内容是施工进度、平面布置、质量、安全、节约等方面。

1. 施工进度

施工进度安排要严格按照施工组织设计中施工进度计划的要求来执行。施工现场管理人员要定期检查施工进度情况,对施工进度拖后的施工队或班组,要督促其在保证质量与安全的前提下加快施工速度。否则,有可能使工期拖后而影响工程按期完成交付使用。

2. 平面布置

施工现场的平面布置是合理使用场地,保证现场交通、道路、水、电、排水系统畅通,搞好施工现场场容,以实现科学管理、文明施工为目的的重要措施。施工平面布置管理的经常性工作有:检查施工平面规划的贯彻执行情况,督促按施工平面布置图的规定兴建各项临时设施,摆放大宗材料、成品、半成品及生产机械设备;审批各单位、各部门需用场地的申请,根据不同时间和不同需要,结合实际情况,合理调整场地;确定大型临时设施的位置,批示坐标并负责核实检查;对大宗材料、设备的车辆进场时间做妥善安排,避免拥挤堵塞交通;审批超大型施工机械和超大型设备进场运行路线;掌握现场动态,定期召开总平面管理检查会议。

3. 质量

质量的检查与督促是施工中不可缺少的工作,是保证和提高工程质量的重要措施。工程质量和企业信誉紧密相连,在市场经济的格局下,施工企业工程质量的好坏决定其竞争力的大小,进而决定其生存与发展。因此,施工企业从领导到工人都应明确树立"质量第一"

的思想，认真搞好工程质量，一丝不苟地进行质量检查督促工作，严格把好质量关。质量检查与督促主要应做好两个方面的工作：施工作业的检查与督促和经常性的质量检查。

施工作业的检查与督促的主要内容有：检查工程施工是否遵守设计规定的工艺流程，是否严格按图施工；施工是否遵守操作规程和施工组织设计规定的施工顺序；材料的储备、发放是否符合质量管理的规定；隐蔽工程的施工是否符合质量检查与验收规范。

经常性的质量检查的主要内容有：材料、成品和半成品的经常性检查，各种仪器、设备、量具和机具的定期检查及使用前检修和校验，施工过程的检查和复查。

质量检查要坚持专业检查和群众检查相结合，认真执行关键项目和隐蔽工程的检查验收，坚持班组自检、互检、交接检，遵守施工队组、工程处和公司的定期检查制度。

4. 安全

安全的检查与督促是防止工程施工高空作业和工程交叉穿插施工中发生伤亡事故的重要措施。首先，要加强对工人的安全教育，克服麻痹思想，不断提高职工的安全生产意识。同时，还要经常地对职工进行有针对性的安全生产教育，新工人上岗前要进行安全生产的基本知识教育，对容易发生事故的工种还要进行安全操作训练，确认掌握安全操作技术后才能独立操作。此外，还要定期或不定期地检查安全生产规范、规程的执行情况，杜绝事故的发生，发现隐患立即解决。

5. 节约

节约的检查与督促涉及到施工管理的各个方面，它与劳动生产率、材料消耗、施工方案、平面布置、施工进度、施工质量等都有关。施工中节约的检查与督促要以施工组织设计为依据，以计划为尺度，认真检查与督促施工现场人力、财力和物力的节约情况，经常总结节约经验，查明浪费的问题和原因，并切实加以解决。

在施工过程中，除经常性的检查与督促外，还要定期召开有关业务交流会和有关协作单位的碰头会，协调行动，及时解决施工中出现的问题，以保持各专业、各工序的正常施工，保证计划的完成。

（二）施工调度工作

施工调度工作是实现正确施工指挥的重要手段，是组织施工各个环节、各专业、各工种协调动作的中心。它的主要任务是监督、检查计划和工程合同的执行情况，协调总、分包及各施工单位之间的协作配合关系；及时、全面地掌握施工进度；采取有效措施，处理施工中出现的矛盾，克服薄弱环节，促进人力、物力的综合平衡，确保施工任务保质保量快速地完成。

1. 施工调度工作的内容

施工调度工作的内容主要有：监督、检查计划和合同的执行情况，掌握和控制施工进度，及时进行人力、物力平衡，调配人力，督促物资、设备的供应；及时解决施工现场出现的矛盾，搞好各个方面的协调配合；监督工程质量和安全施工；检查后续工序的准备情况，布置工序之间的交接；定期组织施工现场调度会，落实调度会的决定；及时公布天气预报，做好预防准备。

2. 做好调度工作的要求

调度工作要有充分的依据；调度工作要做到及时性、准确性和预防性；逐步采用新的、现代化的方法和手段，如通信设备、电子计算机等；为加强施工的统一指挥，应建立健全调度工作制度；要给调度部门和调度人员应有的权力，以便进行有效的管理；调度工作要抓重点、抓

关键、抓动态、抓计划的执行和控制。

(三)交工验收

工程交工验收的是最终建筑装饰装修产品,即竣工工程,交付使用是目的,检查验收是手段。

如果承建的建筑装饰装修产品达到合同要求,经验收后即可交付使用并宣告任务完成,也就可以解除建筑装饰装修施工企业对承包合同所承担的义务以及对工程发包单位所承担的经济和法律责任。

1. 交工验收的依据

工程交工验收的依据主要有:上级主管部门的有关工程建设的文件;建设单位和建筑装饰装修施工企业签订的工程承包合同;设计文件、施工图纸和设备技术说明书;国家颁布的施工技术验收规范;建筑装饰装修工程设计变更通知,预检、隐检、中检的验收签证资料等。

2. 验收的标准

被验收的工程应达到下列标准要求:工程项目按照工程合同规定和设计图纸要求已全部施工完毕,达到国家规定的质量标准,能够满足使用要求;设备调试、运转达到设计要求;交工工程做到窗明、地净、水通、灯亮及采暖通风设备运转正常;建筑物外围2 m以内的场地清理完毕;技术档案资料齐全,竣工结算已经完毕。

3. 交工验收的准备工作

交工验收之前,应做好的准备工作有以下几个方面。

(1)做好工程收尾工作。

(2)准备竣工验收资料和文件。竣工工程验收资料是工程技术档案的重要组成部分,建设单位将依据它对工程进行合理使用、管理、维护与维修等,它又是办理工程结算不可缺少的依据。施工企业向建设单位提供的资料有:交工工程项目一览表;图纸会审记录;竣工图纸和隐蔽工程验收单;工程质量事故发生及处理记录单;材料、半成品试验和检验记录;材料、构配件及设备的质量合格证;设备安装施工、调试及检验记录;施工单位和设计单位提供的建筑物使用注意事项,上级部门对该工程的有关技术决定;工程决算资料、文件和鉴证;其他资料(如经批准的计划任务书及有关文件,建设单位和施工单位签订的工程合同等也作为交工验收资料提出)。

(3)工程预验收主要由施工单位进行,通过预验收,初步鉴定工程质量,补做遗漏项目,返修不合格项目,从而保证交工验收顺利进行。

4. 交工验收工作

交工验收工作主要有两项,即双方及有关部门的检查、鉴定以及工程交接。

建设单位在收到施工企业提交的交工资料以后,应组织人员会同交工单位、质检单位和其他建设管理部门根据施工图纸、施工验收规范及质量评定标准,共同对工程进行全面的检查和鉴定,并进行质量评分,确定本工程项目的质量等级。

经检查、鉴定合乎要求后,合同双方即可签署交接验收证书,逐项办理固定资产移交。根据承包合同的规定办理工程结算手续。除注明的承担保修的内容外,双方的经济关系和法律责任即可解除。

第二节　建筑装饰装修工程生产要素管理

一、劳动与施工队（班组）管理

（一）劳动管理

1. 劳动管理的概念

建筑装饰装修施工企业对生产要素的管理包括有关劳动力和劳动的计划、决策、组织、指挥、监督、协调等项工作的总和，统称为劳动管理。

现代的劳动管理是社会化大生产的必然产物，它必将随着生产的发展不断完善，劳动者在生产活动的三个基本要素中居于最重要的地位，因此劳动管理搞得好不好，劳动者能否人尽其才、才尽其用、各展其长，既有严密分工，又能形成强大的合力，这对企业生产经营的成败得失关系极大。企业管理最重要的环节是充分调动人的积极性和创造性，劳动管理是企业管理的重要组成部分。施工企业是劳动密集型企业，搞好劳动管理，具有更为突出的重要意义。

企业劳动管理的目的是不断提高劳动生产率，从而提高企业的经济效益和市场竞争力。

2. 劳动管理的任务

劳动管理的基本任务是根据企业生产的发展和技术进步的要求，组织劳动过程的分工与协作，不断完善企业内部的相互关系，合理地配备和使用劳动力，提高职工队伍的积极性，保证企业全面完成国家计划和合同任务，保障职工的健康与安全，在不断提高劳动生产率的基础上逐步改善职工的福利与提高职工的收入。

3. 劳动管理的内容

劳动管理的主要内容有：企业定员工作，劳动定额的制定和贯彻，劳动的组织与调配，职工的招收、培训、考核和转退工作，工资与奖励，劳动保护以及劳动组织竞赛等。

1）企业定员工作

企业定员工作是指企业为保证生产正常进行，组织均衡生产，根据生产规模、技术水平、具体要求、用人标准等，合理规定企业各类人员的数量及其比例要求。编制企业职工定员，需要对职工进行各种分类。主要有：按劳动者职能分类，可分为生产工人、工程技术人员、管理人员、学徒、服务人员和其他人员；按生产活动的关系分类，可分为直接生产人员和非直接生产人员；按劳动人事关系分类，可分为固定职工和合同工等。由于企业内部各类人员工作性质和劳动特点不同，计算定员数量和比例的方法也不同。

施工企业劳动定额管理的基本内容是：建立和健全劳动定额管理体制，贯彻和使用劳动定额，修改和补充劳动定额，统计、考核、分析劳动定额完成情况以及整理和积累劳动定额资料等各项工作。

2）劳动组织

施工企业生产劳动组织的任务在于合理使用劳动力，合理安排工时，恰当处理生产过程中的劳动分工协作关系。企业基层劳动组织是根据施工工程特点、工种间和工序间的科学分工与协作的具体要求确定，通常有专业施工队和混合施工队两种组织形式。

专业施工队按施工工艺由同一工种的工人组成，再配备一定数量的辅助工。其优点是

生产任务专一，作业对象变化不大，有利于提高技术水平；其缺点是适应面窄，不利于工种、工序之间搭配组合，易造成工时浪费。

混合施工队是由共同完成施工工程所需要的、互相密切联系的几个工种所组成的。其优点是便于统一指挥，工种间的配合协作好，便于提高质量与工效；其缺点是要求一个工人掌握一个工种以上的技能，技术水平不易全面提高，对施工队长管理能力要求高，如果施工队长能力不强，就会产生混乱现象和不良效果。

两种劳动组织形式各有其特点，应根据工程和管理要求的具体情况而定。对于企业规模大、工程复杂的，一般组织专业施工队；对于企业规模小、工程不复杂的，一般组织混合施工队。

3)劳动纪律

加强劳动纪律是施工过程中集体协作性和不可间断性的客观要求，是社会化大生产不可缺少的基本条件。企业劳动纪律的主要内容有：遵守企业的一切规章制度，服从组织安排，遵守考勤制度，遵守奖惩制度等。这几个方面缺一不可，只要违反一项，就是违反纪律。严明劳动纪律，加强思想教育，提高职工遵守劳动纪律的自觉性，是施工企业统一意志和统一行动的根本保证。

(二)工资管理

1.工资的形式和计算方法

工资是指企、事业单位按照职工劳动的数量和质量，根据国家和企、事业单位制定的标准，以货币形式支付的劳动报酬。

建筑装饰装修施工企业的工资形式分为计时工资和计件工资两种。计时工资是根据职工的技术熟练程度、劳动的繁简程度和工作时间的长短来支付工资的一种形式；计件工资是以国家统一劳动定额为尺度，按工人完成合格产品的数量、质量和规定的计件单位计算和支付劳动报酬的一种工资形式。

计时工资制采用如下计算方法

$$\text{平均每月制度出勤天数} = \frac{\text{全年应出勤天数}(306\ \text{d})}{12} = 25.5\ \text{d} \tag{19-1}$$

$$\text{日工资标准} = \frac{\text{本人月工资标准}}{25.5} \tag{19-2}$$

计件工资制采用如下计算方法

$$\text{计件工人应得工资额} = \text{完成合格产品数量} \times \text{产品计件单价} \tag{19-3}$$

2.工资制度改革

随着我国经济体制的改革、企业自主权的扩大、经营机制的转换和经济责任制的推行，建筑企业在工资分配制度方面进行了一系列以打破“大锅饭”为目标的改革，取得了一定的成绩和经验。工资制度改革的主要内容有：把按人核定工资总额改为按百元产值工资含量包干，工人工资分配实行综合包干、多劳多得、高不封顶、下不保底的工资形式，干部实行能升能降、定岗定员和职务浮动工资制，工资、奖金和职工晋级实行严格的定量考核和科学计算方法。

3.奖金与津贴

奖金是劳动报酬的辅助形式，是超额劳动的报酬。建筑装饰装修施工企业的奖金形式一般可划分为综合奖和单项奖两类。综合奖的得奖条件比较全面,如工程量、质量、工期、节约、安全及管理工作要求的各项指标等,这种形式有利于促进职工全面超额完成计划任务。单项奖是企业针对生产经营的某些特定的目标和指标设置的奖金,这一形式目标明确,见效快。

津贴是劳动报酬的另一种辅助形式,是对特殊劳动消耗或额外劳动支付的补偿,如施工津贴、保健津贴、高温津贴、副食品补贴等。

建筑装饰装修施工企业的津贴制度,一般由国家、地区和上级主管部门制定,要严格执行规定。职工工作条件变化时,其津贴亦随之变化。

(三)施工队(班组)施工管理

1. 施工队(班组)施工管理的内容和任务

施工队(班组)施工管理的内容包括:施工现场施工队组对劳动力的平衡调剂,对操作人员的技术培训和文化培训,弹性施工队伍管理,施工队(班组)施工管理的基础工作和现场管理等。

施工队(班组)施工管理的任务是根据施工现场的具体情况,搞好劳动力的平衡调整,为施工现场配备必要的技术操作人员,搞好现场施工管理基础工作,加强施工班组建设,充分调动现场施工人员的积极性,全面完成现场施工生产任务。

2. 施工计划任务的贯彻执行

施工计划任务的贯彻执行是施工生产管理的重要方面,能否组织好人力、物力、财力完成施工计划任务,关键要抓好三个方面的工作,即计划下达的时间、计划贯彻中要充分调动职工的积极性、计划执行过程中要始终抓紧平衡和协调工作。

企业计划一般实行分级管理的原则,计划的编制要有一定的时间,各项计划的下达原则上都应在计划期开始之前下达到执行单位和部门,并且要留出执行计划所必需的准备时间。不同的计划,其下达时间是不同的,年度计划一般是提前1个月,季度计划是提前10 d,月度计划是提前3 d,旬计划是提前1 d。

计划下达方式,各单位不完全相同。通常的下达方式有三种:一是召开生产计划会议,布置下达计划;二是以书面计划文件进行下达;三是班组施工计划以任务单的形式在任务执行前下达。

3. 施工任务单

施工任务单是施工企业中施工队向施工班组下达施工任务的一种方式。它是计划管理和施工管理的基本依据,是贯彻按劳分配制度的重要手段。

通过施工任务单可以把生产计划、技术、质量、安全、降低成本等各种技术经济指标分解为小的指标,并将其落实到班组和个人,使企业各项指标的完成同班组和个人的日常工作和经济利益紧密结合起来,从而调动广大职工的积极性,提高劳动生产率,完成施工计划任务。施工任务单又是在工人班组中实行计件工资、综合奖励制度的原始凭证,也是工程统计的基础。施工任务单是贯彻作业计划的有效形式,使完成或超额完成作业计划得到进一步的保证。施工任务单保证及时准确地反映班组工时利用和定额完成情况,提出分部分项劳动使用情况和质量、安全等原始资料,使计划和劳资部门能据此分析劳动资源利用情况,不断改进施工管理工作。

施工任务单可以按旬计划为依据编制签发,也可以按月计划进行编制。若工期太长,则易与计划脱节,与施工实际脱节;若工期太短,则会增加计划工作量。比较理想的是以月计划为依据，按分部分项工程签发施工任务单。

施工任务单的形式很多，总的要求是内容扼要、填写方便、通俗易懂。一般应包括工程项目、劳动定额、计划工数、开竣工日期、质量和安全要求、小组记工单、限额领料单等内容。

为了使施工任务单起到计划、下达任务、指导施工、进行结算、业务核算、指导分配的作用，施工任务单的签发和回收应遵循一套合理的流程。

4. 施工班组管理

施工班组是施工企业生产经营活动最基层的组织，是完成施工任务的直接承担者，施工班组工作效率的高低，对企业的生产经营有直接的影响。因此，要重视班组建设，加强班组管理，这是整个施工企业加强各项管理工作的基础。

施工班组管理的基本任务就是在施工队或工程承包组的领导下，运用科学的管理方法，采用先进的施工工艺和操作技术，优质、快速、高效、均衡、低耗和安全地完成各项施工任务。

施工班组管理工作的主要内容有：选好班组长；建立施工班组管理制度，即建立以班组岗位责任制为中心的各项制度，主要有考勤制度、质量三检（自检、互检和交接检）制度、安全生产制度、材料定额管理制度等；搞好班组核算和原始记录；要保持班组的相对稳定，尤其是采用弹性施工队伍，大量招收临时工而建立的班组，相对稳定才能提高技术、质量和操作能力，使班组更好地完成任务。

二、建筑装饰装修材料管理

（一）建筑装饰装修材料管理的任务

建筑装饰装修材料管理是指材料在流通领域以及再生产领域中的供应与管理工作。

建筑装饰装修材料管理工作是指对施工生产过程中所需要的各种材料，围绕材料计划申请、订货、采购、运输、储存、发放及消耗等所进行的一系列组织和管理工作。

建筑装饰装修施工企业材料管理的任务归纳起来就是"供"、"管"、"用"三字，具体任务有：

(1)编好材料供应计划，合理组织货源，做好供应工作。

(2)按施工计划进度的需要和技术要求，按时、按质、按量配套供应材料。

(3)严格控制、合理使用材料，以降低消耗。

(4)加强仓库管理，控制材料储存，切实履行仓库保管和监督的职能。

(5)建立健全材料管理规章制度，使材料管理条理化。

（二）材料的分类

(1)按材料在生产中的作用分类，可分为主要材料、辅助材料、周转材料、低值易耗品和机械配件等。

主要材料是指直接用于工程或产品上，能构成工程或产品实体的各种材料。

辅助材料是指用于施工生产过程，虽不构成工程实体，但有助于工程的形成所消耗的材料。

周转材料是指施工过程中能反复多次周转使用，而又基本上保持其原有形态的工具性材料。

低值易耗品是指价值较低（达不到固定资产的最低限额），又容易消耗（达不到固定资产的最低使用期限）的物品。

机械配件是指机械设备维修耗用的各种零件、部件及维修材料。

这种分类方法,便于制定材料消耗定额,核算工程成本,核定材料储备定额。

(2)按材料的自然属性分类是指按材料的物理化学性能、技术特征等进行分类。一般分为黑色金属材料、有色金属材料、五金制品、水泥及制品、木质及竹质材料、涂饰材料、油漆化工、防水保温材料、玻璃、陶瓷、塑料、石膏制品、电工电料、水暖器材、胶结密封、砌块砖瓦、砂石骨料、手工工具、护具和其他等若干类。

这种划分方法对各类物资的平衡计算、物资的采购和保管都有重要的意义。

(三)材料的供应方式

选择什么样的供应方式,应结合本地区的物资管理体制、甲方的有关要求、工程规模和特点、企业常用供应习惯而定。总之,材料供应应从实际出发,以确保施工需要并取得较好的经济效益。

1. 集中供应

集中供应是指全部材料供应集中在公司一级,由公司一级的材料部门统一计划、订货、调度、储备和管理,并按照施工进度的要求,按质、按量、按时供应给工地。这种供应方式一般适用于规模较大的装饰装修工程项目。

2. 分散供应

分散供应是指将材料供应工作分散到公司内部基层单位,在公司统一计划下,由基层单位负责材料的采购、调度、储备和管理。这种供应方式一般适用于跨地区的建筑装饰装修工程或公司任务集中、不能全部保证材料供应的情况。

3. 分散与集中供应相结合

这种方式是对主要物资和缺乏材料由公司一级材料部门采购、调度、储备、管理和供应,而对普通材料(如地方材料等)以及量少种类多且容易在市场采购的材料,则由基层单位采购、调度、储备和管理。

(四)材料定额与计划管理

1. 材料的消耗量与消耗定额

材料的消耗量是指材料在运输、装卸、保管、施工准备、施工过程、发生返工和材料形成工程实体的额外损耗与有效消耗的总和。

材料消耗定额是指在一定条件下,完成单位工程量合理消耗材料的数量标准。材料消耗定额的构成包括有效消耗、施工损耗和管理损耗。

材料消耗量的构成与材料消耗定额的构成是两个既有联系又有区别的概念。

材料消耗定额的作用:是核算材料用量与编制材料计划的重要依据,是搞好材料供应与科学管理的基础,是开展经济核算、衡量节约或超支的标准,是提高施工技术和科学管理水平的重要手段,是实行经济责任制和开展增产节约的有力工具。

2. 材料的计划管理

材料的计划管理是指从查明材料的生产需要和库存资源,经过综合平衡,确定材料采购,挖掘潜力措施,组织货源,供应施工,监督耗用全过程中管理活动的总和。

一般按年、季、月编制的材料计划有材料需用量计划、材料供应计划和材料采购计划。

1)材料需用量计划

材料需用量计划是确定完成一定的具体任务量所需的各种分类名称、规格的材料需用量和需用时间的计划。该计划可采用直接计算法和间接计算法编制工程用料计划。

直接计算法的计算公式为

$$某种材料计划需用量 = 建筑装饰装修实物工程量 \times 某种材料消耗定额 \tag{19-4}$$

式中:建筑装饰装修实物工程量是从工程预算中计算得出的,某种材料消耗定额则由企业根据自身的管理水平而定。

间接计算法的计算公式为

$$某种材料计划需用量 = 某类型工程建筑面积 \times 某类型工程每平方米某种材料消耗定额 \times 调整系数 \tag{19-5}$$

2)材料供应计划

材料供应计划是建筑装饰装修施工企业施工技术财务计划的重要组成部分,是为了完成施工任务,组织材料采购、订货、运输、仓储及供应管理各项业务活动的行为指南。其计算公式为

$$材料供应量 = 需用量 - 期初库存量 + 周转储备量 \tag{19-6}$$

3)材料采购计划

材料采购计划是指根据材料需用量计划而编制的材料市场采购计划。其计算公式为

$$材料采购量 = 计划期需用量 + 计划期末储备量 - 计划期的预计库存量 - 其他内部资源量 \tag{19-7}$$

3. 材料计划的执行和检查

材料计划编制后,要积极组织材料供应计划的执行和实现,要明确分工,各部门要相互支持、协调配合,搞好综合平衡,积极做好供应材料的工作。材料供应计划执行过程中,要经常检查分析,掌握计划执行情况,及时发现问题,采取有效措施,保证计划的全面完成。

(五)材料的运输与库存

1. 材料的运输

材料的运输是材料供应工作的重要环节,是企业管理的重要组成部分,是生产供应与消费的桥梁。材料运输要选择合理的运输路线、运输方式和运输工具,以最低的费用把材料运到目的地,避免对流运输、重复运输、迂回运输、倒流运输和过远运输,提高运输工具的使用效率。

2. 材料的库存管理

材料的库存管理是材料管理的重要组成部分。材料的库存管理工作的内容与要求主要有:合理确定仓库的设置地点、面积、结构和储存、装卸、计量等仓库作业设施的配备;精心计算库存,建立库存管理制度;把好物资验收入库关,做到科学保管和保养;做好材料的出库和退库工作;做好清仓盘点和利库工作。此外,材料的库存管理应当既管供又管用,积极配合生产部门做好消耗考核和成本核算,以及回收废旧物资,开展综合利用。

(六)材料的现场管理

1. 施工准备阶段的材料管理

施工准备阶段的材料管理包括:做好现场调查和规划;根据施工图预算和施工预算,计算主要材料需用量,结合施工进度分期分批组织材料进场并为定额供料做好准备,配合组织预制构配件加工订货,落实使用构配件的顺序、时间及数量,规划材料堆放位置,按先后顺序组织进场,为验收保管创造条件;建立健全现场材料管理制度,做好各种原始记录的填报及

各种台账的准备,为做到核算细、数据准、资料全、管理严创造条件。

施工准备阶段的材料准备,不仅开工前需要,而且施工各个阶段事先都要做好准备,一环扣一环地贯穿于施工全过程,这是争取掌握施工主动权,按计划顺利组织施工,按时完成任务的保证。

2. 施工阶段的材料管理

施工阶段是材料投入使用、形成建筑产品的阶段,是材料消耗过程的管理阶段,同时贯穿着验收、保管和场容管理等环节,它是现场材料管理的中心环节。其主要内容是:根据工程进度的不同阶段所需的各种材料,及时、准确、配套地组织进场,保证施工顺利进行,合理调整材料堆放位置,尽量做到分项工程活完料尽;认真做好材料消耗过程的管理,健全现场材料领退料交接制度、消耗考核制度、废旧回收制度,健全各种材料收发(领)退原始记录和单位工程材料消耗台账;认真执行定额供料制,积极推行"定、包、奖",即定额供料、包干使用、节约奖励的办法,鼓励降低材料消耗;建立健全现场场容管理责任制,实行划区、分片、包干责任制,促进施工人员及队组保持作业场地整洁,搞好现场堆料区、库房、料棚、周转材料及工场的管理。

3. 施工收尾阶段的材料管理

施工收尾阶段是现场材料管理的最后阶段,其主要内容是:认真做好收尾准备工作,控制进料,减少余料,拆除不用的临时设施,整理、汇总各种原始资料、台账和报表;全面清点现场及库存材料;核算工程材料消耗量,计算工程成本;工完场清,余料清理。

三、建筑装饰装修工程施工机具设备管理

(一)建筑装饰装修工程施工机具设备管理的任务

建筑装饰装修工程施工机具设备管理的任务,就是全面而科学地做好机具设备的选配、管理、保养和更新,保证为企业提供适宜的技术装备,为机械化施工提供性能好、效率高、作业成本低、操作安全的机具设备,使企业施工活动建立在最佳的物质技术的基础上,不断提高企业的经济效益。

(二)建筑装饰装修工程大型施工机械设备管理

1. 建筑装饰装修工程施工机械设备的使用管理

建筑装饰装修工程施工机械设备的使用管理是机械设备管理的一个基本环节,正确地、合理地使用设备,可以充分发挥设备的效率,保持较好的工作性能,减少磨损,延长设备的使用寿命。

机械设备的使用管理的主要工作有:人机固定,实行机械使用、保养责任制,机械设备要定机定人或定机组,明确责任制,在降低使用消耗、提高效率上与个人经济利益结合起来;实行操作证制度,对机械操作人员必须经过培训达到合格,发给操作证;操作人员必须坚持搞好机械设备的例行保养,经常保持机械设备的良好状态;遵守磨合期使用规定;实行单机或机组核算;合理组织机械设备施工,培养机务队伍;建立设备档案制度。

2. 机械设备的保养、修理和更新

机械设备的保养分为例行保养和强制保养。

例行保养属于正常使用管理工作,它不占用机械设备的运转时间,由操作人员在机械使用前后和中间进行。内容主要有:保持机械的清洁,检查运转情况,防止机械腐蚀,按技术要

求紧固易于松脱的螺栓，调整各部位不正常的行程和间隙。

强制保养是按一定周期，需要占用机械设备的运转时间而停工进行的保养。这种保养是按一定周期的内容分级进行的，保养周期根据各类机械设备的磨损规律、作业条件、操作维修水平以及经济性四个主要因素确定，保养级别由低到高，如起重机、挖土机等大型设备要进行一到四级保养，汽车、空压机等要进行一到三级保养，其他一般机械设备要进行一、二级保养。

（三）建筑装饰装修工程施工现场小型机具及手工工具管理

其主要包括现场使用管理和库存管理。

施工现场的机具和手工工具使用管理与核算有多种形式，主要包括以下几个方面。

（1）实行机具和手工工具津贴与学徒期发放机具和手工工具。施工工人按实际工作日发给机具和手工工具津贴；学徒工在学徒期不享受机具和手工工具津贴，由施工企业发给必要的机具和手工工具。

（2）按定额工日实行机具费包干。采用这一形式，要根据施工要求和历史水平制定定额工日机具（工具）费包干标准。

（3）实行施工机具（工具）按"百元产值"包干，即"百元产值定额"，就是完成每百元工作量应耗机具（工具）费定额。

（4）按分部工程对施工机具（工具）费包干。实行单位工程全面承包或分部分项承包中机具（工具）费按定额包干，节约有奖，超支受罚。

（5）按工种机具（工具）配备消耗定额对施工班组集体实行定包。

库存管理的内容主要有：

（1）建立机具（工具）管理仓库和机具（工具）管理账目。

（2）机具（工具）领用要有定额、限额制度。

（3）实行工具费定额包干方式的企业，仓库发放机具（工具）时按日租金标准取费，有偿使用。

（4）工人调动时，在企业范围内调动，随手机具（工具）可随同带走，并将工具卡转到调入单位去；调出本企业的，应将全部机具（工具）退还。

（5）机具（工具）摊销方法分为多次摊销、五五摊销和一次摊销，视其价值和耐用程度而定。

（四）机械（机具）及周转材料的租赁

机械（机具）及周转材料的租赁，是指施工企业向租赁公司（站）及拥有机具和周转材料的单位支付一定租金以取得使用权的业务活动。这种方法有利于加速机具和周转材料的周转，提高其使用效率和完好率，减少资源的浪费。建筑装饰装修施工企业因临时、季节性需要，或因推行小集体单位工程承包，需使用大型机具和周转材料，无须购买，只要向租赁企业或部门租赁即可满足施工生产的需要。这样变买为租，用时租借，用完归还，施工企业只负担少量租金，既减少购置费，加快资金周转，又可提高经济效益。

目前，机械（机具）及周转材料的租赁有两种基本形式：一是施工企业内部核算单位的租赁站（组）以对内租赁为主，有多余的也可以对外租赁；二是具有法人资格的专业租赁公司（站）对外经营租赁业务，为施工企业提供方便。

四、建筑装饰装修工程施工项目技术管理

(一)建筑装饰装修工程施工项目技术管理的概念

建筑装饰装修工程施工项目技术管理指建筑装饰装修施工企业在生产经营活动中,对各项技术活动与其技术要素的科学管理。

所谓技术活动,是指技术学习、技术运用、技术改造、技术开发、技术评价和科学研究的过程;所谓技术要素,是指技术人才、技术装备和技术信息等。

建筑装饰装修施工企业的生产经营活动是在一定的技术要求、技术标准和技术方法的组织和控制下进行的,技术是实现工期、质量、成本、安全等方面的综合保证。现代技术装备和技术方法的生产力依赖于现代科学管理去挖掘,两者相辅相成。在一定技术条件下,管理是决定性因素。

(二)建筑装饰装修工程施工项目技术管理的任务

建筑装饰装修工程施工项目技术管理的基本任务是:正确贯彻党和国家各项技术政策和法令,认真执行国家和上级制定的技术规范、规程,按创全优工程的要求,科学地组织各项技术工作,建立正常的技术工作秩序,提高建筑装饰装修施工企业的技术管理水平,不断革新原有技术和采用新技术,达到保证工程质量、提高劳动效率、实现安全生产、节约材料和能源、降低工程成本的目的。

(三)建筑装饰装修工程施工项目技术管理的要求

为了完成上述基本任务,建筑装饰装修工程施工项目技术管理必须按照下列要求去做:

(1)正确贯彻国家的技术政策。国家的技术政策是根据国民经济和生产发展的要求和水平提出来的,如现行的施工与验收规范或规程是带有强制性和方向性的决定,在技术管理中必须正确地贯彻执行。

(2)严格按科学规律办事。技术管理工作一定要实事求是,采取科学的工作态度和工作方法,按科学规律组织和进行技术管理工作。对于新技术的开发和研究,应积极支持,但是,新技术的推广使用应经试验和技术鉴定,在取得可靠数据并确实证明是技术可行、经济合理后,方可逐步推广使用。

(3)全面讲求经济效益。在技术管理中,应对每一种新的技术成果认真做好技术经济分析,考虑各种技术经济指标和生产技术条件,以及今后发展等因素,全面评价它的经济效益。

(四)建筑装饰装修工程施工项目技术管理的内容

建筑装饰装修工程施工项目技术管理的内容可以分为基础工作和业务工作两大部分。

1.基础工作

基础工作是指为开展技术管理活动创造前提条件的最基本的工作。它包括技术责任制、技术标准与规程、技术原始记录、技术文件管理、科学研究与信息交流等工作。

2.业务工作

业务工作是指技术管理中日常开展的各项业务活动。它主要包括以下几项工作:

(1)施工技术准备工作。它包括图纸会审、编制施工组织设计、技术交底、材料技术检验、安全技术等。

(2)施工过程中的技术管理工作。它包括技术复核、质量监督、技术处理等。

(3)技术开发工作。技术开发工作包括科学技术研究、技术革新、技术引进、技术改造和技术培训等。

基础工作和业务工作是相互依赖,缺一不可的。基础工作为业务工作提供必要的条件,任何一项技术业务工作都必须依靠基础工作才能进行。但企业做好技术管理的基础工作不是最终目的,技术管理的基本任务必须要由各项具体的业务工作才能完成。

(五)建筑装饰装修工程施工项目技术管理制度

1.技术责任制度

技术责任制度,又称技术责任制,是指建筑装饰装修施工项目技术管理中在对各级技术人员进行系统分工的基础上,规定各种技术岗位的职责范围,以便整个企业的技术活动能有条不紊地进行。其目的是把企业生产组织中的技术人员的工作纳入统一的轨道,保证企业各级组织中的各种技术岗位人员能各负其责,切实保证施工技术工作的顺利进行和工程质量的提高。

总工程师(总公司或公司)的职责主要有:组织贯彻执行国家有关技术政策和上级颁发的技术标准、规范、规程以及各项技术管理制度;领导编制和实施各项科学技术发展规划、技术措施计划;领导编制施工组织大纲,重大工程的施工组织设计;审批分公司上报的技术文件、报告;主持重要的施工技术会议;处理重大的施工技术、重大的质量事故和安全技术问题;领导科技情报工作,组织、审批技术革新、技术改造的建议;鉴定和审定重要的科学技术成果和技术核定工作;参加大型建设项目和特殊工程设计方案的选定和会审;参与引进项目的考察、谈判;组织领导技术培训工作,并对技术人员的工作安排、晋级、奖惩等方面提出意见。

主任工程师(分公司)的职责有:主持编制中小型工程的施工组织设计,审批单位工程的施工方案;主持图纸会审和重要工程的技术交底;组织技术人员学习与贯彻执行各项技术政策、技术规程、规范、标准和各项技术管理制度;组织制定保证工程质量和安全生产的技术措施;主持主要工程的质量检查,处理有关施工技术与质量问题;深入现场,指导施工,督促技术负责人遵守规范、规程和按图施工,发现问题及时解决;主持技术会议,组织技术人员努力学习技术业务,不断提高施工技术水平等。

技术队长(项目部)的职责主要有:编制单位工程施工方案,制定各项工程施工技术措施,并组织实施;参与单位工程设计交底、图纸会审,向单位工程技术负责人及有关人员进行技术交底;负责指导按设计图纸、规范、规程、施工组织设计与施工技术措施进行施工;发现重大问题及时上报技术领导,以求尽快处理和解决;负责组织复查单位工程的测量定位、找平、放线工作;指导施工队、班组的质量检查工作;参加隐蔽工程验收,处理质量事故并向上级报告;负责组织工程档案中各项技术资料的鉴定、收集、整理并汇总上报等。

工程技术负责人是第一线负责技术工作的人员,要对单位工程的施工组织、施工技术、技术管理、工程核算等全面负责,是贯彻各级技术责任制与技术管理制度的关键,是使技术工作层层负责、技术管理步步落实的可靠保证。实践证明,单位工程的技术管理工作是全面反映技术状态的具体表现,是做好技术管理工作的牢固基础。工程技术负责人的主要职责是:搞好经济管理工作,参与开工前施工预算的编制工作与竣工后的工程结算工作;搞好技术交底工作,要组织有关人员审查、学习、熟悉图纸及设计文件,并对施工现场有关人员进行技术交底;搞好技术措施,负责编制施工组织设计,制定各种作业的技术措施;搞好技术鉴定,负责技术复核。

搞好技术标准工作,负责贯彻执行各项技术标准、设计文件以及各种技术规定,严格执行操作规程、验收规范及质量鉴定标准;搞好各项材料试验工作;搞好技术革新,不断改进施工程序和操作方法;搞好施工管理,负责施工日记和施工记录工作;搞好资料整理,负责整理技术档案的全部原始资料;搞好技术培训,负责对工人进行技术教育等。

为了使各级技术负责人员能够履行自己的职责,企业应根据实际需要与可能,为他们配备必要的专职技术人员作为助手,并建立必要的专职技术机构,在技术负责人的领导下,开展本部门的技术业务工作,为施工创造必要的技术条件,保证施工的顺利进行,并取得良好的经济技术效果。

2. 图纸会审制度

图纸会审制度是指每项工程在施工前均要在熟悉图纸的基础上,对图纸进行会审,目的是领会设计意图,明确技术要求,发现其中的问题和差错,从而及时更正,以避免造成技术事故和经济浪费。图纸会审应由建设单位组织设计单位和施工单位共同参与进行。

施工企业应认真做好图纸会审工作,并将会审中发现的有关问题(如设计错误、标注不清、施工困难等)用书面形式在设计交底会议上提出。设计交底工作原则上由建设单位组织,除建设单位外,应邀请设计单位、施工单位、监理单位的有关人员参加。对施工企业提出的有关问题,几方需要共同协商,并根据具体情况修改设计;对变动大且技术较复杂的问题,应另行补图。如果设计变更改变了原设计意图或工程投资增加较多,在征得几方(特别是甲方和监理方)同意后,方可共同办理有关手续。

对工程规模大、技术复杂或工期长的特殊工程,应分阶段、分专业、分部位进行设计交底工作。

3. 技术交底制度

技术交底是指工程开工之前由各级技术负责人将有关工程的各项技术要求逐级向下传达,直到施工现场,以便参与施工的技术人员和工人明白所担负任务的特点、技术要求和施工工艺等,做到心中有数,顺利地完成施工任务。技术交底的内容包括图纸交底、施工组织设计交底、设计变更交底和分项工程技术交底。

图纸交底的目的在于使施工人员了解工程的设计特点、构造、做法、要求、使用功能等,以便掌握和了解设计意图和设计关键,以便按图施工。

施工组织设计交底是将施工组织设计的全部内容向班组交代,使班组能了解和掌握本工程的特点、施工方案、施工方法、工程任务的划分、进度要求、质量要求及各项管理措施等。

设计变更交底是将设计变更的结果及时向施工人员和管理人员作统一的说明,便于统一口径,避免施工差错,也便于经济核算。

分项工程技术交底是各级技术交底的关键,其内容主要包括施工工艺、质量标准、技术措施、安全要求及新技术、新工艺和新材料的特殊要求等。

技术交底应根据工程规模和技术复杂程度的不同而采取相应的方法。重点工程或规模大、技术复杂的工程,应由公司总工程师组织有关部门(如技术处、质量处、生产处等)向分公司和有关施工单位交底,交底的依据是公司编制的施工组织总设计;对于中小型工程,一般由分公司的主任工程师或项目部的技术负责人向有关职能人员或施工队(或工长)交底;当工长接受交底后,必要时,需示范操作或做样板;班组长在接受交底后,应组织工人进行认真讨论，保证明确设计和施工意图，按交底要求施工。

技术交底分为口头交底、书面交底和样板交底等几种。如无特殊情况，各级技术交底工作应以书面交底为主，口头交底为辅。书面交底应由交接双方签字归档。对于重要的、技术难度大的工程项目，应以样板交底、书面交底和口头交底相结合。样板交底包括施工分层做法、工序搭接、质量要求、成品保护等内容，等交底双方均认可样板操作并签字后，按样板做法施工。

4. 材料验收制度

建立和健全材料检验制度，做好材料、构配件和设备的试验检查工作，是合理使用资源、节约成本和确保工程质量的关键措施。

在施工中，使用的所有原料、材料、构配件和设备等物资，必须由供应部门提供合格证明和检验单，对各种材料在使用前应按规定抽样检验，新材料要经过技术鉴定合格后才能在工程上使用。

施工企业必须加强对材料检验工作的领导，要健全机构，配齐人员，充实试验仪器，提高试验检验的工作质量，同时要抓好施工现场材料及试件的送检工作。

5. 技术复核和施工日志制度

在现场施工中，为避免发生重大差错，对重要的或影响工程全局的技术工作，必须依据设计文件和有关技术标准进行复核。施工企业应认真健全现场技术复核制度，明确技术复核的具体项目，复核中发现问题要及时纠正。

施工日志也叫施工技术日志，是在工程项目施工的全过程中有关技术方面的原始记录，是改进和提高技术管理水平的重要工作。单位工程技术负责人应从工程施工开始到工程竣工为止，不间断地详细记录每天的施工情况。

6. 工程质量检查和验收制度

在现场施工过程中，为了保证工程的施工质量，必须根据国家规定的质量标准逐项检查操作质量和中间产品质量，并根据建筑装饰装修工程的特点，在质量检查的基础上进行隐蔽工程、分项工程和竣工工程的验收。

隐蔽工程验收是指在施工过程中，对将被下一道工序掩盖的工程进行检查验收。这一类工程因要进行隐蔽，不能等整个工程交工时验收，必须要随时验收，评定其质量等级，办理签证手续。

分项工程验收，是指在某一分项工程某一阶段施工结束后，由施工单位邀请建设单位、设计单位进行检查验收。

竣工验收是指工程完工后和交工前进行的综合性检查验收，在正式交工验收前，施工单位要进行自检自验，发现问题及时解决。竣工验收时，由建设单位、设计单位、质检部门会同施工单位对所有项目和单位工程按国家规定的标准评定等级办理验收手续，归入技术档案。

7. 工程技术档案制度

工程技术档案是国家整个技术档案中的一个组成部分。它是记述和反映工程施工技术科研等活动，具有保存价值，并且按照一定的档案制度，作为真实的历史记录集中保管起来的技术文件资料。

建立工程技术档案是为了系统地积累施工技术资料，为了给施工工程交工后的合理使用、维护、维修及其他工程施工提供依据。

工程技术档案工作的任务是：按照一定的原则和要求，系统地收集工程建设全过程中具有保存价值的技术文件资料，并按归档制度加以整理，以便工程交工验收后完整地移交给有关技术档案管理部门。

在工程技术档案收集的过程中，首先要把工程技术档案的技术资料区分开来，然后按工程技术档案的内容和程序进行收集。

施工企业技术档案收集的内容分为建设单位保管的档案和施工单位保管的档案两部分。

第一部分是工程交工验收后交建设单位保管的档案，其内容主要有：竣工图和竣工工程项目一览表；图纸会审记录，设计变更和技术核定单；材料、构配件和设备的质量合格证明；工程质量评定单，隐蔽工程验收记录和质量事故处理记录；设备和管线等调试、试压、试运转等记录；施工单位和设计单位提出的建筑物、构筑物、设备使用注意事项方面的文件及有关该工程的技术决定。

第二部分是由施工企业保存，供本单位今后施工参考的档案，其内容有：施工组织设计及经验、采用和改进记录，技术革新建议的试验、采用和改进记录，重大质量和安全事故情况、原因分析及补救措施记录，有关重大技术决定和其他施工技术管理的经验总结，施工日志。

工程技术档案的整理工作包括技术档案材料的系统整理和技术档案的目录编制。

技术档案的系统整理，是在技术档案资料全面收集的基础上，对技术档案材料进行科学的分类和有秩序的排列。工程技术档案分类，一般按工程项目分，是同一项目工程的全貌。而每一类又可按专业分为若干类，以便查找。

技术档案的目录编制，可根据企业编目的规定和习惯，按一定形式和要求编制。

（六）技术组织措施和技术革新

1. 技术组织措施

技术组织措施是施工企业为完成施工生产任务，提高工程质量，加快工程施工进度，保证安全施工，节约原材料和劳动力，降低成本，提高经济效益，在技术上和管理上采取的措施。

技术组织措施计划的内容包括：改进施工工艺和操作技术，加快施工速度，提高劳动生产率的措施；提高工程质量的措施；推广新技术、新工艺和新材料的措施；提高机械化施工水平、改进机械设备和组织管理，以提高设备完好率和利用率的措施；节约原材料、动力、燃料和劳动力，降低成本，提高经济效益的措施。

为了使技术组织措施得以实施，企业在下达施工计划的同时，将技术组织措施计划下达到工区（或分公司）和施工队，施工队的组织措施计划要直接下达到幢号（施工项目承包组）、工长及有关班组，督促其执行并认真检查，每月底施工项目承包组和班组要汇总当月的技术组织措施计划执行情况，以便总结经验，不断完善技术组织措施。

2. 技术革新

技术革新是对企业现有技术水平进行改进、更新和提高的工作。它导致技术发展量的变化，使企业的技术水平不断提高。

技术革新的主要内容有：改进施工工艺和改革操作方法；改革材料和资源的利用方法；改进施工机具，提高机具利用率；管理手段的现代化；施工生产组织的科学化。

开展技术革新必须加强领导，发动群众，调动各方面的积极性与创造性。因此，在组织上和方法上要抓好以下几项工作：联系群众，解决施工生产中的关键问题；解放思想，勇于探索，尊重科学，组织攻关；做好技术革新成果的巩固、提高和推广的工作；认真计算技术革新在促进生产发展中的效果,同时要根据革新者成果被采纳后生产效果的大小,给予适当的奖励。

第三节 建筑装饰装修工程施工项目进度控制

一、概述

(一)建筑装饰装修工程施工项目进度控制的基本概念

建筑装饰装修工程施工项目进度控制是项目管理的重要组成部分,是项目施工进度计划实施、监督、检查、控制和协调的综合过程。它是指在既定的工期内编制出最优秀的施工进度计划,在实施建筑装饰装修施工进度计划的过程中经常检查施工的实际进度情况,并将其与计划进度相比较,若出现偏差,分析其产生原因和对工期的影响程度,提出必要的调整措施,修改原计划,不断调整的一个循环过程。

建筑装饰装修工程施工项目的进度、质量和成本三个控制目标的关系是相互影响和统一的。在一般情况下,加快进度、缩短工期将会引起投资的增加,但由于施工项目的提前竣工,可尽早获得预期的经济效益,对质量标准的严格控制极有可能影响进度,但对质量的严格控制可避免返工,不仅保证了项目的施工进度,也保证了项目的质量标准及投资费用的有效控制。

(二)建筑装饰装修工程施工项目进度控制的特点

(1)建筑装饰装修工程施工项目进度控制是一项复杂的系统工程。

(2)建筑装饰装修工程施工项目进度控制是一个动态实施过程。

(3)建筑装饰装修工程施工项目进度控制是一项效益显著的工作。

(三)建筑装饰装修工程施工项目进度控制的任务

(1)编制装饰装修项目进度计划并控制其执行。

(2)编制季度、月实施工作计划并控制其执行。

(3)编制各种物资资源供应计划并控制其执行。

(四)建筑装饰装修工程施工项目进度控制的作用

(1)对施工项目进行进度控制,可有效地缩短项目施工周期。

(2)对施工项目进行进度控制与协调,可减少不同单位与部门之间的相互干扰。

(3)对施工项目进行进度控制,可为项目施工索赔提供依据。

二、建筑装饰装修工程施工项目进度控制的方法

建筑装饰装修工程施工项目进度控制的方法包括系统控制、分工协作控制、信息反馈控制和循环反馈控制等方法。

(一)系统控制方法

建筑装饰装修工程施工项目进度控制本身是一个系统工程,它包括项目施工进度规划系统和项目施工进度系统两部分内容。为做好装饰装修施工项目进度控制工作,必须根据项目施工进度控制的目标要求,制定出项目施工进度规划系统,包括项目总进度计划、项目施工进度计划和施工作业规划等内容。这些项目进度计划由粗到细,并形成一个系统。在执行项目施工进度计划时,应以局部规划保证整体规划,最终达到项目施工进度控制的目标。为实

施项目施工进度系统，不仅设计单位和项目施工单位必须按规划要求进行工作，而且设计、施工和物资供应单位也必须密切协作和配合，从而形成严密的装饰施工项目进度的实施体系。

（二）分工协作控制方法

建筑装饰装修工程施工项目进度控制是由分工和协作两个系统组成的，它是根据项目施工进度控制机构层次，明确其进度控制职责，并建立纵向和横向两个控制系统。项目施工进度纵向控制系统由公司领导班子和项目经理部组成，项目施工进度横向控制系统则由项目经理部各职能部门组成。

（三）信息反馈控制方法

做好建筑装饰装修工程施工项目进度控制的协调工作，必须加强项目施工进度的反馈。

当项目施工进度出现偏差时，相应的信息就会反馈到项目进度控制主体，由该主体做出纠正偏差的反应，使项目施工进度朝着规划目标进行，并达到预期的效果，这样就使项目施工进度规划的实施、检查和调整过程成为信息反馈控制的实施过程。

（四）循环反馈控制方法

建筑装饰装修工程施工项目进度控制是项目施工进度规划、实施、检查和调整的四个过程，实质上是构成了一个循环控制系统。在项目实施过程中，可分别以工程项目、分部（分项）工程为对象，建立不同层次的循环控制系统。

三、建筑装饰装修工程施工项目进度控制的内容

（一）工程项目进度计划的类型与表现形式

（1）工程项目进度计划的类型见表19-10。

表19-10　工程项目进度计划的类型

类型	内容	表达方式	作用
项目总进度计划	工程项目从开始实施一直到竣工为止各个主要环节	一般多用直线在时间坐标上（横道图）表示，显示项目设计、施工、安装、竣工验收等各个阶段的日历进度	供工程师作为控制协调总进度以及其他监理工作之用
项目施工进度规划	施工阶段各个环节（工序）的总体安排，必须报监理工程师批准。该计划以各种定额为准，根据每道工序所耗用的工时以及计划投入的人力、工作班数、物资、设备供应情况，求出各分部分项工程以及单位工程的施工周期，然后按施工顺序及有关要求，编制出总项目施工进度计划	横道图或网络图	指导施工的各项具体工作控制进度的主要依据
作业进度计划	其是工程项目总进度计划的具体化，可将一个分部分项的一个阶段作为控制对象，也可以把一项作业活动作为控制对象	横道图或网络图	基层施工班组进行施工的指导性文件

（2）工程项目施工进度计划的形式。

工程项目施工进度计划的形式主要有统计表形式、横道图或横线图、垂直进度计划、网络计划和其他形式。

建筑装饰装修工程施工项目进度控制程序如图 19-1 所示。

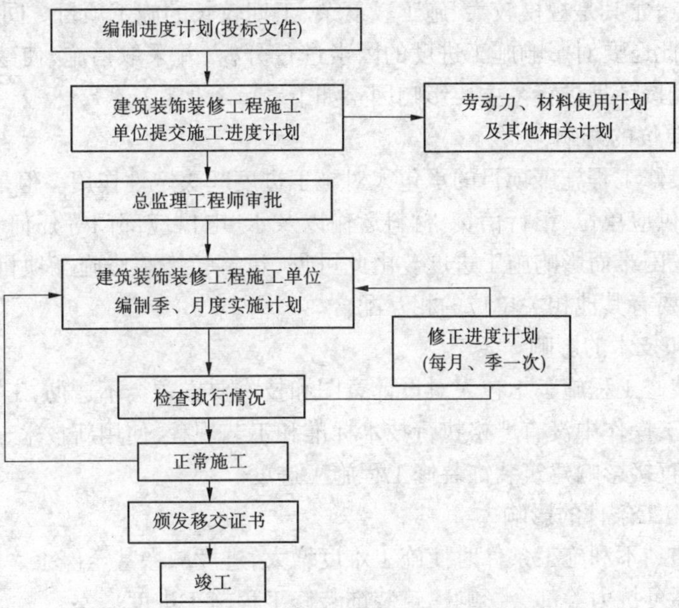

图 19-1　建筑装饰装修工程施工项目进度控制程序

(二)建筑装饰装修工程施工项目进度控制流程

1. 施工进度事前控制内容

施工进度事前控制内容包括:提交各项施工进度计划,由业主或监理单位审查后确定;为确保进度实现而编制大量详细的实施计划,其中包括季、月度工程施工实施计划,材料采购计划,分部与分项工程计划,施工机具调配计划等。

编写计划和细则时应遵守的步骤为:熟悉项目施工图纸,研究建设地区原始资料;根据项目部署确定施工起点流向,划分施工段和施工层;按施工进度规划类型分解施工过程,确定工作名称;选择施工方法和机械,确定施工方案;计算工程量,确定劳动量或机械台班数量;计算各项工作持续时间;绘制项目施工网络图;计算网络项目时间参数;按照项目承包合同要求,优化网络进程计划。

2. 施工进度事中控制内容

施工进度事中控制内容有:在施工进度计划中,要求每项具体任务通过签发施工任务书的方式,使其进一步落实;做好项目施工进度记录,记载计划实施中每项任务开始日期、进度情况和完成日期,及时准确地提供施工活动的各项资料,为施工项目进度检验与分析提供信息;严格进行项目施工检查,进行实际进度与计划进度的比较,并找出偏差;修改和调整项目施工进度计划。在项目的整个施工过程中,修正进度计划往往要进行多次,并且每次由业主和监理单位核审后确定。

3. 施工进度事后控制内容

施工进度事后控制内容包括:及时进行项目施工验收工作;办理工程索赔;整理项目进度资料,并建立相应档案;完善项目竣工验收管理。

四、影响建筑装饰装修工程施工项目进度的因素

为了有效地进行建筑装饰装修工程施工项目的进度控制，必须认真分析建筑装饰装修工程的施工特点，尤其是规模较大、施工较复杂、工期较长的施工项目。同时，影响施工进度的因素较多，因此还要对影响施工进度的因素进行分析，并采取措施，使建筑装饰装修工程施工进度尽可能按计划进行。主要影响因素如下。

(一)有关单位的影响

建筑装饰装修工程施工项目的承包人对施工进度起决定性作用。但是，建设单位、设计单位、材料设备供应单位、银行信贷、材料运输以及水、电供应部门等任何一个单位拖后，都可能给施工造成困难而影响施工进度。由此可见，建筑装饰装修施工项目的进度控制不单靠承包人，还需要有其他相关单位的相互配合。

(二)工艺和技术的影响

建筑装饰装修工程施工承包人对设计意图和技术要求领会不透彻，工艺方法选择不当，盲目施工，在施工操作中没有严格执行技术标准和工艺规程，使用新技术、新材料、新工艺时缺乏经验等，都直接影响建筑装饰装修工程施工进度。

(三)不利施工条件的影响

在施工中遇到不利施工条件时使施工难度增大，进度减慢甚至停工。如工作场地狭窄、自然灾害甚至不可抗力等都会影响建筑装饰装修工程施工进度。

(四)施工组织管理不当的影响

建筑装饰装修工程施工进度控制不力、决策失误、指挥不当、劳动力和机具调配不当、施工现场布置不合理等也会影响建筑装饰装修工程施工进度。

第四节　建筑装饰装修工程质量管理

一、全面质量管理概述

建筑装饰装修工程全面质量管理是建筑装饰装修施工企业管理中一个极为重要的组成部分。其原因是建筑装饰装修工程质量的优劣，直接关系到人们的生活、工作和学习，严重者还会危及人们的生命财产安全。另外，建筑装饰装修工程质量不合格也不能交工，会给甲、乙双方造成极大的经济损失。因此，建筑装饰装修施工企业应当加强全面质量管理，努力提高建筑装饰装修工程质量。

(一)全面质量管理的概念

全面质量管理(简称 TQC 或 TQM)，是指为了使用户获得满意的产品，综合运用一整套质量管理体系、手段和方法所进行的系统管理活动。它的特点是“三全”(全企业职工、全生产过程、全企业各个部门)管理，是一整套科学的方法与手段(数理统计方法及电算手段等)。与传统的质量管理相比，它有显著的成效，是现代企业管理方法中的一个重要分支。

全面质量管理的基本任务是：建立健全质量管理体系，通过企业经营管理的各项工作，以最低的成本、合理的工期生产出符合设计要求并使用户满意的产品。

全面质量管理的具体任务，主要有以下几个方面：

(1)完善质量管理的基础工作。

(2)建立健全质量保证体系。

(3)确定企业的质量目标和质量计划。

(4)对生产过程各工序的质量进行全面控制。

(5)严格质量检验工作。

(6)开展群众性的质量管理活动,如质量管理小组(QC 小组)活动等。

(7)建立质量回访制度。

(二)全面质量管理的工作方法

全面质量管理的工作方法是 PDCA 循环工作法。它是由美国质量管理专家戴明博士于 20 世纪 60 年代提出来的。

1. PDCA 循环工作法的基本内容

PDCA 循环工作法是把质量管理活动归纳为四个阶段,即计划阶段(P)、实施阶段(D)、检验阶段(C)和处理阶段(A),其中共有八个步骤。

在计划阶段(P),首先要确定质量管理的方针和目标,并提出实现它的具体措施和行动计划。计划阶段包括四个具体步骤:

第一步,分析现状,找出存在的质量问题,以便进行调查研究。

第二步,分析影响质量的各种因素。

第三步,在影响的诸因素中,找出主要因素,作为质量管理的重点对象。

第四步,制定改进质量的措施,提出行动计划并预计效果。

在实施阶段(D)中,要按既定措施下达任务,并按措施去执行。这是 PDCA 循环工作法的第五个步骤。

检查阶段(C)的工作是对执行措施的情况进行及时的检查,通过检查与原计划进行比较,找出成功的经验和失败的教训。这是 PDCA 循环工作法的第六个步骤。

处理阶段(A),就是把检查之后的各种问题加以处理。这个阶段可分两个步骤:

第七步,正确的要总结经验,巩固措施,制定标准,形成制度,以便遵照执行。

第八步,尚未解决的问题转入下一个循环,再来研究措施,制订计划,予以解决。

2. PDCA 循环工作法的特点

PDCA 循环工作法的特点主要有:PDCA 循环像一个不断转动着的车轮,重复不停地循环,管理工作越扎实,循环越有效;PDCA 循环的组成是大环套小环,大小环能不停地转动但很难环环相扣(例如,整个公司是一个大的 PDCA 循环,企业内各部门又有自己的小 PDCA 循环,小环在大环内转动,因而形象地表示了它们之间的内部关系);PDCA 循环每转动一次,质量就提高一步,而不是在原来水平上的转动,每个循环所遗留的问题再转入下一个循环继续解决;PDCA 循环必须围绕质量标准和要求来转动,并且在循环过程中把行之有效的措施和对策上升为新的标准。

(三)全面质量管理的基础工作

1. 开展质量教育

进行质量教育的目的,就是要使企业全体员工树立"质量第一,为用户服务"的意识,建立全面质量管理的观念,掌握进行全面质量管理的工作方法,学会使用质量管理的工具,特别是要重视对领导层、质量管理干部以及质量管理人员、基层质量管理小组成员的教育。要进行启蒙教育、普及教育和提高教育，使质量管理逐步深化。.

2. 推行标准化

标准化是现代化大生产的产物，它是指材料、设备、工具、产品品种及规格的系列化，尺寸、质量、性能的统一化。标准化是质量管理的尺度，质量管理是执行标准化的保证。

在建筑装饰装修工程项目施工中，对质量管理起标准化作用的是施工与验收规范、工程质量评定标准、施工操作规程以及质量管理制度等。

3. 做好计量工作

测试、检验、分析等计量工作是质量管理中的重要基础工作。没有计量工作，就谈不上执行质量标准；计量工作不准确，就不能判断质量是否符合标准。所以，开展质量管理，必须要做好计量工作。要明确责任制，加强技术培训，严格执行计量管理的有关规程与标准。对各种计量器具以及测试、检验仪器，必须实行科学管理，做到检测方法正确，计量器具、仪表及设备性能良好、示值精确，使误差在允许范围内，以充分发挥计量工作在质量管理中的作用。

4. 做好质量信息工作

质量信息工作是指及时收集反映产品质量和工作质量的信息、基本数据、原始记录和产品使用过程中反映出来的质量情况，以及国内外同类产品的质量动态，从而为研究、改进质量管理和提高产品质量提供可靠的依据。

质量信息工作是质量管理的耳目。开展全面质量管理，一定要做好质量信息这项基础工作。其基本要求是：保证信息资料的准确性，提供的信息资料具有及时性，要全面系统地反映产品质量活动的全过程，切实掌握影响产品质量的因素和生产经营活动的动态，对提高质量管理水平起到良好作用。

5. 建立质量责任制

建立质量责任制就是把质量管理方面的责任和具体要求落实到每一个部门和每一个工作岗位，组成一个严密的质量管理工作体系。

质量管理工作体系是指组织体系、规章制度和责任制度三者的统一体。要将上至企业领导、技术负责人及各科室，下至每一个管理人员与工人的质量管理责任制度，以及与此有关的其他工作制度建立起来，不仅要求制度健全、责任明确，还要把质量责任、经济利益结合起来，以保证各项工作的顺利开展。

（四）质量保证体系

1. 质量保证及质量保证体系的概念

质量保证是指企业向用户保证提供的产品在规定的期限内能正常使用。按照全面质量管理的观点，质量保证还包括上道工序提供的半成品要保证满足下道工序的要求，即上道工序对下道工序实行质量担保。

质量保证体现了生产者与用户之间、上道工序与下道工序之间的关系。通过质量保证，将产品的生产者和使用者密切地联系在一起，促使企业按照用户的要求组织生产，达到全面提高质量的目的。

用户对产品质量的要求是多方面的，它不仅指交货时的质量，更主要的是指在使用期限内产品的稳定性以及生产者提供的维修服务质量等。因此，建筑装饰装修施工企业的质量保证，包括建筑装饰装修产品交工时的质量和交工以后在产品的使用阶段提供的维修服务质量等。

由于质量保证的建立使企业内部各道工序之间、企业与用户之间有了一条质量纽带，带动了各方面的工作，为不断提高产品质量创造了条件。

质量保证不是生产的某一个环节问题，它涉及企业经营管理的各项工作，需要建立完整的系统。

所谓质量保证体系，就是企业为保证提高产品质量，运用系统的理论和方法建立的一个有机的质量工作系统。这个系统把企业各部门、生产经营各环节的质量管理职能组织起来，形成一个目标明确、责权分明、相互协调的整体，从而使企业的工作质量和产品质量紧密地联系在一起，生产过程与使用过程紧密地联系在一起，企业经营管理的各个环节紧密地联系在一起。

质量保证体系是全面质量管理的核心。全面质量管理实质上就是建立质量保证体系，并使其正常运转。

2. 质量保证体系的内容

建立质量保证体系，必须和质量保证的内容相结合。建筑装饰装修施工企业质量保证体系的内容包括施工准备过程、施工过程和使用过程三部分的质量保证工作。

施工准备过程质量保证的主要内容有：严格审查图纸，编制好施工组织设计，做好技术交底工作，严格材料、构配件和其他半成品的检验工作，施工机械设备的检查维修工作。

施工过程是建筑装饰装修产品质量的形成过程，是控制建筑装饰装修产品质量的重要阶段。这个阶段的质量保证工作主要有：加强施工工艺管理，加强施工质量的检查和验收，掌握工程质量的动态。通过质量统计分析，找出影响质量的主要原因，总结产品质量的变化规律。

统计分析是全面质量管理的重要方法，是掌握质量动态的重要手段。针对质量波动的规律，采取相应对策，防止质量事故的发生。

建筑装饰装修产品的使用过程是产品质量经受考验的阶段，建筑装饰装修施工企业必须保证用户在规定的期限内正常地使用建筑装饰装修产品。这个阶段主要有及时回访和实行保修两项质量保证工作。对由于施工原因造成的质量问题，建筑装饰装修施工企业应负责无偿维修，以取得用户的信任；对由于设计原因或用户使用不当造成的质量问题，应当协助维修，提供必要的技术服务，保证用户正常使用。

3. 质量保证体系的运行

质量保证体系在实际工作中是按照 PDCA 循环工作法运行的。

4. 质量保证体系的建立

建立质量保证体系，要求做好下列工作：建立质量管理机构，制订可行的质量计划，建立质量信息反馈系统，实现质量管理业务标准化。

二、建筑装饰装修工程质量管理的任务及内容

（一）建筑装饰装修工程质量管理的主要任务

建筑装饰装修工程质量管理，主要是指在施工现场对施工过程的计划、实施、检查和监督等工作。其任务主要是落实企业关于确保工程质量的计划，采取具体的步骤和措施，使保证质量的体系得以有效地运行，达到提高建筑装饰装修工程质量的目的。

（二）建筑装饰装修工程质量管理的主要内容

（1）贯彻执行国家和本行业有关的施工规范、技术标准和操作规程，以及上级有关质量的要求等。

（2）建立及执行保证工程质量的各种管理制度。

（3）制定保证质量的各种技术措施。

（4）坚持材料的检验和施工过程的质量检查。

（5）组织分项工程、分部工程及单位工程的质量检验评定。

（6）广泛组织质量管理小组，开展群众性的质量管理活动。

（7）进行质量回访，听取用户意见，及时进行保修，积累资料和总结经验。

（8）开展群众性的质量教育活动，开展创优质工程活动，不断提高员工的质量意识。

三、建筑装饰装修工程质量检验评定

（一）建筑装饰装修工程质量检验评定的意义

工程质量检验评定是指建筑装饰装修工程在施工过程中按照国家标准进行质量检测及评定质量等级的活动。这项工作的主要意义在于通过评定质量等级，划分出工程质量的优劣，鼓励先进，鞭策落后，推动质量管理工作，不断提高质量水平。

（二）建筑装饰装修工程质量的检查

1. 建筑装饰装修工程质量检查的依据

主要包括：国家颁发的有关施工及验收规范、施工技术操作规程和质量检验评定标准（现行），原材料、半成品和构配件的质量检验标准，设计图纸、设计变更、施工说明以及承包合同等有关设计文件。

2. 建筑装饰装修工程质量检查的内容

主要包括：原材料、半成品、成品和构配件等进场材料的质量保证书和抽样试验资料，施工过程的自检原始记录和有关技术档案资料，使用功能检查，项目外观检查（根据规范和合同要求，主要包括主控项目和一般项目）。

3. 建筑装饰装修工程质量检查的方法

质量检查的数量有全数检查和抽样检查两种，具体的数量应根据施工与验收规范和承包合同的要求来确定。质量检查的方法主要有看、摸、敲、照、靠、吊、量、套等。

“看”即外观目测，是对照规范或规程要求进行外观质量的检查。如饰面表面颜色、质感、造型、平整度等，都可用目测观察其是否符合要求。

“摸”即手感检查，用于建筑装饰装修工程的某些项目。如油漆表面的平整度和光滑程度等。

“敲”是指运用专门工具进行敲击听声音的检查。如对地面工程、抹灰工程和镶贴工程等，通过敲击听声音判断是否有空鼓现象。

“照”是指对于人眼不能直接达到的高度、深度或亮度不足的部位，检查人员借助灯光或镜子反光来检查。如门窗上口的填缝等。

“靠”是指用工具（靠尺、楔形塞尺）测量表面平整度，它适用于地面、墙面等要求平整度的项目。

“吊”是指用工具（拖线板、线锤等）测量垂直度。如用线锤和拖线板吊测墙、柱的垂直度等。

“量”是指借助于度量工具进行检查,如用尺量门窗尺寸、用秤计量质量等。

“套”是指用工具套方。如用方尺辅以楔形塞尺来测抹灰阴阳脚的方正度等。

(三)工程质量的评定

建筑装饰装修工程质量等级的评定应以《建筑装饰装修工程质量检验评定标准》为依据,质量等级分为“合格”和“不合格”两个等级。对于经检查为不合格的工程项目必须返工,返工修理后重新评定。

建筑装饰装修工程质量等级评定的原则是以局部保全局。其评定方法是由各分部分项工程质量等级评定有关分部工程的质量等级。

第五节　建筑装饰装修工程施工安全管理

一、建筑装饰装修工程施工安全管理的任务

建筑装饰装修工程施工安全管理主要包括安全施工与劳动保护两个方面。安全施工是建筑装饰装修施工企业组织施工活动和安全工作的指导方针,要确立“施工必须安全,安全促进施工”的辩证思想;劳动保护是保护劳动者在施工中的安全和健康。

安全管理的任务就是要想尽一切办法找出施工生产中的不安全因素,用技术上与管理上的措施去消除这些不安全的因素,做到预防为主,防患于未然,保证施工顺利进行,保证员工的安全与健康。

二、建筑装饰装修工程施工安全管理制度的内容

(1)安全施工生产责任制。

(2)安全技术措施计划制度。

(3)安全施工生产教育制度。

(4)安全施工生产检查制度。

(5)工伤事故调查和处理制度。

(6)防护用品及食品安全管理制度。

(7)安全值班制度。

三、建筑装饰装修工程施工安全技术工作

建筑装饰装修工程现场安全施工生产的要求主要包括预防高处坠落、物体打击、起重吊装事故、用电安全、冬雨期施工安全、现场防火等多方面。

(一)预防高处坠落的措施与要求

凡在坠落高度基准面 2 m 及 2 m 以上进行施工作业,都称为高处作业。高处作业分为四级:2 ~5 m 为一级,5 ~ 15 m 为二级,15 ~ 30 m 为三级,30 m 以上为特级。

高处作业的安全防护措施包括:高处作业人员要定期进行体检;正确使用安全带、安全帽及安全网;按规定搭设脚手架,设置防护栏和挡脚板,不准有探头板;凡施工人员可能从中坠落的各种洞口(如楼梯口、电梯口、预留洞、坑井等),均要采取有效的安全防护措施。

（二）预防物体打击的措施与要求

物体打击是建筑工地常见多发事故之一，如坠落物砸伤、物体搬运时的砸伤或挤伤等。施工时应注意以下事项。

（1）进入施工现场人员要正确戴好安全帽。

（2）禁止从高处或楼内向下抛物料，随时清理高处作业范围的杂物，以免碰落伤人。

（3）施工现场要设固定进楼通道和出入口，并要搭长度不小于 3 m 的护头棚。

（4）吊运物料要严格遵守起重操作规定，使用装有脱钩装置的吊钩或长环。

（5）人工搬运材料、构配件时，要精神集中，互相配合。搬大型物料时要有专人指挥，停放要平稳。

（三）起重吊装安全技术措施与要求

（1）起重机械设备要定期维修保养，严禁带故障作业。对卷扬机等垂直运输设备要装超高限位器，严禁使用只靠抱闸定位的卷扬机。吊钩、长环、钢丝绳都必须经过严格检查。

（2）操作时要按操作规程进行，坚持“十个不准吊”，如信号不清、吊物下方有人、吊物超负荷、捆扎不牢、6 级以上大风等情况不准吊。

（3）起重机不得在架空输电线下面工作。在其一侧工作时，起重臂与架空输电线水平距离：1 kV 以下线路不得小于 1.5 m，1 ~ 20 kV 线路不得小于 2 m，20 ~ 110 kV 线路不得小于 4 m。

（4）在一个施工现场内若有多台起重机同时作业，两个大臂（起重臂）的高度或水平距离要保持不小于 5 m。

（5）土法吊装（如人字扒杆或三角架等）要严格进行作业，起重装置要有足够的稳定性，严把技术设备工具的质量关，严格施工组织。

（四）施工用电安全措施与要求

（1）若工程工期超过半年，施工现场的供用电工程均应按正式的供用电工程安装和运行，执行供电局有关规定。

（2）施工现场内一般不得架设裸线，架空线路与施工建筑物的水平距离一般不得小于 10 m，与地面的垂直距离不得小于 6 m，跨越建筑物时与顶部的垂直距离不得小于 2.5 m。在高压线下方 10 m 范围内不准停放材料、构配件等，不准搭设临时设施，不准停放机械设备，严禁在高压线下从事起重吊装作业。

（3）各种电气设备均应有接零或接地保护，严禁在同一系统中接零和接地两种保护混用。

（4）每台电气设备应有单独的开关及熔断保险，严禁一闸多机。

（5）配电箱操作面的操作部位不得有带电体明露，箱内各种开关、熔断器的定额容量必须与被控制的电气设备容量相匹配。

（6）移动式电气设备、手持电动工具及临时照明线，均需在配电箱内装设漏电保护器。

（7）照明线路按照标准架设，不准采用一根火线一根地线的做法，不准借用保护接地做照明零线，不准擅自派无电工执照的人员乱动电气设备及电动机械。

（8）电焊、气焊作业中的安全技术，要切实注意防弧光、防烟尘、防触电、防短路、防爆。氧气瓶、乙炔瓶要与明火保持 10 m 以上距离，附近禁止吸烟。

(五)施工现场防火

(1)施工现场必须认真执行《中华人民共和国消防条例》和公安部关于建筑工地防火的基本措施,现场应划出用火作业区,严格防火制度,消除火灾隐患。

(2)现场材料堆放及易燃品的防火要求。木材垛之间要保持一定距离,材料废料要及时清除;临时工棚设置处要有灭火器及蓄水池、蓄水桶。工棚防火间距:城区不少于5 m,农村不少于7 m,距易燃仓库用火生产区不少于30 m。锅炉房、厨房及明火设施设在工棚下风方向。

四、建筑装饰装修工程施工现场发生工伤事故的处理

当施工现场发生人身伤亡、重大机械事故或火灾火险时,基层施工人员要保持冷静,及时向上级报告,并积极抢救,保护现场,排除险情,防止事故扩大。

按照国家《工人职员伤亡事故报告规程》和当地政府的有关规定,按事故轻重大小分别由各级领导查清事故原因与责任,提出处理意见,制定防范措施。

现场发生火灾时,要立即组织义务消防人员、职工进行抢救,并立即向消防部门报告,提供火情,提供电器、易燃易爆物情况及位置。

参考文献

[1] 北京市建筑装饰协会. 建筑装饰施工员[M]. 北京:高等教育出版社,2008.
[2] 陈晋楚. 建筑装饰施工员必读[M]. 北京:中国建筑工业出版社,2009.
[3] 北京土木建筑学会. 建筑装饰装修工程施工操作手册[M]. 北京:经济科学出版社,2004.
[4] 中国建筑装饰协会. 中国建筑装饰行业年鉴[M]. 北京:中国建筑工业出版社,2002 ~ 2004.
[5] 朱吉顶. 建筑装饰基本技能实训指导[M]. 北京:机械工业出版社,2009.
[6] 叶刚. 综合实习[M]. 北京:建筑工业出版社,2003.
[7] 中国建筑装饰协会培训中心编写组. 建筑装饰装修职业技能岗位培训教材[M]. 北京:中国建筑工业出版社,2003.
[8] 建筑装饰工程手册编写组. 建筑装饰工程手册[M]. 北京:机械工业出版社,2002.
[9] 陆化来. 建筑装饰基础技能实训[M]. 北京:高等教育出版社,2002.
[10] 中国建筑工程总公司. 建筑装饰装修工程施工工艺标准[M]. 北京:中国建筑工业出版社,2003.
[11] 彭纪俊. 装饰工程施工组织设计实例应用手册[M]. 北京:中国建筑工业出版社,2001.
[12] 陈晋楚. 建筑装饰装修经理完全手册[M]. 北京:中国建筑工业出版社,2005.
[13] 北京土木建筑学会. 建筑工程技术交底记录[M]. 北京:经济科学出版社,2003.
[14] 建筑装饰工程手册编写组. 建筑装饰工程手册[M]. 北京:机械工业出版社,2002.
[15] 邵刚. 金工实训[M]. 北京:电子工业出版社,2004.
[16] 李亚江. 特殊及难焊材料的焊接[M]. 北京:化学工业出版社,2003.
[17] 李有安,刘晓敏. 建筑电气实训指导书[M]. 北京:科学出版社,2003.
[18] 饶勃. 金属饰面装饰施工手册[M]. 北京:中国建筑工业出版社,2005.
[19] 陈世霖. 建筑工程设计施工详细图集装饰工程(4). 北京:中国建筑工业出版社,2005.
[20] 刘光源. 简明电器安装工手册[M]. 2 版. 北京:机械工业出版社,2001.
[21] 王朝熙. 建筑装饰装修施工工艺标准手册[M]. 北京:中国建筑工业出版社,2004.
[22] 中华人民共和国建设部. GB 50327—2001 住宅装饰装修工程施工规范[S]. 北京:中国建筑工业出版社,2002.
[23] 中华人民共和国建设部. GB 50210—2001 建筑装饰装修工程施工质量验收规范[S]. 北京:中国建筑工业出版社,2002.
[24] 中华人民共和国建设部. GB 50300—2001 建筑工程施工质量验收统一标准[S]. 北京:中国建筑工业出版社,2002.
[25] 中华人民共和国建设部. GB 50206—2002 木结构工程施工质量验收规范[S]. 北京:中国建筑工业出版社,2002.
[26] 国家建筑工程总局. 建筑安装工人安全技术操作规程[M]. 北京:中国建筑工业出版社,1980.
[27] 中华人民共和国建设部. JGJ 46—2005 施工现场临时用电安全技术规范[S]. 北京:中国建筑工业出版社,2005.